원문과 함께 익히는

최신 항공 영어 해설

· 항공 용어 풀이 및 두문자어, 약어 그리고 항공정보 단축어 정리 ·

초등학교 6학년이었든 석찬이가 2019년 3월 초, 도쿄 나리타 공항에서 전 세계 각 나라의 많은 국적기와 항공사, 소형기에서 대형기는 물론 보잉과 에어버스의 다양한 비행기를 본 후 비행기 조종사의 꿈을 가지게 된지도 5년이라는 시간이 흘러 이제 고등학교 2학년이 됩니다.

중학교 2학년이든 2021년 초, 영어 독해집 풀기를 지겨워하기에 흥미가 있는 항공 영어책을 보면 영어 공부도 되고 좋겠다 생각했습니다. 당시 국내 출간 서적 중에는 가장 기초적인 항공 영어에 대한 서적이 없어 이래저래 찾든 중 Federal Aviation Administration(FAA., 미국 연방 항공국)에서 출간한 〈Airplane Flying Handbook., FAA-H-8083-38〉과 〈Pilot's Handbook of Aeronautical Knowledge., FAA-H-8083-258〉에 부록에 수록된 용어 풀이 부분을 번역 지도하면서 우연찮게 항공영어 해설을 출간하게 되었습니다. 저는 재활 과학 분야의 번역 경험은 많지만 항공 분야는 전문가도 아니면서 처음이었기에 당시 생소하여 상당히 어렵고 힘들었습니다. 출간 후 다시 복습을 하면서 아쉬운 점이 너무 많았습니다. 그래서 고민 끝에 개정판을 출간하기로 하였습니다.

중학교 3학년과 고등학교 1학년 동안, 평일에는 학교 수업과 학원 다니며 있는 시간 없는 시간 쪼개가며 억지로 힘들고 어렵게 한 만큼 앞으로 무엇을 하든지 자신의 신념과 소신대로 앞날을 개척해 나아가기를 기원합니다.

　　그리고 이 책을 구입하신 분들의 영어 학습에 도움이 되었으면 하는 마음에 감수를 하면서 원문도 같이 싣게 되었습니다. 또한 이해를 돕고자 Airplane Flying Handbook., FAA- H-8083-3용〉과 〈Pilot's Handbook of Aeronautical Knowledge., FAA-H-8083-25용〉에 수록된 'figure(표)'를 삽화로 사용했습니다.

　　조종사를 꿈꾸는 많은 학생과 지망생들, 그리고 비행기를 좋아하시는 모든 분들에게 크지는 않지만 작은 도움이 되었으면 합니다.

2024년 2월
감수자 **안성봉.**

2장 / Acronyms, Abbreviations, and NOTAM Contractions
두문자어, 약어 그리고 항공정보 단축어

1장

GLOSSARY
용어풀이

GLOSSARY

용어풀이

Numbers

100-hour inspection. An inspection identical in scope to an annual inspection. Conducted every 100 hours of flight on aircraft of under 12,500 pounds that are used to carry passengers for hire.

100시간 조사. 연간 조사에 대한 영역에 있어 동일한 조사. 승객 운송을 위해 사용되는 임대한 12,500파운드 미만의 임대 항공기에서 비행시간 100시간 마다 관리됨.

14 CFR. See Title 14 of the Code of Federal Regulations. (연방규정집 14편을 참조.)

Code of Federal Regulations				
Title	**Volume**	**Chapter**	**Subchapters**	
Title 14 Aeronautics and Space	1	I	A	Definitions and Abbreviations
			B	Procedural Rules
			C	Aircraft
	2		D	Airmen
			E	Airspace
			F	Air Traffic and General Rules
	3		G	Air Carriers and Operators for Compensation or Hire: Certification and Operations
			H	Schools and Other Certified Agencies
			I	Airports
			J	Navigational Facilities
			K	Administrative Regulations
			L–M	Reserved
			N	War Risk Insurance
	4	II	A	Economic Regulations
			B	Procedural Regulations
			C	Reserved
			D	Special Regulations
			E	Organization
			F	Policy Statements
		III	A	General
			B	Procedure
			C	Licensing
	5	V		
		VI	A	Office of Management and Budget
			B	Air Transportation Stabilization Board

Figure 1-12. *Overview of 14 CFR, available online free from the FAA and for purchase through commercial sources.*

A

A.C. Alternating current.
A.C. 교류.

Absolute accuracy. The ability to determine present position in space[1] independently, and is most often used by pilots.
절대적(확실한) 정확도. 자주적으로 어떤 곳에서든 현재 위치를 결정하고 조종사가 가장 자주 사용하는 능력.

Absolute altitude. The vertical[2] distance of an airplane above the terrain, or above ground level (AGL)[3]. The actual distance between an aircraft and the terrain over which it is flying.
절대 고도. 지형 위 또는 지상 고도(AGL) 위에 있는 비행기의 수직 거리. 비행중인 항공기와 지형 사이의 실제 거리.

Absolute[4] ceiling. The altitude at which a climb is no longer possible.
절대 상승한도. 더 이상 상승이 불가능한 고도.

Absolute pressure. Pressure measured from the reference of zero pressure, or a vacuum.
절대 압력. 제로 압력 또는 진공을 기준으로 측정된 압력.

Accelerate-go distance. The distance required to accelerate to V_1 with all engines at takeoff power, experience an engine failure at V_1 and continue the takeoff on the remaining engine(s). The runway[5] required includes the distance required to climb to 35 feet by which time V_2 speed must be attained.

---

1) space: ① 공간 ② (대기권 밖의) 우주 ③ 장소, 면(面)의 넓이, 면적; 빈곳, 여백, 여지 ④ (특정한 목적을 위한) 장소, 구역; (탈것의) 좌석 ⑤ (때의) 사이, 시간: 잠시, 단시간 ⑥ (신문·잡지의) 지면; (라디오·텔레비전에서) 스폰서에게 파는 시간; 간격; 거리 ⑦ 『컴퓨터』 사이.
2) ver·ti·cal ① 수직의, 연직의, 곧추선, 세로의 . ② 정점〔절정〕의; 꼭대기의.
3) AGL: 『항공』 above ground level(지상 고도; 해면에서의 절대고도가 아님).
4) ab·so·lute: ① 절대의; 완전무결한 ② 확실한, 의심할 여지없는 ③ 순수한; 전적인, 틀림없는
5) rún·wày: ① 주로(走路), 통로. ② 짐승이 다니는 길. ③ 『항공』 활주로

가속 진행 거리. 이륙 출력에서 모든 엔진이 V_1까지 가속하고 V_1에서 엔진 고장(혹은 정지)을 부닥치고 나머지 엔진으로 이륙을 계속하는 데 필요한 거리. 규정된 활주로는 V_2 속도에 도달해야 하는 35피트까지 상승하는 데 필요한 거리가 포함된다.

Accelerate-stop distance. The distance required to accelerate to V_1 with all engines at takeoff power, experience an engine failure at V_1, and abort the takeoff and bring the airplane to a stop using braking action only (use of thrust reversing is not considered).

가속 정지 거리. 이륙 출력에서 모든 엔진이 V_1까지 가속하고 V_1에서 엔진 고장(혹은 정지)을 부닥치고 나머지 엔진으로 이륙을 중단하고 비행기를 제동 조작만으로 정지 시키는데 필요한 거리(역추진 사용은 고려되지 않는다).

Acceleration error. A magnetic compass error apparent when the aircraft accelerates while flying on an easterly or westerly heading, causing the compass card to rotate toward North.

가속 오류. 자기 나침반 오류는 항공기가 나침반 카드로 하여금 북쪽으로 회전하도록 하는 것으로 동쪽 혹은 서쪽 방향으로 비행하는 동안 북쪽으로 가속할 때 발생한다.

Figure 8-37. *The effects of acceleration error.*

Acceleration. Force involved in overcoming inertia, and which may be defined as a change in velocity per unit of time.

가속. 관성을 극복하는 데 관련된 힘으로 단위 시간당 속력에서 변화로 정의할 수 있다.

Accelerometer. A part of an inertial navigation system (INS) that accurately mea-
sures the force of acceleration in one direction.
가속도계. 한 방향의 가속도를 정확하게 측정하는 관성 항법 시스템(INS)의 일부.

<u>Accessories</u>[6]. Components that are used with an engine, but are not a part of the
engine itself. Units such as <u>magnetos</u>[7], carburetors, generators, and fuel pumps
are commonly installed engine accessories.
부속품. 엔진에 사용되지만 엔진 자체의 일부가 아닌 부품. 마그네토, 기화기, 발전기 및 연
료 펌프 등 일반적으로 설치된 엔진 부속품 같은 장치.

ADC. See air data computer.
ADC. 항공 데이터 컴퓨터를 참조.

ADF. See automatic direction <u>finder</u>[8].
ADF. 자동 방향 탐지기를 참조.

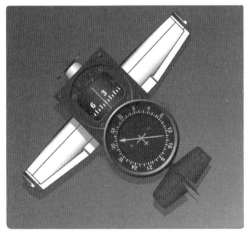

Figure 16-37. *ADF with fixed azimuth and magnetic compass.*

Figure 16-38. *ADF terms.*

ADI. See attitude director indicator.
ADI. 비행자세 관리자 표시기를 참조.

---

6) ac·ces·so·ry: (보통 pl.) 부속물; 부속품, 액세서리

7) mag·ne·to-: '자력(磁力); 자기(磁氣), 자성(磁性)(magnetic) 따위'의 뜻의 결합사
mag·ne·to(pl. ~s): 〖전기〗 (내연 기관의) 고압 자석 발전기, 마그네토.

8) fínd·er: ① 발견자; (분실물 등의) 습득자 ② (망원경·카메라의) 파인더; (방향·거리의) 탐지기; 측정기.

Adiabatic[9] cooling. A process of cooling the air through expansion. For example, as air moves up slope it expands with the reduction of atmospheric pressure and cools as it expands.

단열 냉각. 팽창을 통해 공기를 냉각시키는 과정. 예를 들어, 공기가 경사면을 올라감에 따라 대기압이 감소하면서 팽창하고 팽창하면서 냉각된다.

Adiabatic heating. A process of heating dry air through compression. For example, as air moves down a slope it is compressed, which results in an increase in temperature.

단열 가열. 압축하여 건조한 공기를 가열하는 과정. 예를 들어, 공기가 경사면을 따라 이동하면 압축되어 온도가 상승한다.

Adjustable stabilizer[10]. A stabilizer that can be adjusted in flight to trim[11] the airplane, thereby allowing the airplane to fly hands-off[12] at any given airspeed.

조정 가능한 수평 미익(水平尾翼) 혹은 안정판(板). 주어진 비행기의 속도에서 자동으로 날기 위해 비행기를 두는 것으로 비행 중에 비행기를 수평으로 유지하기 위한 안정 장치(안정판).

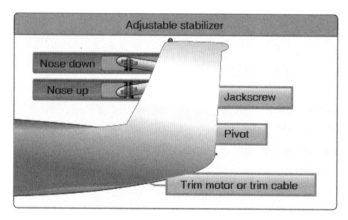

Figure 6-23. *Some aircraft, including most jet transports, use an adjustable stabilizer to provide the required pitch trim forces.*

---

9) ad·i·a·bat·ic: 〖물리학〗 단열의; 열의 드나듦이 없이 일어나는.

10) stá·bi·liz·er: 안정시키는 사람(것); (배의) 안정 장치. (비행기의) 수평 미익(水平尾翼), 안정판(板); (화약 따위의 자연 분해를 막는) 안정제(劑).

11) trim: ① …을 정돈하다. 손질하다; ② a) 잘라내다. 없애다 b) (예산·인원을) 삭감하다 ③ 장식하다 ④ 보기 좋게 늘어놓다. 환하게 꾸미다. 치장하다. ⑤ (의견·견해에) 변경을 가하다, 바꾸다. ⑥ 〖항공〗 (기체를) 수평으로 유지하다. ⑦ 〖항해〗 (화물을 정리하여 선체의) 균형을 잡다 ⑧ (돛을) (바람을 잘 받도록) 조절하다.

12) hánds-óff: ① 불간섭(주의)의; 방관적인 ② 데면데면한, 쌀쌀맞은. ③ (기계 따위가) 수동 조작이 필요 없는. 자동의.

Adjustable-pitch propeller. A propeller with <u>blades</u>[13] whose <u>pitch</u>[14] can be adjusted on the ground with the engine not running, but which cannot be adjusted in flight. Also referred to as a ground adjustable propeller. Sometimes also used to refer to constant-speed propellers that are adjustable in flight.

조정 가능한 피치 프로펠러. 피치가 있는 블레이드가 달린 프로펠러는 엔진이 작동하지 않는 지상에서 조정할 수 있지만 비행 중에는 조정할 수 없다. 또한 지상 조절식 프로펠러라고도 한다. 가끔 비행 중에 조정 가능한 정속 프로펠러라고 언급하기도 한다.

ADM. See aeronautical decision-making.

ADM. 항공 의사 결정을 참조.

ADS-B. See automatic <u>dependent</u>[15] surveillance-broadcast.

ADS-B. 자동 종속 감독 방송을 참조.

Advection fog. Fog resulting from the movement of warm, humid air over a cold surface.

수평류 안개. 차가운 표면 위의 따뜻하고 습한 공기 이동으로 인해 발생하는 안개.

<u>**Adverse**</u>[16] **<u>yaw</u>**[17]. A condition of flight in which the nose of an airplane tends to yaw toward the outside of the turn. This is caused by the higher <u>induced drag</u>[18] on the outside wing, which is also producing more lift. Induced drag is a by-product of the <u>lift</u>[19] associated with the outside wing.

역요. 선회 바깥쪽으로 비행기 기수가 한쪽으로 흔들리는 경향이 있는 비행 상태. 이것은 외부 날개에서 더 높은 유도 항력으로 발생하며 또한 더 많은 양력을 생성한다. 유도 항력은 외부 날개와 관련된 양력의 부산물이다.

---

13) blade: ① (볏과 식물의) 잎; 잎몸 ② (칼붙이의) 날, 도신(刀身) ③ 노 깃; (스크루·프로펠러·선풍기의) 날개

14) pitch: 〖기계〗 피치《톱니바퀴의 톱니와 톱니 사이의 거리; 나사의 나사산과 나사산 사이의 거리》; 〖항공〗 피치 《(1) 비행기·프로펠러의 일회전분의 비행 거리. (2) 프로펠러 날개의 각도》.

15) de·pend·ent: ① 의지하고 있는, 의존하는; 도움을 받고〔신세를 지고〕 있는 ② 종속관계의, 예속적인.

16) ad·verse: ① 역(逆)의, 거스르는, 반대의, 반대하는《to》② 불리한; 적자의; 해로운; 불운〔불행〕한

17) yaw: 〖항공·항해〗 한쪽으로 흔들림; (선박·비행기가) 침로에서 벗어남

18) indúced drág: 〖유체역학〗 유도 항력(抗力)

19) lift: ① (들어)올리기, 오르기; 한 번에 들어올리는 양〔무게〕, 올려지는 거리〔정도〕, 상승 거리《of》②《영국》승강기(《미국》elevator); 기중기; 리프트 ③ 〖항공〗 상승력(力), 양력(揚力).

Aerodynamic ceiling. The point (altitude) at which, as the indicated airspeed decreases with altitude, it progressively merges with the low speed buffet boundary where prestall buffet occurs for the airplane at a load factor of 1.0 G.

공기 역학적 상승한도(혹은 상승시계(視界)). 표시된 대기(對氣) 속도가 고도에 감소함에 따라 10G 하중 계수에서 비행기에 대한 사전 실속 버핏(속도 초과로 인한 비행기의 진동)이 일어나는 저속 버핏 영역에 점진적으로 합쳐지는 지점(고도).

Aerodynamics. The science of the action of air on an object[20], and with the motion of air on other gases. Aerodynamics deals with the production of lift[21] by the aircraft, the relative wind[22], and the atmosphere[23].

공기역학. 물체에서 공기의 작용과 다른 기체에서 공기의 활동에 관한 과학. 공기 역학은 항공기에 의한 양력 생성, 상대기류 및 대기를 다룬다.

Aeronautical chart. A map used in air navigation containing all or part of the following: topographic[24] features, hazards and obstructions[25], navigation aids, navigation routes, designated airspace[26], and airports.

항공 도표(차트). 지형적 특징, 위험 요소 및 장애물, 내비게이션/항법 보조 장치, 내비게이션/운항 경로, 명시된 공역 및 공항의 전체 또는 일부를 포함하는 항공 내비게이션/항법에 사용되는 지도.

Aeronautical decision-making (ADM). A systematic approach to the mental process used by pilots to consistently determine the best course of action in response to a given set of circumstances.

항공 의사 결정(ADM). 주어진 상황에 대한 반응으로 최상의 운항 항로를 일관되게 결정하기

---

20) ob·ject: ① 물건, 물체, 사물② (동작·감정 등의) 대상③ 목적, 목표(goal); 동기④ 『철학』 대상, 객체; 객관.⑤ 『컴퓨터』 목적, 객체《정보의 세트와 그 사용 설명》.

21) lift: 『항공』 상승력(力), 양력(揚力).

22) élative wínd: 『물리학』 상대풍(風), 상대 기류《비행 중인 비행기 날개에 대한 공기의 움직임》.

23) at·mos·phere: ① (the ~) 대기; 천체를 둘러싼 가스체. ② (어떤 장소의) 공기 ③ 분위기, 무드, 주위의 상황 ④ (예술품의) 풍격, 운치; (장소·풍경 따위의) 풍취, 정취 ⑤ 『물리학』 기압《압력의 단위; 1기압은 1,013헥토파스칼; 생략: atm.》

24) top·o·graph·ic, -i·cal: (시·그림 따위) 일정 지역의 예술적 표현의, 지지적(地誌的)인

25) ob·struc·tion: ① 폐색(閉塞), 차단, 『의학』 폐색(증); 방해; 장애, 지장《to》; 의사 방해《특히 의회의》② 장애물, 방해물.

26) áir spàce: (실내의) 공적(空積); (벽 안의) 공기층; (식물조직의) 기실(氣室); 공역(領空); 『군사』 (편대에서 차지하는) 공역(空域); (공군의) 작전 공역; 사유지상(私有地上)의 공간.

위해 조종사가 사용하는 지능적 진행에 대한 체계적인 활주로로의 진입 방식.

Agonic line[27]. An irregular imaginary line across the surface[28] of the Earth along which the magnetic and geographic poles are in alignment[29], and along which there is no magnetic variation.

아고닉 라인. 자기극과 지리극이 정렬되어 있고 자기 변동이 없는 지구 표면을 따라 가로지르는 불규칙한 가상의 선.

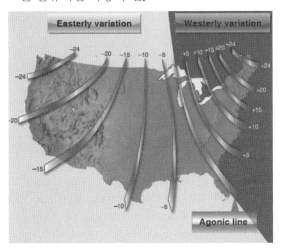

Ailerons. Primary flight control[30] surfaces[31] mounted on the trailing edge[32] of an airplane wing, near the tip. Ailerons control roll[33] about the longitudinal[34] axis.

에일러론스(보조익, 보조날개). 날개 끝 근처에 있는 날개 뒷전에 장착된 중요한 조종면/비행익면. 에일러론은 세로축을 중심으로 횡전(橫轉)을 제어한다.

---

27) agon·ic: 각(角)을 이루지 않는; 무편각선의. agónic líne: 〖물리학〗 (지자기(地磁氣)의) 무방위각선(無方位角線).

28) sur·face: ① 표면, 외면, 외부 ② 외관, 겉보기, 외양. ③ 〖수학〗 면(面)

29) alígn·ment, alíne-' ⓒ① 일렬 정렬, 배열; 정돈선; 조절, 정합; 조준 ② (사람들·그룹간의) 긴밀한 세유, 협력, 연대, 단결. ③ 〖토목〗 노선 설정; (노선 따위의) 설계도. ④ 〖공학〗 (철도·간선 도로·보루 등의) 평면선형; 〖전자〗 줄맞춤, 얼라인먼트《계(系)의 소자(素子)의 조정》.

30) con·trol: ① 지배(력); 관리, 통제, 다잡음, 단속, 감독(권) ② 억제, 제어; (야구 투수의) 제구력(制球力) ③ 통제(관리) 수단; (pl.) (기계의) 조종장치; (종종 pl.) 제어실, 관제실(탑); 〖컴퓨터〗 제어. ④ (실험 결과의) 대조표준; 대조부(簿) ⑤ 단속자, 관리인. ① 지배하다; 통제(관리)하다, 감독하다. ② 제어(억제)하다

31) sur·face: ① 표면, 외면, 외부 ② 외관, 겉보기, 외양. ③ 〖수학〗 면(面)

32) tráiling èdge: 〖항공〗 날개의 뒷전.

33) roll: ① 회전, 구르기. ② (배 등의) 옆질. ③ (비행기·로켓 등의) 횡전(橫轉). ④ (땅 따위의) 기복, 굽이침. ⑤ 두루마리, 권축(卷軸), 둘둘 만 종이, 한 통, 롤

34) lon·gi·tu·di·nal: 경도(經度)의, 경선(經線)의, 날줄의, 세로의; (성장·변화 따위의) 장기적인《연구》.

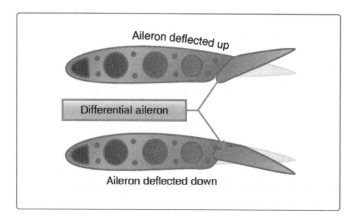

Figure 6-6. *Differential ailerons.*

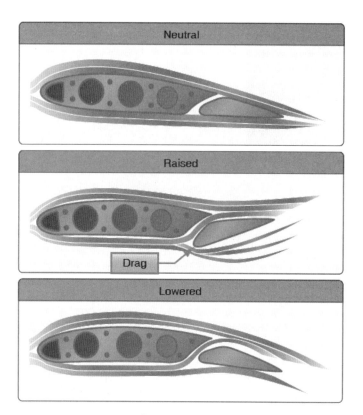

Figure 6-7. *Frise-type ailerons.*

Air data computer (ADC). An aircraft computer that receives and processes pitot pressure, <u>static</u>[35] pressure, and temperature to calculate very precise altitude,

---

35) stat·ic: ① 정적(靜的)인, 고정된; 정지상태의. ② 움직임이 없는, 활기 없는. ③ 『물리학』정지의; 『전기』공전 (空電)(정전기)의 ④ 『컴퓨터』정적(靜的)《재생하지 않아도 기억 내용이 유지되는》.

indicated airspeed, true airspeed, and air temperature.

항공 데이터 컴퓨터(ADC). 매우 정확한 고도, 표시된 대기 속도, 실제 대기 속도, 대기 온도를 계산하기 위해 피토압력, 정압과 기온을 받고 처리하는 항공 컴퓨터.

Aircraft altitude. The actual height above sea level[36] at which the aircraft is flying.

항공기 고도. 항공기가 비행하고 있는 실제 해발 고도.

Aircraft approach category. A performance grouping of aircraft based on a speed of 1.3 times the stall speed in the landing configuration[37] at maximum gross landing weight.

항공기 활주로로의 진입 부류. 최대 총 착륙 중량에서 착륙 비행형태 내에 1.3배 실속 속도의 속도를 기반으로 하는 항공기 성능 그룹.

Aircraft logbooks[38]. Journals containing a record of total operating time, repairs, alterations or inspections performed, and all Airworthiness Directive (AD) notes complied with. A maintenance logbook should be kept for the airframe, each engine, and each propeller.

항공기 로고북. 총 운용 시간, 수리, 개조 또는 검사의 기록과 모든 내공성 관리(AD) 노트를 이행하는 것을 포함한 저널. 정비 항정표(업무일지)는 기체, 각각의 엔진, 각각의 프로펠러에 대한 정비일지를 작성해야 한다.

Aircraft. A device that is used, or intended to be used, for flight.

항공기. 비행에 사용되거나 사용 예정의 장치.

Airfoil. Any surface, such as a wing, propeller, rudder, or even a trim tab[39], which provides aerodynamic force when it interacts with a moving stream of air.

에어포일(프로펠러 날개). 움직이는 공기 흐름으로 상호작용 할 때 공기 역학적 힘을 공급하는 날개, 프로펠러, 방향타 또는 트림 탭과 같은 조종면(외부장치).

---

36) séa lèvel: 해수면, 평균 해면 ──•above ~ 해발
37) con·fig·u·ra·tion: ① 배치, 지형(地形); (전체의) 형태, 윤곽. ② 『천문학』 천체의 배치, 성위(星位), 성단(星團). ③ 『물리학·화학』 (분자 중의) 원자 배열. ④ 『사회학』 통합《사회 문화 개개의 요소가 서로 유기적으로 결합하는 일》; 『항공』 비행 형태; 『심리학』 형태.
38) logbook: 항해〔항공〕일지; (비행기의) 항정표; 업무 일지
39) trím tàb: 『항공』 트림 태브《승강타·보조익·방향타 등의 주조종익 뒤끝에 붙어 있는 작은 날개》

Airmanship skills. The skills of coordination, timing, control[40] touch, and speed sense in addition to the motor skills required to fly an aircraft.

에어맨쉽 스킬(능숙한 비행술). 항공기를 조종하는 데 필요한 운동 기술 외에도 조정, 타이밍, 터치 제어 및 속도 감각 기술.

Airmanship. A sound[41] acquaintance with the principles of flight, the ability[42] to operate an airplane with competence[43] and precision both on the ground and in the air, and the exercise of sound judgment that results in optimal operational safety and efficiency.

에어맨쉽(비행술). 비행 원리에 대한 충분한 지식, 지상과 공중 양쪽에서 능력과 정밀함으로 비행기를 조종할 수 있는 역량, 최적의 운항 안전과 효율성에서 생기는 철저한 판단력.

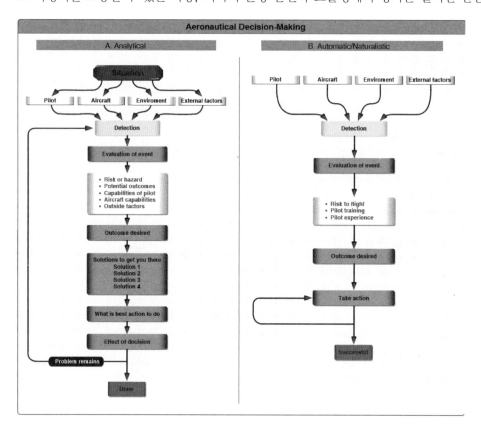

---

40) con·trol: ① 지배(력); 관리, 통제, 다잡음, 단속, 감독(권) ② 억제, 제어; ③ 통제[관리] 수단; (pl.) (기계의) 조종장치; (종종 pl.) 제어실, 관제실[탑]; 【컴퓨터】 제어. ④ (실험 결과의) 대조 표준; 대조부(簿) ⑤ 단속자, 관리인. ① 지배하다; 통제[관리]하다, 감독하다. ② 제어[억제]하다

41) sound: ① 선선한, 정상적인 ② 확실한, 착실[건실]한, ③ 견고한, 단단한; 안정된 ④ 철저한, 충분한

42) abil·i·ty: 능력, 할 수 있는 힘, 솜씨

43) com·pe·tence, –ten·cy: 적성, 자격, 능력; (보통 pl.) 재능, 역량, 기량

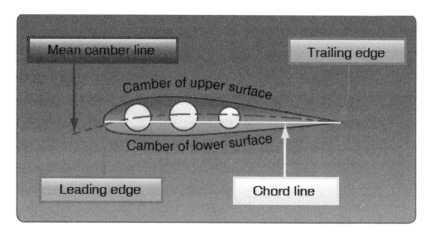

Figure 4-5. *Typical airfoil section.*

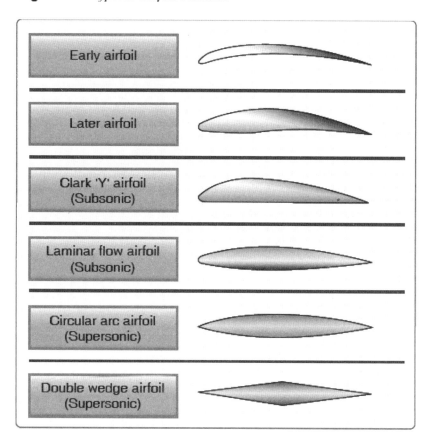

Figure 4-6. *Airfoil designs.*

Air mass. An extensive body of air having fairly uniform properties of temperature and moisture.

기단(氣團). 온도와 습기의 상당히 균일한 특성을 가지는 광범위한 공기 덩어리.

AIRMET. Inflight weather advisory issued as an amendment[44] to the area forecast, concerning weather phenomena of operational interest[45] to all aircraft and that is potentially hazardous to aircraft with limited capability due to lack of equipment, instrumentation[46], or pilot qualifications.

에어멧. 모든 항공기에 대한 운용적 관계의 날씨 현상과 관련하여 지역 일기예보를 개선하고 기계 사용 혹은 조종사 자격의 부족으로 인하여 제한된 능력으로 비행기가 잠재적으로 위험하게 되는 것으로 생겨난 비행 중 날씨 권고.

Airplane. An engine-driven, fixed-wing aircraft heavier than air that is supported in flight by the dynamic reaction of air against its wings.

비행기. 날개에 부딪친 공기의 동적 반응으로 인해 비행 중 지탱되는 공기보다 무거운 고정 날개 항공기의 엔진으로 조종됨.

Airport diagram[47]. The section of an instrument[48] approach[49] procedure chart that shows a detailed diagram of the airport. This diagram includes surface features[50] and airport configuration[51] information.

공항 도표(다이어그램). 공항의 상세한 도표(다이어그램)를 보여주는 계기 활주로로의 진입 절차 차트의 섹션(구간). 이 도표(다이어그램)에는 외부 지형 및 공항 구성 정보가 포함되어 있다.

Airport/Facility Directory (A/FD). See Chart Supplement U.S.

공항/시설 사용자 유도판(A/FD). 차트 부록 U.S.를 참조.

---

44) amend·ment: 변경, 개선, 교정(矯正), 개심.

45) in·ter·est: ① 관심, 흥미; 재미, 흥취 ② 관심사, 흥미의 대상, 취미 ③ 관여, 참가, 관계 ④ 중요성, 중대함 ⑤ (종종 pl.) 이익; 이해 관계; 사리(私利) ⑥ 이권, 권익 ⑦ 권리, 소유권; 주(株).⑧ 이자, 이율

46) in·stru·men·ta·tion: 기계(器械)〔기구〕사용〔설치〕, 계측기의 고안〔조립, 장비〕, 계장(計裝) 과학〔공업〕기계 연구; (특정 목적의) 기계류〔기구류〕

47) di·a·gram: 그림, 도형; 도표, 일람표; 도식, 도해;〖수학〗작도(作圖); (열차의) 다이어, 운행표.

48) in·stru·ment: ① (실험·정밀 작업용의) 기계(器械), 기구(器具), 도구 ② (비행기·배 따위의) 계기(計器) ③ 악기 ④ 수단, 방편; 동기〔계기〕가 되는 것〔사람〕, 매개(자)

49) ap·proach:① 가까워짐, 접근; 가까이함② (접근하는) 길, 입구: 실마리, 입문, 연구법; (문제 따위의) 다루는 방법, 접근법, 해결 방법 ③ (pl.)〖군사〗적진 접근 작전;〖항공〗활주로로의 진입·강하(코스).

50) fea·ture: ① 얼굴의 생김새; (pl.) 용모, 얼굴 ② 특징, 특색; 두드러진 점》③ 특집기사; 특집란; (TV·라디오의) 특별 프로그램; (영화·쇼 등의) 인기물, 볼만한 것;〖컴퓨터〗기능, 특징. ④ (산천 등의) 지세, 지형.

51) con·fig·u·ra·tion: ① 배치, 지형(地形); (전체의) 형태, 윤곽. ②〖천문학〗천체의 배치, 성위(星位), 성단(星團). ③〖물리학·화학〗(분자 중의) 원자 배열. ④〖사회학〗통합;〖항공〗비행 형태;〖심리학〗형태.

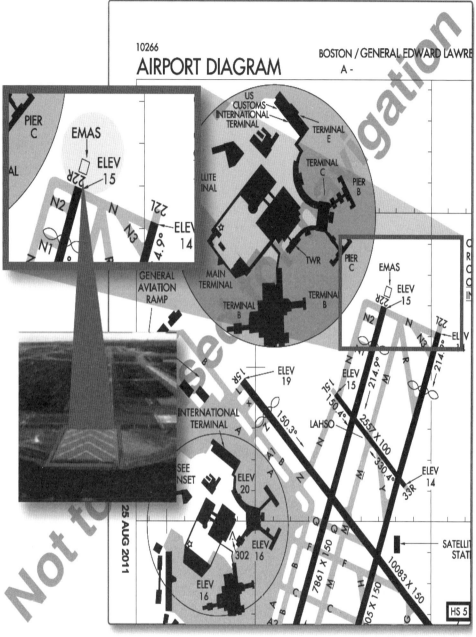

Figure 14-60. *An airport diagram with EMAS information.*

Airport surface[52] **detection equipment (ASDE).** Radar equipment specifically designed to detect all principal features and traffic on the surface of an airport, presenting the entire image on the control[53] tower console[54]; used to augment visual observation by tower personnel of aircraft and/or vehicular movements on runways[55] and taxiways[56].

공항 지표면 탐지 장비(ASDE). 관제탑 콘솔에서 전체 이미지를 나타내는 공항지표면에서 모든 중요한 지형과 교통량을 탐지하기 위해 특별히 제작된 레이다 장비로써 활주로와 유도로에서 항공기와 차량 움직임을 타워 직원이 시각적 관찰을 늘리는데 사용된다.

Airport surveillance radar (ASR). Approach control radar used to detect and display an aircraft's position in the terminal[57] area.

공항 감시 레이더(ASR). 터미널 영역에서 항공기의 위치를 감지하고 나타내는 데 사용되는 활주로로의 진입 관제 레이더.

Airport surveillance radar approach[58]**.** An instrument approach in which ATC[59] issues instructions for pilot compliance based on aircraft position in relation to the final approach course and the distance from the end of the runway[60] as displayed on the controller's radar scope.

공항 감시 레이더 활주로로의 진입. ATC가 관제사의 레이더 영역에 표시된 대로 최종 활주로로의 진입 코스와 활주로 끝으로부터의 거리와 관련하여 항공기 위치를 기반으로 조종사 준수사항에 대한 지시를 내리는 계기 활주로로의 진입.

---

52) sur·face ① 표면, 외면, 외부. ② 외관, 겉보기, 외양. ③ 〖수학〗면(面)

53) con·trol: ① 지배(력); 관리, 통제, 다잡음, 단속, 감독(권) ② 억제, 제어; (야구 투수의) 제구력(制球力) ③ 통제〔관리〕수단: (pl.) (기계의) 조종장치; (종종 pl.) 제어실, 관제실〔탑〕;〖컴퓨터〗제어. ④ (실험 결과의) 대조 표준: 대조부(簿) ⑤ 단속자, 관리인. ① 지배하다; 통제〔관리〕하다, 감독하다. ② 제어〔억제〕하다

54) con·sole:《컴퓨터를 제어·감시하기 위한 장치》

55) rún·wày: ① 주로(走路), 통로. ② 짐승이 다니는 길. ③〖항공〗활주로

56) táxi·wày:〖항공〗(공항의) 유도로(誘導路).
taxi: ① 택시로 가다〔운반하다〕②〖항공〗육상〔수상〕에서 이동하〔게 하〕다《자체의 동력으로》.

57) ter·mi·nal: ① 끝, 말단; 어미. ② 종점, 터미널, 종착역; 종점 도시; 에어터미널; 항공 여객용 버스 발착장; 화물의 집하·발송역 ③ 학기말 시험. ④〖전기〗전극, 단자(端子);〖컴퓨터〗단말기;〖생물〗신경 말단.

58) ap·proach: ① 가까워짐, 접근; 가까이함 ② (pl.)〖군사〗적진 접근 작전;〖항공〗활주로로의 진입·강하(코스).

59) ATC: Air Traffic Control

60) rún·wày: ① 주로(走路), 통로. ② 짐승이 다니는 길. ③〖항공〗활주로

Air route surveillance radar (ARSR). Air route traffic control center (ARTCC) radar used primarily to detect and display an aircraft's position while en route between terminal[61] areas.

항공로 감시 레이더(ARSR). 터미널 영역 사이를 이동하는 동안 항공기의 위치를 감지하고 표시하는 데 주로 사용되는 항공로상의 교통관제 센터(ARTCC) 레이더.

Air route traffic control center (ARTCC). Provides ATC service to aircraft operating on IFR[62] flight plans within controlled airspace[63] and principally during the en route phase of flight.

항공로 교통관제 센터(ARTCC). 관제 공역 내에서 그리고 주로 비행 중 항공로상의 단계 동안 IFR 비행 계획에 따라 운항하는 항공기에 ATC 서비스를 마련.

Airspeed. Rate[64] of the aircraft's progress through the air.

대기속도. 공중(대기)을 통과하는 항공기의 진행 속도.

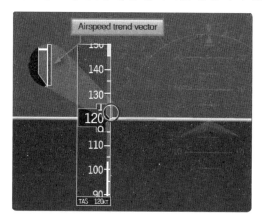

Airspeed indicator[65]. A differential pressure gauge that measures the dynamic pressure of the air through which the aircraft is flying. Displays the craft's airspeed, typically in knots, to the pilot.

---

61) ter·mi·nal: ① 끝, 말단; 어미. ② 종점, 터미널, 종착역, 종점 도시; 에어터미널; 항공 여객용 버스 발착장; 화물의 집하·발송역 ③ 학기말 시험. ④ 『전기』 전극, 단자(端子); 『컴퓨터』 단말기; 『생물』 신경 말단.

62) IFR: instrument flight rules (계기 비행 규칙)

63) áir spàce: (실내의) 공적(空積); (벽 안의) 공기층; (식물조직의) 기실(氣室) 공역(領空); 『군사』 (편대에서 차지하는) 공역(空域); (공군의) 작전 공역; 사유지상(私有地上)의 공간.

64) rate: ① 율(率), 비율 ② 가격, 시세 ③ 요금, 사용료 ④ 속도, 진도; 정도.

65) in·di·ca·tor: ① 지시자; (신호) 표시기(器), (차 따위의) 방향 지시기. ② 『기계』 인디케이터《계기·문자판·바늘 따위》; (내연 기관의) 내압(內壓) 표시기; 『화학』 지시약《리트머스 따위》; 〔 일반적 〕 지표; 경제 지표

대기속도 표시기. 항공기가 비행하는 공기의 동적 압력을 통해 측정하는 차압 게이지. 조종사에게 항공기의 속도를 일반적으로 노트 단위로 나타낸다.

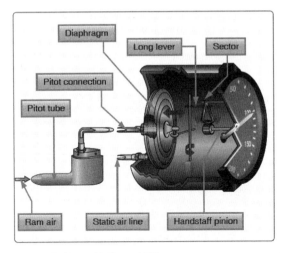

Figure 8-7. *Airspeed indicator (ASI).*

Figure 1-7. *A standard airway beacon tower.*

Air start. The act or instance of starting an aircraft's engine while in flight, especially a jet engine after <u>flameout</u>[66].

에어 스타트(공중 시동). 특히 돌연정지 후 제트 엔진이 비행 중에 항공기 엔진을 시동하는 행위 또는 사례.

Air traffic control radar <u>beacon</u>[67] system (ATCRBS). Sometimes called secondary surveillance radar (SSR), which utilizes a <u>transponder</u>[68] in the aircraft. The ground equipment is an <u>interrogating</u>[69] unit, in which the beacon antenna is mounted so it rotates with the surveillance antenna. The interrogating unit transmits a coded pulse sequence that actuates the aircraft transponder. The transponder answers the coded sequence by transmitting a preselected coded sequence back to the ground equipment, providing a strong return signal and positive aircraft <u>identification</u>[70], as well as other special data.

---

66) fláme·òut: (제트 엔진의) 돌연 정지《비행 중, 특히 전투 중에》; 파괴, 소멸

67) bea·con: ① 횃불, 봉화; 봉화대(탑); 등대; 신호소. ② 수로(항공, 교통) 표지; 무선 표지. ③ 지침, 경고.

68) tran·spon·der:《외부 신호에 자동적으로 신호를 되보내는 라디오 또는 레이더 송수신기》

69) in·ter·ro·gate: 질문하다; 심문(문초)하다 ② (응답기·컴퓨터 따위에) 응답 지령 신호를 보내다.

70) iden·ti·fi·ca·tion: ① 신원(정체)의 확인(인정); 동일하다는 증명(확인, 감정), 신분증명. ②【정신의학】동일시(화); 동일시, 일체화, 귀속 의식 ③ 신원을(정체를) 증명하는 것; 신분 증명서.

항공 교통 관제 레이더 비콘 시스템(ATCRBS). 보조 감시 레이더(SSR)라고도 하는데 항공기에서 트랜스 폰더를 활용한다. 지상 장비는 응답 지령 신호를 보내는 장치인데 표지 안테나가 감시 안테나와 함께 회전하도록 설치되어 있다. 응답 지령 신호를 보내기 장치는 항공기 트랜스폰더를 작동시키는 코드화된 펄스 순차를 발신한다. 트랜스폰더는 강력한 복귀 신호와 확실한 항공기 식별뿐만 아니라 다른 특수 데이터를 주는 지상 장비에 미리 선택된 코드화된 순차를 다시 전송하여 코드화된 순차에 응답한다.

Airway[71]. An airway is based on a centerline that extends from one navigation aid or intersection to another navigation aid (or through several navigation aids or intersections); used to establish a known route for en route procedures between terminal[72] areas.

항공로. 항공로는 하나의 내비게이션 보조 장치 또는 다른 내비게이션 보조 장치에 대한 교차(또는 여러 내비게이션 보조 장치 또는 교차를 통해)로 확장되는 중심선을 기반으로 한다. 터미널 영역 사이의 항공로상의 절차를 위해 알려진 경로를 설정하는 데 사용된다.

Alert area. An area in which there is a high volume of pilot training or an unusual type of aeronautical activity.

경계 지역. 조종사 훈련이 많거나 특이한 유형의 항공 활동이 있는 지역.

Almanac data. Information the global positioning system (GPS) receiver can obtain from one satellite which describes the approximate orbital positioning of all satellites in the constellation. This information is necessary for the GPS receiver to know what satellites to look for in the sky at a given time.

연감 데이터. 정보 전지구 위치 파악 시스템(GPS) 정보 수신기는 별자리 내에서 모든 위성의 대략적인 궤도 위치를 나타내는 한 위성으로부터 얻을 수 있다. 이 정보는 주어진 시간에 하늘에서 어떤 인공위성을 찾아야 할지 알기 위한 GPS 수신기에 필수적이다.

ALS. See approach lighting system.

ALS. 활주로로의 진입 조명 시스템을 참조.

---

71) air·way: ① 항공로. ② (A-) (종종 ~s) 〔 보통 단수취급 〕 항공회사 ③ (광산의) 통기〔바람〕 구멍.

72) ter·mi·nal: ① 끝, 말단; 어미. ② 종점. 터미널, 종착역, 종점 도시; 에어터미널; 항공 여객용 버스 발착장; 화물의 집하·발송역 ③ 학기말 시험. ④ 〖전기〗 전극, 단자(端子); 〖컴퓨터〗 단말기; 〖생물〗 신경 말단.

Alternate[73] airport. An airport designated in an IFR[74] flight plan, providing a suit-able destination if a landing at the intended airport becomes inadvisable.

대체 공항. 예정된 공항에서 착륙을 권할 수 없게 된다면 적절한 목적지를 마련하는 IFR 비행 계획에서 지정된 공항.

Alternate static[75] source[76] valve. A valve in the instrument static air system that supplies reference air pressure to the altimeter, airspeed indicator, and vertical[77] speed indicator if the normal static pickup should become clogged or iced over.

대체 정지상태의 공급 밸브. 정상적인 정지상태의 픽업이 막히거나 얼어붙어야 하는 경우 고도계, 대기 속도 표시기 및 수직 속도 표시기에 관련 기압을 공급하는 계기 정지상태 공기 시스템에서의 밸브.

Altimeter setting. Station pressure(the barometric pressure at the location the reading is taken) which has been corrected for the height of the station above sea level.

고도계 설정. 해발 관측소 높이에 대해 수정된 관측소 기압(판독을 수행한 위치의 기압계의 기압)

Altitude chamber. A device that simulates high altitude conditions by reducing the interior pressure. The occupants will suffer from the same physiological conditions as flight at high altitude in an unpressurized aircraft.

감압실(減壓室)[고도 실험실]. 내부 압력을 줄여 높은 고도 조건으로 모의 조종하는 장치. 탑승자는 압력이 가해지지 않는 항공기에서 고(高)고도 비행을 하는 것만큼 동일한 생리적 조건을 겪을 것이다.

Altitude[78] engine. A reciprocating aircraft engine having a rated takeoff power that is producible[79] from sea level to an established higher altitude.

---

73) al·ter·nate: ① 번갈아 하는, 교호의, 교대(교대)의 ② 서로 엇갈리는 ③ 〖전기〗 교류의; (회로 등이) 우회한

74) IFR: instrument flight rules (계기 비행 규칙).

75) stat·ic: ① 정적(靜的)인, 고정된; 정지상태의. ② 움직임이 없는, 활기 없는. ③ 〖물리학〗 정지의; 〖전기〗 공전(空電)의 ④ 〖컴퓨터〗 정적《재생하지 않아도 기억 내용이 유지되는》.

76) source: ① 수원(지), 원천 ② 근원, 근본, 원천, 원인 ③ 공급원, 광원, 전원, 열원, (방사)선원

77) ver·ti·cal: ① 수직의, 연직의, 곧추선, 세로의. ② 정전(절정)의; 꼭대기의.

78) al·ti·tude: ① (산·비행기 따위의 지표에서의〔해발의〕) 높이, 고도, 표고(標高); 수위(水位) 높은 곳, 고지, 고소

79) pro·duc·i·ble: 생산(제작)할 수 있는; 제시할 수 있는; 상연할 수 있는; 연장할 수 있는.

고도 엔진. 해수면으로부터 설정된 더 높은 고도까지 연장할 수 있는 이륙 정격 출력을 가지는 비행기 왕복기관.

Ambient[80] pressure[81]. The pressure in the area immediately surrounding the air-craft.

주변 기압. 항공기 바로 주변 지역의 기압.

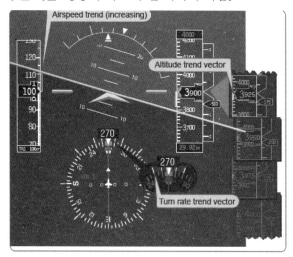

Figure 8-17. *Altimeter trend vector.*

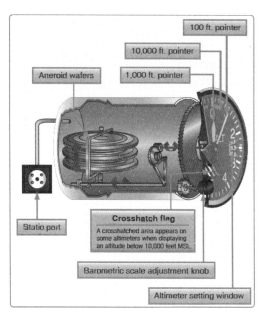

Figure 8-2. *Altimeter.*

---

80) am·bi·ent: 주위의, 환경의; 빙 에두른, 에워싼

81) pres·sure: ① 압력; 압축, 압착 ② 압박, 강제(력) ③ 【물리학】 압력《생략: P》; 【기상】 기압 ④ 곤란

Ambient temperature. The temperature in the area immediately surrounding the aircraft.

주변 온도. 항공기 바로 주변 지역의 온도.

AME. See <u>aviation</u>[82] <u>medical examiner</u>[83].

AME. 항공 검시관을 참조.

<u>Amendment</u>[84] **status.** The circulation date and <u>re-vision</u>[85] number of an <u>instrument</u>[86] approach procedure, printed above the procedure <u>identification</u>[87].

교정 상태. 절차 신원 확인서 상단에 인쇄된 계기 활주로로의 진입 절차의 순환 자료 및 개정 번호.

Ammeter

Ammeter. An instrument installed in series with an electrical load[88] used to measure the amount of current flowing through the load.

전류계, 암페어계. 부하를 통해 흐르는 전류의 양을 측정하는 데 사용되는 전기 부하와 함께 직렬로 설치된 기기.

Aneroid barometer. An instrument that measures the absolute pressure of the atmosphere by balancing the weight of the air above it against the spring action of the aneroid.

아네로이드 기압계. 아네로이드의 스프링 작용에 반대하여 그 상단의 공기 무게 균형을 맞추는 것으로 대기의 절대 압력을 측정하는 도구.

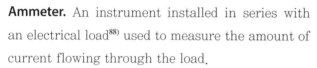

---

82) avi·a·tion: ① 비행, 항공; 비행술, 항공학 ② 〔 집합적 〕 항공기;《특히》군용기. ③ 항공기 산업.

83) médical exáminer: 【미국법률】 검시관(의); 학교·군대·보험 회사 등의 건강 진단의; 의사 면허 자격 심사관.

84) aménd·ment: 변경, 개선, 교정(矯正), 개심. ② (법안 등의) 수정(안), 보정, 개정

85) re·vi·sion: ① 개정, 교정(校訂), 교열, 수정. ② 교정본, 개정판.

86) in·stru·ment: ① (실험·정밀 작업용의) 기계(器械), 기구(器具), 도구 ② (비행기·배 따위의) 계기(計器) ③ 악기 ④ 수단, 방편(means); 동기(계기)가 되는 것(사람), 매개(자)

87) iden·ti·fi·ca·tion: ① 신원(정체)의 확인(인정); 동일하다는 증명(확인, 감정), 신분증명. ②【정신의학】동일시(화); 동일시, 일체화, 귀속 의식 ③ 신원을(정체를) 증명하는 것; 신분 증명서.

88) load ① 석하(積荷), (특히 무거운) 짐 ② 무거운 짐, 부담; 근심, 걱정 ③ 적재량, 한 차, 한 짐, 한 바리 ④ 일의 양, 분담량 ⑤ 【물리학·기계·전기】부하(負荷), 하중(荷重);【유전학】유전 하중(荷重) ⑥ 【컴퓨터】로드, 적재 《⑴ 입력장치에 데이터 매체를 걺. ⑵ 데이터나 프로그램 명령을 메모리에 넣음》. ⑦ (화약·필름) 장전; 장탄.

Aneroid. The sensitive component in an altimeter or barometer that measures the absolute pressure of the air. It is a sealed, flat capsule made of thin disks of corrugated metal soldered together and evacuated by pumping[89] all of the air out of it.

아네로이드. 공기의 절대 압력을 측정하는 고도계 또는 기압계의 민감한 성분. 이것은 모든 배출된 공기를 펌핑하는 것으로 인해 배출되고 함께 납땜된 주름진 금속의 얇은 디스크로 만들어진 납작한 캡슐로 밀봉되어 있다.

Angle of attack[90]. The acute angle between the chord line of the airfoil and the direction of the relative wind. The angle of attack is the angle at which relative wind meets an airfoil. It is the angle that is formed by the chord of the airfoil and the direction of the relative wind or between the chord line and the flight path. The angle of attack changes during a flight as the pilot changes the direction of the aircraft and is related to the amount of lift[91] being produced.

영각[92](받음각). 익형의 익현선과 맞바람의 방향 사이의 예각. 영각은 맞바람이 익형과 만나는 각도이다. 익현선과 비행경로 사이 혹은 에어포일의 익현과 맞바람 방향에 의해 형성되는 각도이다. 조종사가 항공기 방향을 변경함에 따라 비행하는 동안 영각은 변하고 생성되는 양력의 양과 관련이 있다.

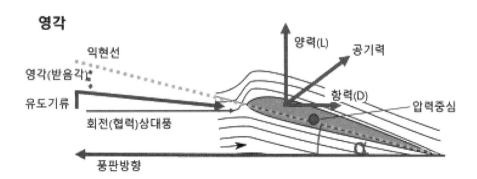

---

89) púmp·ing: 〖물리학〗 펌핑《전자나 이온에 빛을 흡수시켜 낮은 에너지 상태에서 높은 에너지 상태로 들뜨게 하는 일》.

90) ángle of attáck: 〖항공〗 영각(迎角)《항공기의 익현(翼弦)과 기류가 이루는 각》.

91) lift: 〖항공〗 상승력(力), 양력(揚力).

92) 영각(迎角): 비행기가 날아가는 방향과 날개가 놓인 방향 사이의 각.

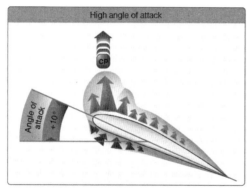

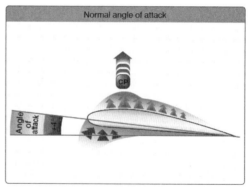

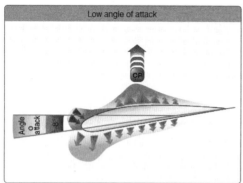

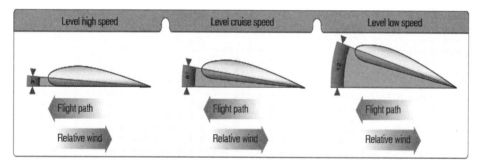

Figure 5-3. *Angle of attack at various speeds.*

Angle of <u>incidence</u>[93]. The acute angle formed between the chord line of an air-foil and the <u>longitudinal</u>[94] axis of the aircraft on which it is mounted. The angle formed by the <u>chord</u>[95] line of the wing and a line parallel to the longitudinal axis

---

93) in·ci·dence: ① (사건·영향 따위의) 범위, 발생률, 발병률, 빈도 ② (투사물(投射物)·빛 등의) 낙하〔입사, 투사〕(의 방향 〔방법〕). ③ 〖물리학·광학〗 투사〔입사〕(각); 〖항공〗 영각(迎角)《동체 기준 선에 대한 주익(主翼)의 각도》

94) lon·gi·tu·di·nal: 경도(經度)의, 경선(經線)의, 날줄의, 세로의: (성장·변화 따위의) 장기적인

95) chord: ① (악기의) 현, 줄. ② 심금(心琴), 감정 ③ 〖수학〗 현(弦); 〖공학〗 현재(弦材); 〖의학〗 대(帶), 건(腱); 〖항공〗 익현(翼弦).

of the airplane.

입사각. 에어포일의 익현선과 항공기에 설치된 세로축 사이에 형성된 예각(직각보다 작은 각). 날개의 익현선과 비행기의 세로축에 평행한 선으로 인하여 형성된 각도.

Annual inspection[96]. A complete inspection of an aircraft and engine, required by the Code of Federal Regulations, to be accomplished every 12 calendar months on all certificated aircraft. Only an A&P technician holding an Inspection Authorization can conduct an annual inspection.

연간 검사. 모든 인증 항공기를 12개월마다 실시해야 할 연방 규정 코드(Code of Federal Regulations)에서 요구하는 항공기 및 엔진의 완전한 검사. 검사 승인을 받은 A&P 기술자만이 연간 검사를 수행할 수 있다.

Anhedral. A downward slant from root to tip of an aircraft's wing or horizontal tail surface.

앤히드럴/상반각(上反角); 하반각(下反角). 항공기 날개 또는 수평 꼬리 표면의 뿌리에서 끝까지 아래쪽으로 기울어진 것.

Anti-ice. Preventing the accumulation of ice on an aircraft structure via a system designed for that purpose.

안티 아이스(방빙(防氷)). 기체에 쌓이는 얼음 때문에 설계된 시스템을 통해 항공기 구조물에 얼음이 쌓이는 것을 방지하는 것.

Anti-icing. The prevention of the formation of ice on a surface. Ice may be prevented by using heat or by covering the surface with a chemical that prevents water from reaching the surface. Anti-icing should not be confused with deicing, which is the removal of ice after it has formed on the surface.

안티 아이싱(제빙). 표면에 얼음 형성 방지. 얼음은 표면에 도달하는 물을 막는 화학제품으로 덮거나 열을 사용하는 것으로 방지할 수 있다. 제빙은 표면에 형성된 얼음을 제거하는 디아이싱과 혼동되어서는 안 된다.

---

96) sin·spec·tion: 검사, 조사; 감사; 점검, (서류의) 열람, 시찰, 검열

Antiservo tab. An adjustable tab attached to the trailing edge of a stabilator that moves in the same direction as the primary control[97]. It is used to make the stabilator less sensitive.

안티서보 탭. 주요 조종 장치로써 같은 방향 내에서 움직이는 스태빌레이터의 날개뒷전에 부착된 조정 가능한 탭. 스태빌레이터를 덜 민감하게 만드는 데 사용된다.

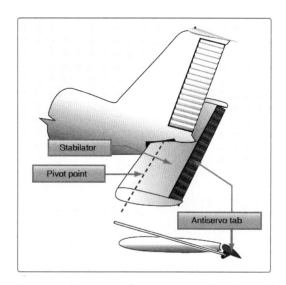

Figure 6-21. *An antiservo tab attempts to streamline the control surface and is used to make the stabilator less sensitive by opposing the force exerted by the pilot.*

Approach lighting system (ALS). Provides lights that will penetrate the atmosphere far enough from touchdown to give directional, distance, and glidepath[98] information for safe transition from instrument[99] to visual flight.

활주로로의 진입 조명 시스템(ALS). 계기에서 시계(視界) 비행으로의 안전한 전환을 위해 방향, 거리 및 글라이드패스(활공 경로) 정보를 주기 위한 (단시간의) 착륙에서 아주 멀리 대기를 통과할 조명을 장착한다.

---

97) con·trol: ① 지배(력); 관리, 통제, 다잡음, 단속, 감독(권) ② 억제, 제어; (야구 투수의) 제구력(制球力) ③ 통제(관리) 수단; (pl.) (기계의) 조종장치; (종종 pl.) 제어실, 관제실(탑); 【컴퓨터】 제어. ④ (실험 결과의) 대조 표준; 대조부(簿) ⑤ 단속자, 관리인. ① 지배하다; 통제(관리)하다, 감독하다. ② 제어(억제)하다

98) glíde pàth 〔slòpe〕: 【항공】《특히》 계기비행 때 무선신호에 의한 활강 진로.

99) in·stru·ment: ① (실험·정밀 작업용의) 기계(器械), 기구(器具), 도구 ② (비행기·배 따위의) 계기(計器) ③ 악기 ④ 수단, 방편(means); 동기(계기)가 되는 것(사람), 매개(자)

Area chart. Part of the low-altitude en route chart series, this chart furnishes terminal[100] data at a larger scale for congested areas.

영역 차트(지역 도표). 저고도 항공로상의 차트 일련의 일부인 이 차트는 혼잡한 지역에 대해 더 큰 규모로 터미널 데이터를 제시한다.

Area forecast (FA). A report that gives a picture of clouds, general weather conditions, and visual meteorological[101] conditions (VMC) expected over a large area encompassing several states.

지역 예보(FA). 여러 주를 둘러싼 넓은 지역에서 예상되는 구름, 일반적인 기상 조건 및 시계(視界) 기상 조건(VMC)의 사진을 제공하는 보고서.

Area navigation[102] (RNAV). Allows a pilot to fly a selected course to a predetermined point without the need to overfly[103] ground-based navigation facilities[104], by using waypoints.

지역 내비게이션(RNAV). 웨이포인트(중간 지점)를 이용하여 지상 기반 내비게이션 시설 상공을 비행할 필요 없이 미리 정해진 지점까지 선택된 경로를 비행할 수 있도록 조종사에게 허가하는 것.

Arm. See moment arm.

Arm. moment arm을 참조.

ARSR. See air route surveillance radar.

ARSR. 항공로 감시 레이더를 참조.

ARTCC. See air route traffic control center.

ARTCC. 항공로 교통관제 센터를 참조.

ASDE. See airport surface detection equipment.

---

100) ter·mi·nal: ① 끝, 말단; 어미. ② 종점, 터미널, 종착역, 종점 도시; 에어터미널; 항공 여객용 버스 발착장; 화물의 집하·발송역 ③ 학기말 시험. ④【전기】전극, 단자(端子);【컴퓨터】단말기;【생물】신경 말단.

101) me·te·or·o·log·i·cal: 기상의, 기상학상(上)의

102) nav·i·ga·tion: ① 운항, 항해; 항해(항공)술(학); 유도 미사일 조종술 ② 주행(주로) 지시.

103) òver·flý: (비행기가) …의 상공을 날다; (외국령)의 상공을 정찰비행하다. 영공을 날다(침범하다).

104) fa·cil·i·ty: ① 쉬움, 평이(용이)함 ② 솜씨, 재주, 능숙, 유창; 재능 ③ 다루기 쉬움, 사람 좋음, 고분고분함.④ 유려함. ⑤ (pl.) 편의(를 도모하는 것), 편리; 시설, 설비;【컴퓨터】설비;【군사】(보급) 기지;《완곡어》변소

ASDE. 공항 표면 탐지 장비를 참조.

ASOS. See Automated Surface Observing System.
ASOS. 자동화된 표면 관찰 시스템을 참조.

Aspect[105] ratio. Span of a wing divided by its average <u>chord</u>[106].
애스펙트 레이슈(종횡비). 평균 익현으로 나눈 날개 길이/날개 폭.

ASR. See airport surveillance radar.
ASR. 공항 감시 레이더를 참조.

Asymmetric <u>thrust</u>[107]. Also known as P−factor. A tendency for an aircraft to <u>yaw</u>[108] to the left due to the <u>descending</u>[109] propeller <u>blade</u>[110] on the right producing more thrust than the <u>ascending</u>[111] blade on the left. This occurs when the aircraft's <u>longitudinal</u>[112] axis is in a climbing <u>attitude</u>[113] in relation to the relative wind. The P−factor would be to the right if the aircraft had a counterclockwise rotating propeller.
비대칭 추력. P−인자라고도 함. 오른쪽의 하강하는 프로펠러 블레이드가 왼쪽의 상승하는 블레이드보다 더 많은 추력을 생성하기 때문에 항공기가 왼쪽으로 요잉하는(흔들리는) 경향. 이것은 항공기의 세로축이 상대 기류와 관련하여 상승 비행자세에 있을 때 발생한다. 항공기 프로펠러 회전이 시계 반대 방향이면 P 계수는 오른쪽이 된다.

ATC. Air Traffic Control.
ATC. 항공 교통 관제.

---

105) as·pect: ① 양상, 모습, 외관, (사람의) 용모, 표정 ② 국면, 정세 ③ 견지, 견해; (문제를 보는) 각도 ④ (집의) 방향, 전망 ⑤ 〖천문학〗 성위(星位); 〖점성〗 별의 상(相); 〖항공〗 애스펙트《진로면에 대한 날개의 투영면》.
106) chord: ① (악기의) 현, 줄. ② 〖항공〗 익현(翼弦) ③ 〖수학〗 현(弦); 〖공학〗 현재(弦材); 〖의학〗 대(帶), 건(腱);
107) thrust: ① 밀기 ② 찌르기 ③ 공격; 〖군사〗 돌격 ④ 혹평, 날카로운 비꼼 ⑤ 〖항공·기계〗 추력(推力). ⑥ 〖광물학〗 갱도 천장의 낙반. ⑦ 〖지질〗 스러스트, 충상(衝上)(단층). ⑧ 요점, 진의(眞意), 취지.
108) yaw: 〖항공·항해〗 한쪽으로 흔들림; (선박·비행기가) 침로에서 벗어남
109) de·scénd·ing: 내려가는, 강하적인, 하향성의.
110) blade: ① (볏과 식물의) 잎; 잎몸 ② (칼붙이의) 날, 도신(刀身) ③ 노 깃; (스크루·프로펠러·선풍기의) 날개
111) as·cénd·ing: 오르는, 상승의; 향상적인
112) lon·gi·tu·di·nal: 경도(經度)의, 경선(經線)의, 날줄의, 세로의; (성장·변화 따위의) 장기적인
113) at·ti·tude: ① (사람·물건 등에 대한) 태도, 마음가짐 ② 자세, 몸가짐, 거동; 〖항공〗 (로켓·항공기등의) 비행 자세. ③ (사물에 대한) 의견, 심정

ATCRBS. See air traffic control radar beacon system.
ATCRBS. 항공 교통 관제 레이더 표지 시스템을 참조.

ATIS. See automatic terminal information service.
ATIS. 자동 단말기[터미널] 정보 서비스를 참조.

Atmospheric propagation delay. A bending of the electromagnetic (EM) wave from the satellite that creates an error in the GPS system.
대기 전파 지연. GPS 시스템에서 오류를 생성하는 위성으로 부터 전자기(EM) 파동의 굽힘.

Attitude and heading reference system (AHRS). A system composed of three−axis sensors that provide heading, attitude, and yaw information for aircraft. AHRS are designed[114] to replace traditional mechanical gyroscopic[115] flight instruments[116] and provide superior reliability and accuracy.
비행자세 및 방향 관련 시스템(AHRS). 항공기에 대한 비행방향, 비행자세 및 요(yaw) 정보를 주는 3축 감지기로 구성된 시스템. AHRS는 기존의 기계식 회전 비행계기를 대체하도록 설계되었으며 우수한 신뢰성과 정확도를 마련해준다.

Attitude director indicator (ADI). An aircraft attitude indicator that incorporates flight command bars[117] to provide pitch[118] and roll[119] commands.
비행자세 관리자 표시기(ADI). 피치 및 횡전 명령을 주기 위한 비행 명령 모음을 통합하는 항공기 비행자세 표시기.

---

114) de·sign: ① 디자인하다, 도안(의장)을 만들다; 설계하다 ② 계획하다, 안을 세우다, …하려고 생각(뜻)하다 ③ 의도하다, 예정하다
115) gy·ro·scop·ic: 회전의(回轉儀)의, 회전 운동의.
116) in·stru·ment: ① (실험·정밀 작업용의) 기계(器械), 기구(器具), 도구 ② (비행기·배 따위의) 계기(計器) ③ 악기 ④ 수단, 방편(means); 동기(계기)가 되는 것(사람), 매개(자)
117) bar: ① 막대기; 방망이; 쇠지레. ② 방망이 모양의 물건; 조강(條鋼); 봉강(棒鋼); (전기 난방기의) 전열선 ③ 빗장, 가로장; 창살. ④ 장애, 장벽; (교통을 막는) 차단봉 ⑤ (항구·강 어귀의) 모래톱. ⑥ 줄, 줄무늬, (색깔 등의) 띠 ⑦ 『물리학』 바《압력의 단위》.
118) pitch: 『기계』 피치《톱니바퀴의 톱니와 톱니 사이의 거리; 나사의 나사산과 나사산 사이의 거리》; 『항공』 피치《(1) 비행기·프로펠러의 일회전분의 비행 거리. (2) 프로펠러 날개의 각도》.
119) roll: ① 회전, 구르기. ② (배 등의) 옆질. ③ (비행기·로켓 등의) 횡전(橫轉). ④ (땅 따위의) 기복, 굽이침. ⑤ 두루마리, 권축(卷軸), 둘둘 만 종이, 한 통, 롤

Attitude indicator. An instrument which uses an artificial horizon and miniature airplane to depict the position of the airplane in relation to the true horizon. The attitude indicator senses roll as well as pitch[120], which is the up and down movement of the airplane's nose. The foundation for all instrument flight, this instrument reflects the airplane's attitude in relation to the horizon.

비행자세 표시기. 실제 수평선과 관련하여 비행기의 위치를 영상으로 묘사하기 위해 인위적인 수평선과 소형 비행기에 사용하는 계기. 비행자세 표시기는 피치와 롤을 감지하는데 비행기 기수의 수직 움직임이다. 모든 계기 비행에 대한 기초로써 이 계기는 수평선과 관련하여 비행기의 자세를 반영한다.

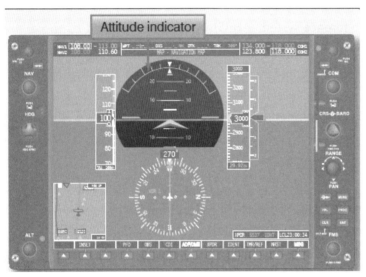

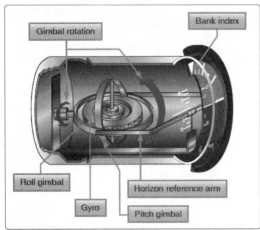

Figure 8-23. *Attitude indicator.*

120) pitch: 〖기계〗 피치《톱니바퀴의 톱니와 톱니 사이의 거리: 나사의 나사산과 나사산 사이의 거리》; 〖항공〗 피치 《(1) 비행기·프로펠러의 일회전분의 비행 거리. (2) 프로펠러 날개의 각도》.

Attitude <u>instrument</u>[121] <u>flying</u>[122]. Controlling the aircraft by reference to the instruments rather than by outside visual cues.

비행자세 계기 비행. 외부 시계(視界) 신호 보다는 계기를 참조하여 항공기를 조종하는 것.

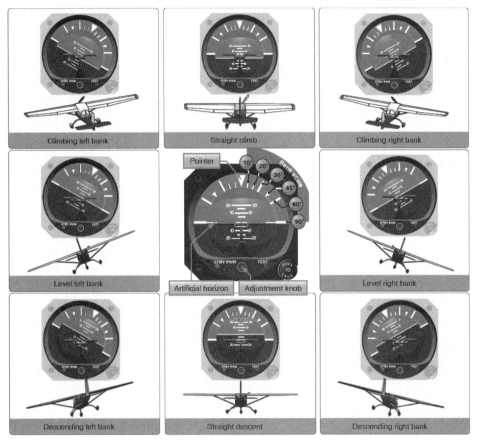

Figure 8-24. *Attitude representation by the attitude indicator corresponds to the relation of the aircraft to the real horizon.*

Attitude management. The ability to recognize hazardous attitudes in oneself and the willingness to modify them as necessary through the application of an appropriate antidote thought.

비행자세 관리. 적합한 방어수단 사고력의 적용을 통한 필수로써 자신의 위험한 비행자세를 인식하는 능력과 그것을 수정하려는 의지.

---

121) in·stru·ment: ① (실험·정밀 작업용의) 기계(器械), 기구(器具), 도구 ② (비행기·배 따위의) 계기(計器) ③ 악기 ④ 수단, 방편(means); 동기(계기)가 되는 것(사람), 매개(자)

122) flý·ing: ① 낢, 비행; 항공술; 비행기 여행; 질주 ② 날림; (새를) 놓아줌; (연을) 날리기, 비산(飛散). ③ (폭탄 등의) 파열, 터짐.

Attitude[123]**.** A personal motivational predisposition to respond to persons, situations, or events in a given manner that can, nevertheless, be changed or modified through training as sort of a mental shortcut[124] to decision-making. The position of an aircraft as determined by the relationship of its axes and a reference[125], usually the earth's horizon.

비행자세. 할 수 있는 주어진 방식에서 사람, 상황 혹은 사고에 반응하기 위한 개인적 동기 부여 경향이지만 그럼에도 불구하고 의사 결정에 대한 일종의 정신적 손쉬운 방법으로써 훈련을 통해 바꾸거나 수정될 수 있다. 일반적으로 지구의 수평선이라는 축과 기준의 관계에 의해 결정되는 항공기의 위치.

Autokinesis. Nighttime visual illusion that a stationary[126] light is moving, which becomes apparent after several seconds of staring at the light. This is caused by staring at a single point of light against a dark background for more than a few seconds. After a few moments, the light appears to move on its own.

자가 운동. 정지된 빛이 움직이는 것으로 조명에 몇 초 동안 응시한 후 뚜렷하게 보이게 되는 야간 시계(視界) 착각. 이것은 몇 초 이상 어두운 배경에 대해 한 점의 빛을 응시함으로써 일어난다. 잠시 후 빛이 저절로 움직이는 것처럼 보이게 된다.

Automated Surface Observing System (ASOS). Weather reporting system which provides surface observations every minute via digitized voice broadcasts and printed reports.

자동 표면 관찰 시스템(ASOS). 디지털화된 음성 방송 및 출력물을 통해 매분 지상 관측보고를 제공하는 기상 보고 시스템.

Automated Weather Observing System (AWOS). Automated weather reporting system consisting of various sensors, a processor, a computer-generated voice sub-

---

123) at·ti·tude: ① (사람·물건 등에 대한) 태도, 마음가짐 ② 자세(posture), 몸가짐, 거동; 〖항공〗 (로켓·항공기등의) 비행 자세. ③ (사물에 대한) 의견, 심정《to, toward》 ④〖발레〗 애티튜드《한 발을 뒤로 든 자세》.

124) short·cut: 지름길; 최단 노선; 손쉬운 방법.

125) ref·er·ence① 문의, 조회《to》. ② 신용 조회처; 신원 보증인. ③ (신원 등의) 증명서, 신용 조회장(狀) ④ 참조, 참고《to》 ⑤ 참고서; 참조 문헌; 참고문; 인용문; 참조 부호 ⑥ 언급, 논급《to》 ⑦ 관련, 관계《to》; 〖문법〗 (대명사가) 가리킴, 받음, 지시 ⑧ 위탁, 부탁 ⑨ (계측·평가의) 기준 ⑩〖컴퓨터〗 참조

126) sta·tion·ary: ① 움직이지 않는, 정지된, 멈춰 있는 ② 변화하지 않는《온도 따위》; 증감하지 않는《인구 등》. ③ 움직일 수 없게 장치한, 고정시킨《기계 등》

system, and a <u>transmitter</u>[127] to broadcast weather data.

자동 기상 관측 시스템(AWOS). 다양한 센서(감지 장치), 프로세서(처리기), 컴퓨터 생성 음성 서브(하위)시스템 및 기상 데이터를 방송하는 송신기로 구성된 자동 기상 보고 시스템.

Automatic <u>dependent</u>[128] surveillance—broadcast (ADS–B). A function on an aircraft or vehicle that periodically broadcasts its state vector (i.e., horizontal and vertical position, horizontal and vertical velocity) and other information.

자동 종속 감시 – 방송(ADS-B). 상태 방향량/스테이트 벡터(즉, 수평 및 수직 위치, 수평 및 수직 속도) 및 기타 정보를 주기적으로 방송하는 항공기 또는 차량의 기능.

Automatic <u>direction</u>[129] <u>finder</u>[130] (ADF). Electronic navigation equipment that operates in the low- and medium-frequency bands. Used in conjunction with the ground-based nondirectional[131] beacon (NDB), the instrument[132] displays[133] the number of degrees clockwise[134] from the nose of the aircraft to the station being received.

자동 방향 탐지기(ADF). 저주파 및 중간 주파수 대역에서 운용하는 전자 내비게이션 장비. 계기는 항공기 기수에서 수신 스테이션까지 시계 방향으로 각도의 숫자를 나타내는 지상 기반의 모든 방향으로 작동하는 표지(NDB)와 함께 결합하여 사용됨.

Automatic <u>terminal</u>[135] <u>information</u>[136] service (ATIS). The continuous broadcast of recorded non-control information in selected terminal areas. Its purpose is to im-

---

127) trans·mit·ter: ① 송달자; 전달자; 양도자, 유전자, 유전체; 전도체. ② 송화기; 송신기(장치), 발신기

128) de·pend·ent: ① 의지하고 있는, 의존하는; 도움을 받고(신세를 지고) 있는 ② 종속관계의, 예속적인.

129) di·rec·tion: ① 지도, 지휘; 감독; 관리; 【영화·연극】 감독; 연출 ② (보통 pl.) 지시, 명령; 지시서, (사용법) 설명 ③ (우편물의) 수령인 주소 성명 ④ 방향, 방위; 방면 ⑤ (행동·사상 등의) 방침; 경향, 추세

130) find·er: ① 발견자; 습득자 ② (세관의) 밀수출입품 검사원. ③ (방향·거리의) 탐지기; 측정기.

131) nòn·diréctional: 【음향·통신】 무지향성(無指向性)의; 모든 방향으로 작용하는.

132) in·stru·ment: ① (실험·정밀 작업용의) 기계(器械), 기구(器具), 도구 ② (비행기·배 따위의) 계기(計器) ③ 악기 ④ 수단, 방편(means); 동기(계기)가 되는 것(사람), 매개(자)

133) dis·play: ① 보이다, 나타내다; 전시(진열)하다 ② 펼치다, 달다, 게양하다; 펴다. ③ 밖에 나타내다, 드러내다; 발휘하다; 과시하다, 주적거리다

134) clóck·wìse: (시계 바늘처럼) 우로(오른쪽으로) 도는, 오른쪽으로 돌아서.

135) ter·mi·nal: ① 끝, 말단; 어미. ② 종점, 터미널, 종착역, 종점 도시; 에어터미널; 항공 여객용 버스 발착장; 화물의 집하·발송역 ③ 학기말 시험. ④【전기】 전극, 단자(端子); 【컴퓨터】 단말기; 【생물】 신경 말단.

136) in·for·ma·tion: ① 정보; 통지, 전달; 자료; 보고, 보도, 소식, 교시(敎示) ② 지식; 견문; 학식

prove controller effectiveness and <u>relieve</u>[137] frequency congestion by <u>automating</u>[138] repetitive transmission of essential but routine information.

자동 단말[터미널] 정보 서비스(ATIS). 선택된 단말(터미널) 영역에서 녹화된 비관제 정보의 지속적인 방송. 그 목적은 필수적으로 반복적인 전송이지만 일상적인 정보를 자동화하여 관제사 효율성을 개선하고 주파수 혼잡을 완화하는 것이다.

Autopilot. An automatic flight control system which keeps an aircraft in <u>level</u>[139] flight or on a set course. Automatic pilots can be directed by the pilot, or they may be coupled to a radio navigation signal.

자동 조종 장치/오토파일럿. 항공기를 수평 비행 또는 설정 항로를 유지하는 자동 비행 조종 시스템. 오토매틱 파일럿츠(자동 조종)는 조종사가 관리할 수 있거나 혹은 무선 내비게이션 신호에 연결될 수 있다.

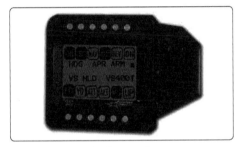

Figure 2-23. *An example of an autopilot system.*

Aviation medical examiner (AME). A physician with training in aviation medicine <u>designated</u>[140] by the Civil Aerospace Medical Institute (CAMI).

항공 의료 검사관(AME). 민간 항공 의료 협회(CAMI)에서 지정한 항공 의학 양성을 받은 의사.

<u>Aviation</u>[141] Routine Weather <u>Report</u>[142] (METAR). Observation of current surface weather reported in a standard international format.

일상의 항공 기상 보고(METAR). 표준 국제 형식으로 기록된 현재 지표 기상 관측.

AWOS. See Automated Weather Observing System.

AWOS. 자동 기상 관측 시스템을 참조.

---

137) re·lieve: ① a) 경감하다, 덜다, 눅이다 b) 안도케 하다; 풀게 하다. ② 구원하다; 구제〔구조〕하다; …에 보급하다 ③ 해임하다; 해제하다; …와 교체하다(교체시키다); ④ 덜다; …에게 변화를 갖게 하다

138) au·to·mate: 오토메이션〔자동〕화 하다. 자동 장치를 갖추다, 자동화되다.

139) lev·el: ① 수평, 수준; 수평선(면), 평면 ② 평지, 평원 ③ (수평면의) 높이 ④ 동일 수준〔수평〕, 같은 높이, 동위(同位), 동격(同格), 동등(同等); 평균 높이

140) des·ig·nate: ① 가리키다, 지시〔지적〕하다, 표시〔명시〕하다, 나타내다; ② …라고 부르다(call), 명명하다 ③ 지명하다, 임명〔선정〕하다; 지정하다

141) avi·a·tion: ① 비행, 항공; 비행술, 항공학 ② 〔 집합적 〕 항공기;《특히》군용기. ③ 항공기 산업.

142) re·port: ① 보고(서); 공보; 보도, 기사《on》; (학교의) 성적표 ② 소문, 세평; 평판, 명성 ③ 총성, 포성, 폭발음. ⑤〖컴퓨터〗보고서

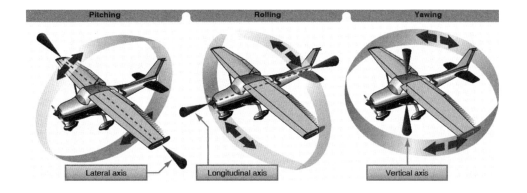

Axes of an aircraft. Three imaginary lines that pass through an aircraft's center of <u>gravity</u>[143]. The axes can be considered as imaginary axles around which the aircraft rotates. The three axes pass through the center of gravity at 90° angles to each other. The axis from nose to tail is the <u>longitudinal</u>[144] axis (<u>pitch</u>[145]), the axis that passes from wingtip to wingtip is the lateral axis (<u>roll</u>[146]), and the axis that passes vertically through the center of gravity is the <u>vertical</u>[147] axis (<u>yaw</u>[148]).

항공기의 축. 항공기의 무게 중심을 통과하는 세 개의 가상 선. 그 세 축은 항공기가 회전하는 둘러싸인 가상의 축으로 간주될 수 있다. 세 축은 서로 다른 90°각도에서 무게 중심을 통과한다. 기수에서 꼬리까지의 축은 세로축(pitch), 날개 끝에서 날개 끝까지를 통과하는 축은 가로축(roll)이고, 무게중심을 통해 수직으로 통과하는 축이 수직축(yaw)이다.

<u>Axial flow</u>[149] <u>compressor</u>[150]. A type of compressor used in a turbine engine in which the airflow through the compressor is essentially <u>linear</u>[151]. An axial-flow compressor is made up of several stages of alternate rotors and stators. The compres-

---

143) grav·i·ty: ① 진지함, 근엄; 엄숙, 장중 ② 중대함; 심상치 않음; 위험(성), 위기 ③ 죄의 무거움, 중죄. ④ 〖물리학〗 중력, 지구 인력; 중량, 무게 ⑤ 동력 가속도의 단위《기호 g》.

144) lon·gi·tu·di·nal: 경도(經度)의, 경선(經線)의, 날줄의, 세로의; (성장·변화 따위의) 장기적인

145) pitch: 〖기계〗 피치《톱니바퀴의 톱니와 톱니 사이의 거리; 나사의 나사산과 나사산 사이의 거리》; 〖항공〗 피치《(1) 비행기·프로펠러의 일회전분의 비행 거리. (2) 프로펠러 날개의 각도》.

146) roll: ① 회전, 구르기. ② (배 등의) 옆질. ③ (비행기·로켓 등의) 횡전(橫轉). ④ (땅 따위의) 기복, 굽이침. ⑤ 두루마리, 권축(卷軸), 둘둘 만 종이, 한 통, 롤

147) ver·ti·cal ① 수직의, 연직의, 곧추선, 세로의. ② 정점〔절정〕의; 꼭대기의.

148) yaw: 〖항공·항해〗 한쪽으로 흔들림; (선박·비행기가) 침로에서 벗어남

149) flow: ① 낢, 비행; 항공술; 비행기 여행; 질주 ② 날림; (새를) 놓아줌; (연을) 날리기, 비산(飛散)

150) com·pres·sor: 압축자; 컴프레서, 압축기(펌프); 〖해부학〗 압축근; 〖의학〗 지혈기(止血器), 혈관 압박기.

151) lin·e·ar: ① 직선의; 선과 같은 ② 〖수학〗 1차의, 선형의. ③ 〖컴퓨터〗 선형(線形), 리니어.

sor ratio is determined by the decrease in area of the <u>succeeding</u>[152] stages.

축류(軸流) 압축기. 압축기가 본래 직선으로 통과하는 기류에 있는 터빈 엔진에서 사용되는 압축기의 유형. 축류 압축기는 서로 엇갈리는 축자와 고정자의 몇몇의 스테이지(단段)로 구성된다. 압축기 비율은 계속되는 스테이지(단段)의 영역에서의 감소로 인하여 결정된다.

<u>**Azimuth**</u>[153] **card.** A card that may be set, <u>gyroscopically</u>[154] controlled, or driven by a remote compass.

방위각 카드. 원격 나침반으로 조종 혹은 회전 운동적으로 조종되도록 설정할 수 있는 카드.

---

152) suc·ceed·ing: 계속되는, 다음의, 계속 일어나는

153) az·i·muth: 〖천문학〗 방위; 방위각; 〖우주〗 발사 방위《생략: azm》.

154) gy·ro·scop·ic: 회전의(回轉儀)의, 회전 운동의.

Back[155] **course**[156]**(BC).** The reciprocal of the localizer[157] course for an ILS. When flying a back−course approach, an aircraft approaches the instrument[158] runway[159] from the end at which the localizer antennas are installed.

백 코스(반대방향 항로, BC). ILS에 대한 로컬라이저 코스의 역방향. 반대 방향 항로 비행 활주로로의 진입할 때 항공기는 로컬라이저 안테나가 설치된 끝에서 계기 활주로 진입한다.

Back side of the power **curve**[160]**.** Flight regime in which flight at a higher airspeed requires a lower power setting and a lower airspeed requires a higher power setting in order to maintain altitude.

파워 커브(출력 곡선)의 뒷면. 더 높은 대기 속도에서 비행은 더 낮은 출력 설정이 필요하고 더 낮은 대기속도는 고도를 유지하기 위해 더 높은 출력 설정을 필요로 하는 비행 양식.

Balance **tab**[161]**.** An auxiliary **control**[162] mounted on a primary control surface, which automatically moves in the direction opposite the primary control to provide an aerodynamic assist in the movement of the control.

균형 탭/밸런스 탭. 조종 장치의 움직임에서 공기역학 보조 장치를 마련하기 위해 반대 방향에서 주요 조종 장치를 자동적으로 움직이게 하는 주요 조종면/비행익면에 장착된 보조 조종 장치.

---

155) back: ① 뒤의, 배후의; 안의; 속의. ② 먼, 떨어진;《미국》매우 궁벽한, 오지(奧地)의; 늦은, 뒤떨어진 ③ 반대 방향의, 뒤로 물러나는

156) course: ① 진로, 행로; 물길, (물의) 흐름; (경주·경기의) 주로(走路); (배·비행기의) 코스, 침로, 항(공)로 ② 진행, 진전, 추이; (일의) 순서; (인생의) 경력 ③ (행동의) 방침, 방향, 방식, 수단 ④ (연속) 강의, 교육과정

157) ló·cal·iz·er:【항공】로컬라이저《계기 착륙용 유도 전파 발신기》.

158) in·stru·ment: ① (실험·정밀 작업용의) 기계(器械), 기구(器具), 도구 ② (비행기·배 따위의) 계기(計器) ③ 악기 ④ 수단, 방편(means); 동기〔계기〕가 되는 것〔사람〕, 매개(자)

159) rún·wày: ① 주로(走路), 통로. ② 짐승이 다니는 길. ③【항공】활주로

160) curve: ① 만곡(부·물(物)), 굽음, 휨; 커브. ② 곡선, 곡선 모양의 물건. ③【야구】곡구(曲球). ④【통계학】곡선도표, 그래프; 운형(雲形)자. ⑤ 사기, 속임, 부정.

161) tab: ① (옷·모자 따위에 붙은) 드림; (어린이옷의) 드리운 소매; 손잡이끈. ② (모자의) 귀덮개; ③【항공】태브 《보조익(翼)·방향타(舵) 따위에 붙어 있는 작은 가동 날개》. ④【컴퓨터】징검(돌), 태브

162) con·trol: ① 지배(력); 관리, 통제, 다잡음, 단속, 감독(권) ② 억제, 제어; (야구 투수의) 제구력(制球力) ③ 통제〔관리〕수단; (pl.) (기계의) 조종장치; (종종 pl.) 제어실, 관제실(탑);【컴퓨터】제어. ④ (실험 결과의) 대조 표준; 대조부(簿) ⑤ 단속자, 관리인. ① 지배하다; 통제〔관리〕하다, 감독하다. ② 제어〔억제〕하다

Balked[163] **landing.** A go-around.

벅드 랜딩(지연된 착륙). 고 어라운드(복행) 참조.

Ballast[164]**.** Removable or permanently installed weight in an aircraft used to bring the center of gravity[165] into the allowable range.

밸러스트. 무게 중심을 허용 범위로 가져오기 위해 사용되는 항공기에 제거 가능하거나 영구적으로 설치된 무게.

Balloon. The result of a too aggressive flare[166] during landing causing the aircraft to climb.

벌룬(기구, 풍선). 상승을 위한 항공기 때문에 착륙동안 너무 공격적인 플레어(발광 신호) 결과.

Baro-aiding. A method of augmenting the GPS integrity[167] solution by using a nonsatellite input source. To ensure that baro-aiding is available, the current altimeter setting must be entered as described in the operating manual.

기압 지원. 비위성 입력 소스를 사용하여 GPS 보전 해결을 보강하는 방법. 기압 지원이 안전하도록, 현행 고도계 설정은 작동 설명서에 설명된 대로 입력해야 한다.

Barometric scale[168]**.** A scale on the dial of an altimeter to which the pilot sets the barometric pressure level[169] from which the altitude shown by the pointers is measured.

기압 척도. 조종사가 포인터로 표시된 고도를 측정하는 기압 수준을 설정하는 고도계 다이얼의 눈금.

---

163) balk, baulk: ① 방해〔저해〕하다; 실망시키다 ② (의무·화제를) 피하다, (기회를) 놓치다

164) bal·last: 〖항해〗밸러스트, (배의) 바닥짐; (기구·비행선의 부력(浮力) 조정용) 모래〔물〕주머니; (철도·도로 등에 까는) 자갈; (마음 등의) 안정감(感); (경험 등의) 견실미(味); 〖전기〗안정기〔저항〕

165) grav·i·ty: ① 진지함, 근엄; 엄숙, 장중 ② 중대함; 심상치 않음; 위험(성), 위기 ③ 죄의 무거움, 중죄. ④ 〖물리학〗중력, 지구 인력; 중량, 무게 ⑤ 동력 가속도의 단위《기호 g》.

166) flare: ① 너울거리는 불길, 흔들거리는 빛. ② 확 타오름; (노여움 따위의) 격발. ③ 섬광 신호, 조명탄; 〖사진〗광반, 플레어. ④ (스커트·트럼펫의 나팔꽃 모양으로) 벌어짐; 〖항해〗뱃전의 불거짐.

167) in·teg·ri·ty: ① 성실, 정직, 고결, 청렴 ② 완전 무결(한 상태); 보전; 본래의 모습 ③ 〖컴퓨터〗보전.

168) scale: ① 눈금, 저울눈; 척도; 자(ruler) ② (지도 따위의) 축척, 비율 ③ (임금·요금·세금 등의) 율(率); 세법; 임금표 ④ 규모, 장치 ⑤ 계급, 등급, 단계 ⑥ 〖컴퓨터〗기준하, 배율, 축척.

169) lev·el: ① 수평, 수준; 수평선(면), 평면 ② 평지, 평원 ③ (수평면의) 높이 ④ 동일 수준(수평), 같은 높이, 동위(同位), 동격(同格), 동등(同等); 평균 높이

Basic empty weight (GAMA). Basic empty weight includes the standard empty weight plus optional and special equipment that has been installed.

기본 공중량(GAMA). 기본 공중량에는 표준 공중량과 설치된 옵션(임의) 및 특수 장비가 포함된다.

BC. See back course.

BC. 반대방향 항로를 참조.

Bernoulli's Principle. A principle that explains how the pressure of a moving fluid varies with its speed of motion. An increase in the speed of movement causes a decrease in the fluid's pressure.

베르누이의 원리. 움직이는 유체의 압력이 운동 속도에 따라 어떻게 변하는지 설명하는 원리. 이동 속도 증가는 유체(액체)의 압력이 감소의 원인이 된다.

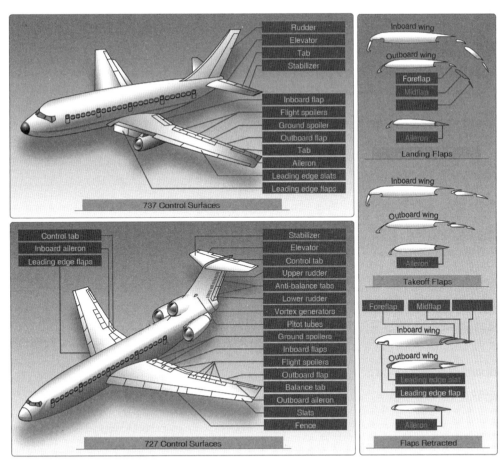

Figure 5-71. *Control surfaces.*

Best angle of <u>climb</u>[170] (VX). The speed at which the aircraft will produce the most <u>gain</u>[171] in altitude in a given distance.

최고의 상승각(VX). 항공기가 주어진 거리에서 가장 높은 고도 증가를 생성하는 속도.

Best glide. The airspeed in which the aircraft glides the furthest for the least altitude lost when in non-powered flight.

최상의 활공. 무동력 비행할 때 항공기가 최저 고도 손실을 위해 가장 멀리 활공하는 대기 속도.

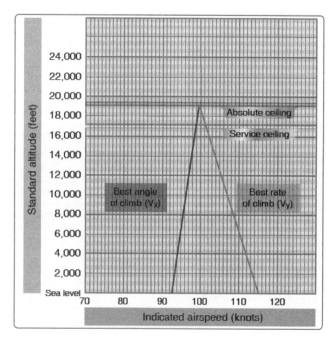

Figure 11-10. *Absolute and service ceiling.*

Best rate of climb (VY). The speed at which the aircraft will produce the most gain in altitude in the least amount of time.

최고 상승률(VY). 항공기가 가장 짧은 시간에 가장 높은 고도 증가를 생성하게 될 속도.

Biplanes. Airplanes with two sets of wings.

복엽기. 두 세트의 날개가 있는 비행기.

---

170) climb: ① 오름, 기어오름, 등반. ② (기어오르는) 높은 곳; 오르막길. ③ (물가·비행기의) 상승; 승진, 영달

171) gain: ① 이익, 이득; (종종 pl.) 수익, 수익금. ② 돈벌이; 상금; 보수 ③ (가치·무게 등의) 증가, 증대, (건강의) 증진; 부가물, 부가분 ④ 【전자】 이득(利得)《수신기·증폭기 등의 입력(入力)에 대한 출력의 비율》.

Figure 3-6. *Monoplane (left) and biplane (right).*

<u>**Blade**</u>[172] <u>**face**</u>[173]. The flat portion of a propeller blade, resembling the bottom portion of an airfoil.

블레이드 페이스. 에어포일의 바닥 부분을 닮은 프로펠러 블레이드의 평평한 부분.

<u>**Bleed**</u>[174] **air.** Compressed air tapped from the compressor stages of a turbine engine by use of ducts and tubing. Bleed air can be used for deice, anti-ice, cabin pressurization, heating, and cooling systems.

블리드 에어(새어나온 공기). 덕트(도관)와 튜브(배관)가 사용된 터빈 엔진의 압축기 스테이지에서 가볍게 두드리는 압축 공기. 블리드 에어는 제빙 장치, 제빙, 객실 여압, 난방 및 냉각 시스템에 사용할 수 있다.

Bleed valve. In a turbine engine, a flapper valve, a popoff valve, or a bleed band designed to bleed off a portion of the compressor air to the atmosphere. Used to maintain blade <u>angle of attack</u>[175] and provide stall-free engine acceleration and deceleration.

블리드(새는) 밸브. 터빈 엔진에서 플래퍼(펄럭이는) 밸브, 팝오프(갑자기 끄지는) 밸브 또는 압축기 공기의 일부를 대기로 배출하도록 설계된 블리드 밴드. 블레이드의 영각을 유지하고 실속 없는 엔진 기속 및 감속하는 데 사용됨.

---

172) blade: ① (볏과 식물의) 잎; 잎몸 ② (칼붙이의) 날, 도신(刀身) ③ 노 깃; (스크루·프로펠러·선풍기의) 날개

173) face: 〖항공·선박〗 프로펠러의 압력면

174) bleed: ① 출혈하다; (…에서) 피가 흐르다 ② 피를 흘리다, 죽다 ③ 마음 아파하다 ④ (가스·물이) 새어나오다; (이음매가) 느즈러지다. ⑤ (염색한 색이) 날다, 빠져나오다. ⑥ (식물이) 진을 흘리다; ① (사람·짐승)에게서 피를 빼다. ② …에서 (액체·공기 따위를) 빼다 ③ (나무가 진을) 내다; …의 진을 채취하다.

175) ángle of attáck: 〖항공〗 영각(迎角)《항공기의 익현(翼弦)과 기류가 이루는 각》.

Block altitude. A block of altitudes assigned by ATC[176] to allow altitude deviations; for example, "Maintain block altitude 9 to 11 thousand."
블락 얼티튜드(차단 고도). 고도 편차를 허용하기 위해 ATC가 지정한 차단 고도. 예: "블록 고도 9~11,000 유지".

Boost pump[177]**.** An electrically driven fuel pump, usually of the centrifugal type, located in one of the fuel tanks. It is used to provide fuel to the engine for starting and providing fuel pressure in the event of failure of the engine driven pump. It also pressurizes the fuel lines to prevent vapor lock.
부스트(밀어올림) 펌프. 일반적으로 연료 탱크 중 하나에 위치한 원심식 유형으로 전기로 가동되는 연료 펌프. 엔진 가동 펌프가 고장 난 경우 엔진 시동 및 연료 압력을 공급하기 위해 엔진에 연료를 공급하는 데 사용된다. 또한 증기 잠금을 방지하기 위해 연료 라인에 압력을 가한다.

Buffeting[178]**.** The beating of an aerodynamic structure or surface by unsteady flow[179], gusts, etc.; the irregular shaking[180] or oscillation[181] of a vehicle component owing to turbulent air or separated flow.
버퍼링(난타). 불안정한 유동, 돌풍 등에 의한 공기역학적 구조물 또는 표면의 박동; 난기류 또는 분리된 흐름으로 인한 본체 구성 요소의 불규칙한 흔들림 또는 진동.

Bus[182] **bar.** An electrical power distribution point to which several circuits may be connected. It is often a solid metal strip having a number of terminals[183] installed on it.

---

176) ATC: Air Traffic Control
177) boost: ① 밀어올림; 로켓 추진. ② (인기 등을) 밀어줌, 후원, 지지; 격려; 경기의 부추김, 경기의 활성화. ③ (값·임금의) 인상, 등귀; (생산량의) 증가
178) buf·fet·ing 【항공】 버퍼팅《난기류에 의한 기체의 이상 진동 현상》; 대기권(大氣圈)을 탈출할 때 발사 로켓에 일어나는 심한 진동.
179) flow: ① (물·차량 따위의) 흐름, 유동. ② 흐르는 물, 유출(량), 유입(량). ③ 용암의 흐름; (전기·가스의) 공급; 【지리】 (고체의) 비파괴적 변형, 유동; 【컴퓨터】 흐름.
180) shak·ing: 동요; 진동(震動); 흔듦
181) òs·cil·lá·tion 진동; 동요, 변동; 주저
182) bus: 【컴퓨터】 버스《여러 장치 사이를 연결, 신호를 전송(傳送)하기 위한 공통로(共通路)》(=ˊ bár).
183) ter·mi·nal: ① 끝, 말단; 어미. ② 종점, 터미널, 종착역, 종점 도시; 에어터미널; 항공 여객용 버스 발착장; 화물의 집하·발송역 ③ 학기말 시험. ④ 【전기】 전극, 단자(端子); 【컴퓨터】 단말기; 【생물】 신경 말단.

버스 바(빗장). 여러 회로가 연결될 수 있는 전력 분배 지점. 종종 여러 개의 터미널이 설치된 단단한 금속 스트립이다.

Bus tie. A switch that connects two or more bus bars. It is usually used when one generator fails and power is lost to its bus. By closing the switch, the operating generator powers both busses.

버스 타이. 2개 이상의 버스 바(빗장)를 연결하는 스위치. 일반적으로 하나의 발전기에 장애가 발생하여 버스에 전원이 공급되지 않을 때 사용된다. 스위치를 닫으면 작동 중인 발전기가 두 버스에 전원을 공급한다.

Bypass[184] air. The part of a turbofan's induction air that bypasses the engine core.

우회 공기. 엔진 코어(중심부)를 우회하는 터보팬의 유도 공기 부분.

Bypass ratio. The ratio of the mass airflow in pounds per second through the fan section of a turbofan engine to the mass airflow that passes through the gas generator portion of the engine. Or, the ratio between fan mass airflow (lb/sec.) and core engine mass airflow (lb/sec.).

우회 비율. 엔진의 가스 발전기 부분을 통과하는 질량 기류에 터보팬 엔진의 팬 섹션(구간)을 통해 초당 질량 파운드에서 질량 기류의 비율. 또는 팬 질량 기류(lb/sec.)와 코어 엔진 질량 기류(lb/sec.) 간의 비율.

---

184) by·pass: (가스·수도의) 측관(側管), 보조관; (자동차용) 우회로, 보조 도로; 보조 수로(水路); 〖전기〗측로(側路); 〖통신〗바이패스《기존 전화회사 회선 이외의 매체를 통해 음성·데이터 등을 전송함》.

Cabin[185] **altitude.** Cabin pressure in terms of equivalent altitude above sea level.
기내 고도. 같은 해발 고도에 의한 기내 기압.

Cabin pressurization[186]**.** A condition where pressurized air is forced into the cabin simulating[187] pressure conditions at a much lower altitude and increasing the air—craft occupants comfort.
기내 여압. 여압된 공기가 훨씬 더 낮은 고도에서 압력 조건을 시뮬레이션하고 항공기 탑승자의 안락함을 증가시켜 기내로 밀어 넣는 상태.

Figure 7-42. *Cabin pressurization instruments.*

Cage. The black markings on the ball instrument[188] indicating its neutral[189] posi—tion.
케이지(칸). 중간 위치를 표시하는 볼 계기에 붙은 흑색 무늬.

---

185) cab·in: ① 오두막(hut); 《영국》 (철도의) 신호소(signal ~). ② (1·2등 선객용의) 선실, 객실; 함장실; 사관실 ③ 〖항공〗 (비행기의) 객실, 조종실; (우주선의) 선실; 《미국》 (트레일러의) 거실, (케이블카의) 객실

186) pres·sur·ize: 〖항공〗 (고공 비행 중에 기밀실의) 기압을 일정하게 유지하다, 여압(與壓)하다; …에 압력을 가하다; (유정(油井)에) 가스를 압입(壓入)하다; 압력솥으로 요리하다.

187) sim·u·late: …을 가장하다, (짐짓) …체하다(시늉하다); 흉내내다; (…로) 분장(扮裝)하다; …의 모의 실험(조종)을 하다.

188) in·stru·ment: ① (실험·정밀 작업용의) 기계(器械), 기구(器具), 도구 ② (비행기·배 따위의) 계기(計器) ③ 악기 ④ 수단, 방편(means); 동기(계기)가 되는 것(사람), 매개(자)

189) neu·tral: ① 중립의, 국외(局外) 중립의; 중립국의 ② 불편 부당의, 공평한; 중용의; 중간의, 무관심한 ③ 〖물리학·화학〗 중성의; 〖동물·식물〗 무성(중성)의, 암수 구별이 없는; 〖전기〗 중성의《전하(電荷)가 없는》.

Calibrated[190] airspeed(CAS). Indicated airspeed corrected for <u>installation</u>[191] error and instrument error. Although manufacturers attempt to keep airspeed errors to a minimum, it is not possible to eliminate all errors throughout the airspeed operating range. At certain airspeeds and with certain flap settings, the installation and instrument errors may total several knots. This error is generally greatest at low airspeeds. In the cruising and higher airspeed ranges, indicated airspeed and calibrated airspeed are approximately the same. Refer to the airspeed calibration chart to correct for possible airspeed errors. The speed at which the aircraft is moving through the air, found by correcting IAS[192] for instrument and position errors.

대조(보정) 대기 속도(CAS). 장비 오류 및 계기 오류에 대해 보정된 표시 대기속도. 제조사는 대기속도 오류를 최소화하려고 시도하지만, 대기속도 작동/운용 범위 전체에서 모든 오류를 제거하는 것은 가능하지 않다. 특정 속도와 특정 플랩 설정에서, 장비 및 계기 오류는 총 몇 노트(knots)가 될 수 있다. 이 오류는 일반적으로 낮은 대기 속도에서 가장 크다. 순항 및 더 높은 대기 속도 범위에서 표시된 대기 속도와 대조(보정)된 대기 속도는 거의 동일하다. 가능한 속도 오류를 수정하려면 속도 대조(보정) 차트를 참조. 계기 및 위치 오류에 대해 IAS를 수정하여 찾은 항공기가 공중에서 움직이는 속도.

Calibrated. The instrument <u>indication</u>[193] compared with a standard value to determine the accuracy of the instrument.

대조(보정)됨. 계기의 정확도를 결정하기 위해 표준 값과 비교되는 계기 표시 도수.

Calibrated <u>orifice</u>[194]. A hole of specific diameter used to delay the pressure change in the case of a <u>vertical</u>[195] speed indicator.

대조(보정)된 오리피스(구멍). 수직 속도 표시기의 경우 압력 변화를 지연시키는 데 사용되는 특정 직경의 구멍.

---

190) cal·i·brate: ① (계기의) 눈금을 빠르게 조정하다; 기초화하다; (온도계·계량 컵 등에) 눈금을 긋다. ② (총포 등의) 구경을 측정하다; 사정을 결정〔수정〕하다. ③ …을 다른 것과 대응시키다, 서로 대조하다.

191) in·stal·la·tion: 임명, 임관; 취임(식); 설치, 설비, 가설; (보통 pl.) (설치된) 장치, 설비

192) IAS: indicated airspeed(지시 대기(對氣) 속도).

193) in·di·cá·tion: ① 지시, 지적; 표시; 암시 ② 징조, 징후 ③ (계기(計器)의) 시도(示度), 표시 도수

194) or·i·fice: 구멍, 뻐끔한 구멍《관(管)·동굴·상처 따위의》

195) ver·ti·cal: ① 수직의, 연직의, 곧추선, 세로의. ② 정점〔절정〕의; 꼭대기의.

Cambered[196]**.** The camber of an airfoil is the characteristic curve of its upper and lower surfaces. The upper camber is more pronounced, while the lower camber is comparatively flat. This causes the velocity of the airflow immediately above the wing to be much higher than that below the wing.

캠버로 된. 에어포일(익형)의 캠버는 상부 및 하부 조종면의 특색을 이루는 곡선이다. 상부 캠버는 더 뚜렷한 반면, 하부 캠버는 상당히 평평하다. 이것은 아래 날개보다 날개 위의 기류 속도를 즉시 더 많이 높이도록 해준다.

Canard configuration[197]**.** A configuration in which the span of the forward wings is substantially less than that of the main wing.

카나드(선미익기) 형태. 전방 날개의 스팬이 주 날개의 스팬보다 실질적으로 더 작은 형태.

Canard[198]**.** A horizontal[199] surface mounted ahead of the main wing to provide longitudinal[200] stability[201] and control. It may be a fixed, movable, or variable geometry surface, with or without control[202] surfaces.

카나드(선미익기). 경선(經線)의 복원성과 조종을 돕기 위해 주 날개 앞에 장착된 수평 조종면/조종익면. 고정, 이동 또는 가변 결합구조 외부 혹은 조종면/비행익면 있을 수도 있고, 없을 수도 있다.

Cantilever. A wing designed to carry loads[203] without external struts.

---

196) cam·ber: (노면 따위의) 위로 붕긋한 볼록꼴, 퀀셋형; 【항공】 캠버《날개의 만곡》; 가운데가 돋게 만들다; (가운데가) 위로 휘다(볼록해지다).

197) con·fig·u·ra·tion: ① 배치, 지형(地形); (전체의) 형태, 윤곽. ② 【천문학】 천체의 배치, 성위(星位), 성단(星團). ③ 【물리학·화학】 (분자 중의) 원자 배열. ④ 【사회학】 통합《사회 문화 개개의 요소가 서로 유기적으로 결합하는 일》; 【항공】 비행 형태; 【심리학】 형태. ⑤ (미사일에서의) 형(型). ⑥ 【컴퓨터】 구성.

198) ca·nard: 날개 앞부분에 수평꼬리날개에 해당하는 작은 날개가 달린 비행기

199) or·i·zon·tal: ① 수평의, 평평한, 가로의. ② 수평선(지평선)의. ③ (기계 따위의) 수평동(水平動)의. 지평(수평)선; 수평 위치; 수평봉.

200) lon·gi·tu·di·nal: 경도(經度)의, 경선(經線)의, 날줄의, 세로의; (성장·변화 따위의) 장기적인

201) sta·bil·i·ty: ① 안정; 안정성(도) ② 공고(鞏固); 착실(성), 견실, 영속성, 부동성. ③ 【기계】 복원성(력)《특히 항공기·선박의》.

202) con·trol: ① 지배(력); 관리, 통제, 다잡음, 단속, 감독(권) ② 억제, 제어; (야구 투수의) 제구력(制球力) ③ 통제(관리) 수단; (pl.) (기계의) 조종장치; (종종 pl.) 제어실, 관제실(탑); 【컴퓨터】 제어. ④ (실험 결과의) 대조 표준; 대조부(簿) ⑤ 단속자, 관리인. ① 지배하다; 통제(관리)하다, 감독하다. ② 제어(억제)하다

203) load ① 적하(積荷), (특히 무거운) 짐 ② 무거운 짐, 부담; 근심, 걱정 ③ 적재량, 한 차, 한 짐, 한 바리 ④ 일의 양, 분담량 ⑤ 【물리학·기계·전기】 부하(負荷), 하중(荷重); 【유전학】 유전 하숭(荷重) ⑥ 【컴퓨터】 로드, 적재 《(1) 입력장치에 데이터 매체를 걺. (2) 데이터나 프로그램 명령을 메모리에 넣음》. ⑦ (화약·필름) 장전; 장탄.

캔틸레버(외팔보). 외부 스트럿(지주) 없이 하중을 전달하도록 설계된 날개.

Carburetor[204] ice. Ice that forms inside the carburetor due to the temperature drop caused by the vaporization of the fuel. Induction system icing is an operational hazard because it can cut off the flow of the fuel/air charge or vary the fuel/air ratio.

카뷰레이터(기화기) 얼음. 연료의 기화 원인으로 온도 강하로 인해 기화기 내부에 형성되는 얼음. 유도 시스템 결빙은 연료/공기 충전물의 흐름을 차단하거나 연료/공기 비율을 변경할 수 있기 때문에 작동상 위험하다.

Carburetor. 1. Pressure: A hydromechanical device employing a closed feed system from the fuel pump to the discharge nozzle. It meters fuel through fixed jets according to the mass airflow through the throttle body and discharges it under a positive pressure. Pressure carburetors are distinctly different from float-type carburetors, as they do not incorporate a vented float chamber or suction pickup from a discharge nozzle located in the venturi tube.
2. Float-type: Consists essentially of a main air passage through which the engine draws its supply of air, a mechanism to control the quantity of fuel discharged in relation to the flow of air, and a means of regulating the quantity of fuel/air mixture delivered to the engine cylinders.

카뷰레터(기화기). 1. 압력: 연료 펌프에서 배출 노즐까지 폐쇄 공급 시스템을 사용하는 유체역학 장치. 스로틀 바디를 통과하는 질량 기류에 따라 고정 제트를 통해 연료를 계량하고 양압 이하로 배출한다. 압력 기화기는 벤츄리 튜브에 위치한 배출 노즐로 부터 배출되는 플로트 챔버 또는 흡입 픽업을 통합하지 않기 때문에 플로트 유형 기화기와 확연히 다르다.
2. 플로트 유형: 엔진이 공기의 흐름과 관련하여 배출되는 연료의 양을 제어하기 위한 메커니즘이라는 공기 공급과 엔진 실린더에 전달된 연료/연료 혼합의 양을 조절하는 방법으로 끌어당겨 통과하는 메인(주主)공기 통로의 본질적 구성.

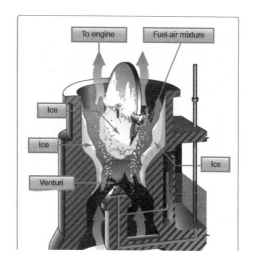

---

204) car·bu·re·tor, -ret·er: 탄화 장치; (내연 기관의) 기화기(氣化器), 카뷰레터.

CAS. Calibrated airspeed.
CAS. 보정된 대기속도.

CDI. Course deviation indicator.
CDI. 항로 변경 표시기.

Cascade[205] reverser[206]. A thrust[207] reverser normally found on turbofan engines in which a blocker door and a series of cascade vanes are used to redirect exhaust gases in a forward direction.
캐스케이드 리버서(익렬 역전기). 블로커 도어와 일련의 캐스케이드 베인(날개)이 배기 가스를 앞방향으로 방향을 고치는 데 사용되어 터보팬 엔진에서 일반적으로 발견되는 추력 역전 장치.

Ceiling[208]. The height above the earth's surface of the lowest layer of clouds, which is reported as broken or overcast, or the vertical[209] visibility[210] into an obscuration.
실링(운저 고도). 변칙적이거나 흐린 것으로 통보되는 가장 낮은 구름층의 지표면 위의 높이 또는 가림물에 대한 수직적 시계(視界)(가시도).

Center of gravity (CG). The point at which an airplane would balance if it were possible to suspend it at that point. It is the mass center of the airplane, or the theoretical point at which the entire weight of the airplane is assumed to be concentrated. It may be expressed in inches from the reference datum, or in percent of mean aerodynamic chord (MAC). The location depends on the distribution of weight in the airplane.
무게 중심(CG). 비행기가 그 지점에 뜨는 것이 가능하다면 균형을 잡을 지점. 비행기의 질량 중심 또는 비행기의 전체 무게가 집중된다고 가정되는 이론적인 지점이다. 기준 데이텀에서

---

205) cas·cade: ① (작은) 폭포; (계단 모양으로) 이어지는 폭포, 단폭(段瀑); (정원의) 인공 폭포; 폭포 모양의 레이스 장식. ②【원예】현애(懸崖) 가꾸기;【화학】계단조(階段槽);【전기】종속(縱續), (축전지의) 직렬;【기계】익렬(翼列);【물리학】(우주선의) 캐스케이드(샤워);【물리학】핵자(核子) 캐스케이드;【컴퓨터】층계형.

206) re·vers·er: 역으로 하는 사람(것);【전기】전극기(轉極器), 반전기(反轉器).

207) thrust: ① 밀기 ② 찌르기 ③ 공격;【군사】돌격 ④ 혹평, 날카로운 비꼼 ⑤【항공·기계】추력(推力).

208) ceil·ing: ① 천장(널);【조선·선박】내장 판자 ② 상한(上限), 한계; (가격·임금 따위의) 최고 한도(top limit) ③ 【항공】상승 한도; 시계(視界) 한도;【기상】운저(雲底) 고도

209) ver·ti·cal: ① 수직의, 연직의, 곧추선, 세로의. ② 정점(설정)의; 꼭대기의.

210) vis·i·bil·i·ty: ① 눈에 보임, 볼 수 있음, ②【기상·항해】시계(視界), 시도(視度), 시정(視程)

인치로 표시하거나 평균 공기 역학적 코드(MAC)의 백분율로 표시할 수 있다. 위치는 비행기 내부의 무게 분포에 따라 다르다.

Center of pressure. A point along the wing chord line where lift[211] is considered to be concentrated. For this reason, the center of pressure is commonly referred to as the center of lift.

압력의 중심. 양력이 집중된 것으로 간주되는 날개 현 선을 따른 지점. 이러한 이유로 압력 중심을 일반적으로 양력 중심이라고 한다.

Center-of-gravity[212] limits[213]. The specified forward and aft points within which the CG must be located during flight. These limits are indicated on pertinent airplane specifications[214].

무게 중심 리밋(경계). 비행 중 CG가 위치해야 하는 지정된 전방 및 후미 지점. 이러한 리밋(경계)은 적절한 비행기 설계명세서에 표시되어 있다.

Center-of-gravity range[215]. The distance between the forward and aft CG limits indicated on pertinent airplane specifications.

무게 중심 범위. 해당 비행기 사양에 표시된 전방 및 후방 CG 한계 사이의 거리.

---

211) lift: 〖항공〗 상승력(力), 양력(揚力).

212) grav·i·ty: ① 진지함, 근엄; 엄숙, 장중 ② 중대함; 심상치 않음; 위험(성), 위기 ③ 죄의 무거움, 중죄. ④ 〖물리학〗 중력, 지구 인력; 중량, 무게 ⑤ 동력 가속도의 단위《기호 g》. ⑥ (음조의) 저음, 억음(抑音).

213) lim·it: ① (종종 pl.) 한계(선), 한도, 극한 ② (종종 pl.) 경계(boundary); (pl.) 범위, 구역, 제한 ③ 〖수학〗 극한. ④ 〖상업〗 지정 가격. ⑤ (내기에서 한 번에 걸 수 있는) 최대액(額).

214) spec·i·fi·ca·tion: 상술, 상기(詳記), 열거; (pl.) (건물·기계 등의) 시방서, 설계 명세서: (보통 pl.) (명세서 등의) 명세(사항), 세목, 내역; 〖민법〗 가공(품); 명확화(化), 특정화; 〖법률학〗 (특허 출원의) 특허 설명서; 〖컴퓨터〗 명세《재료나 제품, 공구, 설비 등에 대한 구조, 성능, 특성 등의 요구 조건을 규정한 것》.

215) range: ① 열(列), 줄, 가지런함, 잇닿음, 줄지음 ② 산맥 ③《미국》방목 구역; 목장 ④ (동식물의) 분포 구역, 서식범위; 생식기(期), 번성기. ⑤ (세력·능력·지식 등이 미치는) 범위, 한계; 시계(視界); 음역(音域); 지식 범위 ⑥ (변동의) 범위, 한도; 〖수학〗 치역(値域); 〖통계학·컴퓨터〗 범위 ⑦ 계급, 신분 ⑧ (제품 따위의) 종류 ⑨ 〖군사〗 사거리, 사정(射程); (미사일 따위의) 궤도; 사격장; (양궁·골프의) 연습장; (로켓 등의) 시사(試射)장, 실험장 ⑩ 〖항공·항해〗 항속 거리. ⑪ 서성댐, 배회, 방황. ⑫ (요리용) 레인지,《미국》전자(가스) 레인지. ⑬ 〖측량〗 2점 이상에 의해 결정되는 측선의 수평 방향, 측심이 가능한 수면을 나타내는 선; 〖항해〗 가항(可航) 범위. ⑭《드물게》방향. ⑮ 〖물리학〗 (하전 입자의) 도달 거리. ⑯ (석재의 일정 높이로의) 정층쌓기.

Centrifugal[216] flow compressor[217]. An impeller−shaped device that receives air at its center and slings air outward at high velocity into a diffuser[218] for increased pressure. Also referred to as a radial outflow compressor.

원심 유동 압축기. 증가된 압력을 방산기로 높은 속력에서 공기를 중앙에서 받고 공기를 외부로 내보내는 임펠러(날개바퀴) 모양의 장치. 방사형 유출 압축기라고도 한다.

Centrifugal force. An outward force that opposes centripetal force, resulting from the effect of inertia during a turn.

원심력. 회전하는 동안 관성의 효과로 인해 구심력에 반대되는 바깥쪽 힘.

Centripetal[219] force. A center−seeking force directed inward toward the center of rotation created by the horizontal component of lift[220] in turning flight.

구심력. 선회 비행에서 양력의 수평 성분에 의해 생성되는 회전 중심을 향해 안쪽으로 향하는 중심을 구하는 힘.

CG. See center of gravity[221].
CG. 무게 중심을 참조.

Changeover[222] point (COP). A point along the route or airway segment between two adjacent navigation facilities or waypoints[223] where changeover in navigation guidance should occur.

전환 지점(COP). 내비게이션 유도의 전환이 발생해야 하는 두 개의 인접한 내비게이션 시설 또는 경유지 사이의 항로 또는 항로 구간을 따라 있는 지점.

---

216) cen·trif·u·gal: 원심(성)의; 원심력을 응용한; (중앙 집권에 대해) 지방 분권적인; 〖기계〗원심 분리기.
217) flow: ① (물·차량 따위의) 흐름, 유동. ② 흐르는 물, 유출(량), 유입(량). ③ 용암의 흐름; (전기·가스의) 공급; 〖지리〗(고체의) 비파괴적 변형, 유동 〖컴퓨터〗흐름. ④ (the ~) 밀물. ⑤ 범람《특히 나일강의》. ⑥ 윤택, 풍부. ⑦ (말이) 거침없이 나옴, 유창함 ⑧ (옷의) 멋진 늘어짐. ⑨ (축구 선수 따위의) 움직임(의 방향).
218) dif·fús·er: ① 유포(보급)하는 사람. ② (기체·광선 등의) 확산기, 방산기, 산광기(散光器); 살포기.
    dif·fuse: ① 흩뜨리다, 방산(放散)시키다; (빛·열 따위를) 발산하다. ② (지식·소문 따위를) 퍼뜨리다, 유포하다, 보급시키다; (친절·행복 따위를) 두루 베풀다, 널리 미치게 하다 ③ 〖물리학〗(기체·액체를) 확산(擴散)시키다; 흩어지다; 퍼지다; 〖물리학〗확산하다.
219) cen·trip·e·tal: 구심(성)의; 구심력을 응용한; 중앙 집권적인.
220) lift: 〖항공〗상승력(力), 양력(揚力).
221) grav·i·ty: ① 진지함, 근엄; 엄숙, 장중 ② 중대함; 심상치 않음; 위험(성), 위기 ③ 죄의 무거움, 중죄. ④ 〖물리학〗중력, 지구 인력; 중량, 무게 ⑤ 동력 가속도의 단위《기호 g》.
222) chánge·òver: (정책 따위의) 변경, 전환; (내각 따위의) 경질, 개조; (형세의) 역전《from; to》; (설비의) 대체.
223) wáy pòint: 중간 지점

Checklist[224]. A tool that is used as a human factors aid in aviation safety. It is a systematic and sequential list of all operations that must be performed to properly accomplish a task.

체크리스트. 항공 안전에 도움이 되는 인적 요소 조력으로 사용되는 도구. 작업을 적절하게 수행하기 위해 반드시 수행해야 하는 모든 운용의 체계적이고 순차적인 목록이다.

Chord line. An imaginary straight line drawn through an airfoil from the leading edge to the trailing edge.

코드 라인(익현 선). 프로펠러 앞쪽의 가장자리에서 날개 뒷전까지 에어포일을 통해 그려지는 가상의 일직선 선

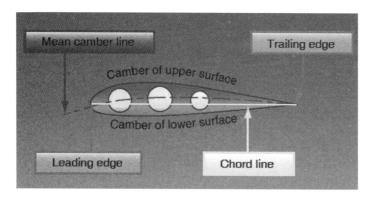

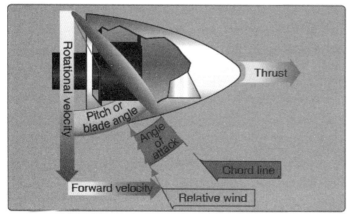

Figure 5-44. *Propeller blade angle.*

---

224) chéck list: 《미국》 대조표, 점검표; 선거인 명부.

Circling[225] approach. A maneuver[226] initiated by the pilot to align the aircraft with a runway[227] for landing when a straight- in landing from an instrument[228] approach is not possible or is not desirable.

선회 활주로로의 진입. 계기 활주로로의 진입에서 직선 착륙이 불가능하거나 바람직하지 않을 때 착륙을 위해 항공기를 활주로와 정렬하기 위한 조종사가 개시하는 방향조종.

Circuit[229] breaker[230]. A circuit-protecting device that opens the circuit in case of excess current flow. A circuit breakers differs from a fuse in that it can be reset[231] without having to be replaced.

회로 차단기. 과전류 공급의 상태에서 회로를 개방하는 회로 보호 장치. 회로 차단기는 교체할 필요 없이 재설정할 수 있다는 점에서 퓨즈와 다르다.

Class A airspace[232]. Airspace from 18,000 feet MSL[233] up to and including FL[234] 600, including the airspace overlying[235] the waters within 12 NM of the coast of the 48 contiguous states and Alaska; and designated[236] international airspace beyond 12 NM of the coast of the 48 contiguous states and Alaska within areas of domestic radio navigational signal or ATC[237] radar coverage, and within which domestic

---

225) cir·cle: ① (하늘을) 선회하다, 돌다; …의 둘레를 돌다. ② 에워〔둘러〕싸다; 동그라미를 치다 ③ (위험을 피하여) 우회하다.; 돌다, 선회하다

226) ma·neu·ver: ① a) 【군사】 (군대·함대의) 기동(機動) 작전, 작전적 행동; (pl.) 대연습, (기동) 연습. b) 기술을 요하는 조작(방법) ② 계략, 책략, 책동; 묘책; 교묘한 조치. ③ (비행기·로켓·우주선의) 방향 조종.

227) rún·wày: ① 주로(走路), 통로. ② 짐승이 다니는 길. ③【항공】 활주로

228) in·stru·ment: ① (실험·정밀 작업용의) 기계(器械), 기구(器具), 도구 ② (비행기·배 따위의) 계기(計器) ③ 악기 ④ 수단, 방편(means); 동기(계기)가 되는 것(사람); 매개(자)

229) cir·cuit: ① 순회, 회전; 순회 여행, 주유(周遊). ② 우회(도로) ③ 주위, 범위. ④ 순회 재판(구);〔 집합적 〕 순회 재판 변호사; (목사의) 순회 교구; 순회로, 순회 구역 ⑤【전기】 회로, 회선; 배선(도);【컴퓨터】 회로.

230) bréak·er: ① (해안·암초 따위의) 부서지는 파도, 파란(波瀾) ② 깨는 사람〔물건〕, 파괴자;【기계】 파쇄기(機); 절단기;【전기】 차단기.

231) re·set: ① 고쳐 놓다; (보석 따위를) 고쳐 박다; (톱의) 날을 다시 갈다; ② (계기(計器) 등을) 초기 상태〔제로〕로 돌리다. ③【컴퓨터】 재(再)기동〔리셋〕하다《메모리·낱칸(cell)의 값을 제로로 함》.

232) áir spàce: (실내의) 공적(空積); (벽 안의) 공기층; (식물조직의) 기실(氣室); 공역(領空);【군사】 (편대에서 차지하는) 공역(空域); (공군의) 작전 공역; 사유지상(私有地上)의 공간.

233) m.s.l.: mean sea level (평균 해면(海面)).

234) flight level

235) òver·láy: …에 들씌우다, …에 입히다; …의 위에 깔다; …에 바르다; …에 도금하다《with》. ② 〔 오용(誤用) 하여 〕 =OVERLIE. ③ 압도〔압제〕하다.

236) des·ig·nate: ① 가리키다, 지시(지적)하다, 표시(명시)하다, 나타내다; ② …라고 부르다(call), 명명하다 ③ 지명하다, 임명〔선정〕하다; 지정하다

237) ATC: Air Traffic Control

procedures are applied.

A급 공역. FL 600을 포함한 MSL 18,000피트 부터 위로의 공역으로 48개 인접 주와 알래스카 해안의 12NM 이내의 해역을 덮는 공역 포함. 그리고 국내 무선 내비게이션 신호 또는 ATC 레이더 적용 범위 내에서 국내 절차가 적용되는 48개 인접 주 및 알래스카 해안의 12NM을 초과하는 지정된 국제 공역.

Class B airspace. Airspace from the surface to 10,000 feet MSL[238] surrounding the nation's busiest airports in terms of IFR[239] operations or passenger numbers. The configuration[240] of each Class B airspace is individually tailored and consists of a surface area[241] and two or more layers, and is designed to contain all published instrument procedures once an aircraft enters the airspace. For all aircraft, an ATC clearance[242] is required to operate in the area, and aircraft so cleared[243] receive separation services within the airspace.

B급 공역. IFR 운용 또는 승객 수에 관하여 나라에서 가장 분주한 공항을 둘러싸고 있는 지표면에서 10,000피트 MSL까지의 공역. 각 B급 공역의 구성은 개별적으로 맞춰지며 지상의 면적과 2개 이상의 층으로 구성되고, 한번 항공기가 공역에 진입하면 게시된 모든 계기 절차를 포함하도록 설정된다. 모든 항공기에 대해, ATC 관제승인은 해당 지역에서 운용하라고 명하고, 그렇게 허가를 받은 항공기는 그 공역 내에서 분류 서비스를 받는다.

Class C airspace. Airspace from the surface to 4,000 feet above the airport elevation (charted in MSL) surrounding those airports having an operational control tower, serviced by radar approach control[244], and having a certain number of IFR opera-

---

238) m.s.l.: mean sea level (평균 해면(海面)).

239) IFR: instrument flight rules (계기 비행 규칙)

240) con·fig·u·ra·tion: ① 배치, 지형(地形): (전체의) 형태, 윤곽. ② 【천문학】 천체의 배치, 성위(星位), 성단(星團). ③ 【물리학·화학】 (분자 중의) 원자 배열. ④ 【항공】 비행 형태: 【심리학】 형태.

241) súrface àrea 표면적.

242) clear·ance: ① 치워버림, 제거: 정리: 재고 정리 (판매): (개간을 위한) 산림 벌채. ② 출항(출국) 허가(서): 통관절차: 【항공】 관제(管制) 승인《항공 관제탑에서 내리는 승인》

243) clear: ① 맑게 하다, 깨끗이 하다, 맑게 하다 ② 깨끗이 치우다, 제거하다 ③ 해제하다, 풀다 ④ 밝히다, 해명하다 ⑤ (문제·헝클어진 실 따위를) 풀다: 【군사】 (암호를) 해독하다 ⑥ (육지를) 떠나다: (출항·입항 절차를) 마치다: 승인(인정)하다: (선박의) 출입항을 허가(승인)하다. (관제탑에서 비행기의) 이착륙을 허가하다: 허가를 받다(하다) ⑦ 【컴퓨터】 (자료·데이터를) 지우다

244) con·trol: ① 지배(력): 관리, 통제, 다잡음, 단속, 감독(권) ② 억제, 제어: (야구 투수의) 제구력(制球力) ③ 통제(관리) 수단: (pl.) (기계의) 조종장치: (종종 pl.) 제어실, 관제실(탑): 【컴퓨터】 제어. ④ (실험 결과의) 대조 표준: 대조부(簿) ⑤ 단속자, 관리인. ① 지배하다: 통제(관리)하다, 감독하다. ② 제어(억제)하다

tions or passenger numbers. Although the configuration of each Class C airspace area is individually tailored, the airspace usually consists of a 5 NM radius core surface area that extends from the surface up to 4,000 feet above the airport elevation[245], and a 10 NM radius shelf[246] area that extends from 1,200 feet to 4,000 feet above the airport elevation.

C등급 공역. 레이더 활주로로의 진입 관제 서비스를 받으며 특정수의 IFR 운용 또는 승객수가 있고 운용 관제탑이 있는 공항 주위의 지상에서 공항 고도 위 4,000피트까지의 공역(MSL으로 도표화). 각각의 C급 공역의 구성은 개별적으로 맞추어 만들지만, 공역은 일반적으로 지표면에서 공항 위의 고도 최대 4,000피트까지 확장되는 5NM 반경의 코어 표면적과 공항 위의 고도 1,200에서 4,000피트까지 확장되는 10NM 반경 쉘프 영역으로 구성된다.

Class D airspace. Airspace from the surface to 2,500 feet above the airport elevation (charted in MSL) surrounding those airports that have an operational control tower. The configuration[247] of each Class D airspace area is individually tailored, and when instrument[248] procedures are published, the airspace is normally designed to contain the procedures.

D급 공역. 운용 관제탑이 있는 공항 주위의 지표면에서 공항 위의 고도 2,500피트(MSL로 표시)까지의 공역. 각 D등급 공역의 비행형태는 개별적으로 맞추어 만들어지며 계기 절차가 발표될 때, 공역은 일반적으로 절차를 포함하도록 계획된다.

Class E airspace. Airspace that is not Class A, Class B, Class C, or Class D, and is controlled airspace.

E등급 공역. A등급, B등급, C등급, D등급이 아닌 관제 공역.

---

245) el·e·va·tion: ① 높이, 고도, 해발(altitude); 약간 높은 곳, 고지(height). ② 고귀(숭고)함, 고상. ③ 올리기, 높이기; 등용, 승진《to》; 향상. ④ 〖군사〗 (an ~) (대포의) 올려본각, 고각(高角).

246) shelf n. ① 선반, 시렁; (선반 모양의) 턱진 장소; 단(壇)(platform); (벼랑의) 바위 턱(ledge) ② 얕은 곳, 여울목(shoal), 모래톱(sand bank), 암초; 〖광산〗 선반 모양의 지층; 대륙붕

247) con·fig·u·ra·tion: ① 배치, 지형(地形); (전체의) 형태, 윤곽. ② 〖천문학〗 천체의 배치, 성위(星位), 성단(星團). ③ 〖물리학·화학〗 (분자 중의) 원자 배열. ④ 〖항공〗 비행 형태; 〖심리학〗 형태.

248) in·stru·ment: ① (실험·정밀 작업용의) 기계(器械), 기구(器具), 도구 ② (비행기·배 따위의) 계기(計器) ③ 악기 ④ 수단, 방편(means); 동기(계기)가 되는 것(사람), 매개(자)

Class G airspace. Airspace that is uncontrolled, except when associated with a temporary control tower, and has not been designated[249] as Class A, Class B, Class C, Class D, or Class E airspace.

G급 공역. 임시 관제탑과 연결된 경우를 제외하고 통제되지 않고 A등급, B등급, C등급, D등급 또는 E등급 공역으로 지정되지 않은 공역.

Clean[250] configuration[251]. A configuration in which all flight control surfaces have been placed to create minimum drag. In most aircraft this means flaps and gear retracted.

클린 컨피규레이션(완전한 비행형태). 모든 비행 조종면/조종익면이 최소 항력을 생성하도록 배치된 비행형태. 대부분의 항공기에서 이것은 플랩과 기어가 접혀 있음을 의미한다.

Clear air turbulence. Turbulence not associated with any visible moisture.

청천 난기류. 눈에 보이는 습기와 관련이 없는 난기류.

Clear ice. Glossy, clear, or translucent ice formed by the relatively slow freezing of large, supercooled water droplets.

맑은 얼음. 상대적으로 크고 과냉각된 물방울이 천천히 얼면서 형성된 광택이 있거나 투명하거나 반투명한 얼음.

Clearance[252] delivery[253]. Control tower position responsible for transmitting departure clearances to IFR[254] flights.

관제승인 전달. IFR 비행에 출발 관제승인을 전송하는 책임이 있는 관제탑 직책.

---

249) des·ig·nate: ① 가리키다, 지시(지적)하다, 표시(명시)하다, 나타내다: ② …라고 부르다(call), 명명하다 ③ 지명하다, 임명(선정)하다; 지정하다

250) clean: ① 청결한, 깨끗한, 더럼이 없는; 갓(잘) 씻은. ② 오염 안 된; 감염되어 있지 않은; 병이 아닌. ③ 불순물이 없는, 순수한. ④ 새로운; 백지의 ⑤ 결점(缺點)(흠) 없는 ⑥ (거의) 정정 기입이 없는, 읽기 쉬운 ⑦ 장애물 없는 ⑧ 순결한, 청정 무구한; 부정이 없는, 전과 없는, 정직한 ⑨ 깔끔한, 단정한; ⑩ 몸매가(모양이) 좋은, 미끈(날씬)한, 균형 잡힌 ⑪ 당연한 ⑫ 교묘한, 솜씨좋은, 능숙한, 멋진 ⑬ 완전한, 철저한, 남김없는.

251) con·fig·u·ra·tion: ① 배치, 지형(地形); (전체의) 형태, 윤곽. ② 【천문학】 천체의 배치, 성위(星位), 성단(星團). ③ 【물리학·화학】 (분자 중의) 원자 배열. ④ 【사회학】 통합; 【항공】 비행 형태; 【심리학】 형태.

252) clear·ance: ① 치워버림, 제거; 정리; 재고 정리 (판매); (개간을 위한) 산림 벌채. ② 출항(출국) 허가(서); 통관절차; 【항공】 관제(管制) 승인《항공 관제탑에서 내리는 승인》

253) de·liv·ery: ① 인도, 교부; 출하, 납품; (재산 등의) 명도(明渡). ② 배달; 전달, …편(便) ③ (a ~) 이야기투, 강연 (투) ④ 방출, (화살·탄환 등의) 발사; ⑤ 구출, 해방. ⑥ 【군사】 (포격·미사일의 목표 지점) 도달.

254) IFR: instrument flight rules (계기 비행 규칙)

Clearance limit[255]. The fix, point, or location to which an aircraft is cleared when issued an air traffic clearance.

관제승인 구역. 항공기가 항공 교통 관제허가를 받을 때 허가를 받는 고정점, 지점 또는 위치.

Clearance on request[256]. An IFR clearance not yet received after filing[257] a flight plan.

관제승인 요청. 비행계획서 제출 후 아직 받지 못한 IFR 관제승인.

Clearance void[258] time. Used by ATC[259], the time at which the departure clearance is automatically canceled if takeoff has not been made. The pilot must obtain a new clearance or cancel the IFR flight plan if not off by the specified[260] time.

클리어런스 보이드 타임(관제승인 무효 시간). ATC에서 사용되는 것으로 이륙하지 않은 경우 자동으로 출발 관제승인이 취소되는 시간. 조종사는 지정된 시간까지 출발하지 않으면 새로운 관제승인을 받거나 IFR 비행 계획을 취소해야 한다.

Clearance. ATC permission for an aircraft to proceed under specified traffic conditions within controlled airspace, for the purpose of providing separation between known aircraft.

관제승인. 식별할 수 있는 항공기 사이를 분리할 목적으로 관제 공역 내의 지정된 교통 조건 하에서 진행하도록 하는 항공기에 대한 ATC 허가.

Climb gradient[261]. The ratio between distance traveled and altitude gained.

상승 경사도. 이동한 거리와 도달한 고도 간의 비율.

Cockpit[262] resource management. Techniques designed to reduce pilot errors and manage errors that do occur utilizing cockpit human resources. The assumption

---

255) lim·it: ① (종종 pl.) 한계(선), 한도, 극한 ② (종종 pl.) 경계; (pl.) 범위, 구역, 제한 ③ 〖상업〗 지정 가격.

256) re·quest: ① 요구, 요망, 의뢰, 소망 ② 의뢰물; 요망서. ③ 수요(demand).

257) file: ① (항목별로) 철(綴)하다, (철하여) 보관(보존)하다 ② (원고 등을) 정리하다. ③ (기사 따위를) 보내다《전보·전화 따위로》. ④ (신청·항의 등을) 제출(제기)하다.

258) void: ① 빈, 공허한. ② 공석인, 자리가 빈 ③ 없는, 결핍한(된) ④ 〖법률학〗 무효의 ⑤ 무익한.

259) ATC: Air Traffic Control

260) spec·i·fy: ① 일일이 열기하다; 자세히(구체적으로) 말하다(쓰다), 명시하다 ② 명세서(설계서)에 기입하다.

261) gra·di·ent: (도로·철도 따위의) 경사도, 기울기, 물매; 언덕, 비탈; 〖물리학〗 (온도·기압 등의) 변화(경사)도

262) cóck·pit: (비행기·우주선·요트 따위의) 조종(조타)실

is that errors are going to happen in a complex system with error-prone humans.

조종석 리소스(자원) 관리. 조종실 인적 자원을 활용하여 조종사 오류를 줄이고 발생하는 오류를 관리하도록 설계된 기술. 오류가 발생하기 쉬운 인적 요소의 복잡한 시스템에서 오류가 발생한다는 가정이다.

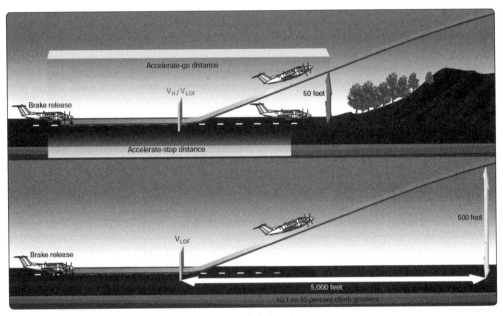

Figure 12-5. *Accelerate-stop distance, accelerate-go distance, and climb gradient.*

<u>**Coefficient**</u>[263] <u>**of lift**</u>[264] **(CL).** The ratio between lift pressure and dynamic pressure.
양력 계수(CL). 양력 기압(압력)과 동적 기압(압력) 사이의 비율.

Coffin corner. The flight regime where any increase in airspeed will induce high speed Mach <u>buffet</u>[265] and any decrease in airspeed will induce low speed Mach buffet.
카핀 코너(관 귀퉁이). 다소의 대기속도 증가는 고속 마하 버핏을 일으키고 다소의 대기속도 감소는 저속 마하 버핏을 일으키는 비행 체제.

---

263) cò·effícient: 공동 작용(작업)의, 협력하는: 공동 작인(作因), 〔수학·물리학〕계수(係數), 율(率); 정도
264) lift: 〔항공〕상승력(力), 양력(揚力).
265) buf·fet: 속도 초과로 인한 비행기의 진동.

Cold front[266]. The boundary between two air masses[267] where cold air is replacing warm air.

한랭 전선. 찬 공기가 따뜻한 공기로 바꾸는 두 기단 사이의 경계.

Combustion chamber[268]. The section of the engine into which fuel is injected and burned.

연소실. 연료가 분사되고 연소되는 엔진 부분.

Common traffic[269] advisory[270] frequency[271]. The common frequency used by airport traffic to announce position reports in the vicinity of the airport.

공유 교통 기상통보 주파수. 공항 주변에서 위치 보고를 알리기 위해 공항 교통으로 사용하는 공유 주파수.

Compass course[272]. A true course corrected for variation and deviation[273] errors.

컴패스 코스(나침로). 편차 및 항로변경 오류가 수정된 실제 코스(항로).

Compass locator[274]. A low-power, low- or medium-frequency (L/MF) radio beacon installed at the site of the outer or middle marker of an ILS.

컴패스 로케이터. ILS의 외부 또는 중간 표시되는 위치에서 설치된 저전력, 저주파 또는 중주파(L/MF) 무선 표지.

Compass rose[275]. A small circle graduated in 360° increments, to show direction expressed in degrees.

266] front: ① (the ~) 앞, 정면, 앞면; (문제 따위의) 표면; 정면, 앞쪽 ②【기상】 전선(前線);【정치】 전선(戰線)

267] áir màss:【기상】 기단(氣團).

268] cham·ber: (총의) 약실(藥室);【기계】 (공기·증기 따위의) 실(室).

269] traf·fic: ① a) 교통(량), (사람·차의) 왕래, 사람의 통행 b) (전화의) 통화량; (전보의) 취급량 ② 운수, 수송(량), 수송물. ③【컴퓨터】 교통량《전산망에서 상호 전송되는 정보의 흐름 또는 그 양》.

270] ad·vi·so·ry: 권고의, 조언을(충고를) 주는: 고문의;《미국》 상황 보고, (태풍 정보 따위의) 기상 보고(통보).

271] fre·quen·cy: 자주 일어남, 빈번; (맥박 등의) 횟수, 도수, 빈도(수);【물리학】 진동수, 주파수

272] cómpass ròse: ①【항해】 나침도(圖)《해도의 원형 방위도》. ② 방사선도(圖), 방위도《장식용으로도 씀》.

273] de·vi·a·tion: ① 벗어남, 탈선, 일탈(逸脫)《from》; 편의(偏倚), 편향. ② (정치 신조로부터의) 일탈 행위. ③ (자침(磁針)의) 사차(自差);【통계학】 편차;【항해】 항로 변경;

274] cómpass locàtor:【항공】 계기 착륙 시스템의 무선 유도 표지(標識).

275] cómpass ròse: ①【항해】 나침도(圖)《해도의 원형 방위도》. ② 방사선도(圖), 방위도《장식용으로도 씀》.

컴패스 로즈(나침도). 도 단위로 표시되는 방향을 보여주기 위해 360°증대에서 눈금 표시한 작은 원.

Figure 16-6. *Compass rose.*

Figure 1-23. *A complex aircraft.*

Complex aircraft. An aircraft with retractable landing gear, flaps, and a controllable−pitch[276] propeller, or is turbine powered.

복합 항공기. 접어 넣을 수 있는 착륙 장치, 플랩 및 조종 가능한 피치 프로펠러가 있거나 터빈으로 발동기를 장비한 항공기.

Compression ratio. 1. In a reciprocating engine, the ratio of the volume of an engine cylinder with the piston at the bottom center to the volume with the piston at top center. 2. In a turbine engine, the ratio of the pressure of the air at the discharge to the pressure of air at the inlet.

압축비. 1. 왕복 엔진에서 상단 중앙부 피스톤의 부피(대비) 하단 중앙부 피스톤의 엔진 실린더의 부피 비율. 2. 터빈 엔진에서 배출구 공기 압력 대 입구 공기 압력의 비율.

Compressor bleed air. See bleed air.

압축기 블리드 에어. 블리드 에어를 참조.

Compressor bleed valves. See bleed valve.

압축기 블리드 밸브. 블리드 밸브를 참조.

Compressor pressure ratio. The ratio of compressor discharge pressure to compressor inlet pressure.

---

276) pitch: ① (비행기·배의) 뒷질. ② 〖기계〗 피치《톱니바퀴의 톱니와 톱니 사이의 거리; 나사의 나사산과 나사산 사이의 거리》; 〖항공〗 피치《(1) 비행기·프로펠러의 일회전분의 비행 거리. (2) 프로펠러 날개의 각도》.

압축기 압력 비율. 압축기 입구 압력 대(:) 압축기 유출 압력의 비율.

Compressor section. The section of a turbine engine that increases the pressure and density of the air flowing through the engine.
압축기 섹션(구역). 엔진을 통해 흐르는 공기의 압력과 밀도를 증가시키는 터빈 엔진의 섹션 (구역).

Compressor stall. In gas turbine engines, a condition in an axial−flow compressor in which one or more stages of rotor <u>blades</u>[277] fail to pass air smoothly to the suc−ceeding stages. A stall condition is caused by a pressure ratio that is incompatible with the engine rpm. Compressor stall will be indicated by a rise in exhaust tem−perature or rpm <u>fluctuation</u>[278], and if allowed to continue, may result in flameout and physical damage to the engine.
컴프레서 스톨(압축기 실속). 가스 터빈 엔진에서 하나 이상의 로터(회전익), 블레이드(날개), 스테이지(발판)가 공기를 다음 단계로 원활하게 통과시키지 못하는 축류 압축기의 상태. 스톨(실속) 상태는 엔진 rpm과 호환되지 않는 압력 비율로 인해 발생한다. 압축기 스톨(실속) 은 배기 온도의 상승 또는 rpm 변동으로 표시되며 계속 두면 엔진에 화염 및 물리적 손상 이 발생할 수 있다.

Compressor <u>surge</u>[279]. A severe compressor stall across the entire compressor that can result in severe damage if not quickly corrected. This condition occurs with a complete stoppage of airflow or a reversal of airflow.
압축기 서지. 신속하게 수정이 안 된다면 심각한 손상에서 야기될 수 있는 전체 압축기에 걸 친 심각한 압축기 실속. 이 상태는 기류가 완전히 중단되거나 기류가 역전으로 발생한다.

Computer navigation fix. A point used to define a navigation track for an airborne computer system such as GPS or FMS.
컴퓨터 내비게이션(운항) 픽스(수정). GPS 또는 FMS와 같은 항공 컴퓨터 시스템의 운항 항 적을 정의하는 데 사용되는 지점.

---

277) blade: ① (볏과 식물의) 잎; 잎몸 ② (칼붙이의) 날, 도신(刀身) ③ 노 깃; (스크루·프로펠러·선풍기의) 날개
278) flùc·tu·á·tion: ① 파동, 동요. ② 오르내림, 변동; (pl.) 성쇠, 흥망
279) surge: ① 큰 파도, 놀; 굽이치는 바다; 파도침; ② 급상승; 〖전기〗 서지《전류·전압의 급증(동요)》; (군중 따위 의) 쇄도; 〖항해〗 로프의 느슨해짐; 〖기계〗 서지《엔진의 불규칙한 움직임》 ③ 〖기상〗 서지《급격한 기압 변화》

Concentric[280] rings. Dashed−line circles depicted in the plan view of IAP charts, outside of the reference circle, that show en route and feeder facilities.
컨센트릭 링(중심이 같은 원형, 동심원). <u>IAP[281]</u> 차트의 평면도에 표시된 대쉬드 라인 써클(충돌선 원), 항공로상 및 피더 시설을 보여주는 기준 원의 외부.

Condensation[282] nuclei. Small particles of solid matter in the air on which water vapor condenses.
응축 핵. 물이 수증기로 응결하는 공기 중의 고체 물질의 작은 입자.

Condensation. A change of state of water from a gas (water vapor) to a liquid.
응축. 기체(수증기)에서 액체로 물의 상태 변화.

Condition lever. In a turbine engine, a powerplant <u>control[283]</u> that controls the flow of fuel to the engine. The condition lever sets the desired engine rpm within a narrow range between that appropriate for ground and flight operations.
컨디션 레버. 터빈 엔진에서 엔진으로의 연료 흐름을 제어하는 동력 장치 제어. 컨디션 레버는 지상 및 비행운용 사이의 한정된 범위 내에서 바람직한 엔진 rpm을 설정한다.

Cone of confusion. A cone−shaped volume of <u>airspace[284]</u> directly above a <u>VOR[285]</u> station where no signal is received, causing the CDI to <u>fluctuate[286]</u>.
혼란의 원뿔. 파동하는 CDI가 원인으로 신호를 받을 수 없는 VOR 스테이션 바로 위의 원뿔 모양의 용적 공역.

Configuration[287]. This is a general term, which normally refers to the position of

---

280) con·cen·tric, -tri·cal: ① 동심(同心)의, 중심이 같은 ② 집중적인
281) IAP: international airport.
282) còn·den·sá·tion: ① 압축, 응축, 농축; 【물리학】 응결; 【화학】 액화. ② 응축 상태, 응결(액화)된 것.
283) con·trol: ① 지배(력); 관리, 통제, 다잡음, 단속, 감독(권) ② 억제, 제어; (야구 투수의) 제구력(制球力) ③ 통제(관리) 수단; (pl.) (기계의) 조종장치; (종종 pl.) 제어실, 관제실(탑); 【컴퓨터】 제어. ④ (실험 결과의) 대조 표준; 대조부(簿) ⑤ 단속자, 관리인. ① 지배하다; 통제(관리)하다, 감독하다. ② 제어(억제)하다
284) áir spàce: (실내의) 공적(空積); (벽 안의) 공기층; (식물조직의) 기실(氣室); 공역(領空); 【군사】 (편대에서 차지하는) 공역(空域); (공군의) 작전 공역; 사유지상(私有地上)의 공간.
285) VOR: very-high-frequency omnirange(초단파 전(全)방향식 무선 표지(標識)).
286) fluc·tu·ate: (물가·열 등이) 오르내리다, 변동(동요)하다; 파동하다; 변동(동요)시키다.
287) con·fig·u·ra·tion: ① 배치, 지형(地形); (전체의) 형태, 윤곽. ② 【천문학】 천체의 배치, 성위(星位), 성단(星團). ③ 【물리학·화학】 (분자 중의) 원자 배열. ④ 【사회학】 통합; 【항공】 비행 형태; 【심리학】 형태.

the landing gear and flaps.

컨피규레이션(비행형태). 이것은 보통 랜딩 기어와 플랩의 위치와 관련된 일반적인 용어이다.

Constant[288] speed propeller. A controllable pitch[289] propeller whose pitch is automatically varied in flight by a governor to maintain a constant rpm in spite of varying air loads[290].

정속(일정한 속도) 프로펠러. 공기 부하의 변화에도 불구하고 일정한 rpm을 유지하기 위해 거버너(조속기)에 의해 비행 중에 피치가 자동으로 변경되는 조종 가능한 피치 프로펠러.

Continuous flow oxygen system. System that supplies a constant supply of pure oxygen to a rebreather bag that dilutes[291] the pure oxygen with exhaled[292] gases and thus supplies a healthy mix of oxygen and ambient[293] air to the mask. Primarily used in passenger cabins of commercial airliners.

연속 공급 산소 시스템. 발산된 가스와 함께 순수한 산소를 희석한 산소호흡기 자루에 순수한 산소 공급을 지속적으로 함으로써 마스크에 산소와 주위 공기를 위생적으로 혼합하여 공급하는 시스템. 주로 상업용 여객기의 객실에 사용된다.

Control[294] and performance. A method of attitude[295] instrument[296] flying in which one instrument is used for making attitude changes, and the other instruments

---

288) con·stant: ① 변치 않는, 일정한; 항구적인, 부단한. ② (뜻 따위가) 부동의, 불굴의, 견고한. ③ 성실한, 충실한 ④ 〔 서술적 〕 (한 가지를) 끝까지 지키는《to》.

289) pitch: 【기계】 피치《톱니바퀴의 톱니와 톱니 사이의 거리; 나사의 나사산과 나사산 사이의 거리》; 【항공】 피치 《(1) 비행기·프로펠러의 일회전분의 비행 거리. (2) 프로펠러 날개의 각도》.

290) load ① 적하(積荷), (특히 무거운) 짐 ② 무거운 짐, 부담; 근심, 걱정 ③ 적재량, 한 차, 한 짐, 한 바리 ④ 일의 양, 분담량 ⑤【물리학·기계·전기】부하(負荷), 하중(荷重);【유전학】유전 하중(荷重)

291) di·lute: ① 물을 타다, 묽게 하다; 희박하게 하다(되다); (빛깔을) 엷게 하다 ② (잡물을 섞어서) …의 힘을〔효과 따위를〕약하게 하다〔떨어뜨리다〕, 감쇄(減殺)하다; (노동력에) 비숙련공의 비율을 늘리다, 희석하다

292) ex·hale: ① (숨을) 내쉬다. (말을) 내뱉다, (공기·가스 등을) 내뿜다; (냄새 등을) 발산시키다;《고어》증발시키다. ②《고어》(분노 등을) 폭발시키다; (가스·냄새 등이) 발산하다, 증발하다; 소산(消散)하다; 숨을 내쉬다.

293) am·bi·ent: 주위의, 환경의; 빙 에두른, 에워싼

294) con·trol: ① 지배(력); 관리, 통제, 다잡음, 단속, 감독(권) ② 억제, 제어; (야구 투수의) 제구력(制球力) ③ 통제〔관리〕 수단; (pl.) (기계의) 조종장치; (종종 pl.) 제어실, 관제실(탑); 【컴퓨터】제어. ④ (실험 결과의) 대조 표준; 대조부(簿) ⑤ 단속자, 관리인. ① 지배하다; 통제〔관리〕하다, 감독하다. ② 제어〔억제〕하다

295) at·ti·tude: ① (사람·물건 등에 대한) 태도, 마음가짐 ② 자세(posture), 몸가짐, 거동;【항공】(로켓·항공기등의) 비행 자세. ③ (사물에 대한) 의견, 심정《to, toward》④【발레】애티튜드《한 발을 뒤로 든 자세》.

296) in·stru·ment: ① (실험·정밀 작업용의) 기계(器械), 기구(器具), 도구 ② (비행기·배 따위의) 계기(計器) ③ 악기 ④ 수단, 방편(means); 동기〔계기〕가 되는 것〔사람〕, 매개(자)

are used to monitor the progress of the change.

조종 및 이행. 하나의 계기는 비행자세 변경에 사용되고, 다른 계기는 변화의 진행 상황을 검토하는 데 사용되는 비행자세 계기 비행 방법.

Control display unit. A <u>display</u>[297] <u>interfaced</u>[298] with the master computer, providing the pilot with a single control point for all navigations systems, thereby reducing the number of required flight deck panels.

관제 표시 장치. 마스터 컴퓨터와 접속되는 디스플레이로, 모든 내비게이션 시스템에 대한 단일 관제 지점을 조종사에게 제공하여, 규정된 조종실 패널의 수를 줄인다.

Control pressures. The amount of physical <u>exertion</u>[299] on the control <u>column</u>[300] necessary to achieve the desired attitude.

조종 압력. 바람직한 비행자세를 달성하는 데 필요한 조종륜에 대한 신체 발휘의 양.

Control touch. The ability to sense the action of the airplane and its probable actions in the immediate future, with regard to attitude and speed variations, by sensing and <u>evaluation</u>[301] of varying pressures and resistance of the control surfaces transmitted through the cockpit flight controls.

컨트롤 터치(조종 감각). 조종석 비행 조종 장치를 통해 전달되는 조종면/조종익면(操縱翼面)의 다양한 압력과 저항을 감지하고 평가하여 비행자세 및 속도 변화와 관련하여 항공기의 작동과 미리 가능한 동작을 감지하는 능력.

Controllability. A measure of the response of an aircraft relative to the pilot's flight control inputs.

조종 능력. 조종사의 비행 조종 입력에 대한 항공기 상호간의 응답 척도.

Controllable pitch propeller(CPP). A propeller in which the <u>blade</u>[302] angle can be changed during flight by a control in the cockpit. Conventional landing gear.

---

297) dis·play: 〖컴퓨터〗화면 표시기《출력 표시 장치》.

298) ínter·fàce: …을 (…에) 잇다; (순조롭게) 조화〔협력〕시키다; 〖컴퓨터〗(…와) 사이틀〔인터페이스〕로 접속하다

299) ex·er·tion: 노력, 전력, 분발(endeavor); (힘의) 발휘, 행사《of》; 힘든 작업〔운동〕; 수고

300) contról còlumn: 〖항공〗조종륜(輪)《차의 핸들식 조종간》

301) eval·u·ate: 평가하다, 사정(査定) 가치를 어림하다; 〖수학〗…의 값을 구하다; 평가를 행하다.
　　　　evàl·u·á·tion n. 평가(액); 값을 구함.

302) blade: ① (볏과 식물의) 잎; 잎몸 ② (칼붙이의) 날, 도신(刀身) ③ 노 깃; (스크루·프로펠러·선풍기의) 날개

Landing gear employing a third rear-mounted wheel. These airplanes are also sometimes referred to as tailwheel airplanes. A type of propeller with blades that can be rotated around their long axis to change their pitch. If the pitch can be set to negative values, the reversible propeller can also create reverse thrust[303] for braking or reversing without the need of changing the direction of shaft revolutions.

조종 가능한 피치 프로펠러(CPP). 조종석의 조종 장치에 의해 비행 중 블레이드 각도를 변경할 수 있는 프로펠러. 보편적인 랜딩기어(착륙 장치). 세 번째 후방 장착 휠을 사용하는 랜딩 기어(착륙 장치). 이 비행기는 또한 때때로 꼬리바퀴 비행기라고도 한다. 장축을 중심으로 회전하여 피치를 변경할 수 있는 블레이드가 있는 프로펠러 유형. 피치를 음수 값으로 설정할 수 있다면 양면 프로펠러는 샤프트 회전 방향을 변경할 필요 없이 제동 또는 후진을 위해 역추력을 생성할 수도 있다.

Controlled airspace[304]. An airspace of defined[305] dimensions within which ATC[306] service is provided to IFR[307] and VFR[308] flights in accordance with the airspace classification. It includes Class A, Class B, Class C, Class D, and Class E airspace.
관제 공역. 공역 분류에 따라 IFR 및 VFR 비행에 ATC 조력이 규정되는 범위내에서 한정된 범위의 공역. 클래스 A, 클래스 B, 클래스 C, 클래스 D 및 클래스 E 공역을 포함한다.

Convective SIGMET. Weather advisory concerning convective[309] weather significant to the safety of all aircraft, including thunderstorms, hail, and tornadoes.
대류 SIGMET. 뇌우, 우박 및 토네이도를 포함하여 모든 항공기의 안전에 중요한 대류 날씨에 관한 기상 주의보.

Convective weather. Unstable, rising air found in cumiliform clouds.
대류 날씨. 커필리폼 구름에서 발견되는 불안정하고 상승하는 공기.

---

303) thrust: ① 밀기 ② 찌르기 ③ 공격; 〖군사〗 돌격 ④ 혹평, 날카로운 비꼼 ⑤ 〖항공·기계〗 추력(推力).

304) áir spàce: (실내의) 공적(空積); (벽 안의) 공기층; (식물조직의) 기실(氣室); 영공(領空); 〖군사〗 (편대에서 차지하는) 공역(空域); (공군의) 작전 공역; 사유지상(私有地上)의 공간.

305) de·fine: ① 규정짓다, 한정하다 ② 정의를 내리다. 뜻을 밝히다 ③ …의 경계를 정하다 ④ …의 윤곽을 명확히 하다; (…의 특성을) 나타내다

306) ATC: Air Traffic Control

307) IFR: instrument flight rules (계기 비행 규칙)

308) VFR: 〖항공〗 visual flight rules(유시계(有視界) 비행 규칙).

309) con·vec·tive: 대류(對流)(환류(環流))의. 전달성의.

Coordinated flight. Application of all appropriate flight and power controls to prevent slipping or skidding in any flight condition. Flight with a minimum disturbance of the forces maintaining equilibrium, established via effective control use.

조정(조화) 비행. 어떠한 비행 조건에서 벗어나거나 미끄러짐을 방지하기 위해 모든 적절한 비행 및 동력 조종장치의 적용. 효과적인 조종장치 사용을 통해 확립된 평형을 유지하는 힘의 최소 교란으로 비행.

Coordination[310]. The ability to use the hands and feet together subconsciously and in the proper relationship to produce desired results in the airplane.

코오더네이션(일치). 비행기에서 바람직한 성과를 얻기 위해 잠재의식적으로 적절한 관계에서 손과 발을 함께 사용하는 능력.

COP. See changeover point.

COP. 전환 지점을 참조.

Core airflow. Air drawn into the engine for the gas generator.

핵심 기류. 가스 발생기용 엔진으로 유입된 공기.

Coriolis illusion. The illusion of rotation or movement in an entirely different axis, caused by an abrupt head movement, while in a prolonged constant-rate turn that has ceased to stimulate the brain's motion sensing system.

코리올리스 착시. 뇌의 움직임 감지 시스템을 자극하는 것을 중단한 오래 끄는 일정한 비율로 회전하는 동안 갑작스러운 머리 움직임이 원인으로 완전히 다른 축에서 회전 또는 움직임의 착시.

Coupled ailerons and rudder. Rudder and ailerons are connected with interconnected springs in order to counteract[311] adverse[312] yaw[313]. Can be overridden if it becomes necessary to slip the aircraft.

결합된 에일러론(보조익)과 러들(방향타). 러들(방향타)과 에일러론(보조익)은 역방향 요(yaw)에 반작용을 위해 상호 연결된 스프링으로 연결된다. 항공기를 미끄러지게 해야 하는

---

310) co·òr·di·ná·tion: 동등(하게 함); 대등(의 관계); 동위, 등위(等位); (작용·기능의) 조정, 일치

311) còunter·áct: …와 반대로 행동하다, 방해하다; 좌절시키다; 반작용하다; (효과 등을) 없애다; 중화(中和)하다.

312) ad·verse: ① 역(逆)의, 거스르는, 반대의, 반대하는《to》② 불리한; 적자의; 해로운; 불운(불행)한

313) yaw: 【항공·항해】 한쪽으로 흔들림; (선박·비행기가) 침로에서 벗어남

경우 분리 될 수 있다.

Course. The intended direction of flight in the horizontal plane measured in degrees from north.
항로(코스). 북쪽에서 도 단위로 측정한 수평면에서의 예정된 비행 방향.

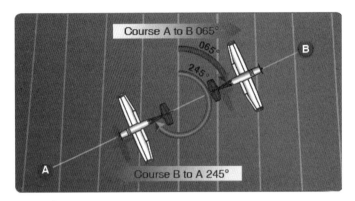

Figure 16-7. *Courses are determined by reference to meridians on aeronautical charts.*

Cowl flaps. Devices arranged around certain air-cooled engine cowlings which may be opened or closed to regulate the flow of air around the engine. Shutter-like devices arranged around certain air-cooled engine cowlings, which may be opened or closed to regulate the flow of air around the engine.
카울 플랩(보조익). 엔진 주위의 공기 흐름을 조절하기 위해 열리거나 닫힐 수 있는 특정 공랭식 엔진 카울링 주위에 배열된 장치. 특정 공랭식 엔진 커버 주위에 배열된 셔터와 같은 장치로, 엔진 주변의 공기 흐름을 조절하기 위해 열리거나 닫힐 수 있다.

Figure 8-15. *Crabbed approach.*

Crab[314]**.** A flight condition in which the nose of the airplane is pointed into the wind a sufficient amount to counteract a crosswind and maintain a desired track over the ground.

크랩(게). 비행기의 기수가 측풍에 반작용하고 지상에 뜬 채로 원하는 항적을 유지하기에 충분한 양의 바람을 향하고 있는 비행 조건.

Crazing. Small fractures in aircraft windshields and windows caused from being exposed to the ultraviolet rays of the sun and temperature extremes.

잔금이 가는 것. 태양의 자외선과 극한의 온도에 노출되어 항공기 앞 유리와 창문에 작은 갈라진 금.

Crew resource management (CRM). The application of team management concepts in the flight deck environment. It was initially known as cockpit resource management, but as CRM programs evolved to include cabin crews, maintenance personnel, and others, the phrase "crew resource management" was adopted. This includes single pilots, as in most general aviation aircraft. Pilots of small aircraft, as well as crews of larger aircraft, must make effective use of all available resources; human resources, hardware, and information. A current definition includes all groups routinely working with the flight crew who are involved in decisions required to operate a flight safely. These groups include, but are not limited to pilots, dispatchers, cabin crewmembers, maintenance personnel, and air traffic controllers. CRM is one way of addressing[315] the challenge of optimizing the human/machine interface[316] and accompanying interpersonal activities.

승무원 자원 관리(CRM). 조종실 환경에서 팀 관리 개념의 적용. 처음에는 조종석 자원 관리로 알려졌지만, CRM 프로그램이 객실 승무원, 유지 보수 직원과 다른 사람들을 포함하도록 서서히 발전하면서 "승무원 자원 관리"라는 문구가 서서히 채택되었다. 여기에는 대부분의 일반 항공기 산업의 항공기와 마찬가지로 1인 조종사들도 포함된다. 소형 항공기의 조종사뿐만 아니라 대형 항공기의 승무원은 인적 자원, 하드웨어 및 정보 등의 사용 가능한 모든 자원을 효과적으로 사용하게 해야 한다. 현행의 정의는 비행을 안전하게 운용하는 데 필요한 결정에 관여하는 비행 승무원과 일상적으로 작업하는 모든 그룹이 포함한다. 이러한 그룹에

---

314) crab: 『항공』(비행기 따위를(가)) 비스듬히 비행시키다(하다).

315) ad·dréss·ing: 『통신』 어드레싱《국·단말의 교신 상대와의 접속·선택》. ② 『컴퓨터』 번지 지정.

316) ínter·fàce: 중간면, 접촉면; 『물리학』 계면(界面); (상호) 작용을 미치는 영역; 상호 작용(전달)의 수단; 『컴퓨터』 사이틀, 인터페이스《CPU와 단말 장치와의 연결 부분을 이루는 회로》

는 조종사, 운항관리자, 객실 승무원, 유지 보수 요원 및 항공 교통 관제사에 한정되지는 않지만 포함한다. CRM은 인간/기계 인터페이스를 최적화하고 사람과 사람 사이의 활동에 수반되는 기회를 어드레싱(주고 받는 방식)의 한 가지 방법이다.

Critical[317] altitude. The maximum altitude under standard atmospheric conditions at which a turbocharged engine can produce its rated horsepower.

임계(위험) 고도. 터보차저 엔진이 정격 마력을 생산할 수 있는 표준 대기 조건 하에서의 최대 고도.

Critical angle of attack[318]. The angle of attack at which a wing stalls regardless of airspeed, flight attitude[319], or weight.

임계(위험) 영각. 속도, 비행 자세 또는 무게에 관계없이 날개가 실속하는 영각.

Critical areas. Areas where disturbances to the ILS localizer and glideslope courses may occur when surface vehicles or aircraft operate near the localizer[320] or glideslope[321] antennas.

크리티컬 에리어/임계(위험) 지역. 지상 차량 또는 항공기가 로컬라이저 또는 글라이드슬로프 안테나 근처에서 운용될 때 발생할 수 있는 ILS 로컬라이저 및 글라이드슬로프 코스에 교란이 발생할 수 있는 지역.

Critical engine. The engine whose failure has the most adverse[322] effect on directional control[323].

크리티컬 엔진. 방향 조종에서 가장 역효과가 많은 고장이 가장 많이 나는 엔진

---

317) crit·i·cal: ① 비평의, 평론의; 비판적인 ② 비판력 있는, 감식력 있는; 정밀한. ③ 꼬치꼬치 캐기 좋아하는, 흠잡기를 좋아하는, 혹평하는. ④ 위기의, 위험기의, 위급한; 위독한 ──•~ eleven minutes 위험한 11분 간《항공기 사고가 일어나기 쉬운 시간대(帶)로, 착륙 전 8분간과 이륙 후 3분 간》. ⑤ 운명의 갈림길의, 결정적인, 중대한 ⑥ (식량·물자 따위가) 부족한; 긴급히 필요한. ⑦ 【물리학·수학】임계(臨界)의.

318) ángle of attáck: 【항공】영각(迎角)《항공기의 익현(翼弦)과 기류가 이루는 각》.

319) at·ti·tude: ① 태도, 마음가짐 ② 자세, 몸가짐, 거동; 【항공】(로켓·항공기등의) 비행 자세.

320) ló·cal·iz·er: 【항공】로컬라이저《계기 착륙용 유도 전파 발신기》.

321) glideslope: 【항공】《특히》계기비행 때 무선신호에 의한 활강 진로.

322) ad·verse: ① 역(逆)의, 거스르는, 반대의, 반대하는《to》 ② 불리한; 적자의; 해로운; 불운[불행]한

323) con·trol: ① 지배(력); 관리, 통제, 다잡음, 단속, 감독(권) ② 억제, 제어; (야구 투수의) 제구력(制球力) ③ 통제[관리] 수단; (pl.) (기계의) 조종장치; (종종 pl.) 제어실, 관제실[탑]; 【컴퓨터】제어. ④ (실험 결과의) 대조 표준; 대조부(簿) ⑤ 단속자, 관리인. ① 지배하다; 통제[관리]하다, 감독하다. ② 제어[억제]하다

CRM. See crew resource management.
CRM. 승무원 자원 관리를 참조.

Cross controlled. A condition where aileron deflection is in the opposite direction of rudder deflection.
크로스 컨트롤드(교차 조종). 에일러론 편향이 방향타 편향의 반대 방향인 상태.

Cross-check[324]. The first fundamental skill of instrument[325] flight, also known as "scan," the continuous and logical observation of instruments for attitude and performance information.
크로스 체크(교차 점검). "스캔"이라고도 하는 계기 비행의 첫 번째 기본 기술, 비행 자세 및 성능 정보를 위한 계기의 지속적이고 논리적인 관찰.

Crossfeed. A system that allows either engine on a twin-engine airplane to draw fuel from any fuel tank.
크로스 피드. 어떤 연료 탱크로부터 연료를 끌어올 수 있도록 쌍발엔진 비행기에 장착된 두 엔진중 하나를 허용하는 시스템.

Crosswind component. The wind component, measured in knots, at 90° to the longitudinal[326] axis of the runway[327].
측풍 구성 요소. 활주로 세로축의 90°에서 노트로 측정된 바람 성분.

Cruise clearance[328]. An ATC[329] clearance issued to allow a pilot to conduct flight at any altitude from the minimum IFR[330] altitude up to and including the altitude specified in the clearance. Also authorizes a pilot to proceed to and make an approach at the destination airport.

---

324) cróss-chéck: ① (데이터·보고 등을) 다른 관점에서 체크하다(함).
325) in·stru·ment: ① (실험·정밀 작업용의) 기계(器械), 기구(器具), 도구 ② (비행기·배 따위의) 계기(計器) ③ 악기 ④ 수단, 방편(means); 동기(계기)가 되는 것(사람), 매개(자)
326) lon·gi·tu·di·nal: 경도(經度)의, 경선(經線)의, 날줄의, 세로의; (성장·변화 따위의) 장기적인
327) rún·wày: ① 주로(走路), 통로. ② 짐승이 다니는 길. ③ 〖항공〗 활주로
328) clear·ance: ① 치워버림, 제거; 정리; 재고 정리 (판매); (개간을 위한) 산림 벌채. ② 출항(출국) 허가(서); 통관절차; 〖항공〗 관제(管制) 승인《항공 관제탑에서 내리는 승인》
329) ATC: Air Traffic Control
330) IFR: instrument flight rules (계기 비행 규칙)

순항 관제 승인. 어떠한 고도에서 최소 IFR 고도로부터 이르기까지 그리고 관제승인에서 명시된 고도를 포함한 비행을 수행하기 위해 조종사에게 허용하는 발급된 ATC 관제승인. 또한 조종사가 도착지 공항에서 절차를 진행하고 활주로로의 진입을 할 수 있는 권한을 부여한다.

Current induction. An electrical current being induced into, or generated in, any conductor that is crossed by lines of flux from any magnet.
유도 전류. 어떤 자석으로부터 흐름의 선으로 교차되는 어떠한 전도체에 유도되거나 생성되는 전류.

Current limiter. A device that limits the generator output to a level[331] within that rated by the generator manufacturer.
전류 제한기. 발전기 출력을 발전기 제조사가 평가한 이내 수준으로 제한하는 장치.

---

331) lev·el: ① 수평, 수준: 수평선(면), 평면 ② 평지, 평원 ③ (수평면의) 높이 ④ 동일 수준(水平), 같은 높이, 동위(同位), 동격(同格), 동등(同等); 평균 높이

DA. See decision altitude.
DA. 결심 고도를 참조.

D.C. Direct current.
D.C. 직류.

Dark adaptation. Physical and chemical adjustments of the eye that make vision possible in relative darkness.
암순응. 상대적으로 어두운 곳에서 시력을 가능하게 하는 눈의 물리적 및 화학적 조정.

Datum[332] **(reference datum).** An imaginary vertical[333] plane or line from which all measurements of moment[334] arm[335] are taken. The datum is established by the manufacturer. Once the datum has been selected, all moment arms and the location of CG range are measured from this point.
데이텀(참조 데이텀). 모멘트 암의 모든 측정이 수행되는 가상의 수직 평면 또는 선. 데이텀은 제조사가 설정한다. 데이텀이 선택되면 모든 모멘트 암과 CG 범위의 위치가 이 지점에서 측정된다.

Dead reckoning. Navigation of an airplane solely by means of computations based on airspeed, course, heading, wind direction and speed, groundspeed, and elapsed time.
추측 항법. 대기속도, 항로, 방향, 풍향 및 풍속, 대지 속도 및 소요 시간을 기반으로 한 평균 계산으로 한 단독 비행기 운항.

Deceleration error. A magnetic compass error that occurs when the aircraft decel—

---

332) da·tum: 자료, 정보. ② 〘철학·논리학〙 논거, 전제, 소여(所與); 기지(旣知) 사항; 〘수학〙 기지수;

333) ver·ti·cal: ① 수직의, 연직의, 곧추선, 세로의. ② 정점(절정)의; 꼭대기의.

334) mo·ment: ① 순간, 찰나, 단시간; 잠깐(사이) ② (어느 특정한) 때, 기회; (pl.) 시기; 경우; (보통 the ~) 현재, 지금 ③ 중요성 ④ 〘물리학〙 (보통 the ~) 모멘트, 역률(力率), 능률《of》; 〘기계〙 회전 우력(偶力).

335) arm: ① 팔, 상지(上肢); (포유 동물의) 앞발, 전지(前肢) ② 팔 모양의 물건(부분) ③ (정부·법률 따위의) 힘, 권력 ④ (활동을 수행하기 위한) 유력한 일익(一翼), 중요한 부분.

erates while flying on an easterly or westerly heading, causing the compass card to rotate toward South.

감속 오류. 항공기가 동쪽 또는 서쪽 방향으로 비행하는 동안 감속하여 나침반 카드가 남쪽으로 회전할 때 발생하는 자기 나침반 오류.

Decision altitude (DA). A specified altitude in the precision approach, charted in feet <u>MSL</u>[336], at which a missed <u>approach</u>[337] must be initiated if the required visual reference to continue the approach has not been established.

결심/결정 고도(DA). 활주로로의 진입을 계속하기 위해 필요한 시계(視界) 참조물이 설정되지 않은 경우 진입 복행을 시작해야 하는 MSL 피트에서 도표화된 정밀 활주로로의 진입의 지정된 고도.

Decision height (DH). A specified altitude in the precision approach, charted in height above threshold <u>elevation</u>[338], at which a decision must be made either to continue the approach or to execute a missed approach.

결심/결정 높이(DH). 활주로로의 진입을 계속할지 또는 진입 복행을 실행할지 결정해야 하는 활주로 맨 끝 고도 위의 높이로 차트화된 정밀 활주로로의 진입에서 지정된 고도.

Decompression sickness. A condition where the low pressure at high altitudes allows bubbles of nitrogen to form in the blood and joints causing severe pain. Also known as the bends.

감압병. 높은 고도에서 낮은 압력으로 인해 혈액과 관절에 질소 기포가 형성되어 심한 통증을 유발하는 상태. 굽음이라고도 한다.

<u>Deice</u>[339]. The act of removing ice accumulation from an aircraft structure.

디아이스(결빙을 없애다). 항공기 구조물로부터 얼음 축척물을 제거하는 행위.

---

336) m.s.l.: mean sea level (평균 해면(海面)).
337) míssed appróach: 〖항공〗 진입 복행(進入復行)《어떤 이유로 착륙을 위한 진입이 안 되는 일; 또 이 때에 취해지는 비행 절차》.
338) el·e·va·tion: ① 높이, 고도, 해발(altitude); 약간 높은 곳, 고지(height). ② 고귀(숭고)함, 고상. ③ 올리기, 높이기; 등용, 승진《to》; 향상. ④ 〖군사〗 (an ~) (대포의) 올려본각, 고각(高角).
339) de·ice: 〖항공〗 결빙을 막다(없애다), 제빙(除氷) 장치를 하다.
　　de·íc·er n. (비행기 날개·차창·냉장고 등의) 방빙(防氷)(제빙) 장치, 제빙(방빙)제.

Deicer boots. Inflatable rubber boots attached to the leading edge of an airfoil. They can be sequentially inflated and deflated to break away ice that has formed over their surface.

제빙 장치 보호용 덮개. 에어포일의 앞 가장자리에 부착된 팽창식 보호용 덮개. 이것은 표면에 형성된 얼음을 부수기 위해 순차적으로 팽창 및 수축될 수 있다.

Deicing. Removing ice after it has formed.

제빙. 얼음이 형성된 후 제거하는 것.

Delamination. The separation of layers.

딜래머네이션(얇은 조각으로 갈라짐). 층 분리.

Delta. A Greek letter expressed by the symbol Δ to indicate a change of values. As an example, ΔCG indicates a change (or movement) of the CG.

델타. 값의 변화를 나타내기 위해 기호 Δ로 표시되는 그리스 문자. 예를 들어, ΔCG는 CG의 변화(또는 움직임)를 나타낸다.

Density altitude. This altitude is pressure altitude corrected for variations from standard temperature. When conditions are standard, pressure altitude and density altitude are the same. If the temperature is above standard, the density altitude is higher than pressure altitude. If the temperature is below standard, the density altitude is lower than pressure altitude. This is an important altitude because it is directly related to the airplane's performance.
Pressure altitude corrected for nonstandard temperature. Density altitude is used in computing the performance of an aircraft and its engines.

밀도 고도. 이 고도는 표준 온도의 변화에 대한 보정된 기압 고도이다. 조건이 표준일 때 기압 고도와 밀도 고도는 동일하다. 온도가 표준보다 높으면 밀도 고도는 기압 고도보다 높다. 온도가 표준보다 낮으면 밀도 고도는 기압 고도보다 낮다. 이것은 비행기의 성능과 직접적인 관련이 있기 때문에 중요한 고도이다.
비표준 온도에 대한 수정된 기압 고도. 밀도 고도는 항공기와 엔진의 성능을 계산하는 데 사용된다.

Departure procedure (DP). Preplanned IFR[340] ATC[341] departure, published for pilot use, in textual and graphic format.

출발 절차(DP). 텍스트 및 그래픽 형식으로 조종사가 사용하도록 발행된 사전 계획된 IFR ATC 출발.

Deposition. The direct transformation of a gas to a solid state, in which the liquid state is bypassed. Some sources use sublimation to describe this process instead of deposition.

침적. 액체 상태를 우회하여 기체를 고체 상태로 직접 변형. 일부 자료는 이 과정을 침전 대신 승화라는 설명을 사용한다.

Designated pilot examiner (DPE). An individual designated by the FAA to administer practical tests to pilot applicants.

지정 파일럿 심사관(DPE). 조종사 지원자에게 실기 시험을 시행하기 위해 FAA에서 지정한 개인.

Detonation. The sudden release of heat energy from fuel in an aircraft engine caused by the fuel—air mixture reaching its critical pressure and temperature. Detonation occurs as a violent explosion rather than a smooth burning process.

폭발. 임계 압력 및 온도에 도달하여 연료—공기 혼합물로 인해 발생하는 항공기 엔진에서 연료로부터 열 에너지의 갑작스런 방출. 폭발은 부드러운 연소 과정이라기보다는 격렬한 폭발로 발생한다.

Deviation[342]. A magnetic compass error caused by local magnetic fields within the aircraft. Deviation error is different on each heading.

디비에이션(탈선). 항공기 내 국부 자기장으로 인한 자기 나침반 오류. 편차 오류는 비행방향마다 다르다.

---

340) IFR: instrument flight rules (계기 비행 규칙)
341) ATC: Air Traffic Control
342) de·vi·a·tion: ① 벗어남, 탈선, 일탈(逸脫)《from》; 편의(偏倚), 편향. ② (정치 신조로부터의) 일탈 행위. ③ (자침(磁針)의) 자차(自差); 〖통계학〗 편차; 〖항해〗 항로 변경

Dew. Moisture that has condensed from water vapor. Usually found on cooler objects near the ground, such as grass, as the near-surface layer of air cools faster than the layers of air above it.

이슬. 수증기로부터 응축된 수분. 표면 근처의 공기층이 그 위의 공기층보다 더 빨리 냉각되기 때문에 일반적으로 잔디와 같이 지면 근처의 더 차가운 물체에서 발견된다.

Dewpoint. The temperature at which air can hold no more water.

이슬점. 공기가 더 이상 물로 유지할 수 없는 온도.

D

DGPS. Differential[343] global positioning system.

DGPS. 차동 전 지구 위치 파악 시스템.

DH. See decision height.

DH. 결심 높이를 참조.

Differential[344] ailerons. Control[345] surface rigged such that the aileron moving up moves a greater distance than the aileron moving down. The up aileron produces extra parasite drag to compensate for the additional induced drag[346] caused by the down aileron. This balancing of the drag forces helps minimize adverse[347] yaw[348].

차동 에일러론. 위로 움직이는 에일러론이 아래로 움직이는 에일러론보다 더 먼 거리를 움직이도록 조립된 조종면/비행익면. 위쪽 에일러론은 아래쪽 에일러론으로 인한 추가 유도 항력을 보충하기 위해 여분의 유해 항력을 생성한다. 항력 힘의 이러한 균형은 역방향 요(yaw)를 최소화하는 데 도움이 된다.

---

343) dif·fer·en·tial: ① 차별〔구별〕의, 차이를 나타내는, 차별적인, 격차의 ② 특이한 ③ 〖수학〗 미분의. ④ 〖물리학·기계〗 차동(差動)의, 응차(應差)의.

344) dif·fer·en·tial: ① 차별〔구별〕의, 차이를 나타내는, 차별적인, 격차의 ② 특이한 ③ 〖수학〗 미분의. ④ 〖물리학·기계〗 차동(差動)의, 응차(應差)의.

345) con·trol: ① 지배(력); 관리, 통제, 다잡음, 단속, 감독(권) ② 억제, 제어; (야구 투수의) 제구력(制球力) ③ 통제〔관리〕 수단: (pl.) (기계의) 조종장치; (종종 pl.) 제어실, 관제실〔탑〕; 〖컴퓨터〗 제어. ④ (실험 결과의) 대조 표준: 대조부(簿) ⑤ 단속자, 관리인. ① 지배하다; 통제〔관리〕하다, 감독하다. ② 제어〔억제〕하다

346) indúced drág: 〖유체역학〗 유도 항력(抗力)

347) ad·verse: ① 역(逆)의, 거스르는, 반대의, 반대하는《to》 ② 불리한; 적자의; 해로운; 불운〔불행〕한

348) yaw: 〖항공·항해〗 한쪽으로 흔들림; (선박·비행기가) 침로에서 벗어남

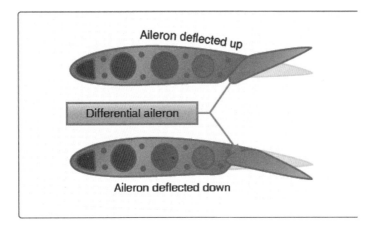

Differential Global Positioning System (DGPS). A system that improves the accuracy of Global Navigation Satellite Systems (GNSS) by measuring changes in variables to provide satellite positioning corrections.
차동 전 지구 위치 파악 시스템(DGPS). 위성 위치 보정을 준비하기 위해 변수에서 변화를 측정하여 전 세계 내비게이션 위성 시스템(GNSS)의 정확도를 향상시키는 시스템.

Differential pressure. A difference between two pressures. The measurement of airspeed is an example of the use of differential pressure.
응차 기압. 두 기압 사이의 차이. 대기속도 측정은 응차 기압 사용의 예이다.

Diffusion. Reducing the velocity of air causing the pressure to increase.
확산. 압력 증가를 일으켜 공기의 속도를 감소시키는 것.

Dihedral[349]**.** The positive acute angle between the lateral axis of an airplane and a line through the center of a wing or horizontal stabilizer[350]. Dihedral contributes to the lateral stability of an airplane.
상반각. 비행기의 측면 축과 날개 또는 수평 안정판의 중심을 통과하는 선 사이의 양의 예각. 이면체는 비행기의 측면 복원성에 기여한다.

---

349) di·hed·ral: 두 개의 평면을 가진. 두 개의 평면으로 된; 이면각(二面角)의. 『항공』 상반각
350) horizóntal stábilizer: TAIL PLANE 『항공』 수평 꼬리날개(미익(尾翼)).

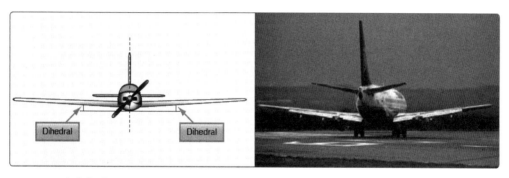

Figure 5-28. *Dihedral is the upward angle of the wings from a horizontal (front/rear view) axis of the plane as shown in the graphic depiction and the rear view of a Ryanair Boeing 737.*

Diluter[351]**-demand oxygen system.** An oxygen system that delivers oxygen mixed or diluted with air in order to maintain a constant[352] oxygen partial pressure as the altitude changes.

희석제 요구 산소 시스템. 고도 변화에 따라 일정한 산소 분압을 유지하기 위해 공기와 혼합되거나 희석된 산소를 전달하는 산소 시스템.

Direct indication[353]**.** The true and instantaneous reflection of aircraft pitch[354]–and–bank[355] attitude[356] by the miniature aircraft, relative to the horizon bar of the attitude indicator.

직접적 표시도수. 자세 표시기의 수평선 막대에 관계된 소형 항공기에 의한 항공기 피치 및 뱅크 비행자세의 사실적이고 즉각적인 반영.

Direct User Access Terminal[357] **System (DUATS).** A system that provides current FAA

---

351) di·lute: ① 물을 타다, 묽게 하다; 희박하게 하다(되다); (빛깔을) 엷게 하다 ② (잡물을 섞어서) …의 힘을(효과 따위를) 약하게 하다(떨어뜨리다), 감쇄(減殺)하다, (노동력에) 비숙련공의 비율을 늘리다, 희석하다

352) con·stant: ① 변치 않는, 일정한; 항구적인, 부단한. ② (뜻 따위가) 부동의, 불굴의, 견고한. ③ 성실한, 충실한 ④ [서술적] (한 가지를) 끝까지 지키는《to》.

353) in·di·cá·tion: ① 지시, 지적; 표시; 암시 ② 징조, 징후 ③ (계기(計器)의) 시도(示度), 표시 도수

354) pitch: ① 경사지; 경사도정도. ② 도(度); 점, 정점, 한계; 높이; (매 따위의) 날아오르는 높이.③ [항공] 피치 《(1) 비행기·프로펠러의 일회전분의 비행 거리. (2) 프로펠러 날개의 각도》.

355) bank:[항공] 뱅크《비행기가 선회할 때 좌우로 경사하는 일》

356) at·ti·tude: ① (사람·물건 등에 대한) 태도, 마음가짐 ② 자세(posture), 몸가짐, 거동; [항공] (로켓·항공기등의) 비행 자세. ③ (사물에 대한) 의견, 심정《to, toward》

357) ter·mi·nal: ① 끝, 말단; 어미. ② 종점, 터미널, 종착역, 종점 도시; 에어터미널; 항공 여객용 버스 발착장; 화물의 집하·발송역 ③ 학기말 시험. ④ [전기] 전극, 단자(端子); [컴퓨터] 단말기; [생물] 신경 말단.

weather and flight plan filing services to certified civil pilots, via personal computer, modem, or telephone access to the system. Pilots can request specific types of weather briefings[358] and other pertinent[359] data for planned flights.

직접 사용자 접근 단말 시스템(DUATS). 개인용 컴퓨터, 모뎀 또는 전화기를 통하여 시스템에 진입하는 인증된 민간 조종사에게 현재 FAA 날씨 및 비행 계획 서류정리 서비스를 제공하는 시스템. 조종사는 기상 상황설명의 특정 유형 및 계획된 비행에 대한 기타 적절한 데이터를 요청할 수 있다.

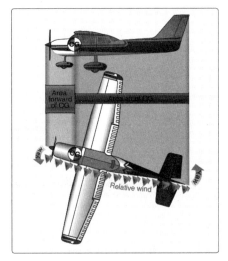

Figure 5-32. *Fuselage and fin for directional stability.*

Directional stability[360]. Stability about the vertical[361] axis of an aircraft, whereby an aircraft tends to return, on its own, to flight aligned[362] with the relative wind when disturbed[363] from that equilibrium state. The vertical tail is the primary contributor to directional stability, causing an airplane in flight to align with the relative wind.

방향 복원성. 평형 상태에서 불안할 때 상대 기류에 중심점을 맞추어 날기 위해 항공기가 자력으로 원래 상태로 되돌아가려고 하는 항공기의 수직축에 관한 복원성. 수직 꼬리는 상대 기류에 중심점을 맞추기 위해 비행할 때 원인이 되는 방향 복원성에 주요한 유인(誘因)이다.

Distance circle. See reference circle.
디스턴트(간격, 거리) 써클(원). 리퍼런스(관련) 써클(원)을 참조.

---

358) bríef·ing: 요약 보고(서), 상황설명; (행동 개시 전의) 최종 협의;《미국》(출격 전에 탑승원에게 내리는) 간단한 지시.

359) per·ti·nent: ① 타당한, 적절한《to》, 요령 있는. ② …에 관한《to》.

360) sta·bil·i·ty: ① 안정; 안정성(도) ② 공고(鞏固); 착실(성), 견실, 영속성, 부동성. ③ 【기계】 복원성(復原性) 〔력〕《특히 항공기·선박의》.

361) ver·ti·cal: ① 수직의, 연직의, 곧추선, 세로의. ② 정점(절정)의; 꼭대기의.

362) align: ① 한 줄로 하다, 일렬로 (나란히) 세우다, 정렬시키다, 일직선으로 맞추다. ② 같은 태도를 취하게 하다, (정치적으로) 제휴시키다《with》③ 【기계】(기계의) 중심점(방향)을 맞추다, (정밀기계 따위) 최후 조정하다;【컴퓨터】줄 맞추다: ① 한 줄로 되다, 정렬하다. ② 제휴하다, 약속하다

363) dis·túrbed: 정신(정서)장애(자)의; 불안한, 동요한《마음 등》; 어지러운, 소연한

Distance measuring equipment (DME). A <u>pulse</u>[364]–type electronic navigation system that shows the pilot, by an instrument–panel <u>indication</u>[365], the number of nautical <u>miles</u>[366] between the aircraft and a ground station or <u>waypoint</u>[367].

거리 측정 장비(DME). 계기판 표시로 조종사에게 항공기와 지상국 또는 웨이포인트(중간 지점) 사이의 해리 수를 보여주는 펄스형 전자 내비게이션 시스템.

Ditching. Emergency landing in water.

불시 착수(不時着水)시키기. 물에 비상 착륙.

DME arc. A flight track that is a <u>constant</u>[368] distance from the station or waypoint.

DME arc. 스테이션 또는 중간 지점으로부터 일정한 거리에 있는 비행 항적.

DME. See distance measuring equipment.

DME. 거리 측정 장비를 참조.

DOD. Department of Defense.

DOD. 국방부.

Doghouse. A turn–and–slip indicator dial mark in the shape of a doghouse.

독하우스(개집). 개집 모양의 선회와 옆으로 미끄러짐 표시 다이얼 마크.

Domestic Reduced Vertical Separation Minimum (DRVSM). Additional flight <u>levels</u>[369] between FL 290 and FL 410 to provide operational, traffic, and airspace efficiency.

국내의 감소된 수직 분리 최소(DRVSM). 운용, 교통 및 공역 효율성을 주기 위해 FL 290과 FL 410 사이의 추가 비행 레벨.

---

364) pulse: ① 맥박, 고동, 동계 ② 파동, 진동; 〖전기〗 펄스《지속 시간이 극히 짧은 전류 또는 변조 전파》③ (생명·감정 따위의) 맥동, 율동 ④ 약동, 흥분 ⑤ 의향, 기분; 경향. ⑥ 규칙적인 움직임. ⑦〖컴퓨터〗펄스.

365) in·di·cá·tion: ① 지시, 지적; 표시; 암시 ② 징조, 징후 ③ (계기(計器)의) 시도(示度), 표시 도수

366) náutical míle: 해리(海里)《《영국》 1853.2m,《미국》 국제단위 1852m를 사용》.

367) wáy pòint: 중간 지점

368) con·stant: ① 변치 않는, 일정한; 항구적인, 부단한. ② (뜻 따위가) 부동의, 불굴의, 견고한. ③ 성실한, 충실한 ④〔서술적〕(한 가지를) 끝까지 지키는《to》.

369) lev·el: ① 수평, 수준: 수평선(면), 평면 ② 평지, 평원 ③ (수평면의) 높이 ④ 동일 수준(수평), 같은 높이, 동위(同位), 동격(同格), 동등(同等); 평균 높이

Double <u>gimbal</u>[370]. A type of mount used for the gyro in an <u>attitude</u>[371] <u>instrument</u>[372]. The axes of the two gimbals are at right angles to the spin axis of the gyro, allowing free motion in two planes around the gyro.

더블 짐벌. 비행자세 계기에서 자이로에 사용되는 마운트 유형. 두 짐벌의 축은 자이로 주변의 두 평면에서 자유롭게 움직이게 하는 자이로의 스핀 축과 직각이다.

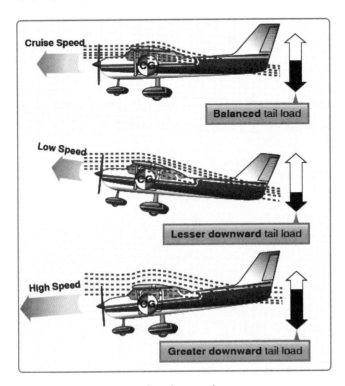

Figure 5-24. *Effect of speed on downwash.*

<u>Downwash</u>[373]. Air deflected perpendicular to the motion of the airfoil.

다운워시(세류). 에어포일의 운동에 수직으로 비켜간 공기.

DP. See departure procedure.

DP. 출발 절차를 참조.

---

370) gim·bals: 〔 단수취급 〕【항해】짐벌(=~ ring)《나침의·크로노미터 따위를 수평으로 유지하는 장치》.

371) at·ti·tude: ① (사람·물건 등에 대한) 태도, 마음가짐 ② 자세(posture), 몸가짐, 거동; 【항공】(로켓·항공기 등의) 비행 자세. ③ (사물에 대한) 의견, 심정《to, toward》

372) in·stru·ment: ① (실험·정밀 작업 용의) 기계(器械), 기구(器具), 도구 ② (비행기·배 따위의) 계기(計器) ③ 악기 ④ 수단, 방편(means); 동기(계기)가 되는 것(사람), 매개(자)

373) dówn·wàsh: ① (비행 중) 날개가 밑으로 밀어젖히는 공기, 다운워시, 세류(洗流). ② 밀려 내려가는 것

Drag curve. A visual representation of the amount of drag of an aircraft at various airspeeds. The curve created when plotting induced drag[374] and parasite drag.

항력 곡선(커브). 다양한 대기속도에서 항공기 항력의 양을 시각적으로 표현한 것. 곡선(커브)은 플로팅이 유도항력과 기생항력을 플로팅(좌표에 의해 위치가 결정)할 때 생성된 곡선.

Drag[375]. An aerodynamic force on a body acting parallel and opposite to the relative wind. The resistance of the atmosphere to the relative motion of an aircraft. Drag opposes thrust[376] and limits the speed of the airplane. The net aerodynamic force parallel to the relative wind, usually the sum of two components: induced drag[377] and parasite drag.

항력. 맞바람과 평행하고 반대 방향으로 작용하는 물체에 작용하는 공기 역학적 힘. 항공기의 상대 운동에 대한 대기의 저항. 항력은 추력에 반대하고 비행기의 속도를 제한한다. 일반적으로 유도 항력과 유해 항력의 두 가지 구성 요소의 합으로 맞바람과 평행한 순 공기 역학적 힘.

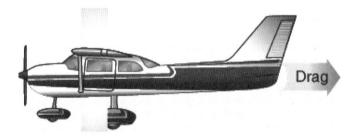

Drift[378] angle. Angle between heading and track. Ducted-fan engine. An engine-propeller combination that has the propeller enclosed in a radial shroud. Enclosing the propeller improves the efficiency of the propeller.

---

374) indúced drág: 〖유체역학〗유도 항력(抗力)

375) drag: ① 견인(력), 끌기; 끌리는 물건; 장애물 ② 예인망; 큰 써레; (네 가닥 난) 닻; (차바퀴의) 브레이크. ③ 〖물리학〗저항; 〖항공〗항력(抗力). 〖컴퓨터〗끌기《마우스 버튼을 누른 상태에서 마우스를 끌고 다니는 것》.힘; 두둔. 끌어줌 ④ 꾸물거림, 시간이 걸림, 지체.

376) thrust: ① 밀기 ② 찌르기 ③ 공격; 〖군사〗돌격 ④ 혹평, 날카로운 비꼼 ⑤ 〖항공·기계〗추력(推力). ⑥ 〖광물학〗갱도 천장의 낙반. ⑦ 〖지질〗스러스트, 충상(衝上)(단층). ⑧ 요점, 진의(眞意), 취지.

377) indúced drág: 〖유체역학〗유도 항력(抗力)

378) drift: ① 표류, 떠내려 감. ② 표류물; 〖지질〗표적물 ③ 밀어 보냄, 미는 힘, 추진력. ④ (눈·비·토사 등이) 바람에 밀려 쌓인 것. ⑤ (사건·국면 따위의) 동향, 경향, 흐름, 대세; 추세에 맡기기 ⑥ 〖항해〗편류(偏流)《조류 따위로 인해 침로를 벗어나는 일》; 〖항공〗편류(偏流); (탄환의) 탄도 편차(偏差); (조류·기류의) 이동률.

드리프트 앵글(편류 각도). 비행방향과 항적 사이의 각도. 덕티드 팬(도관 프로펠러) 엔진. 프로펠러가 방사형 슈라우드(측판)로 둘러싸인 엔진−프로펠러 조합. 둘러싸인 프로펠러는 프로펠러의 효율이 향상시킨다.

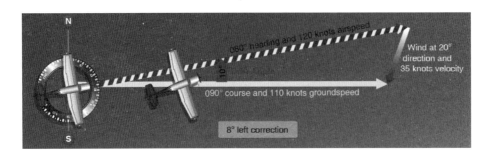

DRVSM. See Domestic Reduced <u>Vertical</u>[379] Separation Minimum.
DRVSM. 국내 한정 수직 분리 최소화 참조.

DUATS. See direct user access terminal system.
DUATS. 직접 사용자 접근 단말 시스템을 참조.

<u>Duplex</u>[380]. Transmitting on one frequency and receiving on a separate frequency.
이중 통신(듀플렉스). 단일 주파수로 전송하고 분리 주파수로 수신하는 것.

Dutch <u>roll</u>[381]. A combination of rolling and yawing <u>oscillations</u>[382] that normally occurs when the dihedral effects of an aircraft are more powerful than the directional stability. Usually dynamically stable but <u>objectionable</u>[383] in an airplane because of the oscillatory nature.
더치 롤. 항공기의 이면체 효과가 방향 복원성보다 더 강력할 때 일반적으로 발생하는 롤링 및 요잉 진동의 조합. 일반적으로 역학적으로 복원력이 있지만 진동하는 특성 때문에 비행기에서는 불쾌하다.

---

379) ver·ti·cal: ① 수직의, 연직의, 곧추선, 세로의. ② 정점[절정]의; 꼭대기의.
380) du·plex: 중복의, 이중의, 두 배의, 이연식의;〖기계〗복식의;〖통신〗이중 통신 방식의, 동시 송수신 방식의
381) roll: ① 회전, 구르기. ② (배 등의) 옆질. ③ (비행기·로켓 등의) 횡전(橫轉). ④ (땅 따위의) 기복, 굽이침. ⑤ 두루마리, 권축(卷軸), 둘둘 만 종이, 한 통. 롤
382) òs·cil·lá·tion: 진동; 동요, 변동; 주저, 갈피를 못 잡음;〖물리학〗(전파의) 진동, 발진(發振); 진폭(振幅).
383) ob·jec·tion·a·ble: ① 반대할만한, 이의가 있는, 있을 수 없는. ② 싫은, 못마땅한, 불쾌한; 부당한, 괘씸한

Dynamic[384] **hydroplaning**[385]**.** A condition that exists when landing on a surface with standing water deeper than the tread depth of the tires. When the brakes are applied, there is a possibility that the brake will lock up and the tire will ride on the surface of the water, much like a water ski. When the tires are hydroplaning, directional control[386] and braking action are virtually impossible. An effective anti-skid system can minimize the effects of hydroplaning.

다이나믹 하이드로플레이닝(역학적 수막현상). 타이어의 트레드 깊이보다 더 깊이 고인 물이 있는 지표면에 착지할 때 나타나는 상태. 브레이크를 걸면, 브레이크가 잠기고 타이어가 수상스키처럼 수면 위를 탈 가능성이 있다. 타이어가 수막현상을 일으키면, 방향 조종 및 제동 기능이 사실상 불가능하다. 효과적인 미끄럼 방지 시스템은 수막현상의 효과를 최소화할 수 있다.

Dynamic stability[387]**.** The property of an aircraft that causes it, when disturbed from straight-and-level[388] flight, to develop forces or moments that restore the original condition of straight and level.

역학적 복원성. 직선 및 수평 비행에서 방해를 받았을 때 직선 및 수평의 원래 상태를 복원하는 힘 또는 순간을 발생시키는 항공기의 특성.

---

384) dy·nam·ic: ① 동력의; 동적인. ② 〖컴퓨터〗 (메모리가) 동적인《내용을 정기적으로 갱신할 필요가 있는》. ③ 역학상의 ④ 동태의, 동세적인; 에너지를(원동력을, 활동력을) 낳게 하는 ⑤ 힘있는, 활기 있는, 힘센, 정력〔활동〕저인

385) hýdro·plàning: 하이드로플레이닝《물기있는 길을 고속으로 달리는 차가 옆으로 미끄러지는 현상》.

386) con·trol: ① 지배(력); 관리, 통제, 다잡음, 단속, 감독(권) ② 억제, 제어; (야구 투수의) 제구력(制球力) ③ 통제〔관리〕 수단; (pl.) (기계의) 조종장치; (종종 pl.) 제어실, 관제실〔탑〕; 〖컴퓨터〗 제어. ④ (실험 결과의) 대조표준; 대조부(簿) ⑤ 단속자, 관리인. ① 지배하다; 통제〔관리〕하다, 감독하다. ② 제어〔억제〕하다 ③ 검사하다; 대조하다.

387) sta·bil·i·ty: ① 안정; 안정성〔도〕 ② 공고(鞏固); 착실(성), 견실, 영속성, 부동성. ③ 〖기계〗 복원성(復原性)〔력〕《특히 항공기·선박의》.

388) lev·el: ① 수평, 수준; 수평선(면), 평면 ② 평지, 평원 ③ (수평면의) 높이 ④ 동일 수준(수평), 같은 높이, 동위(同位), 동격(同格), 동등(同等); 평균 높이

Eddy[389] **current**[390] **damping**[391]**.** The decreased amplitude of oscillations by the interaction of magnetic fields. In the case of a <u>vertical</u>[392] card magnetic compass, flux from the oscillating permanent magnet produces eddy currents in a damping disk or cup. The magnetic flux produced by the eddy currents opposes the flux from the permanent magnet and decreases the oscillations.

맴돌이 전류 감폭. 자기장의 상호 작용에 의해 진동의 감소된 진폭. 수직 카드 자기 나침반의 경우 진동하는 영구 자석으로 부터 유량은 감쇠 디스크 또는 컵에서 맴돌이 전류를 생성한다. 맴돌이 전류에 의해 생성된 자속은 영구 자석의 자속과 반대 방향으로 진동을 감소.

Eddy currents. Current induced in a metal cup or disc when it is crossed by lines of flux from a moving magnet.

맴돌이 전류. 움직이는 자석으로부터 플럭스/유량(流量)의 선으로 인해 교차할 때 금속 컵 혹은 디스크에서 유발된 전류.

EFC. See expect−further−<u>clearance</u>[393].
EFC. 추가 관제승인을 참조.

EFD. See electronic flight display.
EFD. 전자 비행 디스플레이(화면 표시기)를 참조.

EGT. See exhaust gas temperature.
EGT. 배기가스 온도 참조.

Electrical bus. See bus bar.

---

389) ed·dy: 소용돌이, 화방수; 회오리 (바람);《비유적》(사건 등의) 소용돌이; (사상·정책 따위의) 반주류.
390) cur·rent: ① 통용하고 있는; 현행의 ② (의견·소문 등) 널리 행해지고 있는, 유행(유포)되고 있는 ③ 널리 알려진, 유명한. ④ (시간이) 지금의, 현재의 ⑤ 갈겨 쓴, 초서체의; 유창한; ① 흐름; 해류; 조류 ② (여론·사상 따위의) 경향, 추세, 풍조, 사조(tendency). ③ 전류(electric ~); 기류.
391) dámp·ing: ① 습기를 주는 ② 〖전기〗 제동(감폭)하는 ③ 〖오디오〗 댐핑《진동을 흡수 억제함》. 〖전기〗 제동, (진동의) 감폭.
392) ver·ti·cal: ① 수직의, 연직의, 곧추선, 세로의. ② 정점(절정)의; 꼭대기의.
393) clear·ance: ① 치워버림, 제거; 정리; 재고 정리 (판매); (개간을 위한) 산림 벌체. ② 출항(출국) 허가(서); 통관절차; 〖항공〗 관제(管制) 승인《항공 관제탑에서 내리는 승인》

전기 버스. 버스 바를 참조.

Electrohydraulic. Hydraulic control[394] which is electrically actuated.
전기 유압식. 전기적으로 작동되는 유압 조종 장치.

Electronic flight display (EFD). For the purpose of standardization, any flight instrument[395] display that uses LCD or other image−producing system(cathoderay tube(CRT), etc.)
전자 비행 표시. 표준화 목적을 위해 LCD 혹은 다른 영상 생성 시스템(음극선 튜브(CRT), 등등)을 사용하는 어떠한 비행계기 표시.

Figure 2-21. *Electronic flight instrumentation comes in many systems and provides a myriad of information to the pilot.*

Elevator[396]. The horizontal, movable primary control surface in the tail section, or empennage, of an airplane. The elevator is hinged to the trailing edge of the fixed horizontal stabilizer[397].
엘리베이터(승강타). 비행기의 꼬리 부분 또는 보조날개에 있는 수평으로 움직일 수 있는 기본 조종면/비행익면. 엘리베이터(승강타)는 고정된 수평 안정판의 후미 가장자리에 연결된다.

---

394) con·trol: ① 지배(력); 관리, 통제, 다잡음, 단속, 감독(권) ② 억제, 제어; (야구 투수의) 제구력(制球力) ③ 통제(관리) 수단; (pl.) (기계의) 조종장치; (종종 pl.) 제어실, 관제실(탑); 〖컴퓨터〗 제어. ④ (실험 결과의) 대조 표준; 대조부(簿) ⑤ 단속자, 관리인. ① 지배하다; 통제〔관리〕하다, 감독하다. ② 제어〔억제〕하다

395) in·stru·ment: ① (실험·정밀 작업용의) 기계(器械), 기구(器具), 도구 ② (비행기·배 따위의) 계기(計器) ③ 악기 ④ 수단, 방편(means); 동기〔계기〕가 되는 것〔사람〕, 매개(자)

396) el·e·va·tor: ① 《미국》 엘리베이터, 승강기《영국》 lift) ② 물건을 올리는 장치(사람) ③ (비행기의) 승강타(舵); (건축 공사 등의) 기중기. ④ 양곡기(揚穀機), 양수기. ⑤ 대형 곡물 창고《양곡기를 갖춘》.

397) stá·bi·lìz·er: 안정시키는 사람〔것〕; (배의) 안정 장치, (비행기의) 수평 미익(水平尾翼), 안정판(板); (화약 따위의 자연 분해를 막는) 안정제(劑).

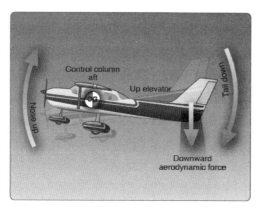

Figure 6-10. *The elevator is the primary control for changing the pitch attitude of an aircraft.*

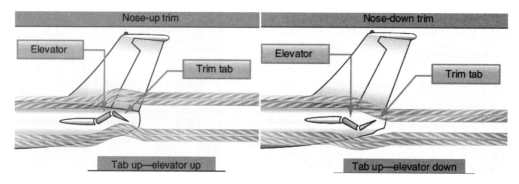

Elevator illusion[398]**.** The sensation of being in a climb or descent, caused by the kind of abrupt vertical[399] accelerations that result from up- or downdrafts.

엘리베이터 일루션(승강타 착각). 상승 혹은 하강 기류의 결과로 갑작스런 수직 가속을 일으키는 상승 혹은 하강에서 존재하는 지각.

EM wave. Electromagnetic wave.

EM wave. 전자기파.

Emergency locator[400] **transmitter**[401]**.** A small, self-contained radio transmitter that will automatically, upon the impact of a crash, transmit an emergency signal on 121.5, 243.0, or 406.0 MHz.

---

398) il·lu·sion: ① 환영(幻影), 환각, 환상, 망상. ②『심리학』 착각; 잘못 생각함

399) ver·ti·cal: ① 수직의, 연직의, 곧추선, 세로의. ② 정점(절정)의; 꼭대기의.

400) lo·cat·er, -ca·tor:《미국》토지(광구) 경계 설정자: 위치 탐사 장치, 청음기, 레이더.

401) trans·mit·ter: ① 송달자; 전달자; 양도자; 유전자, 유전체; 전도체. ② (전화의) 송화기;『통신』송신기(장치), 발신기

긴급 위치 탐사 장치 송신기. 충돌 충격 시 자동으로 121.5, 243.0 또는 406.0MHz로 비상 신호를 전송하는 소형 독립형 무선 송신기.

Emergency. A distress or urgent condition.
위급. 조난 혹은 긴급한 상황.

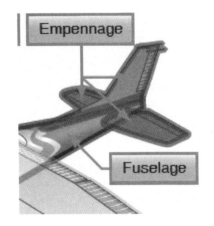

Empennage[402]. The section of the airplane that consists of the vertical stabilizer[403], the horizontal stabilizer, and the associated control surfaces.
미부. 수직 안정판, 수평 안정판 및 관련 조종면/비행익면으로 구성된 비행기의 단면.

Emphasis error. The result of giving too much attention to a particular instrument[404] during the cross-check[405], instead of relying on a combination of instruments necessary for attitude[406] and performance information.
엠퍼시스 에러/강조 오류. 비행 태도 및 이행 정보에 필요한 계기의 조합에 의존하는 대신 크로스 체크(교차 점검)하는 동안 특정 계기에 너무 많은 주의를 주는 결과.

Empty-field myopia. Induced nearsightedness that is associated with flying at night, in instrument meteorological[407] conditions and/or reduced visibility[408]. With nothing to focus on, the eyes automatically focus on a point just slightly ahead of the airplane.

---

402) em·pen·nage: 〖항공〗 (비행기〔신〕의) 미부(尾部), 미익(尾翼), 보조익(tail assembly).

403) vértical stábilizer: 〖항공〗 수직 안정판.

404) in·stru·ment: ① (실험·정밀 작업용의) 기계(器械), 기구(器具), 도구 ② (비행기·배 따위의) 계기(計器) ③ 악기 ④ 수단, 방편(means); 동기〔계기〕가 되는 것〔사람〕, 매개(자)

405) cróss-chéck: ① (데이터·보고 등을) 다른 관점에서 체크하다〔함〕.

406) at·ti·tude: ① (사람·물건 등에 대한) 태도, 마음가짐 ② 자세(posture), 몸가짐, 거동; 〖항공〗 (로켓·항공기등의) 비행 자세. ③ (사물에 대한) 의견, 심정

407) me·te·or·o·log·i·cal: 기상의, 기상학상(上)의

408) vis·i·bíl·i·ty: ① 눈에 보임, 볼 수 있음, 쉽게〔잘〕 보임; 알아볼 수 있음. ② 〖광학〗 선명도(鮮明度), 가시도(可視度); 〖기상·항해〗 시계(視界), 시도(視度), 시정(視程)

엠프티 필드 마이오피아(빈 장소 근시안). 야간 비행에서, 계기 기상 조건 및/또는 감소된 가시성과 관련된 유도된 근시. 초점을 맞출 것이 없이 눈은 반사적으로 비행기 바로 약간 앞의 지점에 초점을 맞춘다.

En route[409] high-altitude charts. Aeronautical charts for en route instrument navigation at or above 18,000 feet MSL[410].
항공로상의 고고도 차트. 18,000피트 MSL 혹은 그 이상에서 항공로상의 계기 내비게이션을 나타내는 항공 차트.

En route low-altitude charts. Aeronautical charts for en route IFR[411] navigation below 18,000 feet MSL.
항공로상의 저고도 차트. 18,000피트 MSL 미만의 항공로상의 IFR 내비게이션(항법)을 나타내는 항공 차트.

Encoding[412] altimeter. A special type of pressure altimeter used to send a signal to the air traffic controller on the ground, showing the pressure altitude the aircraft is flying.
인코딩(부호화) 고도계. 비행기가 날고 있는 기압 고도를 보여주며 지상에 있는 항공 교통 관제사에게 신호를 보내주기 위해 사용되는 기압 고도계의 특수 유형.

Engine pressure ratio (EPR). The ratio of turbine discharge pressure divided by compressor inlet pressure that is used as an indication[413] of the amount of thrust[414] being developed by a turbine engine.
엔진 압력비(EPR). 터빈 엔진에서 발생된 추력의 양을 나타내는 데 사용되는 압축기 입구 압력으로 나눈 터빈 방출 압력의 비율.

Environmental systems. In an aircraft, the systems, including the supplemental oxygen systems, air conditioning systems, heaters, and pressurization systems,

---

409) en route: 《F.》 도중에《to; for》: 도중의; 【항공】 항공로상의.
410) m.s.l.: mean sea level (평균 해면(海面)).
411) IFR: instrument flight rules (계기 비행 규칙)
412) en·code: (보통문을) 암호로 고쳐 쓰다; 암호화(기호화)하다; 【컴퓨터】 부호화하다.
413) in·di·cá·tion: ① 지시, 지적; 표시; 암시 ② 징조, 징후 ③ (계기(計器)의) 시도(示度), 표시 도수
414) thrust: ① 밀기 ② 찌르기 ③ 공격; 【군사】 돌격 ④ 혹평, 날카로운 비꼼 ⑤ 【항공·기계】 추력(推力). ⑥ 【광물학】 갱도 천장의 낙반. ⑦ 【지질】 스러스트, 충상(衝上)(단층). ⑧ 요점, 진의(眞意), 취지.

which make it possible for an occupant to function at high altitude.

환경 시스템. 항공기에서 탑승자가 높은 고도에서 활동 가능 할 수 있도록 하는 보조 산소 시스템, 에어컨 시스템, 히터 및 가압 시스템을 포함한 시스템.

EPR. See engine pressure ratio.

EPR. 엔진 압력 비율을 참조.

Equilibrium[415]. A condition that exists within a body when the sum of the moments[416] of all of the forces acting on the body is equal to zero. In aerodynamics, equilibrium is when all opposing forces acting on an aircraft are balanced (steady, unaccelerated flight conditions).

평행 상태. 물체에 작용하는 모든 힘의 모멘트의 합이 0과 같을 때 물체 내에 존재하는 상태. 공기 역학에서 평형상태는 항공기에 작용하는 모든 반대 힘이 균형을 이룰 때이다(안정되고 가속되지 않은 비행 조건).

Equivalent[417] airspeed[418]. Airspeed equivalent to CAS in standard atmosphere at sea level[419]. As the airspeed and pressure altitude increase, the CAS becomes higher than it should be, and a correction for compression must be subtracted from the CAS.

등가 대기속도. 해수면의 표준 대기에서 CAS와 동일한 대기속도. 대기속도와 기압고도가 높아짐에 따라 CAS는 예상보다 높아지므로 CAS에서 압축 보정을 빼야 한다.

Equivalent shaft[420] horsepower (ESHP). A measurement of the total horsepower of a turboprop engine, including that provided by jet thrust[421].

등가 샤프트 마력(ESHP). 제트 추력으로 공급되는 것을 포함하여 터보프롭 엔진의 총 마력 수치.

---

415) equi·lib·ri·um: ① 평형상태, 균형; (마음이) 평정, 지적 불편(知的不偏). ② (동·물제의) 자세의 안정, 체위를 정상으로 유지하는 능력. ③ 【물리학·화학】 평형(balance)

416) moment: 【물리학】 (보통 the ~) 모멘트, 역률(力率), 능률《of》; 【기계】 회전 우력(偶力).

417) equiv·a·lent: ① 동등한, 같은; (가치·힘 따위가) 대등한; (말·표현이) 같은 뜻의《to》② (역할 따위가) …에 상당하는, 같은《to》. ; 동등한 것, 등가(등량)물; 상당하는 것

418) áir·spèed: (비행기의) 대기(對氣) 속도; 풍속.

419) lev·el: ① 수평, 수준; 수평선(면), 평면 ② 평지, 평원 ③ (수평면의) 높이 ④ 동일 수준(수평), 같은 높이, 동위(同位), 동격(同格), 동등(同等); 평균 높이

420) shaft: ① (창·망치·골프 클럽 따위의) 자루, 손잡이; 화살대. ② 한 줄기 (광선); 번개, 전광. ③ (pl.) (수레의) 채, 끌채. ④ 【기계】 샤프트, 굴대, 축(軸) ⑤ 【건축】 작은 기둥; 기둥몸; 굴뚝.

421) thrust: ① 밀기 ② 찌르기 ③ 공격; 【군사】 돌격 ④ 【항공·기계】 추력(推力).

Evaporation. The transformation of a liquid to a gaseous state, such as the change of water to water vapor.

증발. 물이 수증기로 변하는 것과 같이 액체가 기체 상태로 변하는 것.

Exhaust gas temperature (EGT). The temperature of the exhaust gases as they leave the cylinders of a reciprocating engine or the turbine section of a turbine engine.

배기가스 온도(EGT). 왕복 엔진의 실린더나 터빈 엔진의 터빈 섹션(구간)을 떠날 때 배기 가스의 온도.

Exhaust manifold[422]. The part of the engine that collects exhaust gases leaving the cylinders.

배기 매니폴드(다기관). 실린더를 떠나는 배기가스를 수집하는 엔진 부분.

Exhaust. The rear opening of a turbine engine exhaust duct. The nozzle acts as an orifice, the size of which determines the density and velocity of the gases as they emerge from the engine.

배기 장치. 터빈 엔진 배기 장치 관의 후면 개구부(열린 구멍). 노즐은 엔진으로부터 나오는 가스의 밀도와 속도를 결정하는 크기의 오리피스(뾰끔한 구멍) 역할을 한다.

Expect-further-clearance[423] (EFC). The time a pilot can expect to receive clearance beyond a clearance limit.

추가 관제 승인(EFC) 기대. 조종사가 관제승인 한도를 넘어 인가를 받을 것으로 예상할 수 있는 시간.

Explosive decompression[424]. A change in cabin pressure faster than the lungs can decompress. Lung damage is possible.

폭발적인 감압. 폐가 감압할 수 있는 것보다 더 빠른 기내 기압 변화. 폐 손상이 가능하다.

---

422) man·i·fold: ① 다양성; 〖수학〗 다양체, 집합체. ② (복사기(지)로 복사한) 사본. ③ 〖기계〗 다기관(多岐管).

423) clear·ance: ① 치워버림, 제거; 정리; 재고 정리 (판매) ② 출항(출국) 허가(서); 통관절차; 〖항공〗 관제(管制) 승인《항공 관제탑에서 내리는 승인》 ③ 〖기계〗 빈틈, 틈새; 여유 공간 ④ (보도 등의) 허가.

424) de·com·pres·sion: ① 감압《심해 잠수부가 급히 부상했을 때 경험하는 수압(기압)의 점차적인 저하》. ② 감압하는 일. ③ (고통 등의) 완화, 경감; (긴장·억압에서의) 해방.

F

FA. See area forecast.
FA. 지역 예보를 참조.

FAA. Federal Aviation Administration.
FAA. 미국 연방 항공국.

FAF. See final approach fix.
FAF. 최종 활주로로의 진입 방식 수정을 참조.

False horizon[425]**.** An optical illusion where the pilot confuses a row of lights along a road or other straight line as the horizon. Inaccurate visual information for aligning the aircraft, caused by various natural and geometric formations that disorient the pilot from the actual horizon.
의사(擬似) 수평. 조종사가 도로 혹은 똑바른 선을 따라 줄지어 있는 불빛을 지평선(수평선)으로 착각하는 광학적 착각 현상. 실제 수평선에서 조종사의 방향을 흐리게 하는 다양한 자연적 및 기하학적 구성으로 인해 항공기를 정렬하기 위한 부정확한 시각 정보.

False start. See hung start.
폴스 스타트(잘못된 시동). 지체된 시동을 참조.

FDI. See flight director indicator.
FDI. 비행 관리자 표시기를 참조.

Feathering propeller (feathered). A controllable pitch[426] propeller with a pitch range sufficient to allow the blades[427] to be turned parallel to the line of flight to reduce drag and prevent further damage to an engine that has been shut down after a malfunction.

---

425) fálse horízon: 의사(擬似) 수평《고도 측정용 평면경·수은의 표면 등》.
426) pitch: 〖기계〗 피치《톱니바퀴의 톱니와 톱니 사이의 거리; 나사의 나사산과 나사산 사이의 거리》; 〖항공〗 피치《(1) 비행기·프로펠러의 일회전분의 비행 거리. (2) 프로펠러 날개의 각도》.
427) blade: ① (볏과 식물의) 잎; 잎몸 ② (칼붙이의) 날, 도신(刀身) ③ 노 깃; (스크루·프로펠러·선풍기의) 날개

페더링(깃털형) 프로펠러. 항력을 줄이기 위해 블레이드가 비행선과 평행하게 회전하도록 하고 오작동 후 정지된 엔진에 추가 손상을 방지하기에 충분한 피치 범위를 가진 조종 가능한 피치 프로펠러.

Federal airways. Class E airspace areas that extend upward from 1,200 feet to, but not including, 18,000 feet MSL[428], unless otherwise specified.
연방 항공로. 달리 명시되지 않는 1,200피트에서 18,000피트 MSL까지 위쪽으로 확장되는 클래스 E 공역 영역.

Feeder[429] facilities[430]. Used by ATC[431] to direct aircraft to intervening[432] fixes between the en route structure and the initial approach fix.
피더 설비. 항공로상의 구조물과 초기 활주로로의 진입 고정물 사이를 조정하는 고정물들을 항공기에 가리켜주는 ATC가 사용함.

Final approach[433]. Part of an instrument[434] approach procedure in which alignment and descent for landing are accomplished.
최종 활주로로의 진입. 착륙을 위한 정렬 및 하강이 수행되는 계기 활주로로의 진입 절차의 일부.

Final approach fix (FAF). The fix from which the IFR[435] final approach to an airport is executed, and which identifies the beginning of the final approach segment. An FAF is designated[436] on government charts by a Maltese cross symbol for nonprecision approaches, and a lightning bolt symbol for precision approaches.
최종 활주로로의 진입 수정(위치결정)(FAF). 공항으로 IFR 최종 활주로로의 진입이 실행되고

---

428) m.s.l.: mean sea level (평균 해면(海面)).
429) féed·er: 원료 공급 장치; 깔때기; 급유기(給油器); 급광기(給鑛器)
430) fa·cil·i·ty: (pl.) 편의(를 도모하는 것), 편리; 시설, 설비; 〖컴퓨터〗 설비; 〖군사〗 (보급) 기지;《완곡어》변소
431) ATC: Air Traffic Control
432) in·ter·vene: (사이에 들어) 조정〔중재〕하다《between》
433) ap·proach: ① 가까워짐, 접근《of; to》; 가까이함 ② (접근하는) 길, 입구 ③ 〖군사〗 적진 접근 작전; 〖항공〗 활주로로의 진입·강하(코스).
434) in·stru·ment: ① (실험·정밀 작업용의) 기계(器械), 기구(器具), 도구 ② (비행기·배 따위의) 계기(計器) ③ 악기 ④ 수단, 방편(means); 동기〔계기〕가 되는 것(사람), 매개(자)
435) IFR: instrument flight rules (계기 비행 규칙)
436) des·ig·nate: ① 가리키다, 지시〔지적〕하다, 표시〔명시〕하다, 나타내다: ② …라고 부르다(call), 명명하다 ③ 지명하다, 임명〔선정〕하다; 지정하다

최종 활주로로의 진입 구간의 시작을 식별하는 수정(위치결정)이다. FAF는 정부 해도에서 비정밀 활주로로의 진입을 위한 몰타 십자 기호(크로스 심볼)와 정밀 활주로로의 진입을 위한 번개 전광 기호(라이트닝 볼트 심볼)로 명시한다.

Fixating. Staring at a single instrument, thereby interrupting the cross-check process. A psychological condition where the pilot fixes attention on a single source[437] of information and ignores all other sources.
픽세이션(고차, 고정). 단일기기를 응시하여 크로스 체크 프로세스(교차 확인 절차)를 중단. 조종사가 정보의 단일 소스(자료)에 주의를 집중하고 다른 모든 소스(자료)를 무시하는 심리적 상태.

Fixed shaft turboprop engine. A turboprop engine where the gas producer spool is directly connected to the output shaft.
픽스(고정) 샤프트 터보프롭 엔진. 가스 생성기 스풀이 출력 샤프트에 직접 연결된 터보프롭 엔진.

Fixed slot[438]. A fixed, nozzle shaped opening near the leading edge of a wing that ducts[439] air onto the top surface of the wing. Its purpose is to increase lift[440] at higher angles of attack[441].
픽스(고정) 슬롯. 덕트가 날개의 윗면으로 공기를 통하게 하는 리딩에지 근처에 고정된 구멍 모양의 노즐. 더 높은 영각에서 양력을 증가시키는 것이 목적이다.

Fixed-pitch propellers. Propellers with fixed blade[442] angles. Fixed-pitch propellers are designed as climb propellers, cruise propellers, or standard propellers.
고정 피치 프로펠러. 고정된 블레이드 각도가 있는 프로펠러. 고정 피치 프로펠러는 상승 프로펠러, 순항 프로펠러 또는 표준 프로펠러로 설계되어있다.

---

437) source: ① 수원(지), 원천 ② 근원(origin), 근본, 원천, 원인《of》③ (종종 pl.) 출처, 정보원(源), 전거(典據), 자료; 관계 당국, 소식통 ④『컴퓨터』원시, 원천, 소스《파일의 복사 바탕》.
438) slot: ① a) 가늘고 긴 틈〔홈〕; (동전·편지 등의) 투입구 b) 좁은 통로〔수로〕. ②『조류』익렬(翼裂)《날개의 칼깃 끝부분이 손가락처럼 벌어진 상태》. ③『항공』슬롯《날개 밑면 공기의 흐름을 날개 윗면으로 이동시켜 실속(失速)을 더디게 하기 위한 틈》. ④ (일 등의) 부서, 지위 ⑤ (항공기의 정해진) 이착륙 시간〔장소〕.
439) duct: 관, 도관(導管);『해부학』관, 수송관, 맥관;『전기』선거(線渠);『건축』암거(暗渠).
440) lift:『항공』상승력(力), 양력(揚力).
441) angle of attack:『항공』영각(迎角)《항공기의 익현(翼弦)과 기류가 이루는 각》
442) blade: ① (볏과 식물의) 잎; 잎몸 ② (칼붙이의) 날, 도신(刀身) ③ 노 깃; (스크루·프로펠러·선풍기의) 날개

FL. See flight <u>level</u>[443].

FL. 비행 레벨을 참조.

Flameout[444]. A condition in the operation of a gas turbine engine in which the fire in the engine goes out due to either too much or too little fuel sprayed into the combustors.

플레임 아웃. 엔진에서 연소실(기)에 분사된 너무 많거나 적은 연료 때문에 불꽃이 꺼진 가스 터빈 엔진의 작동의 상태

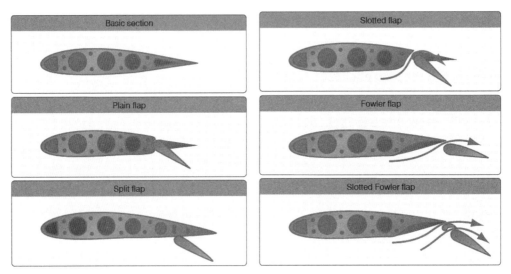

Figure 3-8. *Types of flaps.*

Flaps[445]. Hinged portion of the trailing edge between the ailerons and fuselage. In some aircraft, ailerons and flaps are interconnected to produce full-span "flaperons." In either case, flaps change the lift and drag on the wing.

플랩(보조익). 에일러론과 동체 사이의 뒤쪽 가장자리의 힌지(돌쩌귀로 움직이는) 부분. 일부 항공기에서는 에일러론과 플랩이 전체 스팬 "플래퍼론"을 생성을 위해 연결되어있다. 두 경우 모두 플랩은 날개의 양력과 항력을 변경한다.

---

443) lev·el: ① 수평, 수준; 수평선(면), 평면 ② 평지, 평원 ③ (수평면의) 높이 ④ 동일 수준(수평), 같은 높이, 동위(同位), 동격(同格), 동등(同等); 평균 높이

444) fláme·òut: (제트 엔진의) 돌연 정지《비행 중, 특히 전투 중에》; 파괴, 소멸; 좌절한 사람, 매력을 잃은 것.

445) flap: ① 펄럭임, 나부낌; 찰싹 때리기. ② (단수형, 보통 the ~) (날개·깃발의) 퍼덕거리는 소리; 찰싹 때리는 소리 ③ 축 늘어진 것; 드림; (모자의) 귀덮개; (모자의) 넓은 테; (호주머니의) 뚜껑; (봉투의) 접어 젖힌 부분; (책 커버의) 꺾은 부분, 날개판(板)《경첩으로 접을 수 있는 책상·테이블의》; 【항공】 플랩, 보조익(翼);

Flat pitch[446]. A propeller configuration[447] when the blade chord[448] is aligned with the direction of rotation.

플랫(편평한) 피치. 블레이드 코드가 회전 방향과 정렬될 때의 프로펠러 형태.

Flicker[449] vertigo. A disorienting condition caused from flickering light off the blades of the propeller.

명멸(깜박이는) 현기증. 프로펠러의 블레이드에서 깜박이는 빛으로 인해 발생한 방향 감각 상실 상태.

Flight[450] configurations[451]. Adjusting the aircraft control[452] surfaces (including flaps and landing gear) in a manner that will achieve a specified attitude[453].

이륙 비행 형태. 지정된 비행자세에 도달하도록 하는 방식에서 항공기 조종면/비행익면(플랩 및 착륙 장치 포함)을 조정하는 것.

Flight director[454] indicator[455] (FDI). One of the major components of a flight director system, it provides steering commands that the pilot (or the autopilot, if coupled)

---

446) pitch: 〖기계〗 피치《톱니바퀴의 톱니와 톱니 사이의 거리; 나사의 나사산과 나사산 사이의 거리》; 〖항공〗 피치 《(1) 비행기·프로펠러의 일회전분의 비행 거리. (2) 프로펠러 날개의 각도》.

447) con·fig·u·ra·tion: ① 배치, 지형(地形); (전체의) 형태, 윤곽. ② 〖천문학〗 천체의 배치, 성위(星位), 성단(星團). ③ 〖물리학·화학〗 (분자 중의) 원자 배열. ④ 〖사회학〗 통합《사회 문화 개개의 요소가 서로 유기적으로 결합하는 일》; 〖항공〗 비행 형태; 〖심리학〗 형태.

448) chord: ① (악기의) 현, 줄. ② 심금(心琴), 감정 ③ 〖수학〗 현(弦); 〖공학〗 현재(弦材); 〖의학〗 대(帶), 건(腱); 〖항공〗 익현(翼弦).

449) flick·er: 빛이 깜박임〔어른거림〕, 명멸; 깜박이는〔어른거리는〕 빛; 전동(顫動); (나뭇잎의) 흔들림, 나풀거림; 급한 마음의 움직임, 흥분;《구어》영화(관); 〖컴퓨터〗 (표시 화면의) 흔들림

450) flight: ① 날기, 비상(飛翔); 비행 ② 비행력; 비행 거리. ③ 비행기 여행; (정기 항공로의) 편(便) ④ 날아오름; (항공기의) 이륙; (새·벌의) 집 떠나기, 둥지〔보금자리〕 뜨기. ⑤ 〖군사〗 비행 편대.

451) con·fig·u·ra·tion: ① 배치, 지형; (전체의) 형태, 윤곽. ② 〖천문학〗 천체의 배치, 성위, 성단. ③ 〖물리학·화학〗 (분자 중의) 원자 배열. ④ 〖사회학〗 통합; 〖항공〗 비행 형태; 〖심리학〗 형태. ⑤ (미사일에서의) 형(型).

452) con·trol: ① 지배(력); 관리, 통제, 다잡음, 단속, 감독(권) ② 억제, 제어; (야구 투수의) 제구력(制球力) ③ 통제〔관리〕 수단: (pl.) (기계의) 조종장치; (종종 pl.) 제어실, 관제실〔탑〕; 〖컴퓨터〗 제어. ④ (실험 결과의) 대조 표준; 대조부(簿) ⑤ 단속자, 관리인. ① 지배하다, 통제〔관리〕하다, 감독하다. ② 제어〔억제〕하다

453) at·ti·tude: ① (사람·물건 등에 대한) 태도, 마음가짐 ② 자세(posture), 몸가짐, 거동; 〖항공〗 (로켓·항공기등의) 비행 자세. ③ (사물에 대한) 의견, 심정

454) di·rec·tor: ① 지도자, …장; 관리자. ② (고등학교의) 교장; (관청 등의) 장, 국장; (단체 등의) 이사; (회사의) 중역, 이사 ③ 〖군사〗 (여러 문의 포화의 동시 발사용) 전기 조준기; 〖기계〗 지도자(指導子); 〖의학〗 유구 탐침

455) in·di·ca·tor: ① 지시자; (신호) 표시기(器), (차 따위의) 방향 지시기.② 〖기계〗 인디케이터《계기·문자판·바늘 따위》; (내연 기관의) 내압(內壓) 표시기; 〖화학〗 지시약《리트머스 따위》; 〔 일반적 〕 지표; 〖경제〗 경제 지표; 〖생태〗 지표 (생물)《특정지역의 토지 환경 조건을 나타내는 생물》.

follows.

플라이트 다이렉터 인디케이터(비행지도 지시기, FDI). 비행지도 시스템의 주요 구성 요소 중 하나를 조종사(또는 결합된 경우 자동 조종 장치)가 따르는 조향 명령을 마련한다.

Flight director. An automatic flight control system in which the commands needed to fly the airplane are electronically computed and displayed[456] on a flight in-strument[457]. The commands are followed by the human pilot with manual control inputs or, in the case of an autopilot system, sent to servos that move the flight controls.

플라이트 다이렉터(비행지도). 비행기가 비행하는 데 필요한 명령이 전자적으로 계산되어 비행계기에 표시되는 자동 비행 조종 시스템. 그 명령은 수동 조종 입력으로 인간 조종사가 수행하고 혹은 오토파일럿(자동 조종 장치) 시스템의 경우 비행 조종 장치를 움직이는 서보로 전송한다.

Flight idle[458]. Engine speed, usually in the 70–80 percent range, for minimum flight thrust[459].

플라이트 아이들(이륙 최소 추력). 일반적으로 70–80% 범위의 최소 비행 추력을 위한 엔진 속도.

Flight level[460] (FL). A measure of altitude (in hundreds of feet) used by aircraft fly-ing above 18,000 feet with the altimeter set at 29.92 "Hg.

플라이트 레벨(이륙 평균 높이, FL). 고도계가 29.92"Hg로 설정된 상태에서 18,000피트 이상을 비행하는 항공기에서 사용하는 고도(수백피트)의 측정값.

---

456) dis·play: ① 보이다, 나타내다; 전시〔진열〕하다 ② (기 따위를) 펼치다, 달다, 게양하다; (날개 따위를) 펴다. ③ 밖에 나타내다, 드러내다; (능력 등을) 발휘하다; (지식 등을) 과시하다, 주적거리다

457) in·stru·ment: ① (실험·정밀 작업용의) 기계(器械), 기구(器具), 도구 ② (비행기·배 따위의) 계기(計器) ③ 악기 ④ 수단, 방편(means); 동기〔계기〕가 되는 것(사람), 매개(자)

458) idle: ① 게으름뱅이의, 태만한. ② 한가한, 게으름 피우고 있는, 놀고 있는, 할 일이 없는 ③ (기계·공장 따위가) 쓰이고 있지 않은 ④ 〖컴퓨터〗아이들, 정지의《전원은 들어와 있으나 실제로 작동은 않고 있는 상태》.

459) thrust: ① 밀기 ② 찌르기 ③ 공격; 〖군사〗돌격 ④ 혹평, 날카로운 비꼼 ⑤ 〖항공·기계〗추력(推力). ⑥ 〖광물학〗갱도 천장의 낙반. ⑦ 〖지질〗스러스트, 충상(衝上)(단층). ⑧ 요점, 진의(眞意), 취지.

460) lev·el: ① 수평, 수준; 수평선(면), 평면 ② 평지, 평원 ③ (수평면의) 높이. ④ 동일 수준〔수평〕, 같은 높이, 동위(同位), 동격(同格), 동등(同等); 평균 높이 ⑤ 표준, 수준 ⑥ 수준기(器), 수평기

Flight <u>management</u>[461] <u>system</u>[462] (FMS). Provides pilot and crew with highly accurate and automatic long-range navigation capability, blending available inputs from long- and short- range sensors.

비행 관리 시스템(FMS). 장거리 및 단거리 감지기의 사용 가능한 입력을 혼합하여 조종사와 승무원에게 매우 정확한 자동 장거리 탐색 기능을 제공.

Flight <u>path</u>[463]. The line, course, or track along which an aircraft is flying or is intended to be flown.

비행경로. 항공기가 비행 중이거나 비행할 예정인 노선, 항로 또는 항적.

Flight <u>patterns</u>[464]. Basic <u>maneuvers</u>[465], flown by reference to the <u>instruments</u>[466] rather than outside visual cues, for the purpose of practicing basic <u>attitude</u>[467] flying. The patterns <u>simulate</u>[468] maneuvers encountered on <u>instrument</u>[469] flights such as holding patterns, procedure turns, and approaches.

비행 패턴. 기본 비행자세 비행을 연습할 목적으로 외부 시계(視界) 신호 보다는 계기를 참조하여 비행하는 기본 방향 조종. 패턴은 유지 패턴, 절차 선회 및 활주로로의 진입과 같은 계기 비행에서 직면하는 방향 조종을 모의 훈련한다.

F

---

461) man·age·ment: ① 취급, 처리, 조종, 다루는 솜씨; 통어 ② 관리, 경영; 지배, 단속 ③ 경영력, 지배력, 경영수완; 경영의 방법; 경영학; 〖의학〗 치료 기술《of》. ④ 주변; 술수, 술책. ⑤ 운용, 이용, 사용.

462) sys·tem: ① 체계, 계통, 시스템 ② 우주; 소우주; 신체 ③ 조직(망), 제도, 체제 ④ (지배) 체제. ⑤ 방식, 방법 ⑥ 복합적인 기계 장치; 오디오의 시스템; 〖컴퓨터〗 시스템《운영체계; 대규모의 프로그램》

463) path: ① 길, 작은 길, 보도(步道); 경주로; 통로 ② (인생의) 행로; 방침; 방향; (의론 따위의) 조리; (천체의) 궤도 ③ 〖컴퓨터〗 길, 경로《파일을 자리에 두거나 판독할 때 컴퓨터가 거치는 일련의 경로》.

464) pat·tern: ① 모범, 본보기, 귀감 ② 형(型), 양식; (양복·주물 따위의) 본, 원형(原型), 모형 ③ (행위·사고 따위의) 형, 방식, 경향 ④ 도안, 무늬, 줄무늬; 자연의 무늬 ⑤ 〖컴퓨터〗 도형(圖形), 패턴. ⑥ (비행장의) 착륙 진입로; 그 도형. ⑦ 〖군사〗 포격(폭격) 목표(의 배치); 표적상의 탄흔.

465) ma·neu·ver: ⑴ a) 〖군사〗 (군대·함대의) 기동(機動) 작전, 작전적 행동; (pl.) 대연습, (기동) 연습. b) 기술을 요하는 조작(방법); ② 계략, 책략, 책동; 묘책; 교묘한 조치. ③ (비행기·로켓·우주선의) 방향 조종.

466) in·stru·ment: ① (실험·정밀 작업용의) 기계(器械), 기구(器具), 도구 ② (비행기·배 따위의) 계기(計器) ③ 악기 ④ 수단, 방편(means); 동기(계기)가 되는 것(사람); 매개(자)

467) at·ti·tude: ① (사람·물건 등에 대한) 태도, 마음가짐 ② 자세(posture), 몸가짐, 거동; 〖항공〗 (로켓·항공기등의) 비행 자세. ③ (사물에 대한) 의견, 심정《to, toward》

468) sim·u·late: …을 가장하다, (짐짓) …체하다(시늉하다); 흉내내다; (…로) 분장(扮裝)하다; 〖생물〗 …의 의태(擬態)를 하다(mimic); …의 모의 실험(조종)을 하다.

469) in·stru·ment: ① (실험·정밀 작업용의) 기계(器械), 기구(器具), 도구 ② (비행기·배 따위의) 계기(計器) ③ 악기 ④ 수단, 방편(means); 동기(계기)가 되는 것(사람); 매개(자)

Flight strips[470]**.** Paper strips containing instrument flight information, used by ATC[471] when processing flight plans.

비행 스트립. 비행 계획을 처리할 때 ATC에서 사용하는 계기 비행 정보가 포함된 종이 스트립.

Floating[472]**.** A condition when landing where the airplane does not settle to the runway[473] due to excessive airspeed.

플로팅(떠있는). 비행기가 과도한 대기속도로 인해 활주로에 착륙하지 못하는 착륙 시의 상태.

Floor load[474] **limit**[475]**.** The maximum weight the floor can sustain per square inch/foot as provided by the manufacturer.

바닥 하중 제한. 제조사에서 장착한 것으로 제곱(평방) 인치/피트당 바닥이 지탱할 수 있는 최대 무게.

FMS. See flight management system.

FMS. 비행 관리 시스템을 참조.

FOD. See foreign object damage.

FOD. 이물질 손상을 참조.

Fog. Cloud consisting of numerous minute water droplets and based at the surface; droplets are small enough to be suspended in the earth's atmosphere indefinitely. (Unlike drizzle, it does not fall to the surface. Fog differs from a cloud only in that a cloud is not based at the surface, and is distinguished from haze by its

---

470) strip: ① (헝겊·종이·널빤지 따위의) 길고 가느다란 조각, 작은 조각 ② 좁고 긴 땅; 〖항공〗 가설(假設) 활주로. ③ =COMIC STRIP. ④ 석 장 (이상) 붙은 우표.

471) ATC: Air Traffic Control

472) flóat·ing: ① 부유, 부동, 부양(浮揚). ; ① 떠 있는, 부동하는; 이동〔유동〕하는, 일정치 않은; (어디어디에) 있는. ② 〖경제〗 (자본 따위가) 고정되지 않은, 유동하고 있는 ③ 〖기계〗 부동(浮動)(지지)의, 진동 흡수 현가(懸架)의. ④ 〖전자〗 (회로·장치가) 전원에 접속되지 않은.

473) rún·wày: ① 주로(走路), 통로. ② 짐승이 다니는 길. ③ 〖항공〗 활주로

474) load: ① 적하(積荷), (특히 무거운) 짐 ② 무거운 짐, 부담; 근심, 걱정 ③ 적재량, 한 차, 한 짐, 한 바리 ④ 일의 양, 분담량 ⑤ 〖물리학·기계·전기〗 부하(負荷), 하중(荷重); 〖유전학〗 유전 하중(荷重) ⑥ 〖컴퓨터〗 로드, 적재《(1) 입력 장치에 데이터 매체를 걺. (2) 데이터나 프로그램 명령을 메모리에 넣음》. ⑦ (화약·필름) 장전; 장탄.

475) lim·it: ① (종종 pl.) 한계(선), 한도, 극한 ② (종종 pl.) 경계; (pl.) 범위, 구역, 제한 ③《구어》(인내의) 한도, 극한(을 넘은 것(사람)) ④ 〖상업〗 지정 가격. ⑤ 최대액(額). ⑥ 〖수학〗 극한.

wetness and gray color.)

안개. 표면에서 형성되는 수많은 미세한 물방울로 구성된 구름. 물방울은 지구 대기에 무한정 떠 있을 만큼 작다(이슬비와 달리 표면에 떨어지지 않는다. 안개는 표면에 기반을 두지 않고 촉촉하고 회색으로 흐리다는 점에서 연구와 구분되고 구름과 다르다).

Force[476] (F). The energy applied to an object that attempts to cause the object to change its direction, speed, or motion. In aerodynamics, it is expressed as F, T (thrust), L (lift), W (weight), or D (drag), usually in pounds.

힘(F). 물체의 방향, 속도 또는 움직임을 바꾸기 위해 영향을 주려고 시도하는 물체에 가해지는 에너지. 공기 역학에서 F, T(추력), L(양력), W(무게) 또는 D(항력)로 일반적으로 파운드로 표시된다.

Foreign[477] object[478] damage[479] (FOD). Damage to a gas turbine engine caused by some object being sucked into the engine while it is running. Debris from runways[480] or taxiways[481] can cause foreign object damage during ground operations, and the ingestion of ice and birds can cause FOD in flight.

이물질 손상(FOD). 가스터빈 엔진이 작동하는 동안 엔진에 어떤 물체가 흡입되어 발생하는 가스터빈 엔진 손상. 활주로나 유도로의 파편은 지상 운용 중에 이물질 손상을 유발할 수 있으며, 얼음과 새를 빨아들이면 비행 중 FOD를 유발할 수 있다.

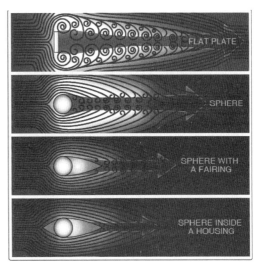

Figure 5-7. *Form drag.*

---

476) force: ① 힘, 세력, 에너지, 기세 ② 폭력, 완력, 강압 ③ 정신력, 박력, 강렬함. ④ 영향(력), 지배력; 설득력 ⑤ 효과; 효력. ⑥ 권력, 세력, 유력한 인물. ⑦ 무력, 병력

477) for·eign: ① 외국의; 외국산의; 외국풍(외래)의. ② 외국에 있어서의, 재외의. ③ 외국과의; 대외적; 외국 상대의 ④ (국내의) 타지방의, 타향의; ⑤ 관계없는; 성질에 맞지 않는; (물질이) 이질의 ⑥ 낯선; 기묘한.

478) ob·ject: ① 물건, 물체, 사물 ② (동작·감정 등의) 대상 ③ 목적, 목표(goal); 동기 ④ 〖컴퓨터〗 목적, 객체.

479) dam·age: ① 손해, 피해, 손상(injury) ② (pl.) 〖법률학〗 손해액, 배상금

480) rún·wày: ① 주로(走路), 통로. ② 짐승이 다니는 길. ③ 〖항공〗 활주로

481) táxi·wày: 〖항공〗 (공항의) 유도로(誘導路).
  taxi: ① 택시로 가다(운반하다) ② 〖항공〗 육상(수상)에서 이동(하게 하)다《자체의 동력으로》.

Form[482] **drag.** The part of parasite drag on a body resulting from the integrated effect of the static pressure acting normal to its surface resolved in the drag direction. The drag created because of the shape of a component or the aircraft.

형상 항력. 항력 방향에서 변형된 표면으로 정압 활동 평균의 통합 효과로부터 생기는 동체에서의 유해 항력의 부분. 구성 부분 또는 항공기의 모양 때문에 생성된 항력.

Forward[483] **slip**[484]**.** A slip in which the airplane's direction of motion continues the same as before the slip was begun. In a forward slip, the airplane's longitudinal[485] axis is at an angle to its flightpath.

전진 슬립. 슬립이 시작되기 전과 동일하게 비행기의 진행 방향이 계속되는 슬립. 전진 슬립에서 비행기의 세로축은 비행경로 쪽 각도에 있다.

Free[486] **power turbine engine.** A turboprop engine where the gas producer spool is on a separate shaft from the output shaft. The free power turbine spins independently of the gas producer and drives the output shaft.

프리 파워(개방 동력) 터빈 엔진. 가스 생성기 스풀이 출력 샤프트로부터 분리된 샤프트에 있는 터보프롭 엔진. 프리 파워(개방 동력) 터빈은 가스 생산기를 독립적으로 회전시키고 출력 샤프트를 구동한다.

Friction drag. The part of parasitic drag on a body resulting from viscous shearing stresses over its wetted surface.

마찰 항력. 젖은 표면 위쪽에 점성 전단 응력으로 인해 동체에 유해 항력이 발생하는 부분.

---

482) form: ① 모양, 형상, 외형, 윤곽; 모습 ② 형식, 형태; 종류 ③ 조직; ④ 갖춤, ⑤ 원기, 좋은 컨디션 ⑥ 방식; 관례; 예절 ⑦ 모형, 서식 (견본); (기입) 용지 ⑧ 외견, 외관, ⑨【컴퓨터】틀, 형식.

483) for·ward: ad. ① 앞으로, 전방으로[에]. ② 밖으로, 표면으로 나와 ③ 장래, 금후 ④ 배의 전방에, 이물 쪽으로. ⑤ (예정·기일 등을) 앞당겨. —a. ① 전방(으로)의; 앞(부분)의; 전진의, (배의) 앞부분의 ② 진보적인, 진보한, 새로운; 급진적인 ③ (일·준비 등이) 나아간, 진행된, 진척된《with》

484) slip: 미끄러짐, 미끄러져 구르기, 헛디딤, 곱드러짐; (바퀴의) 공전, 슬립;【항공】옆으로 미끄러짐(sideslip).

485) lon·gi·tu·di·nal: 경도(經度)의, 경선(經線)의, 날줄의, 세로의; (성장·변화 따위의) 장기적인

486) free: ① 자유로운; 속박 없는 ② 자유주의의 ③ 자주적인, 자주 독립의. ④ 얽매이지 않는, 편견 없는. ⑤ 구애되지[얽매이지] 않는. ⑥ 사양 없는 ⑦ 대범한, 여유 있는. ⑧ 활수한, 손[통]이 큰, 아낌 없는 ⑨ 사치스러운 ⑩ 방종한, 단정치 못한. ⑪ 구속 없는, 마음대로의 ⑫ 해방돼 있는, 면제된; 시달리지 않는, 면한 ⑬ 선약(先約)이 없는, 한가한, 볼일 없는 ⑭ 비어 있는, 쓸 수 있는 ⑮ 마음대로 출입할 수 있는, 개방된 ⑯ 자유로 통행할 수 있는, 장애 없는. ⑰ 누구나 참가할 수 있는; 모두가 참가하는 ⑱ 무료의, 입장 무료의; 세금 없는 ⑲ (사람이) 자유로이 출입할 수 있는 ⑳ (사람들의) 마음대로의 행동이 허용된

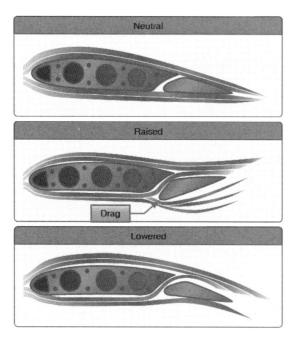

Figure 6-7. *Frise-type ailerons.*

<u>Frise</u>[487]-**type aileron.** Aileron having the nose portion projecting ahead of the hinge line. When the trailing edge of the aileron moves up, the nose projects below the wing's lower surface and produces some parasite drag, decreasing the amount of <u>adverse</u>[488] <u>yaw</u>[489].

프리제이 타입 에일러론(보조익). 힌지 라인(요체(要諦), 선) 앞쪽에 돌출된 노즈 부분이 있는 에일러론(보조익). 에일러론의 날개 뒷전이 위로 움직일 때 기수는 역요(yaw)의 양을 줄이는 날개 표면 아래에서 돌출되어 유해 항력을 생성한다.

<u>Front</u>[490]. The boundary between two different air <u>masses</u>[491].

전선. 서로 다른 두 기단 사이의 경계.

---

487) fri·sé: 프리제직(織)《융단지로 보풀을 자르지 않고 고리모양으로 한 것》

488) ad·verse: ① 역(逆)의, 거스르는, 반대의, 반대하는《to》② 불리한; 적자의; 해로운; 불운(불행)한

489) yaw: 〖항공·항해〗한쪽으로 흔들림; (선박·비행기가) 침로에서 벗어남

490) front: ① (the ~) 앞, 정면, 앞면; (문제 따위의) 표면; (건물의) 정면, 앞쪽 ② 바다(호수, 강, 도로 등)에 면한 장소; ③ 앞 부분에 붙인 것; (여자의) 앞 머리 가발 ④ 이마; 얼굴, 용모. ⑤ (a ~) 태도; 침착함, 뻔뻔함 ⑥〖군사〗전선(前線), 전선(戰線); (대열의) 방향 ⑦〖기상〗전선(前線)

491) áir màss: 〖기상〗기단(氣團). mass: ① 덩어리 ② 모임, 집단, 일단 ③ 다량, 다수, 많음 ④ (the ~) 대부분, 주요부 ⑤ (the ~es) 일반 대중, 근로자(하층) 계급. ⑥ 부피; 크기; 〖물리학〗질량.

Frost. Ice crystal deposits formed by sublimation when temperature and dewpoint are below freezing.

서리. 온도와 이슬점이 빙점 이하일 때 승화로 인해 형성된 얼음 결정 침전물.

Fuel <u>control</u>[492] <u>unit</u>[493]. The fuel-metering device used on a turbine engine that meters the proper quantity of fuel to be fed into the burners of the engine. It integrates the parameters of inlet air temperature, compressor speed, compressor discharge pressure, and exhaust gas temperature with the position of the cockpit power control lever.

연료 제어 장치. 엔진의 버너(연소실)에 공급될 적절한 양의 연료를 계량하는 터빈 엔진에 사용되는 연료 계량 장치. 입구 공기 온도, 압축기 속도, 압축기 배출 압력 및 배기 가스 온도의 매개변수를 조종석 전원 조종 레버의 위치와 통합한다.

Fuel <u>efficiency</u>[494]. <u>Defined</u>[495] as the amount of fuel used to produce a specific thrust[496] or horsepower divided by the total potential power contained in the same amount of fuel.

연료 효율성. 동일한 양의 연료에 포함된 총 잠재 동력으로 나눈 특정 추력 또는 마력을 생성하는 데 사용되는 연료의 양으로 정의.

Fuel <u>heaters</u>[497]. A radiator-like device which has fuel passing through the core. A heat exchange occurs to keep the fuel temperature above the freezing point of water so that entrained water does not form ice crystals, which could block fuel flow.

연료 히터(가열기). 중심부를 통해 지나가는 연료가 있는 라디에이터와 같은 장치. 열 교환은 비말동반 된 물이 연료 흐름을 방해할 수 있는 얼음 결정을 형성하지 않도록 하기 위해 물의 어는 점 위로 연료 온도를 유지하기 위해 나타난다.

---

492) con·trol: ① 지배(력); 관리, 통제, 다잡음, 단속, 감독(권) ② 억제, 제어; (야구 투수의) 제구력(制球力) ③ 통제(관리) 수단; (pl.) (기계의) 조종장치; (종종 pl.) 제어실, 관제실(탑);〖컴퓨터〗제어. ④ (실험 결과의) 대조 표준; 대조부(簿) ⑤ 단속자, 관리인. ① 지배하다; 통제(관리)하다, 감독하다. ② 제어(억제)하다

493) unit: ① 단위, 구성(편성) 단위 ② 단일체, 한 개, 한 사람, 일단. ③〖군사〗(보급) 단위, 부대 ④〖컴퓨터〗장치《(1) 기억 매체의 독립 단위. (2) 다른 기능 단위와 연결되어 체계의 일부를 구성하는 요소》⑤〖물리학〗(계량·측정의) 단위 ⑥ (기계·장치의) 구성 부분; (특정 기능을 가진) 장치(설비, 기구) 한 세트

494) ef·fi·cien·cy: ① 능률, 능력, 유능, 유효성(도) ②〖물리학·기계〗효율, 능률

495) de·fine: ① 규정짓다, 한정하다 ② 정의를 내리다, 뜻을 밝히다 ③ …의 경계를 정하다 ④ …의 윤곽을 명확히 하다; (…의 특성을) 나타내다

496) thrust: ① 밀기 ② 찌르기 ③ 공격;〖군사〗돌격 ④ 혹평, 날카로운 비꼼 ⑤〖항공·기계〗추력(推力).

497) heat·er: 전열기, 가열기, 히터, 난방장치〖전자〗히터《진공관의 음극을 가열하기 위한 전열선》

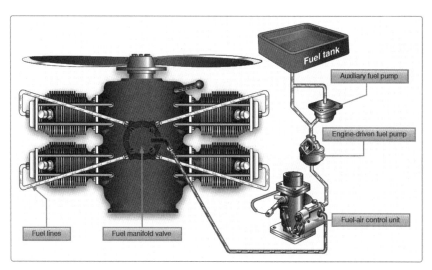

Figure 7-13. *Fuel injection system.*

Fuel <u>load</u>[498]**.** The expendable part of the load of the airplane. It includes only usable fuel, not fuel required to fill the lines or that which remains trapped in the tank sumps.

연료 하중. 비행기 하중의 소모성 부분. 라인을 채우는데 필요한 연료 혹은 탱크 섬프(기름통)에서 추출된 잔존물이 아닌 사용 가능한 연료를 포함한다.

Fuel tank sump. A sampling port in the lowest part of the fuel tank that the pilot can utilize to check for contaminants in the fuel.

연료 탱크 섬프(기름통). 조종사가 연료에서 오염물질 확인을 위해 사용할 수 있는 연료탱크의 가장 낮은 부분에 있는 샘플링(추출견본) 포트(배출구).

Fundamental skills. Pilot skills of <u>instrument</u>[499] cross-check, instrument interpretation, and aircraft <u>control</u>[500].

기본 기술. 계기 교차 점검, 계기 해석 및 항공기 조종의 조종사 기술.

---

498) load ① 적하(積荷), (특히 무거운) 짐 ② 무거운 짐, 부담; 근심, 걱정 ③ 적재량, 한 차, 한 짐, 한 바리 ④ 일의 양, 분담량 ⑤ 【물리학·기계·전기】 부하(負荷), 하중(荷重); 【유전학】 유전 하중(荷重) ⑥ 【컴퓨터】 로드, 적재 《⑴ 입력장치에 데이터 매체를 걺. ⑵ 데이터나 프로그램 명령을 메모리에 넣음》. ⑦ (화약·필름) 장전; 장탄.

499) in·stru·ment: ① (실험·정밀 작업용의) 기계(器械), 기구(器具), 도구 ② (비행기·배 따위의) 계기(計器) ③ 악기 ④ 수단, 방편(means); 동기(계기)가 되는 것(사람), 매개(자)

500) con·trol: ① 지배(력); 관리, 통제, 단잡음, 단속, 감독(권) ② 억제, 제어; (야구 투수의) 제구력(制球力) ③ 통제(관리) 수단; (pl.) (기계의) 조종장치; (종종 pl.) 제어실, 관제실(탑); 【컴퓨터】 제어. ④ (실험 결과의) 대조 표준; 대조부(簿) ⑤ 단속자, 관리인. ① 지배하다; 통제(관리)하다, 감독하다. ② 제어(억제)하다

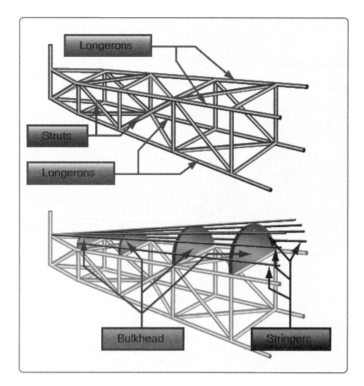

Figure 3-5. *Truss-type fuselage structure.*

Fuselage. The section of the airplane that consists of the cabin and/or cockpit, containing seats for the occupants and the controls for the airplane.

동체. 비행기에 대한 탑승자와 관리인을 위해 포함된 좌석으로 객실과 조종실로 구성된 비행기의 구역.

GAMA. General Aviation Manufacturers Association.
GAMA. 일반 항공 제조사 협회.

Gas generator. The basic power producing portion of a gas turbine engine and excluding such sections as the inlet duct, the fan[501] section, free power turbines, and tailpipe. Each manufacturer designates[502] what is included as the gas generator, but generally consists of the compressor, diffuser, combustor, and turbine.

가스 제너레이터(발생기, 발전기). 가스 터빈 엔진의 기본 동력 생성 부분으로, 흡입 덕트(도관), 팬 섹션(구간), 자유 동력 터빈 및 (제트 엔진의) 미관(尾管)과 같은 섹션(구간)은 제외함. 제조사별로 가스 제너레이터(발생기, 발전기)로 포함되는 것을 명시하고 있으나 일반적으로 압축기, 디퓨저(방산기), 연소기, 터빈으로 구성된다.

Gas turbine engine. A form of heat engine in which burning fuel adds energy to compressed air and accelerates the air through the remainder of the engine. Some of the energy is extracted to turn the air compressor, and the remainder accelerates the air to produce thrust[503]. Some of this energy can be converted into torque to drive a propeller or a system of rotors for a helicopter.

가스 터빈 엔진. 연소하는 연료에 압축된 공기로 에너지를 추가하고 엔진의 나머지 부분을 통해 공기를 가속시키는 열기관의 한 형태. 에너지의 일부는 공기 압축기를 돌리기 위해 추출되고, 나머지는 추력을 생성하기 위해 공기를 가속시킨다. 이 에너지의 일부는 헬리콥터의 프로펠러 또는 로터(회전익) 시스템을 구동하기 위한 토크로 전환될 수 있다.

Gimbal ring. A type of support that allows an object, such as a gyroscope, to remain in an upright condition when its base is tilted.

짐벌 링. 베이스가 기울어졌을 때 물체가 수직 상태를 유지힐 수 있노독 하는 자이로스코프와 같은 물체를 고려하는 받침 기둥 유형.

---

501) fan: 부채꼴의 것《풍차·추진기의 날개, 새의 꽁지깃 등》
502) des·ig·nate: ① 가리키다, 지시(지적)하다, 표시(명시)하다, 나타내다 ② …라고 부르다, 명명하다 ③ 지명하다, 임명(선정)하다; 지정하다
503) thrust: ① 밀기 ② 찌르기 ③ 공격; 《군사》 돌격 ④ 혹평, 날카로운 비꼼 ⑤ 《항공·기계》 추력(推力).

Glide[504] **ratio.** The ratio between distance traveled and altitude lost during non-powered flight.

글라이드 라티오(활공 비율). 시동이 꺼진 채 비행 동안 이동 거리와 손실된 고도 사이의 비율.

Glidepath[505]. The path of an aircraft relative to the ground while approaching a landing.

글라이드패스(활공 경로). 착륙에 활주로로의 진입하는 동안 지상에 이르기까지의 항공기의 경로.

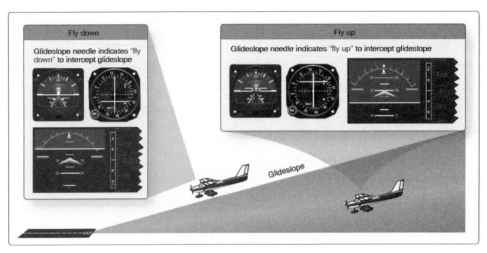

Figure 3-22. *Analog and digital indications for glideslope interception.*

Glideslope (GS). Part of the ILS that projects a radio beam upward at an angle of approximately 3° from the approach end of an instrument[506] runway[507]. The glideslope provides vertical[508] guidance to aircraft on the final approach course for the aircraft to follow when making an ILS approach along the localizer path.

글라이드슬로프(활공 경사면. GS). 계기 활주로의 활주로로의 진입 끝에서 약 3°각도로 무선 빔을 위쪽으로 투사하는 ILS의 일부. 활공 경사는 로컬라이저 경로를 따라 ILS 활주로로의 진입을 하게 할 때 항공기가 따라야 하는 최종 활주로로의 진입 코스에서 항공기를 수직 유도를 하게 한다.

---

504) glide: ① 활주, 미끄러지기; 〖항공〗활공. ② 미끄럼틀, 활주대, 진수대(slide).

505) glíde pàth, glídeslope: 계기비행 때 무선신호에 의한 활강 진로

506) in·stru·ment: ① (실험·정밀 작업용의) 기계(器械), 기구(器具), 도구 ② (비행기·배 따위의) 계기(計器) ③ 악기 ④ 수단, 방편(means), 동기〖계기〗가 되는 것〔사람〕, 매개(자)

507) rún·wày: ① 주로(走路), 통로. ② 짐승이 다니는 길. ③ 〖항공〗활주로

508) ver·ti·cal: ① 수직의, 연직의, 곧추선, 세로의. ② 정점〔절정〕의; 꼭대기의.

Glideslope intercept[509] altitude. The minimum altitude of an intermediate approach segment prescribed for a precision approach that ensures obstacle clearance[510].
글라이드슬롭 인터셉트(활공경사면 차단) 고도. 장애물 정리를 안전하게 하는 정밀 활주로로의 진입을 위해 규정된 중간 활주로로의 진입 구간의 최소 고도.

Global landing system (GLS). An instrument approach with lateral and vertical guidance with integrity[511] limits (similar to barometric vertical navigation (BARO VNAV)).
글로벌 착륙 시스템(GLS). 무결성 한계가 있는 측면 및 수직 유도가 있는 계기 활주로로의 진입 방식(기압 수직 운항(BARO VNAV)과 유사).

Global navigation satellite system (GNSS). Satellite navigation system that provides autonomous geospatial positioning with global coverage. It allows small electronic receivers to determine their location (longitude, latitude, and altitude) to within a few meters using time signals transmitted along a line of sight by radio from satellites.
글로벌 내비게이션(항법) 위성 시스템(GNSS). 글로벌 커버리지(전세계 적용범위)와 함께 자율적인 지리 공간 위치를 제시하는 위성 내비게이션(항법) 시스템. 위성에서 무선으로 가시선을 따라 전송된 시간 신호를 사용하여 몇 미터 이내로 위치(경도, 위도 및 고도)를 결정하는 소형 전자 수신기를 말한다.

Global position system (GPS). A satellite-based radio positioning[512], navigation, and time-transfer system. Navigation system that uses satellite rather than ground-based transmitters for location information.
글로벌 위치 시스템(GPS). 위성 기반 무선 포지셔닝, 내비게이션 및 시간 전송 시스템. 위치 정보를 위해 지상 기반 송신기가 아닌 위성을 사용하는 내비게이션 시스템.

GLS. See global landing system.
GLS. 글로벌 착륙 시스템을 참조.

---

509) in·ter·cept: 〖수학〗 절편(截片); 가로채기; 차단, 방해(interception); 〖군사〗 요격; 방수(傍受)한 암호 (통신)
510) clear·ance: ① 치워버림, 제거; 정리; 재고 정리 (판매); (개간을 위한) 산림 벌채. ② 출항〔출국〕 허가(서); 통관절차; 〖항공〗 관제(管制) 승인《항공 관제탑에서 내리는 승인》
511) in·teg·ri·ty: ① 성실, 정직, 고결, 청렴 ② 완전 무결(한 상태); 보전, 본래의 모습 ③ 〖컴퓨터〗 보전.
512) po·si·tion: 적당한 장소에 두다〔놓다〕; 〖군사〗 (부대를) 배치하다;《드물게》…의 위치를 정하다

GNSS. See global navigation satellite system.

GNSS. 글로벌 내비게이션 위성 시스템을 참조.

Goniometer[513]**.** As used in radio frequency (RF) antenna systems, a direction-sensing device consisting of two fixed loops of wire oriented 90°from each other, which separately sense received signal strength and send those signals to two rotors[514] (also oriented 90°) in the sealed[515] direction-indicating instrument[516]. The rotors are attached to the direction-indicating needle of the instrument and rotated by a small motor until minimum magnetic field is sensed near the rotors.

고니오미터(측각도계, 측각기). 무선 주파수(RF) 안테나 시스템에서 사용되는 것으로 보증된 방향-지시계기에서 수신된 신호 세기를 분리하여 감지하고 두 개의 로터(또한 90°중심으로) 에 신호를 보내는 상호간으로부터 90°중심으로 두 개의 고정된 와이어의 루프(고리) 구성되는 방향감지장치. 그 로터는 계기의 방향 표시 바늘에 부착되어 있고 최소 자기장이 로터 가까이에서 감지될 때 까지 작은 모터로 회전한다.

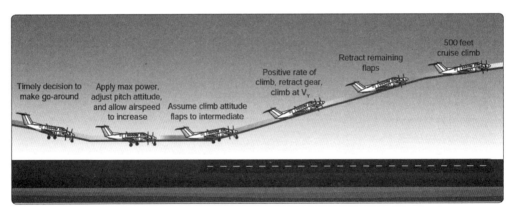

Figure 8-14. *Go-around procedure.*

Go-around[517]**.** Terminating a landing approach.

고 어라운드(복행). 착륙 활주로로의 진입을 종료.

---

513) go·ni·om·e·ter: 고니오미터, 측각도계, 측각기《결정(結晶) 따위의 면각(面角) 측정용; 방향 탐지, 방향 측정용 따위》.

514) ro·tor n. ① 『전기』(발전기의) 회전자. ② 『기계』(증기 터빈의) 축차(軸車).③ 『항해』(원통선(圓筒船)의) 회전 원통: 『항공』(헬리콥터의) 회전익. ④ 『기상』회전 기류.

515) seal: ① …에 날인하다, …에 조인하다; (상담 따위를) 타결짓다. ② (상품 따위에) 검인하다; 보증하다; 확인 〔증명〕하다 ③ …에 봉인하다《off》; (편지를) 봉하다 ④ 밀봉하다, 밀폐하다, 틈새를 막다《up》

516) in·stru·ment: ① (실험·정밀 작업용의) 기계(器械), 기구(器具), 도구 ② (비행기·배 따위의) 계기(計器) ③ 악기 ④ 수단, 방편(means); 동기(계기)가 되는 것(사람), 매개(자)

517) gó-aròund: 한 판 승부; 한 바퀴 돎, 일순; 격론, 격심한 투쟁; 우회; 회피(evasion), 변명.

Governing range. The range of <u>pitch</u>[518] a propeller governor can <u>control</u>[519] during flight.

통제 범위. 프로펠러 거버너가 비행 중 제어할 수 있는 피치 범위.

Governor. A control which limits the maximum rotational speed of a device.

거버너(조속기, 조정기). 장치의 최대 회전 속도를 제한하는 조종 장치.

GPS Approach Overlay[520] **Program.** An authorization for pilots to use GPS avionics under <u>IFR</u>[521] for flying <u>designated</u>[522] existing nonprecision <u>instrument</u>[523] approach procedures, with the exception of LOC, LDA, and SDF procedures.

GPS 활주로로의 진입 오버레이 프로그램. LOC, LDA 및 SDF 절차를 제외하고 지정된 기존의 비정밀 계기 활주로로의 진입 절차를 비행하기 위해 IFR에 따라 GPS 항공 전자 장비를 사용할 수 있는 조종사에 대한 권한.

GPS. See global positioning system.

GPS. 글로벌 포지셔닝(위치) 시스템을 참조.

GPWS. See ground proximity warning system.

GPWS. 지상 근접 경고 시스템을 참조.

G

---

518) pitch: 【기계】 피치《톱니바퀴의 톱니와 톱니 사이의 거리; 나사의 나사산과 나사산 사이의 거리》; 【항공】 피치 《(1) 비행기·프로펠러의 일회전분의 비행 거리. (2) 프로펠러 날개의 각도》.

519) con·trol: ① 지배(력); 관리, 통제, 다잡음, 단속, 감독(권) ② 억제, 제어; (야구 투수의) 제구력(制球力) ③ 통제(관리) 수단; (pl.) (기계의) 조종장치; (종종 pl.) 제어실, 관제실(탑); 【컴퓨터】 제어. ④ (실험 결과의) 대조 표준; 대조부(簿) ⑤ 단속자, 관리인. ① 지배하다; 통제(관리)하다, 감독하다. ② 제어(억제)하다

520) òver·láy: ① 덮어 대는 것, 덮어 씌우는 것; 도금. ② 【인쇄】 압통(壓筒)에 덧붙이는 종이, 통바르기. ③ 오버레이《지도·사진·도표 등에 겹쳐 쓰는 (반)투명 피복지(被覆紙)》; 【컴퓨터】 오버레이.

521) IFR: instrument flight rules (계기 비행 규칙)

522) des·ig·nate: ① 가리키다, 지시(지적)하다, 표시(명시)하다, 나타내다 ② …라고 부르다, 명명하다 ③ 지명하다, 임명(선정)하다; 지정하다

523) in·stru·ment: ① (실험·정밀 작업용의) 기계(器械), 기구(器具), 도구 ② (비행기·배 따위의) 계기(計器) ③ 악기 ④ 수단, 방편(means); 동기(계기)가 되는 것(사람); 매개(자)

Graveyard <u>spiral</u>[524]. The illusion of the cessation of a turn while still in a prolonged, coordinated, <u>constant</u>[525] rate turn, which can lead a disoriented pilot to a loss of control of the aircraft.

그레이브야드 스파이어럴(묘지 나선 강하). 정지한 듯 연장되고 조화된 일정한 속도에서 선회하는 동안 선회가 중단된 것처럼 보이는 착시로 어리둥절한 조종사가 항공기 조종 상실로 이어질 수 있다.

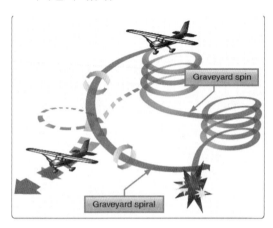

Figure 17-5. *Graveyard spiral.*

Great circle route. The shortest distance across the surface of a sphere (the Earth) between two points on the surface.

그레이트 서클 루트 혹은 대권 코스(광대한 고리 항로). 표면에서 두 점 사이 구(지구)의 표면을 가로지르는 최단 거리.

Ground adjustable <u>trim tab</u>[526]. Non−movable metal trim tab on a control surface. Bent in one direction or another while on the ground to apply <u>trim</u>[527] forces to the control surface.

지상 조절 가능한 트림 탭. 조종면/비행익면의 움직일 수 없는 금속 트림 탭. 조종면/비행익면에 트림 힘을 가하기 위해 지면에 있는 동안 한 방향 또는 다른 방향으로 구부린다.

---

524) spi·ral: 나선(나사) 모양의; 소용돌이선(線)의, 와선(渦線)의; ① 나선; 와선. ② 나선형의 것; 나선 용수철; 고둥. ③〖항공〗나선 강하;〖경제〗(물가 따위의) 연속적 변동; 악순환.

525) con·stant: ① 변치 않는, 일정한; 항구적인, 부단한. ② (뜻 따위가) 부동의, 불굴의, 견고한. ③ 성실한, 충실한 ④〔서술적〕(한 가지를) 끝까지 지키는《to》.

526) trím tàb:〖항공〗트림 태브《승강타·보조익·방향타 등의 주조종익 뒤끝에 붙어 있는 작은 날개》

527) trim: ① 정돈; 정돈된 상태, 정비, 재비, 준비; 몸치림 ② (몸 따위의) 컨디션, 상태, 기분. ③ 꾸밈, 장식(재료); ④ 깎기, (가지 등을) 치기, 손질, 컷; 깎아 손질한 것;〖영화〗컷한 필름. ⑤〖항해〗(배의) 균형, 트림, 평형 상태; (바람 방향·진로에 맞추기 위한) 돛의 조절; 잠수함의 부력;〖항공〗(비행기의) 자세.

Gross weight. The total weight of a fully loaded aircraft including the fuel, oil, crew, passengers, and cargo.

총 중량. 연료, 오일, 승무원, 승객 및 화물을 포함하여 완전히 적재된 항공기의 총 중량.

Ground adjustable trim tab. A metal trim tab on a control surface that is not adjustable in flight. Bent in one direction or another while on the ground to apply trim forces to the control surface.

Figure 6-22. *A ground adjustable tab is used on the rudder of many small airplanes to correct for a tendency to fly with the fuselage slightly misaligned with the relative wind.*

지상 조절 가능한 트림 탭. 비행 중에 조정할 수 없는 조종면/비행익면의 금속 트림 탭. 조종면/비행익면에 트림 힘을 가하기 위해 지면에 있는 동안 한 방향 또는 다른 방향으로 구부린다.

Ground effect[528]**.** A condition of improved performance encountered when an airplane is operating very close to the ground. When an airplane's wing is under the influence of ground effect, there is a reduction in upwash, downwash[529], and wingtip vortices[530]. As a result of the reduced wingtip[531] vortices, induced drag[532] is reduced.

The condition of slightly increased air pressure below an airplane wing or helicopter rotor system that increases the amount of lift[533] produced. It exists within approximately one wing span or one rotor diameter from the ground. It results from a reduction in upwash, downwash, and wingtip vortices, and provides a corresponding decrease in induced drag.

---

528) gróund effèct: 지면 효과, 지표 효과《지표 또는 지표 근방에서 고속 자동차나 비행기에 가해지는 부력(상승력)》

529) dówn·wàsh n.① 【항공】 (비행 중) 날개가 밑으로 밀어젖히는 공기, 다운워시, 세류(洗流).

530) vor·tex: ① 소용돌이, 화방수; 회오리바람 ② (전쟁·논쟁 따위의) 소용돌이 ③ 【물리학】 와동(渦動).

531) wíng tìp: (비행기의) 날개 끝.

532) indúced dràg: 【유체역학】 유도 항력(抗力)

533) lift: 【항공】 상승력(力), 양력(揚力).

지면 효과. 비행기가 지면과 매우 가깝게 운용할 때 마주치는 향상된 성능의 상태. 비행기의 날개가 지면 효과의 영향을 받을 때, 업워시(올려 흐름), 다운워시(세류) 및 윙팁(날개끝) 회오리바람이 감소한다. 감소된 날개 끝 회오리바람의 결과로 유도 항력이 감소한다.

생성된 양력의 양이 증가하는 비행기 날개 혹은 헬리콥터 로터 시스템 아래에서 공기 압력이 조금씩 증가한 조건. 지면에서 대략 1개의 날개 길이 또는 1개의 로터 직경 내에 존재한다. 이는 업워시(올려 흐름), 다운워시(하강기류) 및 윙팁(날개끝) 회오리바람이 감소로 인해 발생하며 그에 상응하는 유도 항력 감소가 된다.

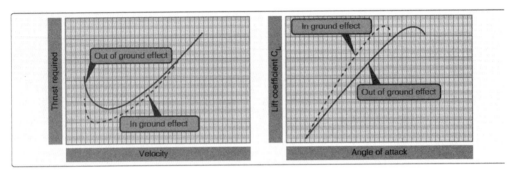

Figure 5-17. *Ground effect changes drag and lift.*

Figure 5-16. *Ground effect changes airflow.*

Ground idle. Gas turbine engine speed usually 60–70 percent of the maximum [534]rpm range, used as a minimum thrust[535] setting for ground operations.

그라운드 아이들(지상 유휴). 지상운용을 위해 최소 추력 설정으로 사용된 최대 rpm범위 보통 60–70% 가스 터빈 엔진 속도.

---

534) r.p.m.: revolutions per minute

535) thrust: ① 밀기 ② 찌르기 ③ 공격: 【군사】 돌격 ④ 혹평, 날카로운 비꼼 ⑤ 【항공·기계】 추력(推力). ⑥ 【광물학】 갱도 천장의 낙반. ⑦ 【지질】 스러스트, 충상(衝上)(단층). ⑧ 요점, 진의(眞意), 취지.

Ground loop. A sharp, uncontrolled change of direction of an airplane on the ground.

그라운드 루프/(이착륙 때의 급격한) 지상 편향(地上偏向). 지상에서 민첩하고 자유로운 비행기 방향의 변경

Ground power unit (GPU). A type of small gas turbine whose purpose is to provide electrical power, and/or air pressure for starting aircraft engines. A ground unit is connected to the aircraft when needed. Similar to an aircraft- installed auxiliary power unit.

지상 전원 장치(GPU). 항공기 엔진 시동을 위한 전력 및/또는 공기 압력을 주는 목적을 가진 소형 가스터빈 유형. 지상 장치는 필요할 때 항공기에 연결된다. 항공기에 장착된 보조 동력 장치와 유사.

Ground proximity warning system (GPWS). A system designed to determine an air-craft's clearance[536] above the Earth and provides limited predictability about air-craft position relative to rising terrain.

지상 근접 경고 시스템(GPWS). 상승하는 지형과 관련된 항공기 위치에 대하여 제한된 예측 가능성을 제시하고 육지 위로 항공기의 관제승인을 결정하기 위해 설계된 시스템

Ground track[537]. The aircraft's path over the ground when in flight.

지상 항적. 비행 중 지면 위의 항공기 경로.

Groundspeed (GS). The actual speed of the airplane over the ground. It is true air-speed adjusted for wind. Groundspeed decreases with a headwind[538], and increases with a tailwind.

대지 속도(GS). 지면위에서 비행기의 실제 대기속도. 바람에 맞게 조정된 실제 속도. 대지 속도는 역풍에 따라 감소하고 뒷바람에 따라 증가한다.

GS. See glideslope.

---

536) clear·ance: ① 치워버림, 제거; 정리; 재고 정리 (판매); (개간을 위한) 산림 벌채. ② 출항[출국] 허가(서); 통관절차; 〖항공〗 관제(管制) 승인《항공 관제탑에서 내리는 승인》

537) track: ① 지나간 자국, 흔적; 바퀴 자국 ② 통로, 밟아 다져져 생긴 길, 소로 ③ (인생의) 행로, 진로; 상도(常道); 방식 ④ a) 진로, 항로 b) 〖항공〗 항적(航跡)《미사일·항공기 등의 비행 코스의 지표면에 대한 투영(投影)》. ⑤ 증거; 단서 ⑥《미국》선로, 궤도

538) héad wìnd: 역풍, 맞바람

GS. 글라이드슬로프를 참조.

Gust penetration speed. The speed that gives the greatest margin between the high and low Mach speed buffets[539].
돌풍 침투 속도. 높은 마하 속도와 낮은 마하 속도 버핏 사이에 가장 큰 한계를 주는 속도.

GWPS. See ground proximity warning system.
GWPS. 지상 근접 경고 시스템을 참조.

Gyroscopic precession. An inherent quality of rotating bodies, which causes an applied force to be manifested 90º in the direction of rotation from the point where the force is applied.
자이로스코프 프리세션(회전운동의 선행). 힘이 가해진 지점으로부터 회전 방향에서 90º 명시되도록 하는 가해진 힘을 일으키는 회전체 고유의 특성.

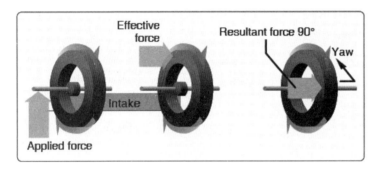

Figure 5-49. *Gyroscopic precession.*

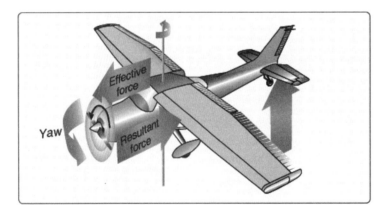

Figure 5-50. *Raising tail produces gyroscopic precession.*

---

539) buf·fet: 속도 초과로 인한 비행기의 진동

HAA. See height above airport.

HAA. 공항 고도 참조.

HAL. See height above landing.

HAL. 착륙 고도 참조.

Hand propping. Starting an engine by rotating the propeller by hand.

핸드 프로핑. 프로펠러를 손으로 돌려 엔진 시동.

HAT. See height above touchdown elevation.

HAT. 접지 지점 기준 고도 높이 참조.

The Five Hazardous Attitudes	Antidote
Anti-authority: "Don't tell me." This attitude is found in people who do not like anyone telling them what to do. In a sense, they are saying, "No one can tell me what to do." They may be resentful of having someone tell them what to do or may regard rules, regulations, and procedures as silly or unnecessary. However, it is always your prerogative to question authority if you feel it is in error.	Follow the rules. They are usually right.
Impulsivity: "Do it quickly." This is the attitude of people who frequently feel the need to do something, anything, immediately. They do not stop to think about what they are about to do, they do not select the best alternative, and they do the first thing that comes to mind.	Not so fast. Think first.
Invulnerability: "It won't happen to me." Many people falsely believe that accidents happen to others, but never to them. They know accidents can happen, and they know that anyone can be affected. However, they never really feel or believe that they will be personally involved. Pilots who think this way are more likely to take chances and increase risk.	It could happen to me.
Macho: "I can do it." Pilots who are always trying to prove that they are better than anyone else think, "I can do it—I'll show them." Pilots with this type of attitude will try to prove themselves by taking risks in order to impress others. While this pattern is thought to be a male characteristic, women are equally susceptible.	Taking chances is foolish.
Resignation: "What's the use?" Pilots who think, "What's the use?" do not see themselves as being able to make a great deal of difference in what happens to them. When things go well, the pilot is apt to think that it is good luck. When things go badly, the pilot may feel that someone is out to get them or attribute it to bad luck. The pilot will leave the action to others, for better or worse. Sometimes, such pilots will even go along with unreasonable requests just to be a "nice guy."	I'm not helpless. I can make a difference.

Figure 2-4. *The five hazardous attitudes identified through past and contemporary study.*

Hazardous attitudes. Five aeronautical decision—making attitudes that may contribute to poor pilot judgment: anti— authority, impulsivity, invulnerability, machismo, and resignation.

위험한 비행자세. 불충분한 조종사 판단에 원인이 될 수 있는 5가지 항공 의사 결정 비행자세: 반권위, 충동성, 불사신이라는 생각, 남성으로서의 의기 및 체념.

Hazardous Inflight Weather Advisory Service (HIWAS). An en route FSS service providing continuously updated automated of hazardous weather within 150 nautical miles of selected VORs, available only in the conterminous 48 states.
위험 비행 중 기상 자문 서비스(HIWAS). 인접한 48개 주에서만 사용할 수 있는 선택된 VOR 의 항공로상의 150 마일 이내에서 지속적으로 자동 업데이트된 위험한 기상 정보를 제시하는 항공로상의 FSS 서비스.

Heading bug[540]. A marker on the heading indicator that can be rotated to a specific heading for reference purposes, or to command an autopilot to fly that heading.
헤딩 버그. 참조 목적으로 특정 방향으로 회전할 수 있거나 자동 조종 장치가 해당 방향을 비행하도록 명령할 수 있는 방향 지시기에 표시되는 것.

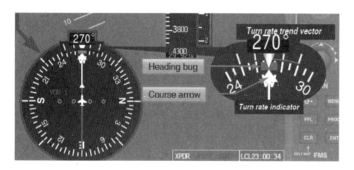

Heading indicator. An instrument[541] which senses airplane movement and displays[542]heading based on a 360º azimuth[543], with the final zero omitted. The heading indicator, also called a directional gyro, is fundamentally a mechanical instrument designed to facilitate the use of the magnetic compass. The heading indicator is not affected by the forces that make the magnetic compass difficult to interpret.

---

540) bug: ① 반시류(半翅類)의 곤충《방귀벌레 따위》; 〔일반적〕 곤충, 벌레;《주로 英》 빈대(bedbug). ②《구어》 병원균;《구어》 병;《특히》 전염병;《미국속어》 (기계 따위의) 고장, 결함. ③《컴퓨터俗》 오류《프로그램 작성 시의 뜻하지 않은 잘못》. ④ 열광(자), 열중

541) in·stru·ment: ① (실험·정밀 작업용의) 기계(器械), 기구(器具), 도구 ② (비행기·배 따위의) 계기(計器) ③ 악기 ④ 수단, 방편(means); 동기(계기)가 되는 것(사람), 매개(자)

542) dis·play: ① 보이나, 나타내다; 진시(진열)하다 ② (기 따위를) 펼치다. 달다. 게양하다; (날개 따위를) 펴다. ③ 밖에 나타내다. 드러내다; (능력 등을) 발휘하다; (지식 등을) 과시하다, 주적거리다

543) az·i·muth:〖천문학〗 방위; 방위각;〖우주〗 발사 방위《생략: azm》.

헤딩 인디케이터(방향 지시기). 생략된 최종 영점으로 360º 방위각을 기준으로 비행방향을 나타내고 비행기 움직임을 감지하는 계기. 방향 탐지/지향성 자이로라고도 하는 헤딩 인디케이터(방향 지시기)는 본질적으로 자기 나침반의 사용을 용이하게 하도록 고안된 기계 장치이다. 헤딩 인디케이터(방향 지시기)는 자기 나침반을 이해하기 어렵게 하는 힘의 영향을 받지 않는다.

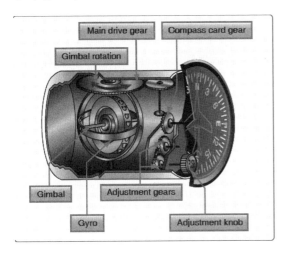

Heading. The direction in which the nose of the aircraft is pointing during flight.
헤딩(비행방향). 비행 중 항공기 기수가 가리키는 방향.

Head-up display (HUD)[544]. A special type of flight viewing screen that allows the pilot to watch the flight instruments[545] and other data while looking through the windshield of the aircraft for other traffic, the approach lights, or the runway[546].
헤드업 디스플레이(HUD). 다른 교통량, 활주로로의 진입 조명, 또는 활주로에 대한 항공기의 앞 유리를 통해 주시하면 비행계기와 다른 자료를 보기 위해 조종사에게 허가된 특수한 유형의 비행 관찰 화면.

---

544) héad-up displáy: 『항공』 투과성 반사경을 사용하여 파일럿의 전방 시야(視野) 안에 계기의 각종 정보를 나타내는 장치.
héad-ùp: (비\행기·자동차 따위의 계기 등이) 앞을 향한 채 읽을 수 있는.
545) in·stru·ment: ① (실험·정밀 작업용의) 기계(器械), 기구(器具), 도구 ② (비행기·배 따위의) 계기(計器) ③ 악기 ④ 수단, 방편(means); 동기(계기)가 되는 것(사람), 매개(자)
546) rún·wày: ① 주로(走路), 통로. ② 짐승이 다니는 길. ③ 『항공』 활주로

Headwind <u>component</u>[547]. The component of atmospheric winds that acts opposite to the aircraft's flightpath.

역풍 구성요소. 항공기의 비행경로와 정반대로 작용하는 대기 바람의 구성 요소.

<u>Headwork</u>[548]. Required to accomplish a conscious, rational thought process when making decisions. Good decision- making involves risk <u>identification</u>[549] and assessment, information processing, and problem solving.

헤드워크. 결정을 내릴 때 의식적이고 합리적인 사고 과정을 수행하는 데 필요. 좋은 의사 결정은 위험 식별 및 평가, 정보 처리, 문제 해결을 포함한다.

Height above airport (HAA). The height of the MDA above the published airport <u>elevation</u>[550].

공항 고도(HAA). 공시된 공항 고도의 MDA 고도.

Reported Temp 0 °C	Height Above Airport in Feet												
+10	10	10	10	10	20	20	20	20	20	30	40	60	80	90
0	20	20	30	30	40	40	50	50	60	90	120	170	230	280
-10	20	30	40	50	60	70	80	90	100	150	200	290	390	490
-20	30	50	60	70	90	100	120	130	140	210	280	420	570	710
-30	40	60	80	100	120	140	150	170	190	280	380	570	760	950
-40	50	80	100	120	150	170	190	220	240	360	480	720	970	1,210
-50	60	90	120	150	180	210	240	270	300	450	590	890	1,190	1,500

Figure 8-4. *Look at the chart using a temperature of −10 °C and an aircraft altitude of 1,000 feet above the airport elevation. The chart shows that the reported current altimeter setting may place the aircraft as much as 100 feet below the altitude indicated by the altimeter.*

---

547) com·po·nent: 구성하고 있는, 성분을 이루는; 성분, 구성 요소; (기계·스테레오 등의) 구성 부분; 부품; 〖물리학〗 (벡터의) 성분; 분력(分力); 〖전기〗 소자(素子)(element).

548) héad·wòrk: 정신(두뇌) 노동, 머리쓰는 일; 지혜; 〖축구〗 헤드워크

549) iden·ti·fi·ca·tion: ① 신원(정체)의 확인(인정); 동일하다는 증명(확인, 감정), 신분증명. ② 〖정신의학〗 동일시(화), 동일시, 일체회, 귀속 의식 ③ 신원을(정체를) 증명하는 것; 신분 증명서.

550) el·e·va·tion: ① 높이, 고도, 해발(altitude); 약간 높은 곳, 고지(height). ② 고귀(숭고)함, 고상. ③ 올리기, 높이기; 등용, 승진《to》; 향상. ④ 〖군사〗 (an ~) (대포의) 올려본각, 고각(高角).

Height above landing (HAL). The height above a <u>designated</u>[551] helicopter landing area used for helicopter instrument approach procedures.

착륙 고도(HAL). 헬리콥터 계기 활주로로의 진입 절차에 사용되는 지정된 헬리콥터 착륙 지역의 고도.

Height above touchdown <u>elevation</u>[552] (HAT). The DA/DH or MDA above the highest runway elevation in the touchdown zone (first 3,000 feet of the runway).

접지 지점 기준 고도 높이(HAT). 접지 구역(활주로의 처음 3,000피트)에서 가장 높은 활주로 고도 위의 DA/DH 또는 MDA.

HF. High frequency.

HF. 고주파.

Hg. Abbreviation for mercury, from the Latin hydrargyrum.

HG. 수은의 약자로 라틴어 hydrargyrum에서 유래.

High performance aircraft. An aircraft with an engine of more than 200 horse-power.

고성능 항공기. 200마력 이상의 엔진을 장착한 항공기.

Histotoxic hypoxia. The inability of cells to effectively use oxygen. Plenty of oxygen is being transported to the cells that need it, but they are unable to use it.

조직 독성 저산소증. 세포가 산소를 효과적으로 사용하지 못하는 것. 많은 양의 산소가 필요로 하는 세포로 운반되지만 산소를 사용할 수 없다.

HIWAS. See Hazardous Inflight Weather Advisory Service.

HIWAS. 위험한 비행 중 기상 자문 서비스를 참조.

---

[551] des·ig·nate: ① 가리키다, 지시(지적)하다, 표시(명시)하다, 나타내다 ② …라고 부르다, 명명하다 ③ 지명하다, 임명(선정)하다; 지정하다

[552] el·e·va·tion: ① 높이, 고도, 해발(altitude); 약간 높은 곳, 고지(height). ② 고귀(숭고)함, 고상. ③ 올리기, 높이기; 등용, 승진《to》; 향상. ④ 〖군사〗 (an ~) (대포의) 올려본각, 고각(高角).

Holding[553]**.** A predetermined <u>maneuver</u>[554] that keeps aircraft within a specified <u>airspace</u>[555] while awaiting further <u>clearance</u>[556] from <u>ATC</u>[557].

홀딩(공중대기). ATC로부터 추가 관제허가를 기다리는 동안 항공기를 지정된 공역 내에 유지하는 미리 결정된 방향조종.

Holding pattern. A racetrack pattern, involving two turns and two legs, used to keep an aircraft within a prescribed airspace with respect to a geographic fix. A standard pattern uses right turns; nonstandard patterns use left turns.

패턴 유지. 지리적 위치결정과 관련하여 규정된 공역 내에 항공기를 유지하는 데 사용되는 두 개의 선회와 두 개의 구간을 포함하는 레이스 코스 패턴. 표준 패턴은 우선회를 사용하고 비표준 패턴은 좌선회를 사용한다.

Homing. Flying the aircraft on any heading required to keep the needle pointing to the 0° relative bearing position.

귀환. 바늘이 가리키는 0° 상대 방위 위치를 유지하는 데 필요한 어떤 방향으로 항공기를 비행.

Horizon. The line of sight boundary between the earth and the sky.

지평선. 땅과 하늘 사이의 시각 경계선.

Horizontal <u>situation</u>[558] **indicator**[559] **(HSI).** A flight navigation <u>instrument</u>[560] that combines the heading indicator with a CDI, in order to provide the pilot with better situational awareness of location with respect to the courseline.

---

553) hóld·ing: ① 파지(把持);지지. ② 보유, 점유, 소유(권); 토지보유(조건). ③ (보통 pl.) 소유물;《특허》소유주, 보유주; 소작지; 은행의 예금 보유고; 지주(持株) 회사 소유의 회사; 재정(裁定). ④ 『항공』 공중 대기.

554) ma·neu·ver: ① a) 『군사』 (군대·함대의) 기동(機動) 작전, 작전적 행동; (pl.) 대연습, (기동) 연습. b) 기술을 요하는 조작(방법) ② 계략, 책략, 책동; 묘책; 교묘한 조치. ③ (비행기·로켓·우주선의) 방향 조종.

555) áir spàce: (실내의) 공적(空積); (벽 안의) 공기층; (식물조직의) 기실(氣室); 영공(領空); 『군사』 (편대에서 차지하는) 공역(空域); (공군의) 작전 공역; 사유지상(私有地上)의 공간.

556) clear·ance: ① 치워버림, 제거; 정리; 재고 정리 (판매); (개간을 위한) 산림 벌채. ② 출항〔출국〕 허가(서); 통관절차; 『항공』 관제(管制) 승인《항공 관제탑에서 내리는 승인》

557) ATC: Air Traffic Control

558) sit·u·a·tion: ① 위치, 장소, 소재(place); 환경. ② 입장, 사정. ③ 정세, 형세, 상태, 사태 ④ (연극·소설 등의) 중대한 국면(장면). ⑤ 지위, 일; 일자리. ⑥ 용지(用地), 부지.

559) in·di·ca·tor: ① 지시자; (신호) 표시기(器), (차 따위의) 방향 지시기. ② 『기계』 인디케이터《계기·문자판·바늘 따위》; (내연 기관의) 내압(內壓) 표시기; 『화학』 지시약《리트머스 따위》; 〔 일반적 〕 지표

560) in·stru·ment: ① (실험·정밀 작업용의) 기계(器械), 기구(器具), 도구 ② (비행기·배 따위의) 계기(計器) ③ 악기 ④ 수단, 방편(means); 동기〔계기〕가 되는 것〔사람〕, 매개(자)

수평 상황 지시기(HSI). 조종사에게 코스라인에 대한 더 나은 위치 상황 인식을 알려주기 위해 방향 지시기와 CDI를 결합한 비행 내비게이션 계기.

Horsepower[561]**.** The term, originated by inventor James Watt, means the amount of work a horse could do in one second. One horsepower equals 550 foot-pounds per second, or 33,000 foot-pounds per minute.

마력. 발명가 제임스 와트(James Watt)가 만든 이 용어는 말이 1초에 할 수 있는 일의 양을 의미. 1마력은 초당 550피트-파운드 또는 분당 33,000피트-파운드와 같다.

Hot start. In gas turbine engines, a start which occurs with normal engine rotation, but exhaust temperature exceeds prescribed limits. This is usually caused by an excessively rich mixture in the combustor. The fuel to the engine must be terminated immediately to prevent engine damage.

핫 스타트. 가스 터빈 엔진에서 정상적인 엔진 회전을 일으키지만 배기 온도가 규정된 한계를 초과한 시동. 이것은 일반적으로 연소기에서 과도하게 풍부한 혼합물로 인해 발생한다. 엔진 손상을 방지하려면 엔진에 공급되는 연료를 즉시 중단해야 한다.

H

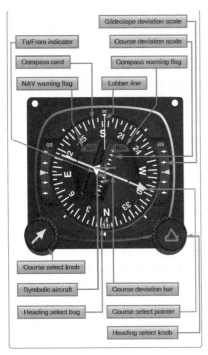

Figure 16-30. *Horizontal situation indicator.*

---

561) horse·pow·er: 〔단·복수 동형〕 마력《1초에 75kg을 1m높이로 올리는 작업률의 단위; 생략: HP, H.P., hp, h.p.》

HSI. See horizontal situation indicator.
HSI. 수평 상황 표시기를 참조.

HUD. See head-up display[562].
HUD. 헤드업 디스플레이를 참조.

Human factors. A multidisciplinary field encompassing the behavioral and social sciences, engineering, and physiology, to consider the variables that influence individual and crew performance for the purpose of optimizing human performance and reducing errors.
인적 요소. 인간의 조작을 최적화하고 오류를 줄이는 목적으로 개인 및 승무원의 작업에 영향을 미치는 변수를 고려하기 위해 행동 및 사회 과학, 공학 및 생리학을 포괄하는 수개 전문 분야 집결의 방면.

Hung start. In gas turbine engines, a condition of normal light off but with rpm remaining at some low value rather than increasing to the normal idle rpm. This is often the result of insufficient power to the engine from the starter. In the event of a hung start, the engine should be shut down.
헝 스타트(늘어진 시동). 가스터빈 엔진에서 정상 공회전 RPM으로 증가시키기 보다는 낮은 값에 남은 RPM으로 정상적인 소등(불 꺼짐)의 조건. 이것은 종종 시동 장치로부터 엔진까지 불충분한 파워의 결과이다. 헝 스타트가 올 경우 엔진을 꺼야 한다.

Hydraulics. The branch of science that deals with the transmission of power by incompressible fluids under pressure.
수리학(水理學), 수역학. 기압 하에서 압축 불가한 액체에 의한 동력 전달을 다루는 과학의 분파.

Hydroplaning[563]. A condition that exists when landing on a surface with standing water deeper than the tread depth of the tires. When the brakes are applied, there is a possibility that the brake will lock up and the tire will ride on the surface of the water, much like a water ski. When the tires are hydroplaning, directional

---

562) héad-up displáy: 『항공』 투과성 반사경을 사용하여 파일럿의 전방 시야(視野) 안에 계기의 각종 정보를 나타내는 장치.
563) hýdro·plàning: 하이드로플레이닝(물기 있는 길을 고속으로 달리는 차가 옆으로 미끄러지는 현상).

control[564] and braking action are virtually impossible. An effective anti—skid sys-
tem can minimize the effects of hydroplaning.

하이드로플레이닝(수막현상). 타이어의 트레드 깊이보다 더 깊은 고인 물이 있는 표면에 착륙할 때 나타나는 상태. 브레이크가 작동될 때 브레이크가 잠기고 타이어가 수상스키처럼 수면 위를 미끄러질 가능성이 있다. 타이어가 하이드로플레이닝(수막현상)을 일으키면 방향 조종 및 제동 기능이 사실상 불가능하다. 효과적인 미끄럼 방지 시스템은 하이드로플레이닝(수막현상) 효과를 최소화할 수 있다.

Hypemic hypoxia. A type of hypoxia that is a result of oxygen deficiency in the blood, rather than a lack of inhaled oxygen. It can be caused by a variety of fac-tors. Hypemic means "not enough blood."

하이페믹 저산소증. 흡입 산소 부족이라기보다는 혈액 내 산소 결핍의 결과인 일종의 저산소증. 다양한 요인으로 인해 발생할 수 있다. 하이페믹은 "혈액이 충분하지 않음"을 의미한다.

Hyperventilation[565]. Occurs when an individual is experiencing emotional stress, fright, or pain, and the breathing rate and depth increase, although the carbon dioxide level[566] in the blood is already at a reduced level. The result is an exces-sive loss of carbon dioxide from the body, which can lead to unconsciousness due to the respiratory system's overriding mechanism to regain control of breathing.

과호흡. 혈액 내 이산화탄소 수준이 이미 감소된 수준에 있을 지라도 개인의 감정적 스트레스, 공포 또는 고통을 경험하고 호흡 속도와 깊이가 증가할 때 발생함. 그 결과 신체에서 이산화탄소가 과도하게 손실되고 호흡 조절을 회복하기 위한 호흡기 시스템의 우선적인 메커니즘으로 인해 의식을 잃을 수 있다.

Hypoxia. A state of oxygen deficiency in the body sufficient to impair functions of the brain and other organs.

저산소증. 뇌 및 기타 기관의 기능을 손상시키기에 충분한 신체에서 산소 결핍 상태.

---

564) con·trol: ① 지배(력); 관리, 통제, 다잡음, 단속, 감독(권) ② 억제, 제어; (야구 투수의) 제구력(制球力) ③ 통제(관리) 수단; (pl.) (기계의) 조종장치; (종종 pl.) 제어실, 관제실(탑); 【컴퓨터】 제어. ④ (실험 결과의) 대조 표준; 대조부(簿) ⑤ 단속자, 관리인. ① 지배하다; 통제(관리)하다, 감독하다. ② 제어(억제)하다

565) hỳper·ventilátion: 【의학】 환기(換氣)(호흡) 항진, 과(過)환기.

566) lev·el: ① 수평, 수준; 수평선(면), 평면 ② 평지, 평원 ③ (수평면의) 높이. ④ 동일 수준(수평), 같은 높이, 동위(同位), 동격(同格), 동등(同等); 평균 높이 ⑤ 표준, 수준 ⑥ 수준기(器), 수평기

Hypoxic hypoxia. This type of hypoxia is a result of insufficient oxygen available to the lungs. A decrease of oxygen molecules at sufficient pressure can lead to hypoxic hypoxia.

하이포믹 저산소증. 이 저산소증은 폐에 이용가능한 산소가 불충분한 결과이다. 충분한 혈압에서 산소 분자의 감소는 하이포믹 저산소증으로 이어질 수 있다.

IAF. See initial approach fix.
IAF. 초기 활주로로의 진입 위치결정 참조.

IAP. See instrument approach procedures.
IAP. 계기 활주로로의 진입 절차를 참조.

IAS. See indicated airspeed.
IAS. 표시된 속도를 참조.

ICAO. See International Civil Aviation Organization.
ICAO. 국제 민간 항공 기구를 참조.

Ident. Air Traffic Control[567] request for a pilot to push the button on the transponder to identify return on the controller's scope.
아이덴트. 관제관의 영역에서 리턴(복귀)을 식별하기 위해 응답기에 조종사가 버튼을 누르도록 하는 항공 교통 관제 요청

IFR. See instrument[568] flight rules.
IFR. 계기 비행 규칙을 참조.

ILS. See instrument landing system.
ILS. 계기 착륙 시스템을 참조.

---

567) con·trol: ① 지배(력); 관리, 통제, 다잡음, 단속, 감독(권) ② 억제, 제어; (야구 투수의) 제구력(制球力) ③ 통제(관리) 수단; (pl.) (기계의) 조종장치; (종종 pl.) 제어실, 관제실(탑); 【컴퓨터】 제어. ④ (실험 결과의) 대조 표준; 대조부(簿) ⑤ 단속자, 관리인. ① 지배하다; 통제(관리)하다, 감독하다. ② 제어(억제)하다 ③ 검사하다; 대조하다.

568) in·stru·ment: ① (실험·정밀 작업용의) 기계(器械), 기구(器具), 도구 ② (비행기·배 따위의) 계기(計器) ③ 악기 ④ 수단, 방편(means); 동기(계기)가 되는 것(사람), 매개(자)

Igniter[569] plugs. The electrical device used to provide the spark for starting combustion in a turbine engine. Some igniters resemble spark plugs, while others, called glow plugs, have a coil of resistance wire that glows red hot when electrical current flows through the coil.

점화 플러그. 터빈 엔진에서 연소를 시작하기 위한 스파크를 공급하는 데 사용되는 전기 장치. 일부 점화기는 스파크 플러그와 비슷하지만 예열 플러그라고 하는 다른 점화기는 전류가 코일을 통해 흐를 때 붉게 빛나는 저항 와이어 코일이 있다.

ILS categories. Categories of instrument approach procedures allowed at airports equipped with the following types of instrument landing systems:

ILS Category[570] I. Provides for approach to a height above touchdown of not less than 200 feet, and with runway[571] visual range of not less than 1,800 feet.

Category II. Provides for approach to a height above touchdown of not less than 100 feet and with runway visual range of not less than 1,200 feet.

Category IIIA. Provides for approach without a decision height minimum and with runway visual range of not less than 700 feet.

ILS Category IIIB. Provides for approach without a decision height minimum and with runway visual range of not less than 150 feet.

ILS Category IIIC. Provides for approach without a decision height minimum and without runway visual range minimum.

ILS 카테고리. 다음 유형의 계기 착륙 시스템을 갖춘 공항에서 허용되는 계기 활주로로의 진입 절차의 범주:

ILS 카테고리 I. 접지 지점 기준 고도가 200피트이상, 활주로 가시 범위가 1,800피트 이상인 활주로로의 진입을 제시.

ILS 카테고리 II. 100피트 이상의 접지 지점 기준 고도와 1,200피트 이상의 활주로 가시 범위를 제시.

ILS 카테고리 IIIA. 최소 결정 고도가 없고 700피트 이상 활주로 가시 범위로 활주로로의 진입을 제시.

ILS 카테고리 IIIB. 최소 결정 고도가 없고 활주로 가시 범위가 150피트 이상 활주로로의 진입을 제시.

---

569) ig·nite: ① (…에) 불을 붙이다; 작열케 하다; 흥분시키다. ② 【화학】 극한까지〔세게〕 가열하다.; 불이 댕기다. 발화하다; (달아서) 빛나기 시작하다. ig·nit·er, nī·tor: 점화자〔기〕; 【전자】 점호자(點弧子), 이그나이터.

570) cat·e·go·ry: 【논리학】 범주, 카테고리; 종류, 부류, 부문.

571) rún·wày: ① 주로(走路), 통로. ② 짐승이 다니는 길. ③ 【항공】 활주로

ILS 카테고리 IIIC. 최소 결정 고도 및 최소 활주로 가시 범위 없이 활주로로의 진입을 제시.

Impact ice. Ice that forms on the wings and control surfaces or on the carburetor heat valve, the walls of the air scoop, or the carburetor units during flight. Impact ice collecting on the metering elements of the carburetor may upset fuel metering or stop carburetor fuel flow.

임팩트 아이스(충격 얼음). 날개와 조종면/비행익면 또는 기화기 열 밸브, 공기 흡입구의 벽 또는 비행 중 기화기 장치에 형성되는 얼음. 기화기의 계량 요소에 모인 임팩트 아이스(충격 얼음)는 연료 계량을 방해하거나 기화기 연료 흐름을 멈추게 할 수 있다.

Inclinometer. An instrument consisting of a curved glass tube, housing a glass ball, and damped with a fluid similar to kerosene. It may be used to indicate inclination, as a level[572], or, as used in the turn indicators, to show the relationship between gravity[573] and centrifugal force in a turn.

인클러라미터(복각계, 경사계). 휘어진 유리관으로 구성되어 있고 유리구를 수용하고 등유와 유사한 유체로 축축한 계기. 기울기를 레벨로 나타내거나 방향 지시기에 사용된 것처럼 회전 시 중력과 원심력 간의 관계를 표시하는 데 사용할 수 있다.

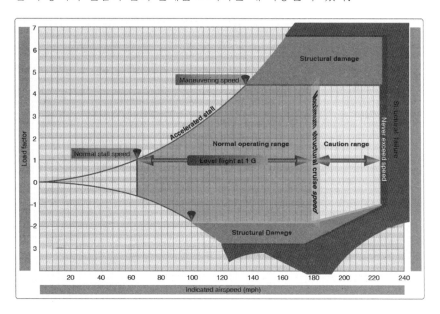

---

572) lev·el: ① 수평, 수준; 수평선(면), 평면 ② 평지, 평원 ③ (수평면의) 높이. ④ 동일 수준(수평), 같은 높이, 동위(同位), 동격(同格), 동등(同等); 평균 높이 ⑤ 표준, 수준 ⑥ 수준기(器), 수평기

573) grav·i·ty: ① 진지함, 근엄; 엄숙, 장중 ② 중대함; 심상치 않음; 위험(성), 위기 ③ 죄의 무거움, 중죄. ④ 【물리학】 중력, 지구 인력; 중량, 무게 ⑤ 동력 가속도의 단위《기호 g》.

Indicated airspeed (IAS). The direct <u>instrument</u>[574] <u>reading</u>[575] obtained from the airspeed indicator, uncorrected for variations in atmospheric density, <u>installation</u>[576] error, or instrument error. Manufacturers use this airspeed as the basis for determining airplane performance. Takeoff, landing, and stall speeds listed in the AFM or POH are indicated airspeeds and do not normally vary with altitude or temperature. Shown on the dial of the instrument airspeed indicator on an aircraft. Indicated airspeed (IAS) is the airspeed indicator reading uncorrected for instrument, position, and other errors. Indicated airspeed means the speed of an aircraft as shown on its pitot static airspeed indicator calibrated to reflect standard atmosphere adiabatic compressible flow at sea level uncorrected for airspeed system errors. Calibrated airspeed (CAS) is IAS corrected for instrument errors, position error (due to incorrect pressure at the static port) and installation errors.

지시된(표시된) 대기속도(IAS). 대기 밀도의 변화, 장비 오류 또는 계기 오류에 대하여 수정되지 않은 대기 속도 표시기에서 얻은 직접적 계기 표시. 제조사는 이 대기속도를 항공기 성능을 결정하는 기준으로 사용한다. AFM 또는 POH에 나열된 이륙, 착륙 및 실속 속도는 대기 속도로 표시되고 정상적으로 고도나 온도에 따라 변하지 않는다. 항공기의 계기 대기속도 인디케이터(표시기) 다이얼에 나타남. 지시(표시) 속도(IAS)는 계기, 위치 및 기타 오류에 대하여 수정되지 않은 대기 속도 인디케이터(표시기) 표시이다. 지시(표시) 대기 속도는 대기 속도 시스템 오류에 대해 부정확한 해수면에서 표준 대기 단열 압축성 흐름을 반영하도록 보정된 피토 정지상태의 대기 속도 인디케이터(표시기)에 표시된 것으로 항공기의 속도를 의미한다. 보정된 대기 속도(CAS)는 계기 오류, 위치 오류(정지상태의 포트의 부정확한 기압으로 인해) 및 장비 오류로 인하여 정정된 IAS이다.

Indicated altitude. The altitude read directly from the altimeter (uncorrected) when it is set to the current altimeter setting.

지시(표시)된 고도. 현재 고도계 설정으로 설정되어 있을 때 고도계(수정되지 않은)에서 직접 읽은 고도.

---

574) in·stru·ment: ① (실험·정밀 작업용의) 기계(器械), 기구(器具), 도구 ② (비행기·배 따위의) 계기(計器) ③ 악기 ④ 수단, 방편(means); 동기(계기)가 되는 것(사람), 매개(자)

575) read·ing: ① 읽기, 독서; 낭독 ② (독서에 의한) 학식, 지식 ③ 낭독회, 강독회. ④ 읽을거리, 기사; (pl.) 문선 ⑤ 해석, 견해, (꿈·날씨·정세 등의) 판단; (각본의) 연출 ⑥ (기압계·온도계 등의) 시노(示度), 표시

576) in·stal·la·tion: 임명, 임관; 취임(식); 설치, 설비, 가설; (보통 pl.) (설치된) 장치, 설비

Indirect <u>indication</u>[577]. A reflection of aircraft <u>pitch</u>[578]–and–<u>bank</u>[579] <u>attitude</u>[580] by instruments other than the attitude indicator.

간접 표시도수. 비행자세 지시기(표시기) 이외의 계기에 의한 항공기 피치 및 뱅크 비행자세의 반영.

Induced drag. That part of total drag which is created by the production of <u>lift</u>[581]. Induced drag increases with a decrease in airspeed. Drag caused by the same factors that produce lift; its amount varies inversely with airspeed. As airspeed decreases, the angle of <u>attack</u>[582] must increase, in turn increasing induced drag.

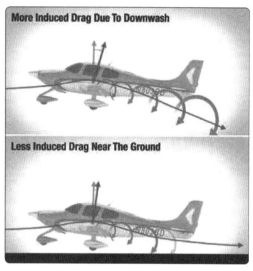

Figure 5-11. *The difference in downwash at altitude versus near the ground.*

유해 항력. 양력 생성에 의해 생성되는 전체 항력의 일부. 유도 항력은 대기 속도가 감소함에 따라 증가한다. 양력을 생성하는 동일한 요인으로 인한 항력; 그 양은 대기 속도에 반대로 변한다. 대기 속도가 감소함에 따라 번갈아 증가한 유도 항력으로 영각이 증가한다.

Induction icing. A type of ice in the induction system that reduces the amount of air available for combustion. The most commonly found induction icing is carburetor icing.

인덕션 아이싱(유도 착빙). 연소에 사용할 수 있는 공기의 양을 줄이는 인덕션(유도) 시스템에서 얼음 유형. 가장 일반적으로 발견되는 인덕션 아이싱(유도 착빙)은 카뷰레터(기화기 착빙)이다.

---

577) ìn·di·cá·tion: ① 지시, 지적; 표시; 암시 ② 징조, 징후 ③ (계기(計器)의) 시도(示度), 표시 도수

578) pitch: 【기계】 피치《톱니바퀴의 톱니와 톱니 사이의 거리; 나사의 나사산과 나사산 사이의 거리》; 【항공】 피치《(1) 비행기·프로펠러의 일회전분의 비행 거리. (2) 프로펠러 날개의 각도》.

579) bank:【항공】 뱅크《비행기가 선회할 때 좌우로 경사하는 일》

580) at·ti·tude: ① (사람·물건 등에 대한) 태도, 마음가짐 ② 자세, 몸가짐, 거동; 【항공】 (로켓·항공기등의) 비행자세. ③ (사물에 대한) 의견, 심정

581) lift:【항공】 상승력(力), 양력(揚力).

582) ángle of attáck:【항공】 영각(迎角)《항공기의 익현(翼弦)과 기류가 이루는 각》.

Induction manifold. The part of the engine that distributes intake air to the cylinders.

인덕션 매니폴드(유도 다기관). 흡기 공기를 실린더로 분배하는 엔진 부분.

Inertia. The opposition which a body offers to a change of motion.

관성. 물체가 움직임의 변화에 대하여 나타나는 방해

Inertial navigation system (INS). A computer-based navigation system that tracks the movement of an aircraft via signals produced by onboard[583] accelerometers. The initial location of the aircraft is entered into the computer, and all subsequent movement of the aircraft is sensed and used to keep the position updated. An INS does not require any inputs from outside signals.

관성 내비게이션(항법) 시스템(INS). 내장된 가속도계에서 생성된 신호를 통해 항공기의 움직임을 추적하는 네비게이션 시스템 기반 컴퓨터. 항공기의 초기 위치가 컴퓨터에 입력되고 항공기의 모든 후속 움직임이 감지되어 위치를 최신 상태로 유지하는 데 사용된다. INS는 외부 신호로부터 어떠한 입력을 필요로 하지 않는다.

Initial approach fix[584](IAF). The fix depicted on IAP charts where the instrument[585] approach procedure (IAP) begins unless otherwise authorized by ATC[586].

초기 활주로로의 진입 위치결정(상태)(IAF). ATC에서 달리 승인하지 않는 한 계기 활주로로의 진입 절차(IAP)가 시작되는 IAP 해도에 표시된 위치결정(상태).

Initial climb. This stage of the climb begins when the airplane leaves the ground, and a pitch[587] attitude[588] has been established to climb away from the takeoff area.

이니셜 클라임(초기 상승). 이 상승 단계는 비행기가 지상을 떠날 때 시작되며, 비행자세는 이륙 지역에서 멀어지는 상승에 설정된다.

---

583) ón-bóard: (선내〔기내, 차내〕에) 적재〔탑재〕한, 내장(內藏)한; 〖컴퓨터〗회로 기반상(基盤上)의〔에 내장된〕

584) fix: ① 《미국》(기계·심신의) 상태. ② (기계에 의한) 위치 결정《선박·항공기의》.

585) in·stru·ment: ① (실험·정밀 작업용의) 기계(器械), 기구(器具), 도구 ② (비행기·배 따위의) 계기(計器) ③ 악기 ④ 수단, 방편(means); 동기〔계기〕가 되는 것〔사람〕, 매개(자)

586) ATC: Air Traffic Control

587) pitch: (비행기·배의) 뒷질. [cf.] roll. 〖기계〗피치(톱니바퀴의 톱니와 톱니 사이의 거리; 나사의 나사산과 나사산 사이의 거리); 〖항공〗피치((1) 비행기·프로펠러의 일회전분의 비행 거리. (2) 프로펠러 날개의 각도).

588) at·ti·tude: 〖항공·우주〗(비행) 자세(지평선이나 특정 별과 기체의 축과의 관계로 정해지는 항공기나 우주선의 위치〔방향〕).

Inoperative components. Higher minimums are prescribed when the specified visual aids are not functioning; this information is listed in the Inoperative Components Table found in the United States Terminal[589] Procedures Publications.

작동하지 않는 구성 요소. 지정된 시계(視界) 보조 장치가 작동하지 않을 때 더 높은 최소값이 규정된다. 이 정보는 미국 터미널 절차 간행물에서 근거한 작동 불능 구성 요소 표에 나열되어 있다.

INS. See inertial navigation system.

INS. 관성 내비게이션 시스템을 참조.

Instantaneous vertical[590] speed indicator (IVSI). Assists in interpretation by instantaneously indicating the rate of climb or descent at a given moment with little or no lag as displayed[591] in a vertical speed indicator (VSI).

순간 수직 속도 표시기(IVSI). 수직 속도 표시기(VSI)에 표시되는 지연이 거의 또는 전혀 없이 주어진 순간에 상승 또는 하강 속도를 즉시 표시하여 설명하는 보조 장치.

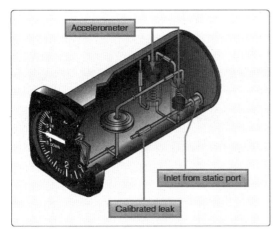

Figure 8-6. *An IVSI incorporates accelerometers to help the instrument immediately indicate changes in vertical speed.*

---

589) ter·mi·nal: ① 끝, 말단; 어미. ② 종점, 터미널, 종착역, 종점 도시; 에어터미널; 항공 여객용 버스 발착장; 화물의 집하·발송역 ③ 학기말 시험. ④ 【전기】 전극, 단자(端子); 【컴퓨터】 단말기; 【생물】 신경 말단.

590) ver·ti·cal: ① 수직의, 연직의, 곧추선, 세로의. ② 정점(절정)의; 꼭대기의.

591) dis·play: ① 보이다, 나타내다; 전시(진열)하다 ② (기 따위를) 펼치다, 달다, 게양하다; (날개 따위를) 펴다. ③ 밖에 나타내다, 드러내다; (능력 등을) 발휘하다; (지식 등을) 과시하다, 주적거리다

Instrument approach procedures (IAP). A series of predetermined <u>maneuvers</u>[592] for the orderly transfer of an aircraft under <u>IFR</u>[593] from the beginning of the initial approach to a landing or to a point from which a landing may be made visually.

계기 활주로로의 진입 절차(IAP). 최초 활주로로의 진입의 시작부터 착륙 또는 착륙이 시각적으로 이루어질 수 있는 지점까지 IFR 하에서 항공기의 질서 있는 이동을 위한 일련의 미리 결정된 방향 조종.

Instrument Flight Rules (IFR). Rules that govern the procedure for conducting flight in weather conditions below VFR594) weather minimums. The term "IFR" also is used to define weather conditions and the type of flight plan under which an air-craft is operating.

Rules and regulations established by the Federal Aviation Administration to govern flight under conditions in which flight by outside visual reference is not safe. IFR flight depends upon flying by reference to instruments in the flight deck, and navigation is accomplished by reference to electronic signals.

계기 비행 규칙(IFR). VFR 기상 한도 아래에서의 기상조건에서 비행을 유도하기 위해 절차를 관리하는 규정."IFR"용어는 또한 날씨 조건과 항공기 운용에 따른 비행계획을 정의하기도 한다.

외부 시계(視界) 참조물에 의한 비행이 안전하지 않은 조건에서 비행을 관리하기 위해 연방 항공국이 제정한 규칙 및 규정. IFR 비행은 비행갑판에 있는 계기를 참조하여 비행하며, 내비게이션(항법)은 전자 신호를 참조하여 수행된다.

Figure 14-24. *Instrument landing system (ILS) holding position sign and marking on Taxiway Golf.*

---

592) ma·neu·ver: ① a)〖군사〗(군대·함대의) 기동(機動) 작전, 작전적 행동; (pl.) 대연습. (기동) 연습. b) 기술을 요하는 조작(방법);〖의학〗용수(用手) 분만; 살짝 몸을 피하는 동작. ② 계략, 책략, 책동; 묘책; 교묘한 조치. ③ (비행기·로켓·우주선의) 방향 조종.

593) IFR: instrument flight rules (계기 비행 규칙)

594) VFR:〖항공〗visual flight rules(유시계(有視界) 비행 규칙).

Instrument[595] landing system (ILS). An electronic system that provides both horizontal[596] and vertical[597] guidance to a specific runway, used to execute a precision instrument approach procedure.

계기 착륙 시스템(ILS). 정밀 계기 활주로로의 진입 절차를 실행하는 데 사용된 특정 활주로에 대한 수평 및 수직 유도 모두 제시하는 전자 시스템.

Instrument meteorological conditions (IMC). Meteorological[598] conditions expressed[599] in terms of visibility600), distance from clouds, and ceiling less than the minimums specified for visual meteorological conditions, requiring operations to be conducted under IFR[601].

계기 기상 조건(IMC). IFR에 따라 작업을 수행하게 될 운용에 필요한 시계 기상 조건에 지정된 최소값보다 미만인 가시성, 구름과의 거리, 상승고도 표시되는 기상 조건.

Instrument takeoff. Using the instruments rather than outside visual cues to maintain runway[602] heading and execute a safe takeoff.

계기 이륙. 활주로 진행방향을 유지하고 안전한 이륙을 실행하기 위해 외부 시각적 신호보다 계기를 사용하는 것.

Integral fuel tank. A portion of the aircraft structure, usually a wing, which is sealed off and used as a fuel tank. When a wing is used as an integral fuel tank, it is called a "wet wing."

일체형 연료 탱크. 항공기 구조 일부의 일반적인 날개로 밀봉되어 사용되는 연료 탱크로 사용된다. 날개가 일체형 연료탱크로 사용될 때 '습식 날개'라고 한다.

Intercooler. A device used to reduce the temperature of the compressed air before it enters the fuel metering device. The resulting cooler air has a higher density,

---

595) in·stru·ment: ① (실험·정밀 직입용의) 기계(器械), 기구(器具), 도구 ② (비행기·배 따위의) 계기(計器)

596) hor·i·zon·tal: ① 수평의, 평평한, 가로의. ② 수평선(지평선)의. ③ (기계 따위의) 수평동(水平動)의.

597) ver·ti·cal: ① 수직의, 연직의, 곧추선, 세로의. ② 정점(절정)의; 꼭대기의.

598) me·te·or·o·log·i·cal: 기상의, 기상학상(上)의

599) ex·press: ① 표현하다, 나타내다《표정·몸짓·그림·음악 따위로》; 말로 나타내다 ② (기호·숫자 따위로) 표시하다, …의 표(상징)이다

600) vis·i·bíl·i·ty: ① 눈에 보임, 볼 수 있음, 쉽게(잘) 보임; 알아볼 수 있음. ②〖광학〗선명도(鮮明度), 가시도(可視度);〖기상·항해〗시계(視界), 시도(視度), 시정(視程)

601) IFR: instrument flight rules (계기 비행 규칙)

602) rún·wày: ① 주로(走路), 통로. ② 짐승이 다니는 길. ③〖항공〗활주로

which permits the engine to be operated with a higher power setting.

인터쿨러, (다단(多段) 압축기의) 중간 냉각기. 연료 계량 장치에 들어가기 전에 압축 공기의 온도를 낮추는 데 사용되는 장치. 결과적으로 더 차가운 공기는 밀도가 높아져 엔진이 더 높은 출력 설정으로 작동할 수 있다.

<u>Interference</u>[603] drag. Drag generated by the collision of airstreams creating eddy currents, turbulence, or restrictions to smooth flow.

간섭 항력. 와류, 난기류가 생성하는 공기흐름의 충돌 혹은 원활한 흐름의 제한에 의해 생성된 항력.

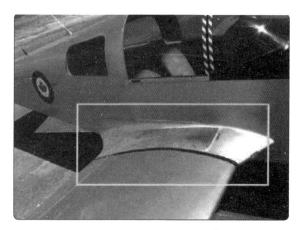

Figure 5-8. *A wing root can cause interference drag.*

Internal combustion engines. An engine that produces power as a result of expanding hot gases from the combustion of fuel and air within the engine itself. A steam engine where coal is burned to heat up water inside the engine is an example of an external combustion engine.

내연 기관. 엔진 자체 내에서 연료와 공기의 연소로 인해 뜨거운 가스를 팽창시켜 동력을 생성하는 엔진. 석탄을 연소시켜 엔진 내부의 물을 가열하는 증기 기관이 외연 기관의 한 예이다.

International Civil Aviation Organization (ICAO). The United Nations agency for developing the principles and techniques of international air navigation, and <u>foster-ing</u>[604] planning and development of international civil air transport.

---

603) in·ter·fer·ence: ① 방해, 해방; 저촉; 충돌; 간섭, 참견 ② 〖물리학〗 (광파·음파·전파 따위의) 간섭, 상쇄.

604) fos·ter: ① (양자 등으로) 기르다, 양육하다; 수양 자식으로 주다; …을 돌보다 ② 육성〔촉진, 조장〕하다. ③ (사상·감정·희망 따위를) 마음에 품다

국제민간항공기구(ICAO). 국제 항공 내비게이션의 원칙과 기술을 개발하고 국제 민간 항공 운송의 계획 및 개발을 촉진하기 위한 유엔 기관.

International standard atmosphere (IAS). A model of standard variation of pressure and temperature.
국제 표준 대기(IAS). 기압과 온도의 표준 변화 모델.

International Standard Atmosphere (ISA). Standard atmospheric conditions consisting of a temperature of 59 °F (15 °C), and a barometric pressure of 29.92 "Hg. (1013.2 mb) at sea level. ISA values can be calculated for various altitudes using a standard lapse rate of approximately 2 °C per 1,000 feet.
국제 표준 대기(ISA). 15°C(59°F)의 온도와 해수면에서 29.92"Hg.(1013.2mb)의 기압계에 나타나는 기압으로 구성된 표준 대기 조건. ISA 값은 1,000피트당 약 2°C의 표준 감률을 사용하여 다양한 고도에 대해 계산될 수 있다.

Interpolation. The estimation of an intermediate value of a quantity that falls between marked values in a series. Example: In a measurement of length, with a rule that is marked in eighths of an inch, the value falls between 3/8 inch and 1/2 inch. The estimated (interpolated) value might then be said to be 7/16 inch.
인터폴레이션(보간). 일련의 표시된 값 사이에 떨어지는 수량의 중간 값 추정치. 예: 길이의 측정에서 1/8에서 표시되는 규칙으로, 3/8인치와 1/2인치 사이에 떨어지는 값. 추정된(보간된) 값은 그다음 7/16인치라고 할 수 있다.

Interstage turbine temperature (ITT). The temperature of the gases between the high pressure and low pressure turbines.
인터스테이지(단간) 터빈 온도(ITT). 고압 터빈과 저압 터빈 사이의 가스 온도.

Inversion. An increase in temperature with altitude.
인버전(역전). 고도에 따른 온도에서 증가.

Inversion illusion. The feeling that the aircraft is tumbling backwards, caused by an abrupt change from climb to straight and-level[605] flight while in situations lacking visual reference.

역전 착각. 시각적 참조물이 부족한 상황에서 상승으로부터 직선 및 수평 비행으로의 급격한 변화로 인해 항공기가 뒤로 넘어지는 느낌.

Inverter. An electrical device that changes DC to AC power. A solid-state electronic device that converts D.C. into A.C. current of the proper voltage[606] and frequency to operate A.C. gyro instruments[607].

인버터(변환 장치). DC를 AC로 전류로 전환시키는 전기 장치. 교류 자이로 기구를 작동시키기 위해 직류를 적절한 전압과 주파수의 교류 전류로 변환하는 고체-상태 전자 장치.

Isobars. Lines which connect points of equal barometric pressure.

등압선. 같은 기압상의 기압점을 연결하는 선.

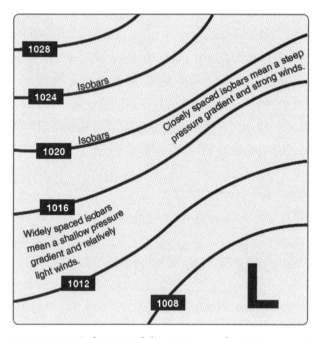

Figure 12-19. *Isobars reveal the pressure gradient of an area of high- or low-pressure areas.*

---

605) lev·el: ① 수평, 수준; 수평선(면), 평면 ② 평지, 평원 ③ (수평면의) 높이. ④ 동일 수준(수평), 같은 높이, 동위(同位), 동격(同格), 동등(同等); 평균 높이 ⑤ 표준, 수준 ⑥ 수준기(器), 수평기

606) volt·age: 〖전기〗 전압, 전압량, 볼트 수(생략: V)

607) in·stru·ment: ① (실험·정밀 작업용의) 기계(器械), 기구(器具), 도구 ② (비행기·배 따위의) 계기(計器) ③ 악기 ④ 수단, 방편(means); 동기(계기)가 되는 것(사람), 매개(자)

Isogonic lines. Lines drawn across aeronautical charts to connect points having the same magnetic variation.

등각선. 동일한 자기 변화를 하는 지점을 연결하기 위해 항공 해도를 가로질러 그린 선.

IVSI. See instantaneous <u>vertical</u>[608] speed indicator.

IVSI. 순간 수직 속도 표시기를 참조.

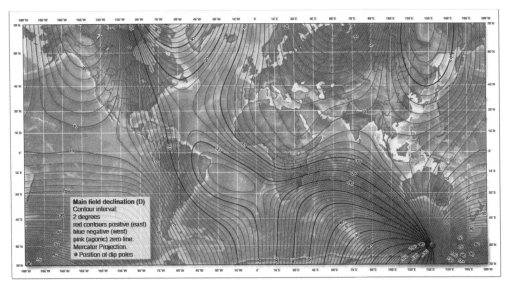

Figure 8-33. *Isogonic lines are lines of equal variation.*

---

608)   ver·ti·cal: ① 수직의, 연직의, 곧추선, 세로의. ② 정점(절정)의; 꼭대기의.

Jet powered airplane. An aircraft powered by a turbojet or turbofan engine.

제트 파워(분출하는 발동기를 장비한) 비행기. 터보제트 혹은 터보팬 엔진으로 동력이 공급되는 항공기.

Jet route[609]**.** A route designated[610] to serve flight operations from 18,000 feet MSL[611] up to and including FL 450.

제트 루트. 18,000피트 MSL에서 최대 FL 450까지의 비행 운용에 도움이 되도록 지정된 경로.

Jet stream[612]**.** A high-velocity narrow stream of winds, usually found near the upper limit of the troposphere, which flows generally from west to east.

제트 기류. 일반적으로 서쪽에서 동쪽으로 흐르는 대류권의 상한선 부근에서 발견되는 고속의 좁은 바람의 흐름.

Judgment. The mental process of recognizing and analyzing all pertinent information in a particular situation, a rational evaluation of alternative actions in response to it, and a timely decision on which action to take.

저지먼트(판단). 특정 상황에서 모든 적절한 정보를 인식하고 분석하는 정신적 과정, 이에 응한 대안적 조치에 대한 합리적 평가, 취해야 할 조치에 대한 시기 적절한 결정.

---

609) jét ròute: 《항공기의 안전비행을 위해 설정한 18,000피트 이상의 초고도 비행 항로》.

610) des·ig·nate: ① 가리키다, 지시(지적)하다, 표시(명시)하다, 나타내다 ② …라고 부르다, 명명하다 ③ 지명하다, 임명(선정)하다; 지정히다

611) m.s.l.: mean sea level (평균 해면(海面)).

612) jét strèam: ① 〖기상〗 제트류(流). ② 〖항공〗 로켓 엔진의 배기류(排氣流).

KIAS. Knots indicated airspeed.
KIAS. 대기속도로 표시되는 노트.

Kinesthesia. The sensing of movements by feel.
운동 감각, 근각(筋覺). 느낌에 의한 움직임의 지각하는 것

Knot. The knot is a unit of speed equal to one nautical mile (1.852 km) per hour, approximately 1.151 mph.
노트. 노트는 시간당 1해리(1.852km), 약 1.151mph와 같은 속도 단위이다.

Kollsman window. A barometric scale window of a sensitive altimeter used to adjust the altitude for the altimeter setting.
콜스만 윈도우(창). 고도계 설정을 위해 고도를 조정하는 데 사용되는 민감한 고도계의 기압 눈금 창.

J

K

L/MF. See low or medium frequency.
L/MF. 저주파 또는 중간 주파수를 참조.

LMM. See locator middle marker.
LMM. 로케이터 미들 마커(위치 탐지 장치 중간 마커) 참조.

LAAS. See local area augmentation system.
LAAS. 로컬 영역 증강 시스템을 참조.

Lag. The delay that occurs before an instrument[613] needle attains a stable indication[614].
랙(지연). 계기 바늘이 안정적인 표시 도수에 도달하기 전에 발생하는 지연.

Land as soon as possible. Land without delay at the nearest suitable area, such as an open field, at which a safe approach and landing is assured.
가능한 한 빨리 착륙. 훤히 트인 지대와 같은 안전한 활주로로의 진입 및 착륙이 보장되는 가장 가까운 적절한 지역에 지체 없이 착륙한다.

Land as soon as practical. The landing site and duration of flight are at the discretion of the pilot. Extended flight beyond the nearest approved landing area is not recommended.
실제 상황이 되면 곧 착륙. 착륙 지점과 항속 시간은 조종사의 재량이다. 가장 가까운 승인된 착륙장을 넘어서는 연장 비행은 권장되지 않는다.

Land breeze[615]. A coastal breeze flowing from land to sea caused by temperature differences when the sea surface is warmer than the adjacent land. The land breeze usually occurs at night and alternates with the sea breeze that blows in the

---

613) in·stru·ment: ① (실험·정밀 작업용의) 기계(器械), 기구(器具), 도구 ② (비행기·배 따위의) 계기(計器) ③ 악기 ④ 수단, 방편(means); 동기(계기)가 되는 것(사람), 매개(자)
614) in·di·cá·tion: ① 지시, 지적; 표시; 암시 ② 징조, 징후 ③ (계기(計器)의) 시도(示度), 표시 도수
615) lánd brèeze: 육풍(陸風)《해안 부근에서 밤에 뭍에서 바다로 부는 미풍》.

opposite direction by day.

육풍. 해수면이 인접한 육지보다 따뜻할 때 온도차에 의해 육지에서 바다로 흐르는 해안풍. 육풍은 일반적으로 밤에 발생하고 낮에는 반대 방향으로 부는 해풍과 번갈아 일어난다.

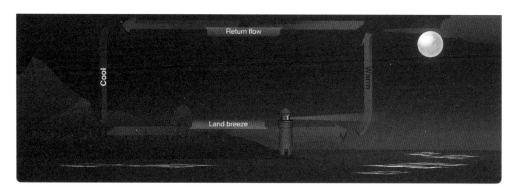

Land immediately. The urgency of the landing is paramount. The primary consideration is to ensure the survival of the occupants. Landing in trees, water, or other unsafe areas should be considered only as a last resort.

즉시 착륙. 긴급 착륙은 가장 주요하다. 주요 고려 사항은 탑승객의 생존을 보장하는 것이다. 나무, 물 또는 기타 안전하지 않은 지역에 착륙은 최후의 수단으로만 고려해야 한다.

Lateral axis. An imaginary line passing through the center of gravity[616] of an airplane and extending across the airplane from wingtip[617] to wingtip.

측면 축. 비행기의 무게중심을 통해서 지나가고 날개 끝에서 날개 끝까지 비행기를 가로질러 연장되는 가상의 선.

Lateral stability (rolling). The stability about the longitudinal[618] axis of an aircraft. Rolling stability or the ability of an airplane to return to level[619] flight due to a disturbance that causes one of the wings to drop.

측면 복원성(롤링: 기복). 항공기의 세로축에 대한 복원성. 떨어지는 날개중의 하나가 원인이 되는 교란으로 인해 비행기를 수평으로 돌아가기 위한 비행기의 기복 복원성 혹은 능력.

---

616) grav·i·ty: ① 진지함, 근엄; 엄숙, 장중 ② 중대함; 심상치 않음; 위험(성), 위기 ③ 죄의 무거움, 중죄. ④ 〖물리학〗중력, 지구 인력; 중량, 무게 ⑤ 동력 가속도의 단위《기호 g》.

617) wíng tìp: (비행기의) 날개 끝.

618) lon·gi·tu·di·nal: 경도(經度)의, 경선(經線)의, 날줄의, 세로의; (성장·변화 따위의) 장기적인

619) 수평이 되게 하다, 평평하게 하다, 고르다

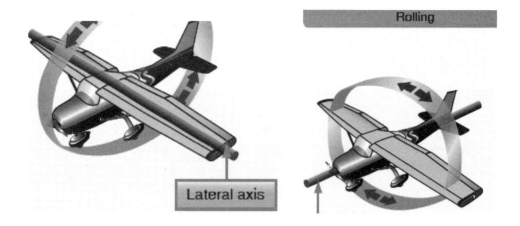

Latitude. Measurement north or south of the equator in degrees, minutes, and seconds. Lines of latitude are also referred to as parallels.

위도. 적도의 북쪽 또는 남쪽을 도, 분, 초 단위로 측정. 위도선은 평행선이라고도 한다.

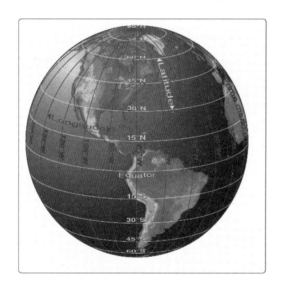

LDA. See localizer—type directional aid.

LDA. 로컬라이저 유형의 방향 보조 장치를 참조.

Lead radial. The radial at which the turn from the DME arc[620] to the inbound course is started.

리드 라디얼(방사부). DME 아크에서 인바운드(도착하는, 들어오는) 코스로의 회전이 시작

---

620) arc: 호(弧), 호형(弧形); 궁형(弓形); 【전기】 아크, 전호(電弧)

되는 방사형.

Lead-acid battery. A commonly used secondary cell having lead as its negative plate and lead peroxide as its positive plate. Sulfuric acid and water serve as the electrolyte.

납산 배터리. 납을 음극판으로 통하게 하고, 과산화납을 양극판으로 통하게 하는 일반적으로 사용되는 2차 전지. 황산과 물이 전해질 역할을 한다.

<u>Leading edge</u>[621]**.** The part of an airfoil that meets the airflow first.

리딩 에지. 기류와 가장 먼저 만나는 에어포일의 부분.

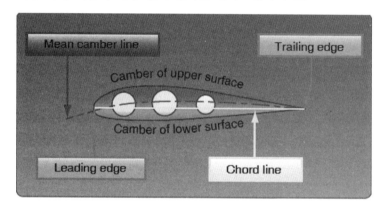

Figure 4-5. *Typical airfoil section.*

Leading edge devices. High <u>lift</u>[622] devices which are found on the leading edge of the airfoil. The most common types are fixed <u>slots</u>[623], movable slats, and leading edge flaps.

리딩 에지 장치. 에어포일의 프로펠러 앞쪽의 가장자리 고양력 장치. 가장 일반적인 유형은 고정 슬롯, 이동식 슬랫(판석) 및 리딩 에지 플랩이다.

Leading edge flap. A portion of the leading edge of an airplane wing that folds downward to increase the camber, lift, and drag of the wing. The leading-edge flaps are extended for takeoffs and landings to increase the amount of aerodynamic lift that is produced at any given airspeed.

---

621) Leading edge: 〖항공·기상〗 프로펠러 앞쪽의 가장자리; 〖전기〗 (펄스의) 첫 시작
622) lift: 〖항공〗 상승력(力), 양력(揚力).
623) slot: 〖항공〗 슬롯《날개 밑면 공기의 흐름을 날개 윗면으로 이동시켜 실속(失速)을 더디게 하기 위한 틈》.

리딩 에지 플랩. 날개의 캠버, 양력 및 항력을 증가시키기 위해 아래쪽으로 접히는 비행기 날개 리딩 에지 부분. 리딩 에지 플랩은 주어진 대기속도에서 생성된 공기역학적 양력의 양을 증가시켜 이륙과 착륙을 위해 확장된다.

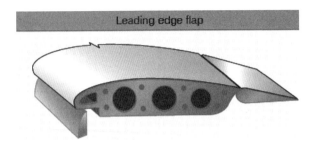

Licensed empty weight. The empty weight that consists of the airframe, engine(s), unusable fuel, and undrainable oil plus standard and optional equipment as specified in the equipment list. Some manufacturers used this term prior to GAMA standardization.

허가된 공 중량. 기체, 엔진(들), 사용할 수 없는 연료 및 배수 불가능한 오일 플러스 규격과 장비 목록에서 명시된 것으로 임의 장비로 구성된 공중량. 일부 제조사는 GAMA 표준화 이전에 이 용어를 사용했다.

Lift. One of the four main forces acting on an aircraft. On a fixed-wing aircraft, an upward force created by the effect of airflow as it passes over and under the wing. A component of the total aerodynamic force on an airfoil and acts perpendicular to the relative wind.

상승력(力), 양력(揚力). 항공기에 작용하는 네 가지 주요 힘 중 하나. 고정익 항공기에서 기류가 날개 위와 아래를 지나갈 때의 효과에 의해 생성되는 위쪽 힘. 에어포일에 작용하는 총 공기역학적 힘과 맞바람에 수직으로 작용의 구성요소.

Lift coefficient. A coefficient representing the lift of a given airfoil. Lift coefficient is obtained by dividing the lift by the free-stream dynamic <u>pressure</u>[624] and the representative area under consideration.

양력 계수. 주어진 에어포일의 양력을 나타내는 계수. 양력 계수는 자유 기류 동압과 고려중인 대표 영역에 의해 양력을 나누는 것으로 얻어진다.

Lift/drag ratio (L/D). The efficiency of an airfoil section. It is the ratio of the coefficient of lift to the coefficient of drag for any given angle of <u>attack</u>[625].

양력/항력 비율(L/D). 에어포일 단면의 효율성. 어떤 주어진 영각에 대한 항력 계수에 대한 양력 계수의 비율이다.

Lift-off. The act of becoming airborne as a result of the wings lifting the airplane off the ground, or the pilot rotating the nose up, increasing the angle of attack to start a climb.

이륙. 상승을 시작하기 위해 영각을 늘려 날개가 비행기를 지면에서 들어 올리거나 조종사가 기수를 위로 회전시킨 결과로서 이륙이 되는 움직임.

Limit <u>load</u>[626] factor. Amount of stress, or load factor, that an aircraft can withstand before structural damage or failure occurs.

한계 하중 요인. 구조적 손상이나 고장이 발생하기 전에 항공기가 견딜 수 있는 응력 또는 하중 요인의 총계.

Lines of flux. Invisible lines of magnetic force passing between the poles of a magnet.

플럭스 라인(유량선). 자석의 극 사이를 통과하는 자기력의 보이지 않는 선.

Load factor[627]. The ratio of the load supported by the airplane's wings to the actual weight of the aircraft and its contents. Also referred to as G-loading. The ratio of a specified load to the total weight of the aircraft. The specified load is expressed in terms of any of the following: aerodynamic forces, inertial forces, or ground or

---

624) dynámic préssure〖유체역학〗동압(動壓)《로켓이 대기 중을 날 때에 받는 압력》.

625) ángle of attáck: 〖항공〗영각(迎角)《항공기의 익현(翼弦)과 기류가 이루는 각》.

626) load ① 적하(積荷), (특히 무거운) 짐 ② 무거운 짐, 부담; 근심, 걱정 ③ 적재량, 한 차, 한 짐, 한 바리 ④ 일의 양, 분담량 ⑤ 〖물리학·기계·전기〗부하(負荷), 하중(荷重); 〖유전학〗유전 하중(荷重) ⑥ 〖컴퓨터〗로드, 적재《(1) 입력장치에 데이터 매체를 걺. (2) 데이터나 프로그램 명령을 메모리에 넣음》. ⑦ (화약·필름) 장전; 장탄.

627) lóad fàctor: 〖전기〗부하율(負荷率); 〖항공〗좌석 이용률.

water reactions.

로드 팩트(하중 계수). 항공기와 그 목록의 실제 중량에 대한 항공기 날개가 지지하는 하중의 비율. G−로딩이라고도 함. 항공기의 총 중량에 대한 특정 하중의 비율. 지정된 하중은 공기 역학적 힘, 관성력 또는 지반 또는 물의 반작용 등으로 명확히 표현된다.

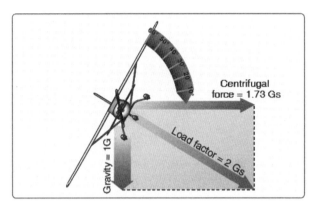

Figure 5-52. *Two forces cause load factor during turns.*

Loadmeter. A type of ammeter installed between the generator output and the main <u>bus</u>[628] in an aircraft electrical system.

로드미터. 항공기 전기 시스템에서 발전기 출력과 메인 버스 사이에 설치된 전류계 유형.

LOC. See localizer.

LOC. 로컬라이저를 참조.

Local area augmentation system (LAAS). A <u>differential</u>[629] global positioning system (DGPS) that improves the accuracy of the system by determining position error from the GPS satellites, then transmitting the error, or corrective factors, to the airborne GPS receiver.

근거리 증대 시스템(LAAS). 항공 GPS 수신기로 전송하여 오류 또는 수정 요소를 전송한 다음 GPS 위성에서 위치 오류를 측정하여 시스템의 정확성을 개선하는 차동 전지구 위치 파악 시스템(DGPS).

---

628) bus: 【컴퓨터】 버스《여러 장치 사이를 연결, 신호를 전송(傳送)하기 위한 공통로(共通路)》

629) dif·fer·en·tial: ① 차별(구별)의, 차이를 나타내는, 차별적인, 격차의 ② 특이한 ③ 【수학】 미분의. ④ 【물리학·기계】 차동(差動)의, 응차(應差)의.

Localizer (LOC). The portion of an ILS that gives left/right guidance information down the centerline of the instrument[630] runway[631] for final approach.

로컬라이저(LOC). 최종 활주로로의 진입을 위해 계기 활주로의 중심선을 따라 왼쪽/오른쪽 유도 정보를 제시하는 ILS 부분.

Localizer-type directional aid (LDA). A NAVAID used for nonprecision instrument approaches with utility and accuracy comparable to a localizer but which is not a part of a complete ILS and is not aligned with the runway. Some LDAs are equipped with a glideslope.

로컬라이저형 방향 보조 장치(LDA). 로컬라이저에 필적하는 유용성과 정확도를 갖지만 완전한 ILS의 일부가 아니며 활주로와 정렬되지 않는 비정밀 계기 활주로로의 진입에 사용되는 NAVAID. 일부 LDA에는 글라이드슬로프가 장착되어 있다.

Locator middle marker (LMM). Nondirectional[632] radio beacon (NDB) compass locator, collocated with a middle marker (MM).

로케이터 미들 마커(LMM). 중간 마커(MM)와 함께 배치된 무지향성 무선 비콘(NDB) 나침반 로케이터.

Locator outer marker (LOM). NDB compass locator, collocated with an outer marker (OM).

로케이터 외부 마커(LOM). 외부 마커(OM)와 함께 배치된 NDB 나침반 로케이터.

LOM. See locator outer marker.

LOM. 로케이터 외부 마커를 참조.

Longitude. Measurement east or west of the Prime Meridian in degrees, minutes, and seconds. The Prime Meridian is 0° longitude and runs through Greenwich, England. Lines of longitude are also referred to as meridians.

경도. 도, 분, 초에서 본초 자오선의 동쪽 또는 서쪽을 측정. 본초 자오선은 경도 0°이며 영국 그리니치를 통과한다. 경도선은 자오선이라고도 한다.

L

---

630) in·stru·ment: ① (실험·정밀 작업용의) 기계(器械), 기구(器具), 도구 ② (비행기·배 따위의) 계기(計器) ③ 악기 ④ 수단, 방편; 동기(계기)가 되는 것(사람), 매개(자)

631) rún·wày: ① 주로(走路), 통로. ② 짐승이 다니는 길. ③【항공】활주로

632) nòn·diréctional:【음향·통신】무지향성(無指向性)의; 모든 방향으로 작용하는.

1장 _ 용어풀이 · **153**

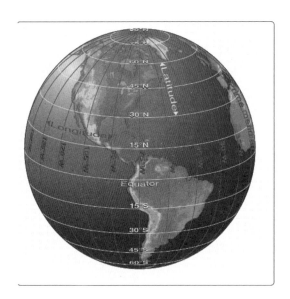

Longitudinal[633] **axis.** An imaginary line through an aircraft from nose to tail, passing through its center of gravity[634]. The longitudinal axis is also called the roll axis of the aircraft. Movement of the ailerons rotates an airplane about its longitudinal axis.

세로 축. 무게 중심을 통과하여 기수에서 꼬리까지 항공기를 통과하는 가상의 선. 세로축은 항공기의 횡전(회전)축이라고도 한다. 에일러론의 움직임은 세로축 대하여 비행기를 회전시킨다.

Longitudinal axis

---

633) lon·gi·tu·di·nal: 경도(經度)의, 경선(經線)의, 날줄의, 세로이: (성장·변화 따위의) 장기적인

634) grav·i·ty: ① 진지함, 근엄; 엄숙, 장중 ② 중대함; 심상치 않음; 위험(성), 위기 ③ 죄의 무거움, 중죄. ④ 〖물리학〗 중력, 지구 인력; 중량, 무게 ⑤ 동력 가속도의 단위《기호 g》.

Longitudinal stability (pitching). Stability about the lateral axis. A desirable characteristic of an airplane whereby it tends to return to its trimmed angle of attack[635] after displacement.

세로 복원성(뒷질). 측면 축에 대한 복원성. 전위 후에 수평으로 유지된 영각으로 돌아가는 경향이 있는 비행기의 바람직한 특성.

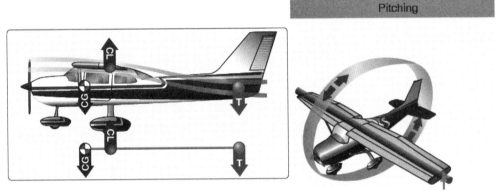

Figure 5-23. *Longitudinal stability.*

Low or medium frequency. A frequency range between 190 and 535 kHz with the medium frequency above 300 kHz. Generally associated with nondirectional[636] beacons transmitting a continuous carrier with either a 400 or 1,020 Hz modulation.

낮거나 중간 주파수. 300kHz 이상의 중간 주파수로 190에서 535kHz 사이의 주파수 범위. 일반적으로 400Hz 또는 1,020Hz 변조로 연속 반송파를 전송하는 무지향성 비콘과 관련됨.

Lubber line. The reference[637] line used in a magnetic compass or heading indicator.

방위 기선. 자기 나침반이나 방향표시기에 사용되는 기준선.

635) angle of attack: 【항공】 영각(迎角)《항공기의 익현(翼弦)과 기류가 이루는 각》.
636) nòn·diréctional: 【음향·통신】 무지향성(無指向性)의; 모든 방향으로 작용하는.
637) réference line: 기준《좌표 설정의 기준이 되는》.

M

MAA. See maximum authorized altitude.
MAA. 최대 승인 고도를 참조.

MAC. See mean aerodynamic chord.
MAC. 평균 공기 역학적 익현 참조.

Mach buffet[638]. Airflow separation behind a shock-wave pressure barrier caused by airflow over flight surfaces exceeding the speed of sound.
마하 버핏. 음속을 초과하는 비행 표면 위의 기류로 인한 충격파 압력 장벽 뒤의 기류 분리점.

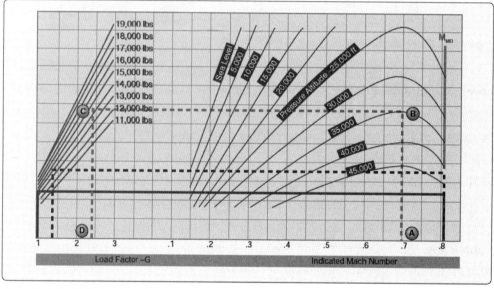

Figure 15-11. *Mach buffet boundary chart.*

Mach compensating device. A device to alert the pilot of inadvertent excursions beyond its certified maximum operating speed.
마하 보정 장치. 인증된 최대 운용 속도를 초과하는 부주의한 진폭을 조종사에게 경고하는 장치.

Mach critical. The Mach speed at which some portion of the airflow over the wing

---

638) buf·fet: (비행기가) 설계 속도를 초과하여 진동하다.

first equals Mach 1.0. This is also the speed at which a shock wave first appears on the airplane.

마하 크리티컬(임계). 날개 위 기류의 일부가 처음 동일한 마하 1.0이 되는 마하 속도. 충격파가 비행기에 처음 나타나는 속도이기도 하다.

Mach meter. The <u>instrument</u>[639] that <u>displays</u>[640] the ratio of the speed of sound to the true airspeed an aircraft is flying.

마하 계기. 항공기가 비행하고 있는 실제 속도에 대한 음속의 비율을 표시하는 기기.

<u>Mach number</u>[641]. The ratio of the true airspeed of the aircraft to the speed of sound in the same atmospheric conditions, named in honor of Ernst Mach, late 19th century physicist.

마하수. 19세기 후반 물리학자 Ernst Mach를 기리기 위해 명명된 동일한 대기 조건에서 음속에 대한 항공기의 실제 대기속도의 비율.

Mach <u>tuck</u>[642]. A condition that can occur when operating a swept-wing airplane in the transonic speed range. A shock wave could form in the root portion of the wing and cause the air behind it to separate. This shock-induced separation causes the center of pressure to move aft. This, combined with the increasing amount of nose down force at higher speeds to maintain left flight, causes the nose to "tuck." If not corrected, the airplane could enter a steep, sometimes unrecoverable dive.

마하 턱. 천음속 범위에서 후퇴익 항공기를 운용할 때 발생할 수 있는 상태. 충격파는 날개의 뿌리 부분에 형성되어 날개 뒤에서 공기를 분리시키는 원인이 된다. 이 유발된 충격 분리점은 후미로 압력 중심 이동을 일으킨다. 이것은 왼쪽 비행을 유지하기 위해 더 높은 속도에서 증가하는 기수 하강력의 양과 결합되어 기수가 "턱"되도록 한다. 수정하지 않으면 비행기가 가파르고 때로는 복구할 수 없는 급강하에 들어갈 수 있다.

Mach. Speed relative to the speed of sound. Mach 1 is the speed of sound.

M

---

639) in·stru·ment: ① (실험·정밀 작업용의) 기계(器械), 기구(器具), 도구 ② (비행기·배 따위의) 계기(計器) ③ 악기 ④ 수단, 방편(means); 동기(계기)가 되는 것(사람), 매개(자)

640) dis·play: ① 보이다, 나타내다; 전시(진열)하다 ② (기 따위를) 펼치다, 달다, 게양하다; (날개 따위를) 펴다. ③ 밖에 나타내다, 드러내다: (능력 등을) 발휘하다; (지식 등을) 과시하다, 주적거리다

641) Mách nùmber: 〖물리학〗 마하(수)《물체 속도의 음속에 대한 비》.

642) tuck: ① (옷의) 단, 주름겹단, 접어올려 시친 단 ② 〖수영〗 턱《구부린 무릎을 양팔로 껴안는 다이빙형(型)》. ③ 〖조선·선박〗 고물 돌출부의 아래 쪽. ④《미국구어》힘, 원기, 정력

마하. 소리의 속도에 상대적인 속도. 마하 1은 음속이다.

Magnetic bearing (MB). The direction to or from a radio transmitting station measured relative to magnetic north.
자침(磁針) 방위, 마그네틱 베어링(MB). 자북을 기준으로 측정된 관계물을 무선 송신국으로부터 또는 그쪽으로의 방향.

Magnetic compass. A device for determining direction measured from magnetic north.
자기 나침반. 자북에서 측정한 방향을 결정하는 장치.

Figure 8-32. *A magnetic compass. The vertical line is called the lubber line.*

Magnetic dip. A <u>vertical</u>[643] attraction between a compass needle and the magnetic poles. The closer the aircraft is to a pole, the more severe the effect.
마그네틱 딥. 나침반 바늘과 자극 사이의 수직 인력. 항공기가 극에 가까울수록 영향이 더 심해진다.

Magnetic heading (MH). The direction an aircraft is pointed with respect to magnetic north.
자침이 향한 방향, 마그네틱 헤딩(MH). 자북을 기준으로 항공기가 가리키는 방향.

Magneto. A self-contained, engine-driven unit that supplies electrical current to the spark plugs; completely independent of the airplane's electrical system. Normally there are two magnetos per engine.

---

643) ver·ti·cal: ① 수직의, 연직의, 곧추선, 세로의. ② 정점(절정)의; 꼭대기의.

고압 자석 발전기, 마그니토. 점화 플러그에 전류를 공급하는 독립형 엔진 구동 장치로써 비행기의 전기 시스템과 완전히 독립적이다. 일반적으로 엔진당 두 개의 마그네토가 있다.

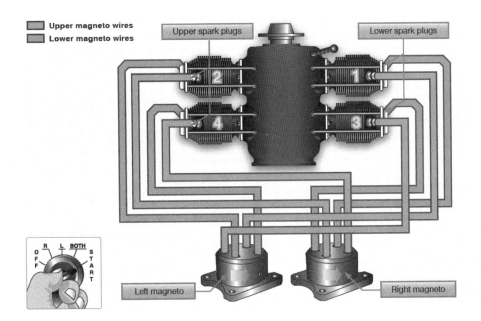

Magnus effect. Lifting force produced when a rotating cylinder produces a pressure differential. This is the same effect that makes a baseball curve or a golf ball slice.
매그너스 효과. 회전하는 실린더가 차압을 생성할 때 생성되는 양력. 이것은 야구공 곡구(曲球)나 골프공 오른손잡이의 우곡구(右曲球)를 만드는 것과 같은 효과이다.

Main gear. The wheels of an aircraft's landing gear that supports the major part of the aircraft's weight.
메인 기어(주요 장치). 항공기 무게의 대부분을 지지하는 항공기 랜딩기어(착륙 장치)의 바퀴.

Mandatory[644] altitude. An altitude depicted on an instrument[645] approach chart with the altitude value both underscored and overscored. Aircraft are required to maintain altitude at the depicted value.
맨더토리(필수) 고도. 밑줄과 선이 그어진 모든 표시된 고도 값이 있는 계기 활주로로의 진입 차트에 표시된 고도. 항공기는 표시된 값으로 고도 유지를 필요로 한다.

---

644) man·da·to·ry: 명령의, 지령의; 위탁의, 위임의; 의무적인, 강제적인(obligatory); 〖법률학〗 필수의

645) in·stru·ment: ① (실험·정밀 작업용의) 기계(器械), 기구(器具), 도구 ② (비행기·배 따위의) 계기(計器) ③ 악기 ④ 수단, 방편(means); 동기〔계기〕가 되는 것〔사람〕, 매개(자)

Mandatory block altitude. An altitude depicted on an instrument approach chart with two underscored and overscored altitude values between which aircraft are required to maintain altitude.

맨더토리(필수) 블록(폐쇄) 고도. 항공기가 고도를 유지하는 데 필요한 두 개의 밑줄 및 강조 표시된 고도 값이 있는 계기 활주로로의 진입 차트에 표시된 고도.

Maneuverability. Ability of an aircraft to change directions along a flightpath and withstand the stresses imposed upon it.

방향조종능력. 항공기가 비행경로를 따라 방향을 바꾸고 그에 가해지는 응력 견디는 능력.

Maneuvering[646] speed (VA). The design maneuvering speed. Operating at or below design maneuvering speed does not provide structural protection against multiple full control[647] inputs in one axis or full control inputs in more than one axis at the same time.

The maximum speed where full, abrupt control movement can be used without overstressing the airframe.

방향조종 속도(VA). 계획/설계 설계 방향조종 속도. 계획/설계 방향조종 속도 혹은 이하에서 운용은 한 축에서 복합의 전체 조종 입력 또는 둘 이상의 축에서 동시에 전체 조종 입력에 반대하여 구조적 보호를 해주지 않는다.

기체에 과도한 압력을 주지 않고 완전하고 갑작스러운 조종 장치 움직임을 사용할 수 있는 최대 속도.

Manifold absolute pressure. The absolute pressure of the fuel/air mixture within the intake manifold, usually indicated in inches of mercury.

매니폴드(다기관) 절대 압력. 흡기 매니폴드(다기관) 이내에서 연료/공기 혼합물의 절대 압력으로 일반적으로 수은 인치로 표시된다.

Manifold pressure (MP). The absolute pressure of the fuel/ air mixture within the intake manifold, usually indicated in inches of mercury.

매니폴드(다기관) 압력(MP). 흡기 매니폴드(다기관) 이내에서 연료/공기 혼합물의 절대 압력

---

646) ma·neu·ver: ① 〖군사〗 연습하다, 군사 행동을 하다. ① (군대·함대를) 기동〔연습〕시키다; 군사 행동을 하게 하다. ② (사람·물건을) 교묘하게 유도하다〔움직이다〕; (사람을) 계략적으로 이끌다

647) con·trol: ① 지배(력); 관리, 통제, 다잡음, 단속, 감독(권) ② 억세, 세어; (야구 두手의) 제구력(制球力) ③ 통제〔관리〕 수단; (pl.) (기계의) 조종장치; (종종 pl.) 제어실, 관제실〔탑〕; 〖컴퓨터〗 제어. ④ (실험 결과의) 대조 표준; 대조부(簿) ⑤ 단속자, 관리인. ① 지배하다; 통제〔관리〕하다, 감독하다. ② 제어〔억제〕하다

으로 일반적으로 수은 인치로 표시된다.

MAP. See <u>missed approach</u>[648] point.
MAP. 진입 복행 지점을 참조.

<u>Margin</u>[649] identification[650]. The top and bottom areas on an instrument approach chart that depict information about the procedure, including airport location and procedure identification.
여백 식별. 공항 위치 및 절차/진행 식별을 포함하여 절차/진행에 관한 정보를 나타내는 계기 활주로로의 진입 차트에서의 상단 및 하단 영역.

<u>Marker</u>[651] beacon. A low-powered transmitter that directs its signal upward in a small, fan-shaped pattern. Used along the flight path when approaching an airport for landing, marker beacons indicate both aurally and visually when the aircraft is directly over the facility.
마커 비콘. 작은 부채꼴 패턴에서 신호 위쪽으로 지시하는 저전력 송신기. 착륙을 위해 공항에 활주로로의 진입할 때 비행경로를 따라 사용되는 마커 비콘은 항공기가 시설 바로 위에 있을 때 청각적 및 시각적으로 알려준다.

<u>Mass</u>[652]. The amount of matter in a body.
질량(부피). 물체에 있는 물질의 양.

Maximum allowable takeoff power. The maximum power an engine is allowed to develop for a limited period of time; usually about one minute.
최대 허용 이륙 동력. 엔진이 제한된 시간 동안 발생하기 위해 허용될 수 있는 최대 출력; 일반적으로 약 1분.

---

648) míssed appróach: 〖항공〗 진입 복행(進入復行)《어떤 이유로 착륙을 위한 진입이 안 되는 일; 또 이 때에 취해지는 비행 절차》.
649) mar·gin: ① 가장자리, 가, 변두리; (호수 등의) 물가. ② (페이지의) 여백, 난외 ③ (능력·상태 등의) 한계; 의식의 주변 ④ (시간·경비 따위의) 여유, (활동 따위의) 여지 ⑤ 〖상업〗 판매 수익, 이문; 한계 수익점 ⑥ a) 증거금; 여유액 b) 특별 지급(액), 기능〔직무〕 수당. ⑦ (득표 따위의) 차(差). ⑧ 〖컴퓨터〗 여백
650) iden·ti·fi·ca·tion: ① 신원〔정체〕의 확인〔인정〕; 동일하다는 증명〔확인, 감정〕, 신분증명. ② 〖정신의학〗 동일시(화); 동일시, 일체화, 귀속 의식 ③ 신원을〔정체를〕 증명하는 것; 신분 증명서.
651) márk·er: 〖항공〗 마커, 마커 비컨《특정지점 상공을 알리는 지상 무선시설》
652) mass: ① 덩어리 ② 모임, 집단, 일단 ③ 다량, 다수, 많음 ④ (the ~) 대부분, 주요부 ⑤ (the ~es) 일반 대중, 근로자〔하층〕 계급. ⑥ 부피; 크기; 〖물리학〗 질량.

Maximum altitude. An altitude depicted on an instrument[653] approach chart with overscored altitude value at which or below aircraft are required to maintain altitude.

최대 고도. 항공기가 고도를 유지하기 위해 필요한 고도 값이 접하거나 아래 선을 그은 계기 활주로로의 진입 차트에 표시된 고도.

Maximum authorized altitude (MAA). A published altitude representing the maximum usable altitude or flight level[654] for an airspace[655] structure or route segment.

최대 승인 고도(MAA). 공역 구조 또는 경로 세그먼트에 대해 사용 가능한 최대 고도 또는 비행 수준을 나타내는 공표된 고도.

Maximum landing weight. The greatest weight that an airplane normally is allowed to have at landing.

최대 착륙 중량. 일반적으로 비행기가 착륙할 때 허용되는 최대 무게.

Maximum ramp weight. The total weight of a loaded aircraft, including all fuel. It is greater than the takeoff weight due to the fuel that will be burned during the taxi and runup[656] operations. Ramp weight may also be referred to as taxi weight.

최대 램프(주기장) 무게. 모든 연료를 포함하여 적재된 항공기의 총 중량. 택시(지상 활주) 및 런업 운용 중에 연소될 연료로 인해 이륙 중량보다 크다. 램프(주기장) 중량은 택시(지상 활주) 중량이라고도 한다.

Maximum takeoff weight. The maximum allowable weight for takeoff.

최대 이륙 중량. 이륙을 위한 최대 허용 중량.

Maximum weight. The maximum authorized weight of the aircraft and all of its equipment as specified in the Type Certificate Data Sheets (TCDS) for the aircraft.

최대 무게. 항공기의 형식 증명서 데이터 시트(TCDS)에 명시된 항공기 및 모든 장비의 최대 승인 중량.

---

653) in·stru·ment: ① (실험·정밀 작업용의) 기계(器械), 기구(器具), 도구 ② (비행기·배 따위의) 계기(計器) ③ 악기 ④ 수단, 방편(means); 동기(계기)가 되는 것(사람), 매개(자)

654) lev·el: ① 수평, 수준; 수평선(면), 평면 ② 평지, 평원 ③ (수평면의) 높이. ④ 동일 수준(수평), 같은 높이, 동위(同位), 동격(同格), 동등(同等); 평균 높이 ⑤ 표준, 수준 ⑥ 수준기(器), 수평기

655) áir spàce: (실내의) 공적(空積); 영공(領空); 〖군사〗 (편대에서 차지하는) 공역(空域); (공군의) 작전 공역

656) rún·ùp: (비행기의) 엔진 회전 점검.

Maximum zero fuel weight (GAMA). The maximum weight, exclusive of usable fuel.
최대 제로 연료 중량 (GAMA). 사용 가능한 연료를 제외한 최대 중량.

MB. See magnetic bearing.
MB. 자침 방위(마그네틱 베어링) 참조.

MCA. See minimum crossing altitude.
MCA. 최소 횡단 고도를 참조.

MDA. See minimum descent altitude.
MDA. 최소 하강 고도를 참조.

MEA. See minimum en route altitude.
MEA. 최소 항공로상의 고도를 참조.

Mean aerodynamic chord (MAC). The average distance from the leading edge to the trailing edge of the wing.
평균 공기 역학적 코드(MAC). 날개의 앞쪽 가장자리에서 날개의 뒷전까지의 평균 거리.

Mean sea level. The average height of the surface of the sea at a particular location for all stages of the tide over a 19-year period.
평균 해수면. 19년 넘게 모든 조수 간만에 대한 특정 지역에서 해수면의 평균 높이.

MEL. See minimum equipment list.
MEL. 최소 장비 목록을 참조.

Meridians. Lines of longitude.
자오선. 경도의 선.

M

Mesophere. A layer of the atmosphere directly above the stratosphere.
메조피어. 성층권 바로 위의 대기층.

METAR. See Aviation Routine Weather Report.
METAR(메타). 항공 일상 기상 보도를 참조.

MFD. See multi-function display.
MFD. 다기능 디스플레이를 참조.

MH. See magnetic heading.
MH. 마그네틱 헤딩(자침이 향한 방향)을 참조.

MHz. Megahertz.
MHz. 메가헤르츠.

Microburts. A strong downdraft which normally occurs over horizontal distances of 1 NM or less and vertical[657] distances of less than 1,000 feet. In spite of its small horizontal scale, an intense microburst could induce windspeeds greater than 100 knots and downdrafts[658] as strong as 6,000 feet per minute.
마이크로버츠. 일반적으로 1NM 수평 거리 미만 혹은 1,000피트 미만의 수직 거리에 걸쳐 발생하는 강한 하강기류. 작은 수평 규모에도 불구하고 강렬한 마이크로버스트는 100노트 이상의 풍속과 분당 6,000피트 만큼 강한 하강 기류를 유발할 수 있다.

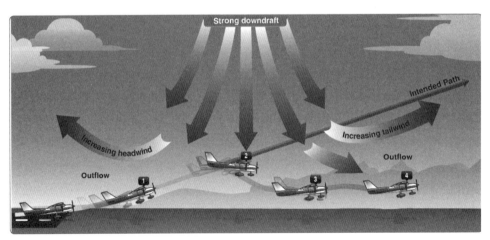

Figure 12-17. *Effects of a microburst wind.*

Microwave landing system[659]**(극초단파 착륙 유도장치, MLS).** A precision instrument approach system operating in the microwave[660] spectrum which normally consists

---

657) ver·ti·cal: ① 수직의, 연직의, 곧추선, 세로의. ② 정점(절정)의; 꼭대기의.

658) dówn-dràft: (굴뚝 등의) 하향 통풍; 하강 기류

659) mícrowave lánding sỳstem: 〖항공〗 극초단파 착륙 유도장치

660) mícro·wàve: 마이크로파(波), 극초단파《파장이 lm-lcm의 전자기파》.

of an <u>azimuth</u>[661] station, <u>elevation</u>[662] station, and precision distance measuring equipment.

마이크로파 착륙 시스템(MLS). 일반적으로 방위각 스테이션, 고도 스테이션 및 정밀 거리 측정 장비로 구성된 마이크로파 스펙트럼에서 운용하는 정밀 계기 활주로로의 진입 시스템.

<u>Mileage</u>[663] <u>breakdown</u>[664]. A fix indicating a course change that appears on the chart as an "x" at a break between two <u>segments</u>[665] of a federal airway.

마일리지 브레이크다운. 연방 항공로의 두 부분 사이의 브레이크(분기점)에서 차트에 "x"로 나타나는 코스 변경을 나타내는 수정 표시.

Military <u>operations</u>[666] area (MOA). <u>Airspace</u>[667] established for the purpose of separating certain military training activities from <u>IFR</u>[668] traffic.

군사 작전 지역(MOA). 특정 군사 훈련 활동을 IFR 교통과 분리할 목적으로 설정된 공역.

Military training route (MTR). Airspace of <u>defined</u>[669] <u>vertical</u>[670] and lateral dimensions established for the conduct of military training at airspeeds in excess of 250 knots indicated airspeed (KIAS).

군사 훈련 경로(MTR). 250노트의 지시 속도(KIAS)를 초과하는 속도로 군사 훈련을 수행하기 위해 설정된 수직 및 측면 면적의 정의된 공역.

---

661) az·i·muth: 〖천문학〗 방위; 방위각; 〖우주〗 발사 방위《생략: azm》

662) el·e·va·tion: ① 높이, 고도, 해발(altitude); 약산 높은 곳, 고지(height). ② 고귀〔숭고〕함, 고상. ③ 올리기, 높이기; 등용, 승진《to》; 향상. ④ 〖군사〗 (an ~) (대포의) 올려본각, 고각(高角).

663) mile·age: 마일수(數); (마일당의) 운임; (마일수에 의한) 여비 수당; 일정 열량에 의한 자동차의 주행 거리

664) break·down: ① (기계의) 고장, 파손. ② (건강상의) 쇠약 ③ 몰락, 붕괴, 와해. ④ 분석; 분류, (항목별) 명세, 내역. ⑤ 〖전기〗 방전.

665) seg·ment: ① 단편, 조각; 부분, 구획 ② 〖수학〗 (직선의) 선분; (원의) 호(弧). ③ 〖기계〗 부채꼴 톱니바퀴. ④ 〖컴퓨터〗 세그민트《(1) 프로그램의 일부분으로 다른 부분과는 독립해 컴퓨터에 올려 실행함. (2) data base 내의 data의 단위》.

666) op·er·a·tion: ① 가동(稼動), 작용, 작업 ② (약 따위의) 효력, 효과; 유효 범위〔기간〕 ③ (기계 따위의) 조작, 운전 ④ (사업 따위의) 운영, 경영, 조업; 회사, 기업 ⑤ (법률 따위의) 실시, 시행 ⑥ 수술《on》 ⑦ (보통 pl.) 군사행동, 작전; 작전본부; (공항의) 관제실(管制室) ⑨ 〖수학〗 운산, 연산 ⑩ 〖컴퓨터〗 작동, 연산.

667) áir spàce: (실내의) 공적(空積); (벽 안의) 공기층; (식물조직의) 기실(氣室); 영공(領空); 〖군사〗 (편대에서 차지하는) 공역(空域); (공군의) 작전 공역; 사유지상(私有地上)의 공간.

668) IFR: instrument flight rules (계기 비행 규칙)

669) de·fine: ① 규정짓다, 한정하다 ② 정의를 내리다, 뜻을 밝히다 ③ …의 경계를 정하다 ④ …의 윤곽을 명확히 하다; (…의 특성을) 나타내다

670) ver·ti·cal: ① 수직의, 연직의, 곧추선, 세로의. ② 정점〔절정〕의; 꼭대기의.

M

Minimum altitude. An altitude depicted on an instrument[671] approach chart with the altitude value underscored. Aircraft are required to maintain altitude at or above the depicted[672] value.

최소 고도. 밑줄이 그어진 고도 값과 함께 계기 활주로로의 진입 차트에 표시된 고도. 항공기는 표시된 값 혹은 그 이상으로 고도를 유지할 필요가 있다.

Minimum crossing[673] altitude (MCA). The lowest allowed altitude at certain fixes an aircraft must cross when proceeding in the direction of a higher minimum en route altitude (MEA).

최소 횡단 고도(MCA). 특정 픽스(위치결정)에서 가장 낮은 허용 고도는 더 높은 최소 항공로 상의 고도(MEA) 방향으로 진행할 때 항공기가 교차해야 한다.

Minimum descent[674] altitude (MDA). The lowest altitude (in feet MSL[675]) to which descent is authorized on final approach, or during circle-to-land maneuvering[676] in execution of a nonprecision approach.

최소 하강 고도(MDA). 최종 활주로로의 진입 시 또는 비정밀 활주로로의 진입 실행 시 써클 투 랜드(착륙 위한 선회) 방향조종 중에 하강이 승인되는 최저 고도(MSL 피트에서).

Minimum controllable airspeed. An airspeed at which any further increase in angle of attack[677], increase in load[678] factor, or reduction in power, would result in an immediate stall.

최소 조종 가능한 대기속도. 영각이 추가로 증가하고 부하 계수가 증가하거나 출력이 감소하

---

671) in·stru·ment: ① (실험·정밀 작업용의) 기계(器械), 기구(器具), 도구 ② (비행기·배 따위의) 계기(計器) ③ 악기 ④ 수단, 방편(means); 동기(계기)가 되는 것(사람), 매개(자)

672) de·pict: (그림·글·영상으로) 그리다; 묘사(서술, 표현)하다.

673) cross·ing: ① 교차(점), 건널목, 십자로; 횡단점(보도) ② 횡단, 도항(渡航) ③ 방해; 반대; 모순.

674) de·scent: ① 하강, 내리기; 하산(下山). ② 내리받이, 내리막 길; 내리막 경사. ③ 가계, 혈통, 출신 ④ 『법률학』 세습; 상속; 유전. ⑤ 전락, 몰락; 하락.

675) m.s.l.: mean sea level (평균 해면(海面)).

676) ma·neu·ver: ① a) 『군사』 (군대·함대의) 기동(機動) 작전, 작전적 행동; (pl.) 대연습, (기동) 연습. b) 기술을 요하는 조작(방법) ② 계략, 책략, 책동; 묘책; 교묘한 조치. ③ (비행기·로켓·우주선의) 방향 조종. ① 『군사』 연습하다, 군사 행동을 하다. ② (…하기 위해) 책략을 쓰다; ① (군대·함대를) 기동(연습)시키다; 군사 행동을 하게 하다. ② (사람·물건을) 교묘하게 유도하다(움직이다)

677) ángle of attáck: 『항공』 영각(迎角)《항공기의 익현(翼弦)과 기류가 이루는 각》.

678) load ① 적하(積荷), (특히 무거운) 짐 ② 무거운 짐, 부담; 근심, 걱정 ③ 적재량, 한 차, 한 짐, 한 바리 ④ 일의 양, 분담량 ⑤ 『물리학·기계·전기』 부하(負荷), 하중(荷重); 『유전학』 유전 하중(荷重) ⑥ 『컴퓨터』 로드, 적재 《(1) 입력장치에 데이터 매체를 걺. (2) 데이터나 프로그램 명령을 메모리에 넣음》. ⑦ (화약·필름) 장전; 장탄.

면서 즉각적인 실속이 발생하는 대기속도.

Minimum drag speed (L/DMAX). The point on the total drag curve where the lift-to-drag ratio is the greatest. At this speed, total drag is minimized.
최소 항력 속도(L/DMAX). 양력 대 항력 비율이 가장 큰 전체 항력 곡선의 점. 이 속도에서는 전체 항력이 최소화된다.

Minimum drag. The point on the total drag curve where the lift-to-drag ratio is the greatest. At this speed, total drag is minimized.
최소 항력. 양력 대 항력 비율이 가장 큰 전체 항력 곡선의 점. 이 속도에서는 전체 항력이 최소화된다.

Minimum en route altitude (MEA). The lowest published altitude between radio fixes that ensures acceptable navigational signal coverage and meets obstacle clear-ance[679] requirements between those fixes.
최소 항공로상의 고도(MEA). 허용 가능한 내비게이션(항법) 신호 범위를 보장하고 해당 장치 사이의 장애물 제거 요구 사항을 충족하는 무선 장치 간의 가장 낮은 게시 고도.

Minimum equipment list (MEL). A list developed for larger aircraft that outlines equipment that can be inoperative for various types of flight including IFR[680] and icing conditions. This list is based on the master minimum equipment list (MMEL) developed by the FAA and must be approved by the FAA for use. It is specific to an individual aircraft make and model.
최소 장비 목록(MEL). IFR 및 결빙 조건을 포함하여 다양한 유형의 비행에서 작동하지 않을 수 있는 장비를 표시하는 대형 항공기용으로 개발된 목록. 이 목록은 FAA에서 개발한 마스터 최소 장비 목록(MMEL)을 기반으로 하며 사용하려면 FAA의 승인을 받아야 한다. 개별 항공기 제조 및 모델에 따라 세분화 된다.

M

Minimum obstruction[681] clearance altitude (MOCA). The lowest published altitude in effect between radio fixes on VOR airways, off-airway routes, or route seg-

---

679) clear·ance: ① 치워버림, 제거; 정리; 재고 정리 (판매); (개간을 위한) 산림 벌채. ② 출항(출국) 허가(서); 통관절차; 〖항공〗 관제(管制) 승인《항공 관제탑에서 내리는 승인》

680) IFR: instrument flight rules (계기 비행 규칙)

681) ob·struc·tion: ① 폐색(閉塞), 차단, 〖의학〗 폐색(증); 방해; 장애, 지장《to》; 의사 방해《특히 의회의》 ② 장애물, 방해물.

ments, which meets obstacle clearance requirements for the entire route segment and which ensures acceptable navigational signal coverage only within 25 statute (22 nautical) miles of a VOR.

최소 차단 관제승인 고도(MOCA). VOR 항로, 항로 외 항로 또는 항로 세그먼트(구획)에 대한 무선 위치결정 간에 유효한 가장 낮은 공표된 고도로, 이는 전체 항로 세그먼트(구획)에 대한 차단 관제 승인 요구 사항을 충족하고 VOR의 25 법령(22 해리) 마일 내에서만 허용 가능한 내비게이션 신호 범위를 보장한다.

Minimum reception altitude (MRA). The lowest altitude at which an airway intersection can be determined.

최소 수용 고도(MRA). 항공로 교차점을 결정할 수 있는 가장 낮은 고도.

Minimum safe altitude (MSA). The minimum altitude depicted on approach charts which provides at least 1,000 feet of obstacle clearance for emergency use within a specified distance from the listed navigation facility.

최소 안전 고도(MSA). 표에 실려 있는 내비게이션 시설로 부터 지정된 거리 내에서 비상 사용 목적으로 최소 1,000피트의 장애물 제거를 해주는 활주로로의 진입 해도에 표시된 최소 고도.

Minimum vectoring[682] altitude (MVA). An IFR[683] altitude lower than the minimum en route altitude (MEA) that provides terrain and obstacle clearance[684].

최소 벡터링(무전 유도) 고도(MVA). 지형 및 장애물 제거를 해주는 최소 항공로상의 고도 (MEA)보다 낮은 IFR 고도.

Minimums section. The area on an IAP chart that displays[685] the lowest altitude and visibility[686] requirements for the approach.

최소 섹션(구간). 활주로로의 진입에 대한 최저 고도 및 시계(視界) 요구 사항을 표시하는

---

682) vec·tor: 〖항공〗 무전 유도를 하다; 방향을 바꾸다.

683) IFR: instrument flight rules (계기 비행 규칙)

684) clear·ance: ① 치워버림, 제거; 정리; 재고 정리 (판매); (개간을 위한) 산림 벌채. ② 출항〔출국〕 허가(서); 통관절차; 〖항공〗 관제(管制) 승인《항공 관제탑에서 내리는 승인》

685) dis·play: ① 보이다, 나타내다; 전시(진열)하다 ② (기 따위를) 펼치다, 달다, 게양하다; (날개 따위를) 펴다. ③ 밖에 나타내다, 드러내다; (능력 등을) 발휘하다; (지식 등을) 과시하다. 주적거리다

686) vis·i·bíl·i·ty: ① 눈에 보임, 볼 수 있음; 쉽게 (잘) 보임; 알아볼 수 있음. ② 〖광학〗 선명도(鮮明度), 가시도(可視度); 〖기상·항해〗 시계(視界), 시도(視度), 시정(視程)

IAP 해도의 영역.

Missed approach. A <u>maneuver</u>[687] conducted by a pilot when an instrument approach cannot be completed to a landing.

진입 복행(進入復行). 착륙에 위한 계기 활주로로의 진입을 완료할 수 없을 때 조종사가 수행하는 방향조종.

<u>**Missed approach**[688]</u> **point (MAP).** A point prescribed in each <u>instrument</u>[689] approach at which a missed approach procedure shall be executed if the required visual reference has not been established.

진입 복행(進入復行) 지점. 필요한 시각적 참조물이 설정되지 않은 경우 진입복행 절차가 실행되어야 하는 각 계기 활주로로의 진입에 규정된 지점.

Mixed ice. A mixture of clear ice and rime ice.

혼합 얼음. 맑은 얼음과 무빙(霧氷)이 섞인 혼합물.

MLS. See microwave landing system.

MLS. 마이크로파 착륙 시스템을 참조.

Mixture. The ratio of fuel to air entering the engine's cylinders.

혼합물. 엔진 실린더에 들어가는 연료 대 공기의 비율.

MM. Middle marker.

MM. 중간 마커(위치 표시).

MMO. Maximum operating speed expressed in terms of a decimal of Mach speed.

MMO. 마하 속도의 십진법으로 나타나는 최대 조종 속도.

MOA. See military operations area.

M

---

687) ma·neu·ver: ① a) 『군사』 (군대·함대의) 기동(機動) 작전, 작전적 행동; (pl.) 대연습, (기동) 연습. b) 기술을 요하는 조작(방법); 『의학』 용수(用手) 분만; 살짝 몸을 피하는 동작. ② 계략, 책략, 책동; 묘책; 교묘한 조치. ③ (비행기·로켓·우주선의) 방향 조종.

688) míssed appróach: 『항공』 진입 복행(進入復行)《어떤 이유로 착륙을 위한 진입이 안 되는 일; 또 이 때에 취해지는 비행 절차》.

689) in·stru·ment: ① (실험·정밀 작업용의) 기계(器械), 기구(器具), 도구 ② (비행기·배 따위의) 계기(計器) ③ 악기 ④ 수단, 방편(means); 동기〔계기〕가 되는 것〔사람〕, 매개(자)

MOA. 군사 작전 지역을 참조.

MOCA. See minimum obstruction clearance altitude.
MOCA. 최소 차단 관제승인 고도를 참조.

Mode C. Altitude reporting transponder[690] mode.
Mode C. 고도 보고 트랜스폰더 방식.

Moment[691] arm. The distance from a datum to the applied force.
모멘트 암. 데이텀으로부터 적용된 힘까지의 거리.

Moment index[692] (or index). A moment divided by a constant[693] such as 100, 1,000, or 10,000. The purpose of using a moment index is to simplify weight and balance computations of airplanes where heavy items and long arms result in large, unmanageable numbers.
모멘트 인덱스(또는 인덱스). 100, 1,000 또는 10,000과 같은 상수로 나눈 모멘트(역률). 모멘트 인덱스(역률 지수)를 사용하는 목적은 대량의 아이템과 긴 암스가 넓고 제어하기 힘든 수의 많은 비행기의 중량 및 균형 계산을 단순화하기 위한 것이다.

Moment. The product[694] of the weight of an item multiplied by its arm. Moments are expressed in pound-inches (lb-in). Total moment is the weight of the airplane multiplied by the distance between the datum and the CG.
모멘트(역률). 아이템 암으로 인해 곱해진 아이템 무게의 곱. 모멘트(역률)는 파운드-인치(lb-in)로 표시된다. 총 모멘트는 데이텀과 CG 사이의 거리를 곱한 비행기의 무게이다.

---

690) tran·spon·der:《외부 신호에 자동적으로 신호를 되보내는 라디오 또는 레이더 송수신기》

691) mo·ment: ① 순간, 찰나, 단시간; 잠깐(사이) ② (어느 특정한) 때, 기회: (pl.) 시기; 경우: (보통 the ~) 현재, 지금 ③ 중요성 ④ 『철학』 계기, 요소 ⑤ 『물리학』 (보통 the ~) 모멘트, 역률(力率), 능률《of》; 『기계』 회전 우력(偶力).

692) in·dex: ① a) 색인, 찾아보기; (사서 따위의) 손톱(반달)색인 『컴퓨터』 찾아보기, 색인. b) 장서 목록;《페어》목차, 서문. ② a) 지시하는 것; 눈금, (시계 따위의) 바늘. b) 표시하는 것, 표시, 징조; 지침, 지표 c) 『수학』 지수, (대수(對數)의) 지표; 율; 『화학』 지수; 『경제·통계학』

693) con·stant: ① 변치 않는, 일정한; 항구적인, 부단한. ② (뜻 따위가) 부동의, 불굴의, 견고한. ③ 성실한, 충실한 ④ 〔서술적〕(한 가지를) 끝까지 지키는《to》.

694) prod·uct: ① (종종 pl.) 산물, 생산품; 제품, 제조물, 제작물; 창작(품); 생산고 ② 결과; 소산, 성과 ③ 『생물』 생성물; 『화학』 생성물질. ④ 『수학·컴퓨터』 곱.

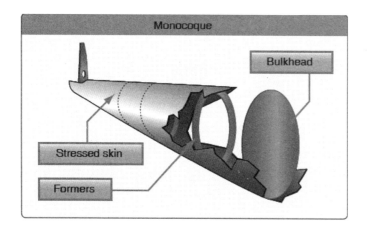

Monocoque[695]. A shell-like fuselage design in which the stressed outer skin is used to support the majority of imposed stresses. Monocoque fuselage design may include bulkheads but not stringers[696].

모노코크. 응력을 받은 외부 외관이 부과된 응력의 대부분을 지탱하기 위해 사용된 셀(갑각류) 같이 생긴 동체 디자인. 모노코크 동체 디자인은 격벽을 포함할 수 있지만 스트링거는 포함하지 않을 수 있다.

Monoplanes. Airplanes with a single set of wings.

단엽비행기(모노플레인). 단일 날개 세트 비행기.

Movable[697] slat. A movable auxiliary airfoil on the leading edge of a wing. It is closed in normal flight but extends at high angles of attack. This allows air to continue flowing over the top of the wing and delays airflow separation.

가동성 판석. 날개의 앞쪽 가장자리에 있는 움직일 수 있는 보조 에어포일. 일반 비행에서는 닫혀 있지만 높은 영각에서는 확장된다. 이렇게 하면 공기가 날개 위쪽으로 계속 흐르고 공기 흐름 분리가 지연된다.

MRA. See minimum reception altitude.

MRA. 최소 수용 고도를 참조.

---

695) mon·o·coque: 모노코크(구조)《(1) 항공기의 동체에서, 외판(外板)만으로 하중에 견디게 된 구조. (2) 자동차의 차체와 차대를 일체화한 구조》.

696) stríng·er: 〖철도〗세로 깐 침목; 〖건축〗세로 보, 스트링거; 〖조선·선박〗종통재(縱通材), 종재(縱材).

697) mov·a·ble, move-: 움직이는, 움직일 수 있는; 이동할 수 있는, 가동(성)의.

MSA. See minimum safe altitude.
MSA. 최소 안전 고도를 참조.

MSL. See mean sea level.
MSL. 평균 해수면을 참조.

MTR. See military training route.
MTR. 군사 훈련 경로를 참조.

Multi-function display[698] **(MFD).** Small screen (CRT or LCD) in an aircraft that can be used to display information to the pilot in numerous configurable ways. Often an MFD will be used in concert with a primary flight display.
다기능 디스플레이(MFD). 다양한 구성 방법으로 조종사에게 정보를 표시하는 데 사용할 수 있는 항공기의 작은 화면(CRT 또는 LCD). 종종 MFD는 주요 비행 디스플레이와 함께 제휴되어 사용된다.

Mushing[699]. A flight condition caused by slow speed where the control[700] surfaces are marginally effective.
머싱. 조종 장치 표면이 약간 효과적인 저속으로 인해 발생하는 비행 상태.

MVA. See minimum vectoring[701] altitude.
MVA. 최소 유도(진로) 고도를 참조.

---

698) dis·play: ① 표시, 표명; (감정 등의) 표현. ② 진열; 전시(전람)(회); 전시(진열)물 ③ 〖인쇄〗 특별히 눈에 띄는 조판(에 의한 인쇄물). 디스플레이. ⑤ 〖컴퓨터〗 화면 표시기《출력 표시 장치》. ⑥ 펼침, 게양함
699) Mush: 무너지다. 찌부러지다; (비행기가) 반실속(半失速)의 상태로 날다. 고도를 회복 못 하다.
700) con·trol: ① 지배(력); 관리, 통제, 다잡음, 단속, 감독(권) ② 억제, 제어; (야구 투수의) 제구력(制球力) ③ 통제(관리) 수단; (pl.) (기계의) 조종장치; (종종 pl.) 제어실, 관제실(탑); 〖컴퓨터〗 제어. ④ (실험 결과의) 대조 표준; 대조부(簿) ⑤ 단속자, 관리인.
701) vec·tor: ① 〖수학·물리학〗 벡터, 방향량(方向量). ② 〖항공〗 (무전에 의한) 유도(誘導); (비행기의) 진로, 방향. ③ 〖컴퓨터〗 벡터《화상의 표현 요소로서의 방향을 지닌 선》; 〖항공〗 무전 유도를 하다; 방향을 바꾸다.

Figure 8-13. *Multi-function display (MFD).*

N1, N2, N3. <u>Spool</u>[702] speed expressed in percent rpm. N1 on a turboprop is the gas producer speed. N1 on a turbofan or turbojet engine is the fan speed or low pressure spool speed. N2 is the high pressure spool speed on engine with 2 spools and medium pressure spool on engines with 3 spools with N3 being the high pressure spool.

N1, N2, N3. rpm 퍼센트(%)에서 표시되는 스풀 속도. 터보프롭에서 N1은 가스 생성기 속도이다. 터보팬 또는 터보제트 엔진에서 N1은 팬 속도 또는 저압 스풀 속도이다. N2는 2개의 스풀이 있는 엔진의 고압 스풀 속도와 고압 스풀이 되는 N3의 3개의 스풀이 있는 엔진에서의 중간 압력 스풀이다.

N1. Rotational speed of the low pressure compressor in a turbine engine.
N1. 터빈 엔진에서 저압 압축기의 회전 속도.

N2. Rotational speed of the high pressure compressor in a turbine engine.
N2. 터빈 엔진에서 고압 압축기의 회전 속도.

<u>**Nacelle**</u>[703]**.** A streamlined enclosure on an aircraft in which an engine is mounted. On multiengine propeller-driven airplanes, the nacelle is normally mounted on the leading edge of the wing.
나셀. 엔진이 장착된 항공기에서 유선형 인클로저(봉입). 다중 엔진 프로펠러 구동 항공기에서 나셀은 일반적으로 날개의 앞쪽 가장자리에 장착된다.

NACG. See National Aeronautical Charting Group.
NACG. 국립 항공 계획 그룹 참조.

NAS. See National Airspace System.
NAS. 국가 공역 시스템을 참조.

National Aeronautical Charting Group (NACG). A Federal agency operating under

---

702) Spool n. 〖컴퓨터〗 스풀《얼레치기(spooling)에 의한 처리, 복수 프로그램의 동시 처리》.
703) na·celle: 〖항공〗 나셀《항공기의 엔진 덮개》; 비행기(비행선)의 승무원실(화물실)

the FAA, responsible for publishing charts such as the terminal[704] procedures and en route charts.

국립 항공 계획 그룹(NACG). FAA 하에 운용되는 연방 기관으로 터미널 절차 및 항공로상의 해도와 같은 해도 게시를 담당한다.

National Airspace System (NAS). The common network of United States airspace— air navigation facilities, equipment and services, airports or landing areas; aero- nautical charts, information and services; rules, regulations and procedures, technical information; and manpower and material.

국가 공역 시스템(NAS). 미국 공역의 공통 네트워크 – 항공 운항 시설, 장비 및 서비스, 공항 또는 착륙 지역; 항공 차트, 정보 및 서비스; 규칙, 규정 및 절차, 기술 정보; 그리고 인력과 자재.

National Route Program (NRP). A set of rules and procedures designed to increase the flexibility of user flight planning within published guidelines.

국립 노선 프로그램(NRP). 발간된 가이드라인 내에서 사용자 비행 계획의 융통성을 높이기 위해 계획된 일련의 규칙 및 절차.

National Security Area (NSA). Areas consisting of airspace of defined[705] vertical[706] and lateral dimensions established at locations where there is a requirement for increased security and safety of ground facilities. Pilots are requested to volun- tarily avoid flying through the depicted NSA. When it is necessary to provide a greater level[707] of security and safety, flight in NSAs may be temporarily prohib- ited. Regulatory prohibitions are disseminated via NOTAMs.

국가 안보 지역(NSA). 지상 시설의 보안 및 안전 향상이 요구되는 장소에 설정된 수직 및 측면 면적으로 규정된 공역으로 구성된 지역. 조종사는 그려진 NSA를 통한 비행을 자발적으로 회피하기가 요구된다. 더 높은 단계의 보안 및 안전에 대비해야 할 필요가 있을 때, NSA에서의 비행이 일시적으로 금지될 수 있다. 규제 금지 사항은 NOTAM을 통해 배포된다.

---

704) ter·mi·nal: ① 끝, 말단; 어미. ② 종점, 터미널, 종착역, 종점 도시; 에어터미널; 항공 여객용 버스 발착장; 화물의 집하·발송역 ③ 〖전기〗 전극, 단자(端子); 〖컴퓨터〗 단말기

705) de·fine: ① 규정짓다, 한정하다 ② 정의를 내리다, 뜻을 밝히다 ③ …의 경계를 정하다 ④ …의 윤곽을 명확히 하다; (…의 특성을) 나타내다

706) ver·ti·cal: ① 수직의, 연직의, 곧추선, 세로의. ② 정점(절정)의; 꼭대기의.

707) lev·el: ① 수평, 수준; 수평선〔면〕, 평면 ② 평지, 평원 ③ (수평면의) 높이. ④ 동일 수준〔수평〕, 같은 높이, 동위(同位), 동격(同格), 동등(同等); 평균 높이 ⑤ 표준, 수준 ⑥ 수준기(器), 수평기

National Transportation Safety Board (NTSB). A United States Government independent organization responsible for investigations of accidents involving aviation, highways, waterways, pipelines, and railroads in the United States. NTSB is charged by congress to investigate every civil aviation accident in the United States.
국가 교통 안전 위원회(NTSB). 미국의 항공, 고속도로, 수로, 송유관 및 철도와 관련된 사고 조사를 담당하는 미국 정부 독립 조직. NTSB는 미국의 모든 민간 항공 사고를 조사하기 위해 의회에서 위탁한다.

NAV/COM. Navigation and communication radio.
NAV/COM. 내비게이션과 통신 라디오(운항과 통신 무전기)

NAVAID. Navigational aid.
네이베이드(항해, 항공용 기기). 내비게이션 보조 장치

NDB. See nondirectional[708] radio beacon.
NDB. 무지향성(모든 방향으로 작용하는) 무선 표지(라디오 비콘)를 참조.

Negative static stability. The initial tendency of an aircraft to continue away from the original state of equilibrium after being disturbed.
부정적인 정지상태 복원성. 항공기가 교란된 후 원래 평형 상태에서 계속 멀어지는 초기 경향.

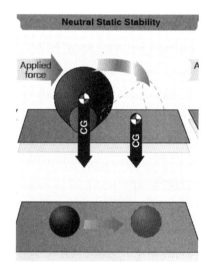

---

708) nòn·diréctional: 〖음향·통신〗 무지향성(無指向性)의; 모든 방향으로 작용하는.

Negative torque[709] sensing (NTS). A system in a turboprop engine that prevents the engine from being driven by the propeller. The NTS increases the blade[710] angle when the propellers try to drive the engine.

네거티브 토크 센싱/거부적 염력 감지(NTS). 프로펠러에 의해 구동되는 것으로 엔진을 보호하는 터보프롭 엔진의 시스템. NTS는 프로펠러가 엔진을 구동하려고 할 때 블레이드 각도를 증가시킨다.

Neutral static stability. The initial tendency of an aircraft to remain in a new condition after its equilibrium has been disturbed.

중립 정지상태 복원성. 평형이 흐트러진 후에도 새로운 상태를 유지하려는 항공기의 초기 성향.

Nickel-cadmium battery (NiCad). A battery made up of alkaline secondary cells. The positive plates are nickel hydroxide, the negative plates are cadmium hydroxide, and potassium hydroxide is used as the electrolyte[711].

니켈 카드뮴 배터리(NiCad). 알칼리성 보조 전지로 구성된 배터리. 양극(+)판은 수산화물 니켈, 음극판은 수산화물 카드뮴이고, 수산화물 칼륨은 전해질로 사용된다.

NM. Nautical mile[712].

NM. 해리.

No procedure turn (NoPT). Term used with the appropriate course and altitude to denote that the procedure turn is not required.

선회 절차 없음(NoPT). 선회 절차가 필요하지 않음을 표시하기 위한 적절한 코스 및 고도와 함께 사용되는 용어.

NOAA. National Oceanic and Atmospheric Administration.

NOAA. 국립해양대기청.

---

709) torque: 〖기계〗 토크; 〖물리학〗 토크; 〔일반적〕 회전시키는(비트는) 힘, 염력(捻力).

710) blade: ① (볏과 식물의) 잎; 잎몸 ② (칼붙이의) 날, 도신(刀身) ③ 노 깃; (스크루·프로펠러·선풍기의) 날개

711) elec·tro·lyte: 전해물(電解物); 전해질(質); 전해액(液).

712) náutical míle: 해리(海里)《《영국》 1853.2m, 《미국》 국제단위 1852m를 사용》

No-gyro[713] approach. A radar approach that may be used in case of a malfunction-ing gyro−compass or directional gyro. Instead of providing the pilot with headings to be flown, the controller observes the radar track and issues control instructions "turn right/left" or "stop turn," as appropriate.

노 자이로 어프로치(회전 나침반 없이 활주로로의 진입). 자이로−나침반 또는 방향성 자이로가 작동하지 않는 경우 사용할 수 있는 레이더 활주로로의 진입 방식. 조종사에게 비행해야 할 방향을 제시하는 대신, 관제사는 레이더 트랙을 주시하고 적절하게 "우선회/좌선회" 또는 "선회 정지"라는 관제 지시를 내린다.

Nondirectional radio[714] beacon (NDB). A ground−based radio transmitter that transmits radio energy in all directions.

무지향성/모든 방향으로 작용하는 무선 표지(NDB). 모든 방향으로 무선 에너지를 전송하는 지상 기반 무선 송신기.

Nonprecision approach. A standard instrument[715] approach procedure in which only horizontal guidance is provided.

비정밀 활주로로의 진입. 수평적 유도만 제시되는 표준 계기 활주로로의 진입 절차.

NoPT. See no procedure turn.

NoPT. 선회 절차 없음 참조.

NOTAM. See Notice to Airmen.

NOTAM. 조종사에 통지를 참조.

Normal[716] category. An airplane that has a seating configuration[717], excluding pilot seats, of nine or less, a maximum certificated takeoff weight of 12,500 pounds or

---

713) gyro=AUTOGIRO; GYROCOMPASS; GYROSCOPE

714) ra·dio: ① 라디오(방송); 라디오 방송국; 무선국, 무전기; 라디오 세트 ② 무선 전신(전화)에 의한 통화.

715) in·stru·ment: ① (실험·정밀 작업용의) 기계(器械), 기구(器具), 도구 ② (비행기·배 따위의) 계기(計器) ③ 악기 ④ 수단, 방편(means); 동기(계기)가 되는 것(사람), 매개(자)

716) nor·mal: ① 정상의, 보통의, 통상(通常)의. ② 표준적인, 전형적인, 정규의 ③ 【화학】 규정(規定)의; (실험 따위의) 처치를 받지 않은《동물 따위》; 【수학】 법선(法線)의; 수직의, 직각의; ① 상태 ② 표준; 평균; 평온(平溫) ③ 【물리학】 평균량(價); 【수학】 법선, 수선(垂線) ④ 【컴퓨터】 정규.

717) con·fig·u·ra·tion: ① 배치, 지형(地形); (전체의) 형태, 윤곽. ② 【천문학】 천체의 배치, 성위(星位), 성단(星團). ③ 【물리학·화학】 (분자 중의) 원자 배열. ④ 【사회학】 통합《사회 문화 개개의 요소가 서로 유기적으로 결합하는 일》; 【항공】 비행 형태; 【심리학】 형태.

less, and intended for nonacrobatic operation.

노멀(일반) 카테고리. 조종사 좌석을 제외한 좌석 구성이 9개 이하이고 최대 인증 이륙 중량이 12,500파운드 혹은 이하이며 비곡예 비행을 목적으로 하는 비행기.

Normalizing[718] (turbonormalizing). A turbocharger that maintains sea level pressure in the induction manifold at altitude.

노멀라이징(터보노멀라이징). 고도에서 유도 매니폴드의 해수면 기압을 유지하는 터보차저.

Notice to Airmen (NOTAM). A notice filed with an aviation authority to alert aircraft pilots of any hazards en route or at a specific location. The authority in turn provides means of disseminating relevant NOTAMs to pilots.

조종사에 통지(NOTAM). 항공로 상에서 혹은 특정 위치에 있는 어떤 위험에 관련된 항공기 조종사에게 경계시키기 위해 항공 당국에 제출한 통지. 당국은 차례로 관련된 NOTAM을 조종사에게 배포하는 수단을 제시한다.

Keyword	Example	Meaning
RWY	RWY 3/21 CLSD	Runways 3 and 21 are closed to aircraft.
TWY	TWY F LGTS OTS	Taxiway F lights are out of service.
RAMP	RAMP TERMINAL EAST SIDE CONSTRUCTION	The ramp in front of the east side of the terminal has ongoing construction.
APRON	APRON SW TWY C NEAR HANGARS CLSD	The apron near the southwest taxiway C in front of the hangars is closed.
AD	AD ABN OTS	Aerodromes: The airport beacon is out of service.
OBST	OBST TOWER 283 (245 AGL) 2.2 S LGTS OTS (ASR 1065881) TIL 0707272300	Obstruction: The lights are out of service on a tower that is 283 feet above mean sea level (MSL) or 245 feet above ground level (AGL) 2.2 statute miles south of the field. The FCC antenna structure registration (ASR) number is 1065881. The lights will be returned to service 2300 UTC (Coordinated Universal Time) on July 27, 2007.
NAV	NAV VOR OTS	Navigation: The VOR located on this airport is out of service.
COM	COM ATIS OTS	Communications: The Automatic Terminal Information Service (ATIS) is out of service.
SVC	SVC TWR 1215-0330 MON -FRI/1430-2300 SAT/1600-0100 SUN TIL 0707300100	Service: The control tower has new operating hours, 1215-0330 UTC Monday Thru Friday, 1430-2300 UTC on Saturday and 1600-0100 UTC on Sunday until 0100 on July 30, 2007.
	SVC FUEL UNAVBL TIL 0707291600	Service: All fuel for this airport is unavailable until July 29, 2007, at 1600 UTC.
	SVC CUSTOMS UNAVBL TIL 0708150800	Service: United States Customs service for this airport will not be available until August 15, 2007, at 0800 UTC.
AIRSPACE	AIRSPACE AIRSHOW ACFT 5000/BLW 5 NMR AIRPORT AVOIDANCE ADZD WEF 0707152000-0707152200	Airspace. There is an airshow being held at this airport with aircraft flying 5,000 feet and below within a 5 nautical mile radius. Avoidance is advised from 2000 UTC on July 15, 2007, until 2200 on July 15, 2007.
U	ORT 6K8 (U) RWY ABANDONED VEHICLE	Unverified aeronautical information.
O	LOZ LOZ (O) CONTROLLED BURN OF HOUSE 8 NE APCH END RWY 23 WEF 0710211300-0710211700	Other aeronautical information received from any authorized source that may be beneficial to aircraft operations and does not meet defined NOTAM criteria.

Figure 1-19. *NOTAM (D) Information.*

---

718) nor·mal·ize: 상태(常態)로 하다(되돌아오다), 정상화하다, 표준에 맞추다(대로 되다), 정규대로 하다(되다)

NRP. See National Route Program.

NRP. 국립 노선 프로그램을 참조.

NSA. See National Security Area.

NSA. 국가 안보 지역을 참조.

NTSB. See National Transportation Safety Board.

NTSB. 국립 운송 안전 위원회를 참조.

NWS. National Weather Service.

NWS. 《미국》기상과(氣象課)《상무부 해양 기상국의 한 과》.

Obstacle departure procedures (ODP). A preplanned instrument[719] flight rule (IFR) departure procedure printed for pilot use in textual or graphic form to provide obstruction clearance[720] via the least onerous[721] route from the terminal[722] area to the appropriate en route structure. ODPs are recommended for obstruction clearance and may be flown without ATC[723] clearance unless an alternate departure procedure (SID or radar vector) has been specifically assigned[724] by ATC.

장애 출발 절차(ODP). 터미널 영역에서 적절한 항공로상의 구조물까지 가장 부담이 적은 경로를 통한 차단 관제승인을 제공하기 위해 텍스트 또는 그래픽 형식으로 조종사가 사용하도록 인쇄된 사전 계획된 계기 비행 규칙(IFR) 출발 절차. ODP는 차단 관제승인에 권장되며 교차 출발 절차(SID 또는 레이더 벡터)를 ATC에서 특별히 부여되지 않는다면 ATC 관제승인 없이 비행할 수 있다.

Obstruction lights. Lights that can be found both on and off an airport to identify obstructions.

차단(방해) 조명. 장애물을 식별하기 위해 공항 안팎 모두에서 찾을 수 있는 조명.

Occluded front[725]. A frontal occlusion occurs when a fast- moving cold front catches up with a slow moving warm front. The difference in temperature within each frontal system[726] is a major factor in determining whether a cold or warm front occlusion occurs.

폐색 전선. 전선의 폐색은 빠르게 움직이는 한랭 전선이 느리게 움직이는 온난 전선을 따라

---

719) in·stru·ment: ① (실험·정밀 작업용의) 기계(器械), 기구(器具), 도구 ② (비행기·배 따위의) 계기(計器) ③ 악기 ④ 수단, 방편(means); 동기(계기)가 되는 것(사람), 매개(자)

720) clear·ance: ① 치워버림, 제거; 정리; 재고 정리 (판매); (개간을 위한) 산림 벌채. ② 출항(출국) 허가(서); 통관질사; 〖항공〗 관제(管制) 승인《항공 관제탑에서 내리는 승인》

721) on·er·ous: ① 번거로운, 귀찮은, 성가신(burdensome).

722) ter·mi·nal: ① 끝, 말단; 어미. ② 종점, 터미널, 종착역, 종점 도시; 에어터미널; 항공 여객용 버스 발착장; 화물의 집하·발송역 ③ 학기말 시험. ④ 〖전기〗 전극, 단자(端子); 〖컴퓨터〗 단말기; 〖생물〗 신경 말단.

723) ATC: Air Traffic Control

724) as·sign: ① 할당하다, 배당하다 ② (임무·일 따위를) 부여하다, 주다 ③ (아무를) 선임(選任)하다, 선정하다; 지명하다, 임명하다; (물건을) 충당하다, 사용하다 ④ (때·장소 따위를) 지정하다, (설)정하다 ⑤ …의 것으로 하다, …의 위치를 정하다 ⑥ (…에) 돌리다, (…의) 탓으로 하다 ⑦ (이유·원인 따위를) 들다, 지적하다

725) front: ① (the ~) 앞, 정면, 앞면; (문제 따위의) 표면; (건물의) 정면, 앞쪽 ② 〖기상〗 전선(前線); 〖정치〗 전선

726) fróntal sýstem: 〖기상〗 전선계(前線系)《천기도에 나타난 일련의 전선 형태·종류》.

잡을 때 발생한다. 각 전선계 내의 온도 차이는 한랭 혹은 온난전선 폐쇄가 발생하는지를 결정하는 주요 요인이다.

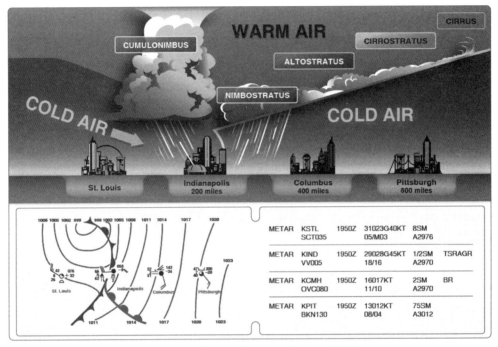

Figure 12-27. *Occluded front cross-section with a weather chart depiction and associated METAR.*

<u>Octane</u>[727]**.** The rating system of aviation gasoline with regard to its antidetonating qualities.
옥탄. 폭발 방지 품질에 관련된 항공 휘발유 등급 시스템.

ODP. See obstacle departure procedures.
ODP. 장애물 이탈 절차를 참조.

OM. Outer marker.
OM. 외부 마커(표시기).

---

727) oc·tane: 〖화학〗옥탄《석유 중의 무색 액체 탄화수소》.

Omission error. The failure to anticipate significant instrument indications[728] following attitude[729] changes; for example, concentrating on pitch[730] control[731] while forgetting about heading or roll[732] information, resulting in erratic control of heading and bank[733].

누락 오류. 비행자세 변화에 따른 중요한 계기 표시 도수를 예상하지 못함. 예를 들어, 비행방향과 뱅크의 불규칙한 컨트롤을 초래한 헤딩이나 롤 정보에 관하여 잊어버린 채 피치 컨트롤에 집중하는 것.

Optical[734] illusion[735]. A misleading visual image. For the purpose of this handbook, the term refers to the brain's misinterpretation of features on the ground associated with landing, which causes a pilot to misread the spatial relationships between the aircraft and the runway[736].

착시. 오해하기 쉬운 시각적 이미지. 이 핸드북/안내서의 용도로써, 이 용어는 착륙과 연관하여 지상에서 지형에 관한 뇌의 잘못된 해석을 의미하는 것으로, 조종사가 항공기와 활주로 사이의 공간적인 관계를 틀리게 읽는 원인이 된다.

Orientation[737]. Awareness of the position of the aircraft and of oneself in relation to a specific reference point.

오리엔테이션. 특정 기준점과 관련하여 항공기 및 자신의 위치에 대한 인식.

---

728) in·di·cá·tion: ① 지시, 지적; 표시; 암시 ② 징조, 징후 ③ (계기(計器)의) 시도(示度), 표시 도수

729) at·ti·tude: ① 태도, 마음가짐 ② 자세, 몸가짐, 거동; 〖항공〗 (로켓·항공기등의) 비행 자세. ③ 의견, 심정

730) pitch: 〖기계〗 피치《톱니바퀴의 톱니와 톱니 사이의 거리; 나사의 나사산과 나사산 사이의 거리》; 〖항공〗 피치《(1) 비행기·프로펠러의 일회전분의 비행 거리. (2) 프로펠러 날개의 각도》.

731) con·trol: ① 지배(력); 관리, 통제, 다잡음, 단속, 감독(권) ② 억제, 제어; (야구 투수의) 제구력(制球力) ③ 통제(관리) 수단; (pl.) (기계의) 조종장치; (종종 pl.) 제어실, 관제실〔탑〕; 〖컴퓨터〗 제어. ④ (실험 결과의) 대조표준; 대조부(簿) ⑤ 단속자, 관리인. ① 지배하다; 통제(관리)하다, 감독하다. ② 제어〔억제〕하다

732) roll: ① 회전, 구르기. ② (배 등의) 옆질. ③ (비행기·로켓 등의) 횡전(橫轉). ④ (땅 따위의) 기복, 굽이침. ⑤ 두루마리, 권축(卷軸), 둘둘 만 종이, 한 통, 롤

733) bank: 〖항공〗 뱅크《비행기가 선회할 때 좌우로 경사하는 일》

734) op·ti·cal: ① 눈의, 시각의, 시력의; 시력을 돕는 ② 광학(상)의

735) il·lu·sion: ① 환영(幻影), 환각, 환상, 망상. ② 〖심리학〗 착각; 잘못 생각함

736) rún·wày: ① 주로(走路), 통로. ② 짐승이 다니는 길. ③ 〖항공〗 활주로

737) ori·en·ta·tion: ① 동쪽으로 향하게 함 ② (건물 등의) 방위; 방위측정. ③ (외교 등의) 방침(태도)(의 결정); 적응《새로운 환경 등에 대한》; 오리엔테이션, (적응) 지도《신입생·신입사원 등의》

Otolith[738] organ. An inner ear organ that detects linear[739] acceleration and gravity[740] orientation.

이석 기관. 선형 가속도와 중력 정위를 감지하는 내이 기관.

Outer marker. A marker beacon at or near the glideslope intercept altitude of an ILS approach. It is normally located four to seven miles from the runway threshold on the extended centerline of the runway.

외부 마커. ILS 활주로로의 진입의 활공 요격 고도 지점 또는 그 부근에 있는 마커 비컨. 일반적으로 활주로의 확장된 센터라인(중심선)에 있는 활주로 맨 끝에서 4~7마일 떨어진 곳에 위치한다.

Outside air temperature (OAT). The measured or indicated air temperature (IAT) corrected for compression and friction heating. Also referred to as true air temperature.

외부 공기 온도(OAT). 압축 및 마찰 가열에 대해 보정된 측정 또는 표시 공기 온도(IAT). 또한 실제 공기 온도라고도 함.

Figure 8-39. *Outside air temperature (OAT) gauge.*

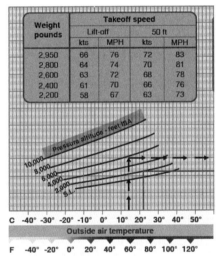

---

738) oto·lith : 〖해부학〗 이석(耳石), 평형석(平衡石)《척추동물의 내이(內耳)에 있는 석회질 결석》.

739) lin·e·ar: ① 직선의; 선과 같은 ② 〖수학〗 1차의, 신형의. ③ 〖컴퓨터〗 선형(線形), 리니어.

740) grav·i·ty: ① 진지함, 근엄; 엄숙, 장중 ② 중대함; 심상치 않음; 위험(성), 위기 ③ 죄의 무거움, 중죄. ④ 〖물리학〗 중력, 지구 인력; 중량, 무게 ⑤ 동력 가속도의 단위《기호 g》.

Overboost. A condition in which a reciprocating engine has exceeded the maximum manifold pressure allowed by the manufacturer. Can cause damage to engine components.

오버부스트. 왕복엔진이 제조사에서 허용한 최대 매니폴드(다기관) 압력을 초과한 상태. 엔진 부품에 손상을 줄 수 있음.

Overcontrolling. Using more movement in the <u>control</u>[741] column than is necessary to achieve the desired <u>pitch</u>[742]—and <u>bank</u>[743] condition.

오버 컨트롤링(과잉 조종). 원하는 피치 및 뱅크 조건을 달성하는 데 필요한 것보다 조종륜을 더 많이 움직여 사용하는 것

Overpower. To use more power than required for the purpose of achieving a faster rate of airspeed change.

오버파워(과잉 동력). 더 빠른 대기 속도 변화율을 달성하는 목적에 필요한 것보다 더 많은 동력을 사용하는 것.

Overspeed. A condition in which an engine has produced more rpm than the manufacturer recommends, or a condition in which the actual engine speed is higher than the desired engine speed as set on the propeller control.

과속. 엔진이 제조사가 권장하는 것보다 더 많은 rpm을 생성한 조건이거나 프로펠러 컨트롤에 설정된 원하는 엔진 속도보다 높은 실제 엔진 속도의 조건.

Overtemp. A condition in which a device has reached a temperature above that approved by the manufacturer or any exhaust temperature that exceeds the maximum allowable for a given operating condition or time limit. Can cause internal damage to an engine.

과열. 장치가 제조사가 승인한 온도 이상 또는 주어진 작동 조건 또는 시간제한에 대하여 허용 가능한 최대값을 초과하는 배기 온도에 도달한 상태. 엔진 내부에 손상을 줄 수 있음.

---

741) con·trol: ① 지배(력); 관리, 통제, 다잡음, 단속, 감독(권) ② 억제, 제어; (야구 투수의) 제구력(制球力) ③ 통제(관리) 수단; (pl.) (기계의) 조종장치; (종종 pl.) 제어실, 관제실(탑); 〖컴퓨터〗 제어. ④ (실험 결과의) 대조표준; 대조부(簿) ⑤ 단속자, 관리인.

742) pitch: 〖기계〗 피치《톱니바퀴의 톱니와 톱니 사이의 거리; 나사의 나사산과 나사산 사이의 거리》; 〖항공〗 피치《(1) 비행기·프로펠러의 일회전분의 비행 거리. (2) 프로펠러 날개의 각도》.

743) bank: 〖항공〗 뱅크《비행기가 선회할 때 좌우로 경사하는 일》

Overtorque. A condition in which an engine has produced more torque (power) than the manufacturer recommends, or a condition in a turboprop or turboshaft engine where the engine power has exceeded the maximum allowable for a given operating condition or time limit. Can cause internal damage to an engine.

오버토크(초과 염력). 엔진이 제조사가 권장하는 것보다 더 많은 토크(출력)를 생성한 상태, 또는 엔진 출력이 주어진 작동 조건 또는 시간 제한에 대해 허용 가능한 최대값을 초과한 터보프롭 또는 터보샤프트 엔진의 상태. 엔진 내부에 손상을 줄 수 있음.

PAPI. See precision approach path indicator.
PAPI. 정밀 활주로로의 진입 경로 표시기 참조.

PAR. See precision approach radar.
PAR. 정밀 활주로로의 진입 레이더를 참조.

Parallels[744]**.** Lines of latitude.
평행선. 위도 선.

Parasite[745] **drag**[746]**.** Drag caused by the friction of air moving over the aircraft structure; its amount varies directly with the airspeed. That part of total drag created by the design or shape of airplane parts. Parasite drag increases with an increase in airspeed.
유해 항력. 항공기 구조물 위로 이동하는 공기의 마찰로 인한 항력; 그 양은 속도에 따라 직접적으로 달라진다. 비행기 각 부분의 디자인이나 모양에 의해 생성되는 전체 항력의 그 부분. 유해 항력은 속도가 증가함에 따라 증가한다.

Payload (GAMA)[747]**.** The weight of occupants, cargo, and baggage.
페이로드(유효하중). 탑승자, 화물 및 수하물의 무게.

Personality[748]**.** The embodiment[749] of personal traits and characteristics of an individual that are set at a very early age and extremely resistant to change.

---

744) par·al·lel : ① 평행의, 평행하는, 나란한 ② 같은 방향(경향)의, 같은 목적의;《비유적》같은 종류의, 유사한, 대응하는

745) par·a·site: ①〖생물〗기생 동〔식〕물, 기생충〔균〕;〖식물〗겨우살이 ② 기식자, 식객.

746) drag: ① 견인(력), 끌기; 끌리는 물건; 장애물《to; on》② 예인망(dragnet); 큰 써레; (네 가닥 난) 닻; (차바퀴의) 브레이크. ③ 꾸물거림, 시간이 걸림, 지체. ④〖물리학〗저항;〖항공〗항력(抗力).

747) páy·lòad: ①〖항공〗유효 하중(荷重)《수화물·화물 따위처럼 중량으로 직접 수익을 가져오는 하중》. ② (기업의) 임금 부담. ③〖우주·자동차〗유효 탑재량, 페이로드《미사일의 탄두, 우주 위성의 기기·승무원, 폭격기의 탑재 폭탄 등; 그 하중》

748) per·son·al·i·ty: ① 개성, 성격, 인격, 인물,《특히》매력 있는 성격 ② 사람으로서의 존재; 인간(성) ③ (사람의) 실재(성) ④ (어떤 개성을 가진) 인물, 개인; 명사

749) em·bod·i·ment: 형체를 부여하기, 구체화, 구상화(具象化), 체현(體現).

성격, 개성. 매우 어린 나이에 자리 잡고 변화에 극도로 저항하는 개인의 특성과 특징의 구체화.

P-factor[750]. A tendency for an aircraft to yaw[751] to the left due to the descending propeller blade[752] on the right producing more thrust[753] than the ascending blade on the left. This occurs when the aircraft's longitudinal[754] axis is in a climbing attitude[755] in relation to the relative wind. The P−factor would be to the right if the aircraft had a counterclockwise rotating propeller.

P-팩트(계수). 오른쪽의 하강하는 프로펠러 블레이드가 왼쪽의 상승하는 블레이드보다 더 많은 추력을 생성하기 때문에 항공기가 왼쪽으로 요(흔들리는)하는 경향. 이것은 항공기의 세로축이 상대기류와 관련하여 상승하는 비행자세에 있을 때 발생한다. P−계수는 항공기가 시계 반대 방향으로 회전하는 프로펠러가 있는 경우 오른쪽이 된다.

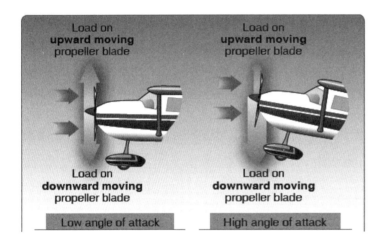

PFD. See primary flight display.

PFD. 기본 비행 화면표시기 참조.

---

750) fac·tor: ① 요인, 인자, 요소 ② 【수학】 인자(因子), 인수, 약수 ③ 【기계】 계수, 율 ④ 【생물】 인자, 《특히》 유전 인자; 【화학】 역가(力價). ⑤ 대리업자, 도매상, 중매인; 채권 금융업(자)(회사)

751) yaw: 【항공·항해】 한쪽으로 흔들림; (선박·비행기가) 침로에서 벗어남

752) blade: ① (볏과 식물의) 잎; 잎몸 ② (칼붙이의) 날, 도신(刀身) ③ 노 깃; (스크루·프로펠러·선풍기의) 날개

753) thrust: ① 밀기 ② 찌르기 ③ 공격; 【군사】 돌격 ④ 혹평, 날카로운 비꼼 ⑤ 【항공·기계】 추력(推力). ⑥ 【광물학】 갱도 천장의 낙반. ⑦ 【지질】 스러스트, 충상(衝上)(단층). ⑧ 요점, 진의(眞意), 취지.

754) lon·gi·tu·di·nal: 경도(經度)의, 경선(經線)의, 날줄의, 세로의; (성상·변화 따위의) 장기적인

755) at·ti·tude: ① (사람·물건 등에 대한) 태도, 마음가짐 ② 자세(posture), 몸가짐, 거동; 【항공】 (로켓·항공기등의) 비행 자세. ③ (사물에 대한) 의견, 심정《to, toward》

Phugoid[756] oscillations[757]. Long-period oscillations of an aircraft around its lateral axis. It is a slow change in pitch[758] accompanied by equally slow changes in airspeed. Angle of attack[759] remains constant[760], and the pilot often corrects for phugoid oscillations without even being aware of them.

푸고이드 진동. 측면 축을 둘레로 한 항공기의 장기간 진동. 대기속도에서 똑같은 느린 변화로 인해 동반되는 피치에서 느린 변화이다. 영각은 일정하게 유지되고, 조종사는 가끔 그것을 인식 못하고 푸고이드 진동을 정정한다.

PIC. See pilot in command.
PIC. 기장 참조.

Pilot in command (PIC). The pilot responsible for the operation and safety of an aircraft.
기장(PIC). 항공기의 운항과 안전을 책임지는 조종사.

Pilot report (PIREP). Report of meteorological phenomena encountered by aircraft.
파일럿 리포터(조종사 보고서, PIREP). 항공기가 접하는 기상 현상에 대한 보고.

Pilot's Operating Handbook (POH). A document developed by the airplane manufacturer and contains the FAA approved Airplane Flight Manual (AFM) information.
조종사의 운용 핸드북(POH). 항공기 제조사에서 개발한 문서이며 FAA에서 승인한 AFM(비행기 비행 매뉴얼) 정보가 포함되어 있다.

Pilot's Operating Handbook/Airplane Flight Manual (POH/AFM). FAA-approved documents published by the airframe manufacturer that list the operating conditions for a particular model of aircraft.
조종사의 운용 핸드북/비행기 비행 매뉴얼(POH/AFM). 항공기의 특정 모델에 대한 운용 조건을 목록으로 만든 기체(機體) 제조사가 발행한 FAA 승인 문서.

---

756) phu·goid: 【항공·우주】(대기 중에서 항공기·로켓 등의) 세로 진동이 오래 끄는.
757) òs·cil·lá·tion: 진동; 동요, 변동; 주저, 갈피를 못 잡음; 【물리학】(전파의) 진동, 발진(發振); 진폭(振幅).
758) pitch: 【기계】피치《톱니바퀴의 톱니와 톱니 사이의 거리; 나사의 나사산과 나사산 사이의 거리》; 【항공】피치《(1) 비행기·프로펠러의 일회전분의 비행 거리. (2) 프로펠러 날개의 각도》.
759) ángle of attáck: 【항공】영각(迎角)《항공기의 익현(翼弦)과 기류가 이루는 각》.
760) con·stant: ① 변치 않는, 일정한; 항구적인, 부단한. ② (뜻 따위가) 부동의, 불굴의, 견고한. ③ 성실한, 충실한 ④〔서술적〕(한 가지를) 끝까지 지키는《to》.

Pilotage. Navigation by visual reference to landmarks.

파일러티지(지도, 항공기 조종(술)). 육상 지표에 시계(視界) 참조물을 통한 운항.

PIREP. See pilot report.

PIREP. 파일럿 보고서를 참조.

		Encoding Pilot Weather Reports (PIREPS)	
1	XXX	3-letter station identifier	Nearest weather reporting location to the reported phenomenon
2	UA	Routine PIREP, UUA-Urgent PIREP.	

3	/OV	Location	Use 3-letter NAVAID idents only.
			  a. Fix: /OV ABC, /OV ABC 090025.
			  b. Fix: /OV ABC 045020-DEF, /OV ABC-DEF-GHI

4	/TM	Time	4 digits in UTC: /TM 0915.
5	/FL	Altitude/flight level	3 digits for hundreds of feet. If not known, use UNKN: /FL095, /FL310, /FLUNKN.
6	/TP	Type aircraft	4 digits maximum. If not known, use UNKN: /TP L329, /TP B727, /TP UNKN.

7	/SK	Sky cover/cloud layers	Describe as follows:
			  a. Height of cloud base in hundreds of feet. If unknown, use UNKN.
			  b. Cloud cover symbol.
			  c. Height of cloud tops in hundreds of feet.

8	/WX	Weather	Flight visibility reported first: Use standard weather symbols: /WX FV02SM RA HZ, /WX FV01SM TSRA.
9	/TA	Air temperature in celsius (C)	If below zero, prefix with a hyphen: /TA 15, /TA M06.
10	/WV	Wind	Direction in degrees magnetic north and speed in six digits: /WV270045KT, WV 280110KT.
11	/TB	Turbulence	Use standard contractions for intensity and type (use CAT or CHOP when appropriate). Include altitude only if different from /FL, /TB EXTRM, /TB LGT-MOD BLO 090.
12	/IC	Icing	Describe using standard intensity and type contractions. Include altitude only if different than /FL: /IC LGT-MOD RIME, /IC SEV CLR 028-045.
13	/RM	Remarks	Use free form to clarify the report and type hazardous elements first: /RM LLWS -15KT SFC-030 DURC RY22 JFK.

Figure 13-7. *PIREP encoding and decoding.*

Piston engine. A reciprocating engine.

피스톤 엔진. 왕복 엔진.

Pitch[761]**.** The rotation of an airplane about its lateral axis, or on a propeller, the blade angle as measured from plane of rotation.

피치. 측면 축 혹은 프로펠러, 회전 평면에서 측정된 블레이드 각도에 관한 비행기의 회전.

Pitot pressure. Ram[762] air pressure used to measure airspeed.

피토 압력. 대기 속도를 측정하는 데 사용되는 램 공기 기압.

---

761) pitch: 『기계』 피치《톱니바퀴의 톱니와 톱니 사이의 거리; 나사의 나사산과 나사산 사이의 거리》; 『항공』 피치《(1) 비행기·프로펠러의 일회전분의 비행 거리. (2) 프로펠러 날개의 각도》.

762) ram: ① (거세하지 않은) 숫양. ② 공성(攻城) 망치; 충각(衝角)《옛날, 군함의 이물에 붙인 쇠로 된 돌기》; 충각이 있는 군함. ③ 말뚝 박는 메, 달구; 말뚝 박는 드롭 해머. ④ (자동) 양수기; (수압기·밀펌프의) 피스톤.

Pitot-static head. A combination pickup used to sample pitot pressure and static air pressure.

피토 고정 헤드. 피토 압력과 정지상태의 공기 압력을 견본으로 하는 데 사용되는 결합 픽업.

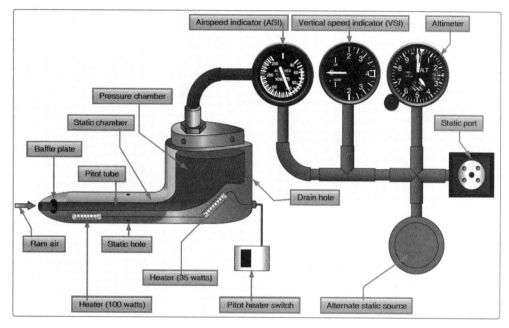

Figure 8-1. *Pitot-static system and instruments.*

Pivotal altitude. A specific altitude at which, when an airplane turns at a given groundspeed[763], a projecting[764] of the sighting reference line to a selected point on the ground will appear to pivot on that point.

중추 고도. 주어진 대지속도에서 비행기가 선회할 때의 특정고도로 선택된 지점에서 선회하기 위해 지상에서 선택된 지점으로 기준선을 관찰하는 계획으로 나타날 것이다.

---

763) gróund spèed: 【항공】 대지(對地) 속도
764) pro·ject: ① 입안하다, 계획하다, 안출하다, 설계하다 ② 발사 〔사출〕하다, 내던지다 ③ 투영하다; 영사하다; 【수학】 투영하다 ④ …의 이미지를 주다, 이해시키다, (관념을) 넓히다 ⑤ 마음 속에 그리다, 상상하다. ⑥ (…이라고) 예측〔추정〕하다, (미래·비용 따위를) 계량하다 ⑦ 불쑥 내밀다, 툭 튀어나오게 하다.

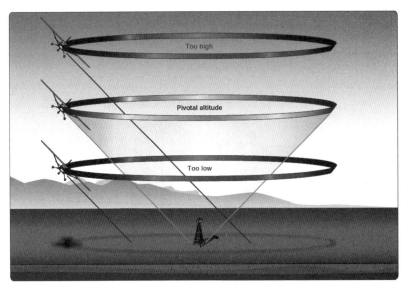

Figure 6-13. *Effect of different altitudes on pivotal altitude.*

<u>**Plan**</u>[765] **view**[766]. The overhead view of an approach procedure on an instrument[767] approach chart. The plan view depicts the routes that guide the pilot from the en route segments to the IAF.

플랜 뷰(평면도). 계기 활주로로의 진입 차트에서 활주로로의 진입 절차의 상공의 시계(視界). 플랜 뷰는 항공로상의 구간에서 IAF로 조종사를 유도하는 경로를 나타낸다.

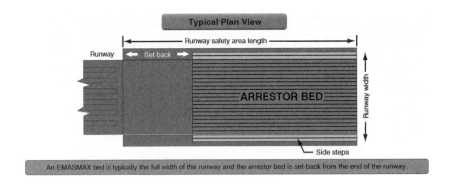

---

765) plan: ① 계획, 플랜, 안(案), 계략 ② 도면, 설계도, 평면도, 약도, 도표, (시가지 등의) 지도. ③ 모형, 초안; 윤곽, 개략. ④ (원근 화법의) 투시면. ⑤ 투; 식(式), 풍(風); 방법, 방식

766) view: ① (널찍한) 전망, 조망(眺望) ② 광경, 경치, 풍경 ③ 풍경화(사진). ④ 시야, 시계, 시선 ⑤ 시력, 보는 힘. ⑥ 일견(一瞥), 일람(一覽), 보기, 바라보기 ⑦ 관람, 구경; 관찰, 시찰, 조사, 검토 ⑧ 견해, 의견; 사물을 보는 태도(방식) ⑨ 목적, 계획, 의도, 기도; 기대, 가망 ⑩ 개관(槪觀), 개념, 개설

767) in·stru·ment: ① (실험·정밀 작업용의) 기계(器械), 기구(器具), 도구 ② (비행기·배 따위의) 계기(計器) ③ 악기 ④ 수단, 방편(means); 동기[계기]가 되는 것(사람), 매개(자)

Planform[768]**.** The shape or form of a wing as viewed from above. It may be long and tapered[769], short and rectangular[770], or various other shapes.

평면도형. 위에서 본 날개의 모양이나 형태. 길고 가늘어지고 짧고 직사각형이거나 다양한 다른 모양일 수 있다.

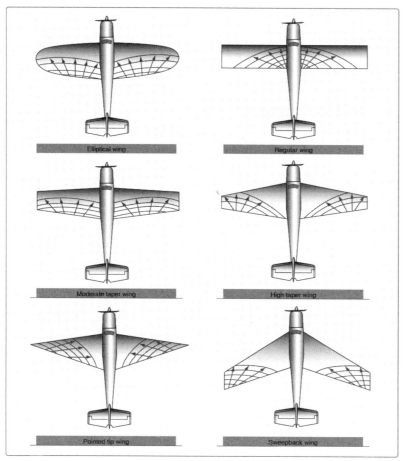

Figure 5-33. *Different types of wing planforms.*

Pneumatic systems. The power system in an aircraft used for operating such items as landing gear, brakes, and wing flaps with compressed air as the operating fluid.

뉴매틱(압축 공기 작용) 시스템. 착륙 장치, 브레이크 및 날개 플랩과 같은 항목의 작동과 유체 효과를 내는 것과 같은 압축 공기로 사용되는 날개 플랩에 목적으로 사용된 항공기 동력 시스템.

---

768) plán·fòrm: 〖항공〗 평면 도형《위에서 본 날개 따위의 윤곽》.

769) ta·per: 점점 가늘어지다(뾰족해지다); 점점 줄다, 적어지다; 차차 가늘게 하다, 뾰족하게 하다.

770) rec·tan·gu·lar: 직사각형의; 직각의.

Pneumatic[771]**.** Operation by the use of compressed air.

뉴매틱(압축 공기 작용). 압축 공기를 사용하여 작동.

POH/AFM. See Pilot's Operating Handbook/Airplane Flight Manual.

POH/AFM. 조종사의 운용 핸드북/비행기 비행 매뉴얼을 참조.

Point-in-space approach. A type of helicopter instrument[772] approach procedure to a missed approach point more than 2,600 feet from an associated helicopter landing area.

포인트 인 스페이스(장소에서의 지점) 진입 방식. 관련된 헬리콥터 착륙 지역에서 2,600피트 이상 진입 복행(進入復行) 지점에 대한 헬리콥터 계기 진입 절차의 일종.

Poor judgment chain. A series of mistakes that may lead to an accident or incident. Two basic principles generally associated with the creation of a poor judgment chain are: (1) one bad decision often leads to another; and (2) as a string of bad decisions grows, it reduces the number of subsequent alternatives for continued safe flight. ADM is intended to break the poor judgment chain before it can cause an accident or incident.

부족한 판단 연속. 사고나 사건 원인이 될 수 있는 일련의 실수. 일반적으로 부족한 판단 연속의 생성과 관련된 두 가지 기본 원칙은 다음과 같다. (1) 한 가지 나쁜 결정은 종종 다른 결정의 원인이 된다. (2) 일련의 잘못된 결정이 늘어남에 따라, 지속적인 안전한 비행을 위한 후속 대안의 수가 감소한다. ADM은 사고나 사고를 일으키기 전에 부족한 판단 연속을 끊기 위해 의도된 것이다.

Porpoising. Oscillating around the lateral axis of the aircraft during landing.

포포징(돌고래처럼 움직임). 착륙하는 동안 항공기의 측면 축 주위로 요동치는 것.

---

771) pneu·mat·ic: 공기의; 기체의; (압축) 공기 작용에 의한, 공기식의; 압축 공기를 넣은, 공기가 들이 있는

772) in·stru·ment: ① (실험·정밀 작업용의) 기계(器械), 기구(器具), 도구 ② (비행기·배 따위의) 계기(計器) ③ 악기 ④ 수단, 방편(means); 동기(계기)가 되는 것(사람), 매개(자)

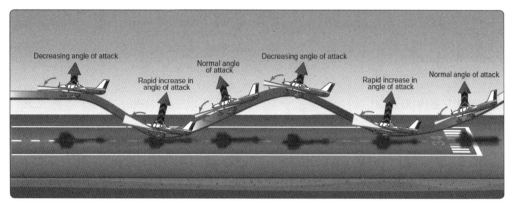

Figure 8-37. *Porpoising.*

Position error. Error in the <u>indication</u>[773] of the altimeter, ASI, and VSI caused by the air at the static system entrance not being absolutely still.

포지션 에러(위치 오류). 절대적 정지 상태가 아닌 정지상태의 시스템 입구에서의 공기에 의해 발생된 고도계, ASI 및 VSI 표시 도수에서의 오류.

Position lights.

Position lights. Lights on an aircraft consisting of a red light on the left wing, a green light on the right wing, and a white light on the tail. CFRs require that these lights be <u>displayed</u>[774] in flight from sunset to sunrise.

포지션 라이트(위치 조명). 왼쪽 날개에 빨간색 표시등, 오른쪽 날개에 녹색 표시등, 꼬리에 흰색 표시등으로 구성되는 항공기 표시등. CFR은 이러한 조명이 일몰에서 일출까지 비행

---

773) in·di·cá·tion: ① 지시, 지적; 표시; 암시 ② 징조, 징후 ③ (계기(計器)의) 시도(示度), 표시 도수
774) dis·play: ① 보이다, 나타내다; 전시(진열)하다 ② (기 따위를) 펼치다, 달다, 게양하다; (날개 따위를) 펴다. ③ 밖에 나타내다, 드러내다; (능력 등을) 발휘하다; (지식 등을) 과시하다, 주적거리다

중에 표시되도록 요구한다.

Position report. A report over a known location as transmitted by an aircraft to ATC[775].
포지션 리포트(위치 보고). ATC로 항공기에 의해 전송된 것으로 알려진 위치에 걸친 보고.

Positive[776] static stability. The initial tendency to return to a state of equilibrium when disturbed from that state.
적극적인 정지상태의 복원성. 평형 상태에서 방해를 받았을 때 평형 상태로 돌아가려는 초기 경향.

Power distribution bus. See bus bar.
동력 배전 버스. 버스 바를 참조.

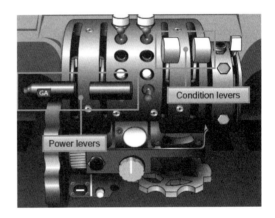

Power lever. The cockpit lever connected to the fuel control[777] unit for scheduling fuel flow to the combustion chambers of a turbine engine.
파워 레버. 터빈 엔진의 연소실로에 연료 흐름을 예정하기 위해 연료 제어 장치에 연결된 조종석 레버.

Power. Implies work rate or units of work per unit of time, and as such, it is a function of the speed at which the force is developed. The term "power required" is generally associated with reciprocating engines.

---

775) ATC: Air Traffic Control
776) pos·i·tive: ① 확신하는, 자신 있는 ② 단정적인, 명확한, 의문의 여지가 없는 ③ 확실한, 확언한, 단호한 ④ 긍정적인 ⑤ 적극적인, 건설적인. ⑥ 실재하는 ⑦ 실제적(실증적)인 ⑧ 『물리학·전기』 양(성)의;
777) con·trol: ① 지배(력); 관리, 통제, 다잡음, 단속, 감독(권) ② 억제, 제어; (야구 투수의) 제구력(制球力) ③ 통제(관리) 수단; (pl.) (기계의) 조종장치; (종종 pl.) 제어실, 관제실(탑); 『컴퓨터』 제어. ④ (실험 결과의) 대조표준; 대조부(簿) ⑤ 단속자, 관리인.

파워. 작업 속도 또는 단위 시간당 작업 단위를 의미하므로 힘이 발생하는 속도의 작용이다. "필요한 동력"이라는 용어는 일반적으로 왕복 엔진과 관련이 있다.

Powerplant. A complete engine and propeller combination with accessories.
파워플랜트(동력장치). 부속품으로 완전한 엔진과 프로펠러 조합.

Practical[778] **slip limit.** The maximum slip an aircraft is capable of performing due to rudder travel limits.
실제 슬립(공전) 제한. 방향타 이동 제한으로 인해 항공기가 수행할 수 있는 최대 슬립(공전).

Precession. The tilting or turning of a gyro in response to deflective forces causing slow drifting and erroneous indications[779] in gyroscopic[780] instruments[781]. The characteristic of a gyroscope that causes an applied force to be felt, not at the point of application, but 90° from that point in the direction of rotation.
프리세션(전진, 선행). 자이로스코프 계기에서 느린 표류 및 잘못된 표시 도수를 유발하는 편향력에 대한 반응으로 자이로의 기울어짐 혹은 회전. 적용 포인트가 아닌 회전방향에서 90° 느껴지게 되는 적용된 힘을 일으키는 자이로스코프의 특성.

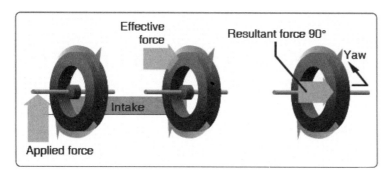

Figure 5-49. *Gyroscopic precession.*

---

778) prac·ti·cal: ① 실제의, 실제상의; 실리상의. ② 실용적인, 실제(실무)의 소용에 닿는, 쓸모 있는 ③ 경험이 풍부한, 경험 있는 ④ (명목은 다르나) 사실상의, 실질적인

779) in·di·cá·tion: ① 지시, 지적; 표시; 암시 ② 징조, 징후 ③ (계기(計器)의) 시도(示度), 표시 도수

780) gy·ro·scóp·ic: 회전의(回轉儀)의, 회전 운동의.

781) in·stru·ment: ① (실험·정밀 작업용의) 기계(器械), 기구(器具), 도구 ② (비행기·배 따위의) 계기(計器) ③ 악기 ④ 수단, 방편(means); 동기(계기)가 되는 것(사람), 매개(자)

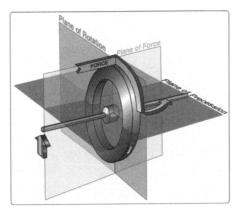

Figure 8-19. *Precession of a gyroscope resulting from an applied deflective force.*

Precipitation static (P-static). A form of radio interference caused by rain, snow, or dust particles hitting the antenna and inducing a small radio–frequency voltage into it.

응결 정지상태(P-정적). 안테나를 때리는 비, 눈 또는 먼지 입자와 안테나로 들어가는 작은 무선 주파수 전압을 포함하여 원인이 되어 발생하는 무선 간섭의 한 형태.

Precipitation[782]. Any or all forms of water particles (rain, sleet, hail, or snow) that fall from the atmosphere and reach the surface.

응결. 대기에서 떨어져 지표에 도달하는 물 입자(비, 진눈깨비, 우박 또는 눈)의 <u>조금</u> 혹은 모든 형태.

Precision approach path indicator (PAPI). A system of lights similar to the VASI, but consisting of one row of lights in two– or four–light systems. A pilot on the correct glideslope[783] will see two white lights and two red lights. See VASI.

정밀 활주로로의 진입 경로 표시기(PAPI). VASI와 유사한 조명 시스템이지만 2개 또는 4개 조명 시스템에서 조명 한 줄로 구성.

---

782) pre·cip·i·ta·tion: ① 투하, 낙하, 추락; 돌진. ② 학급, 조급; 경솔; 급격한 촉진 ③ 【화학】 침전(물). ④ 【기상】 (수증기의) 응결, 응결한 것《비·눈·이슬 등》; 강수(강우)량.

783) glíde pàth 〔slòpe〕 【항공】《특히》 계기비행 때 무선신호에 의한 활강 진로.

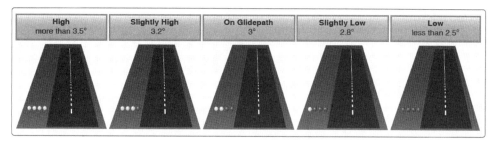

Figure 14-30. *Precision approach path indicator for a typical 3° glide slope.*

Precision approach radar (PAR). A type of radar used at an airport to guide an aircraft through the final stages of landing, providing horizontal and vertical[784] guidance. The radar operator directs the pilot to change heading or adjust the descent rate to keep the aircraft on a path that allows it to touch down at the correct spot on the runway[785].

정밀 활주로로의 진입 레이더(PAR). 수평 및 수직 유도를 제시하여, 최종 착륙 단계를 통하여 항공기를 유도하기 위해 공항에서 사용되는 레이더 유형. 레이더 운용자는 활주로의 올바른 지점에 접지하도록 경로에서 항공기를 유지하기 위해 조종사에게 비행 방향을 변경하거나 하강 속도(비율)를 조절하도록 지시한다.

Precision approach. A standard instrument[786] approach procedure in which both vertical[787] and horizontal guidance is provided.

정밀 활주로로의 진입. 수직 및 수평 유도가 모두 제시되는 표준 계기 활주로로의 진입 절차.

Precision runway monitor (PRM). System allows simultaneous, independent instrument flight rules (IFR) approaches at airports with closely spaced parallel runways.

정밀 활주로 모니터(PRM). 이 시스템은 밀접하게 일정한 간격의 같은 방향 활주로의 공항에서 동시에 독립적인 계기 비행 규칙(IFR) 활주로로의 진입을 허가한다.

---

784) ver·ti·cal: ① 수직의, 연직의, 곧추선, 세로의. ② 정점(절정)의; 꼭대기의.

785) rún·wày: ① 주로(走路), 통로. ② 짐승이 다니는 길. ③ 〖항공〗 활주로

786) in·stru·ment: ① (실험·정밀 작업용의) 기계(器械), 기구(器具), 도구 ② (비행기·배 따위의) 계기(計器) ③ 악기 ④ 수단, 방편(means); 동기〔계기〕가 되는 것〔사람〕, 매개(자)

787) ver·ti·cal: ① 수직의, 연직의, 곧추선, 세로의. ② 정점(절정)의; 꼭대기의.

Preferred IFR routes. Routes established in the major terminal[788] and en route environments to increase system efficiency and capacity. IFR[789] clearances[790] are issued based on these routes, listed in the Chart Supplement U.S. except when severe weather avoidance procedures or other factors dictate otherwise.

우선의 IFR 경로. 노선은 시스템 효율성과 수용 능력을 높이기 위해 주요 터미널 및 항공로 상의 환경에서 확립되었다. IFR 허가는 악천후 방지 절차 또는 기타 요인을 달리 지시하는 경우를 제외하고 Chart Supplement U.S.에 나열된, 이러한 경로를 기반으로 발행된다.

Preignition. Ignition occurring in the cylinder before the time of normal ignition. Preignition is often caused by a local hot spot in the combustion chamber igniting the fuel/air mixture.

조기점화. 정상 점화되기 전에 실린더에서 발생하는 점화. 조기점화는 종종 연료/공기 혼합 물을 점화하는 연소실에서 로컬 핫 스팟으로 인해 발생한다.

Pressure altitude. The altitude indicated when the altimeter setting window (barometric scale) is adjusted to 29.92. This is the altitude above the standard datum plane, which is a theoretical plane where air pressure (corrected to 15 ℃) equals 29.92 "Hg. Pressure altitude is used to compute density altitude, true altitude, true airspeed, and other performance data.

기압 고도. 고도계 설정 창(기압 눈금)을 29.92로 조정했을 때 표시된 고도. 이것은 공기압 (15℃로 수정)이 29.92 "Hg와 같은 이론적으로 평면인 표준 기준선 위의 고도이다. 기압 고도는 밀도 고도, 실제 고도, 실제 대기 속도 및 기타 성능 데이터를 산정하는 데 사용된다.

Pressure demand oxygen system. A demand oxygen system that supplies 100 percent oxygen at sufficient pressure above the altitude where normal breathing is adequate. Also referred to as a pressure breathing system.

기압 요구 산소 시스템. 정상적인 호흡이 적절한 고도 위의 충분한 기압에서 100% 산소를 공 급하는 요구 산소 시스템. 기압 호흡 시스템이라고도 한다.

---

788) ter·mi·nal: ① 끝, 말단: 어미. ② 종점, 터미널, 종착역, 종점 도시: 에어터미널; 항공 여객용 버스 발착장; 화 물의 집하·발송역 ③ 학기말 시험. ④〖전기〗전극, 단자(端子);〖컴퓨터〗단말기;〖생물〗신경 말단.

789) IFR: instrument flight rules (계기 비행 규칙).

790) clear·ance: ① 치워버림, 제거; 정리; 재고 정리 (판매); (개간을 위한) 산림 벌채. ② 출항〔출국〕허가(서); 통 관절차;〖항공〗관제(管制) 승인《항공 관제탑에서 내리는 승인》

Prevailing[791] visibility[792]. The greatest horizontal visibility equaled or exceeded throughout at least half the horizon circle (which is not necessarily continuous).

효과적인 시계(視界). 최소한의 수평선 고리의 절반 (반드시 연속적일 필요는 없음)에 걸쳐 같거나 초과된 최대 수평 가시성.

Method for Determining Pressure Altitude		Alternate Method for Determining Pressure Altitude
Altimeter setting	Altitude correction	
28.0	1,824	
28.1	1,727	
28.2	1,630	
28.3	1,533	
28.4	1,436	
28.5	1,340	
28.6	1,244	
28.7	1,148	
28.8	1,053	
28.9	957	
29.0	863	To field elevation
29.1	768	
29.2	673	
29.3	579	
29.4	485	
29.5	392	
29.6	298	
29.7	205	
29.8	112	
29.9	20	
29.92	0	To get pressure altitude
30.0	−73	
30.1	−165	
30.2	−257	
30.3	−348	
30.4	−440	
30.5	−531	From field elevation
30.6	−622	
30.7	−712	
30.8	−803	
30.9	−893	
31.0	−983	

Add / *Subtract* / *Field elevation is sea level*

---

791) pre·vail·ing: ① 우세한, 주요한 ② 유력한, 효과 있는, 효과적인. ③ 널리 보급되어[행하여지고] 있는, 유행하고 있는; 일반적인, 보통의.

792) vìs·i·bíl·i·ty: ① 눈에 보임, 볼 수 있음, 쉽게[잘] 보임; 알아볼 수 있음. ②【광학】선명도(鮮明度), 가시도(可視度);【기상·항해】시계(視界), 시도(視度), 시정(視程)

Preventive maintenance. Simple or minor preservative operations and the replacement of small standard parts not involving complex assembly operation as listed in 14 CFR part 43, appendix A. Certificated pilots may perform preventive maintenance on any aircraft that is owned or operated by them provided that the aircraft is not used in air carrier service.

예방 유지 보수. 14 CFR 파트 43, 부록 A의 표에 실린 복잡한 조립 작업을 포함하지 않는 단순하거나 사소한 보존 작업 및 소형 표준 부품의 교체. 면허를 받은 조종사는 항공기가 항공 운송 서비스에 사용하지 않는 조건으로 소유하거나 운용되는 어떤 항공기에서 예방적 유지 보수를 수행할 수 있다.

Primary[793] **and supporting.** A method of <u>attitude</u>[794] <u>instrument</u>[795] flying using the instrument that provides the most direct <u>indication</u>[796] of attitude and performance.

기본 및 보조. 비행자세와 조종의 가장 직접적인 표시 도수를 알려주는 계기를 사용하여 비행자세 계기 비행의 방법.

Primary flight display (PFD). A display that provides increased situational awareness to the pilot by replacing the traditional six instruments used for instrument flight with an easy-to-scan display that provides the horizon, airspeed, altitude, <u>vertical</u>[797] speed, trend, <u>trim</u>[798], and rate of turn among other key relevant indications.

기본 비행 디스플레이(PFD). 수평선, 대기 속도, 고도, 수직 속도, 추세, 트림 및 다른 관련된 주요 표시 도수 중의 선회 속도(비율)를 제시하는 스캔하기 쉬운 디스플레이로 계기 비행에 사용되는 기존의 6개 계기를 대체하는 것으로 조종사에게 향상된 상황 인식을 제시하는 디스플레이.

PRM. See precision runway monitor.

---

793) pri·ma·ry: ① 첫째의, 제1의, 수위의, 주요한. ② 최초의, 처음의, 본래의 ③ 원시적인, 근원적인 ④ 제1차적인, 근본적인. ⑤ 기초적인, 초보적인.

794) at·ti·tude: ① (사람·물건 등에 대한) 태도, 마음가짐 ② 자세(posture), 몸가짐, 거동; 〖항공〗 (로켓·항공기등의) 비행 자세. ③ (사물에 대한) 의견, 심정《to, toward》

795) in·stru·ment: ① (실험·정밀 작업용의) 기계(器械), 기구(器具), 도구 ② (비행기·배 따위의) 계기(計器) ③ 악기 ④ 수단, 방편(means); 동기(계기)가 되는 것(사람), 매개(자)

796) in·di·cá·tion: ① 지시, 지적; 표시; 암시 ② 징조, 징후 ③ (계기(計器)의) 시도(示度), 표시 도수

797) ver·ti·cal: ① 수직의, 연직의, 곧추선, 세로의. ② 정점〔절정〕의; 꼭대기의.

798) 〖항공〗 (기체를) 수평으로 유지하다. 〖항공〗 (비행기의) 자세.

PRM. 정밀 활주로 모니터를 참조.

Procedure[799] turn[800]. A maneuver[801] prescribed when it is necessary to reverse direction to establish an aircraft on the intermediate approach segment or final approach course.

프로시듀어 턴(순차적 선회). 중간 활주로로의 진입 구획 또는 최종 활주로로의 진입 항로에 항공기를 안전하게 하기 위해 방향을 전환할 필요가 있을 때 규정된 방향조종.

Profile[802] drag. The total of the skin friction drag and form drag for a two-dimensional airfoil section.

프로파일 드래그(측면 항력). 2차원 에어포일(익형) 단면과 관련된 표피 마찰 항력 및 형상 항력의 총계.

Profile view. Side view of an IAP chart illustrating the vertical[803] approach path altitudes, headings, distances, and fixes.

프로파일 뷰(측면도). 수직 활주로로의 진입 경로 고도, 방향, 거리 및 수정 사항을 보여주는 IAP 차트의 측면도.

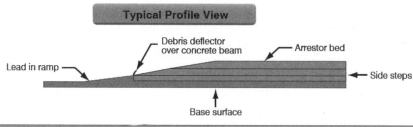

---

799) pro·ce·dure: ① 순서, 수순, (진행·처리의) 절차; 방법, 조치 ② (행동·사정·상태 따위의) 진행, 발전 ③ 〖법률학〗 소송 절차; 의회 의사(議事) 절차 ④ 〖컴퓨터〗 절차, 프로시저《컴퓨터에서 실행되는 일련의 처리》.

800) turn: ① a) 회전, 돌림, 돌아감, 선회, 회전운동 b) 감음, 감는(꼬는) 식 c) 선반(旋盤) ② a) 굽음, 변환, 방향 전환; 빗나감, 일탈; 〖군사〗 우회, 방향전환 b) 굽은 곳, 모퉁이, (강 따위의) 만곡부 c) 바뀌는 때, 전환점 ③ 뒤집음 ④ (성질·사정 따위의) 변화, 일변, 역전; 전기(轉機)《of》 ⑤ 순번, 차례, 기회 ⑥ a) 한 바탕의 일; 동작; 산책, 드라이브, 한 바퀴 돎; (직공의) 교대 시간(근무) ⑦ a) 성향, 성질; 능력, 특수한 재능, 기질 b) 형(型), 모양; 주형, 성형틀 ⑧ 형세, 동향, 형편, 경향 ⑨ (특정한) 목적, 필요, 요구, 요망; 급할 때

801) ma·neu·ver: ① a) 〖군사〗 (군대·함대의) 기동(機動) 작전, 작전적 행동; (pl.) 대연습, (기동) 연습. b) 기술을 요하는 조작(방법); 〖의학〗 용수(用手) 분만; 살짝 몸을 피하는 동작. ② 계략, 책략, 책동; 묘책; 교묘한 조치. ③ (비행기·로켓·우주선의) 방향 조종.

802) pro·file: ① (조상(彫像) 따위의) 옆모습, 측면; 반면상. ② 윤곽, 소묘; 인물 단평(소개).

803) ver·ti·cal: ① 수직의, 연직의, 곧추선, 세로의. ② 정점(절정)의; 꼭대기의.

Prohibited area. <u>Designated</u>[804] <u>airspace</u>[805] within which flight of aircraft is prohibited.

금지구역. 항공기의 비행이 금지된 지정 공역.

Propeller blade angle. The angle between the propeller chord and the propeller plane of rotation.

프로펠러 블레이드(날개) 각도. 프로펠러 커드(익현)와 프로펠러 회전 수평면 사이의 각도.

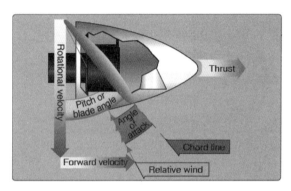

Figure 5-44. *Propeller blade angle.*

Propeller lever. The <u>control</u>[806] on a free power turbine turboprop that controls propeller speed and the selection for propeller <u>feathering</u>[807].

프로펠러 레버. 프로펠러 속도와 프로펠러 페더링 선택을 조종하는 자유 동력 터빈 터보프롭의 조종 장치.

Propeller slipstream. The volume of air accelerated behind a propeller producing <u>thrust</u>[808].

프로펠러 후류(슬립스트림). 추진력을 생성하는 프로펠러 뒤에서 가속되는 공기의 양.

---

804) des·ig·nate: ① 가리키다, 지시(지적)하다, 표시(명시)하다, 나타내다 ② …라고 부르다, 명명하다 ③ 지명하다, 임명(선정)하다; 지정하다

805) áir spàce: 영공(領空); 〖군사〗 (편대에서 차지하는) 공역(空域); (공군의) 작전 공역

806) con·trol: ① 지배(력); 관리, 통제, 다잡음, 단속, 감독(권) ② 억제, 제어; (야구 투수의) 제구력(制球力) ③ 통제(관리) 수단; (pl.) (기계의) 조종장치; (종종 pl.) 제어실, 관제실(탑); 〖컴퓨터〗 제어. ④ (실험 결과의) 대조 표준; 대조부(簿) ⑤ 단속자, 관리인. ① 지배하다; 통제(관리)하다, 감독하다. ② 제어(억제)하다

807) feathering: 깃털을 붙임(댐); 〔 집합적 〕 깃털; 살깃, 깃 모양의 물건; (개 다리 따위의) 수북한 털; 〖건축〗 (창 장식의) 두 곡선이 만나는 돌출점; 〖조정〗 페더링《노깃을 수면과 평행이 되게 올림》; 〖음악〗 페더링《바이올린의 활을 가볍고 삐르게 구사하는 법》.

808) thrust: ① 밀기 ② 찌르기 ③ 공격; 〖군사〗 돌격 ④ 혹평, 날카로운 비꼼 ⑤ 〖항공·기계〗 추력(推力). ⑥ 〖광물학〗 갱도 천장의 낙반. ⑦ 〖지질〗 스러스트, 충상(衝上)(단층). ⑧ 요점, 진의(眞意), 취지.

Propeller synchronization. A condition in which all of the propellers have their pitch[809] automatically adjusted to maintain a constant[810] rpm among all of the engines of a multiengine aircraft.

프로펠러 동기화(신크로나이제이션). 다발 엔진 항공기의 모든 엔진 중에서 일정한 rpm을 유지하기 위해 모든 프로펠러가 피치를 자동으로 조정한 상태.

Propeller. A device for propelling an aircraft that, when rotated, produces by its action on the air, a thrust[811] approximately perpendicular to its plane of rotation. It includes the control components normally supplied by its manufacturer.

프로펠러. 회전할 때 공기에 대한 작용에 의해 회전 평면에 대략 수직인 추력을 생성하는 항공기 추진 장치. 여기에는 일반적으로 제조사에서 제공하는 조종 장치 부품을 포함한다.

Propeller/rotor modulation error. Certain propeller rpm settings or helicopter rotor speeds can cause the VOR course deviation indicator (CDI) to fluctuate as much as ±6°. Slight changes to the rpm setting will normally smooth out this roughness.

프로펠러/로터 조절 오류. 특정 프로펠러 rpm 설정 또는 헬리콥터 로터 속도는 VOR 코스 편차 표시기(CDI)가 ±6°까지 변동할 수 있다. rpm 설정을 약간 변경하면 일반적으로 이 거칠기가 부드러워진다.

P-static. See precipitation static.
P-스태틱(정적). 강수량 스태틱(정적) 참조.

---

809) pitch: 【기계】 피치《톱니바퀴의 톱니와 톱니 사이의 거리; 나사의 나사산과 나사산 사이의 거리》; 【항공】 피치《(1) 비행기·프로펠러의 일회전분의 비행 거리. (2) 프로펠러 날개의 각도》.

810) con·stant: ① 변치 않는, 일정한; 항구적인, 부단한. ② (뜻 따위가) 부동의, 불굴의, 견고한. ③ 성실한, 충실한 ④〔서술적〕(한 가지를) 끝까지 지키는《to》.

811) thrust: ① 밀기 ② 찌르기 ③ 공격; 【군사】 돌격 ④ 흑평, 날카로운 비꼼 ⑤ 【항공·기계】 추력(推力). ⑥ 【광물학】 갱도 천장의 낙반. ⑦ 【지질】 스러스트, 충상(衝上)(단층). ⑧ 요점, 진의(眞意), 취지.

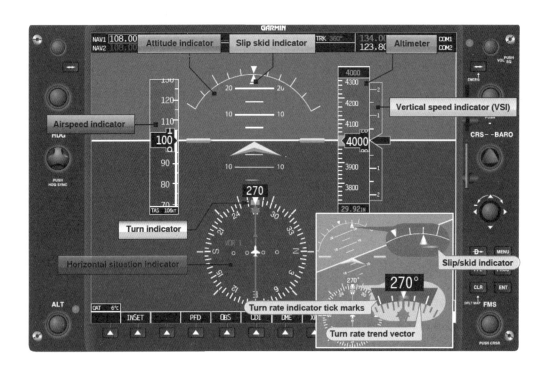

R

Rabbit, the. High−intensity[812] flasher[813] system installed at many large airports. The flashers consist of a series of brilliant blue−white bursts of light flashing in sequence along the approach lights, giving the effect of a ball of light traveling toward the runway[814].

래빗, 더. 많은 대형 공항에 설치된 고강도 자동 점멸 장치 시스템. 그 점멸 장치는 활주로 쪽으로 이동하는 공 같은 조명의 효과를 내며, 활주로로의 진입 조명을 따라 차례로 번쩍이는 조명의 빛나는 청백색 폭발의 연속으로 구성되어 있다.

Radar. A system that uses electromagnetic waves to identify the range, altitude, direction, or speed of both moving and fixed objects such as aircraft, weather formations, and terrain. The term RADAR was coined in 1941 as an acronym for Radio Detection and Ranging. The term has since entered the English language as a standard word, radar, losing the capitalization in the process.

레이더. 전자기파를 사용하여 항공기, 기상 형성 및 지형과 같은 이동 및 고정 물체의 범위, 고도, 방향 또는 속도를 식별하는 시스템. RADAR라는 용어는 1941년 Radio Detection and Ranging의 약자로 만들어졌다. 그 이후로 이 용어는 표준어로 되는 과정에서 대문자를 상실하여 레이더로 영어에 등록되면서 그 과정에서 대문자를 잃었다.

Radar approach. The controller provides vectors while monitoring the progress of the flight with radar, guiding the pilot through the descent to the airport/heliport or to a specific runway.

레이더 활주로로의 진입. 관제관은 공항/헬기장 또는 특정 활주로 쪽으로 하강하는 동안 조종사를 유도하는 것으로 레이다로 비행기의 진행 상황을 감시하며 방향을 알려준다.

---

812) in·ten·si·ty: ① 강렬, 격렬 ② 긴장, 집중, 열렬. ③ 【물리학】 강도: 농도 ④ 【사진】 명암도
813) flásh·er: 섬광을 내는 것; (교통 신호·자동차 따위의) 점멸광(光); 자동 점멸 장치
814) rún·wày: ① 주로(走路), 통로. ② 짐승이 다니는 길. ③ 【항공】 활주로

Radar services. Radar is a method whereby radio waves are transmitted into the air and are then received when they have been reflected by an object in the path of the beam. Range is determined by measuring the time it takes (at the speed of light) for the radio wave to go out to the object and then return to the receiving antenna. The direction of a detected object from a radar site is determined by the position of the rotating antenna when the reflected portion of the radio wave is received.

레이더 서비스. 레이더는 전파가 공기 중으로 전송되고 빔의 경로에 있는 물체에 의해 반사될 때 수신되는 방법이다. 범위는 전파가 물체로 갔다가 수신 안테나로 되돌아오는 데 걸리는 시간(빛의 속도로)을 측정하여 결정된다. 레이더 사이트로 부터 탐지된 물체의 방향은 전파의 반사된 부분이 수신될 때 회전하는 안테나의 위치에 의해 결정된다.

Radar summary chart. A weather product derived from the national radar network that graphically displays[815] a summary of radar weather reports.

레이더 요약 차트. 레이더 기상 보고서의 요약을 그래픽으로 표시하는 국가 레이더 네트워크에서 파생된 기상 정보.

Radar weather report (SD). A report issued by radar stations at 35 minutes after the hour, and special reports as needed. Provides information on the type, intensity, and location of the echo tops of the precipitation.

레이더 기상 통보(SD). 매시 35분에 레이더국에서 발표한 통보와 필요에 따른 특별 통보. 유형, 강도에서 정보와 강수량의 에코탑(반향 절정)의 위치를 제시한다.

Radials[816]. The courses oriented from a station.

레이디얼스(방사부). 스테이션을 중심으로 한 코스.

Radio frequency[817](RF). A term that refers to alternating current (AC) having characteristics such that, if the current is input to antenna, an electromagnetic (EM) field is generated suitable for wireless broadcasting and/or communications.

무선 주파수(RF). 안테나에 전류가 입력된다면 무선 방송 및/또는 통신에 적합한 전자기장(EM)이 생성되는 그러한 특성을 갖는 교류(AC)를 언급하는 용어.

---

815) dis·play: ① 보이다, 나타내다; 전시(진열)하다 ② (기 따위를) 펼치다. 달다. 게양하다; (날개 따위를) 펴다. ③ 밖에 나타내다. 드러내다; (능력 등을) 발휘하다; (지식 등을) 과시하다. 주적거리다

816) ra·di·al: ① 광선의; 광선 모양의. ② 방사상(放射狀)의, 복사상(輻射狀)의 ③【수학】반지름의.

817) fre·quen·cy: 자주 일어남, 빈번; (맥박 등의) 횟수, 도수, 빈도(수);【물리학】진동수, 주파수

Radio magnetic indicator (RMI). An electronic navigation <u>instrument</u>[818] that combines a magnetic compass with an ADF or VOR. The card of the RMI acts as a gyro-stabilized magnetic compass, and shows the magnetic heading the aircraft is flying.

무선 자기 표시기(RMI). ADF 또는 VOR이 있는 자기 나침반과 결합한 전자 내비게이션(항법) 계기. RMI의 카드는 자이로 안정화된 자기 나침반 역할을 하며 항공기가 비행하고 있는 자침(磁針)이 향한 방향을 보여준다.

Figure 16-31. *Radio magnetic indicator.*

Radio or radar altimeter. An electronic altimeter that determines the height of an aircraft above the terrain by measuring the time needed for a pulse of radio-frequency energy to travel from the aircraft to the ground and return.

라디오 또는 레이더 고도계. 무선 주파수 에너지 펄스가 항공기에서 지상으로 이동하고 되돌아오는 데 필요로 하는 시간을 측정하여 지형 위의 항공기 높이를 결정하는 전자 고도계.

Radio wave. An electromagnetic (EM) wave with frequency characteristics useful for radio transmission.

전파. 무선 전송에 유용한 주파수 특성을 가진 전자기(EM) 파동.

Radiosonde[819]**.** A weather instrument that observes and reports <u>meteorological</u>[820] conditions from the upper atmosphere. This instrument is typically carried into the atmosphere by some form of weather balloon.

---

818) in·stru·ment: ① (실험·정밀 작업용의) 기계(器械), 기구(器具), 도구 ② (비행기·배 따위의) 계기(計器) ③ 악기 ④ 수단, 방편(means); 동기(계기)가 되는 것(사람), 매개(자)

819) rádio·sònde: 〖기상〗 라디오존데《대기 상층의 기상 관측 기계》.

820) me·te·or·o·log·i·cal: 기상의, 기상학상(上)의

라디오존데. 상층 대기에서 기상 상태를 관찰하고 보고하는 기상 장비. 이 기구는 일반적으로 몇 가지 형태의 기상 풍선에 의해 대기 중으로 운반된다.

RAIM. See receiver autonomous integrity[821] monitoring.
RAIM. 수신기 자율 무결성 모니터링을 참조.

RAM recovery. The increase in thrust[822] as a result of ram air pressures and density on the front of the engine caused by air velocity.
램 복구. 공기 속도로 인하여 야기되는 엔진 전면의 밀도 및 램 공기 압력의 결과로 추력이 증가.

Ramp weight[823]. The total weight of the aircraft while on the ramp. It differs from takeoff weight by the weight of the fuel that will be consumed in taxiing to the point of takeoff.
램프(주기장) 무게. 주기장에 있는 동안 항공기의 총 중량. 이륙 지점까지의 지상 활주에 소비될 연료의 무게에 따라 이륙 중량과 다르다.

Random RNAV routes. Direct routes, based on area navigation capability, between waypoints defined[824] in terms of latitude/longitude coordinates[825], degree-distance fixes, or offsets from established routes/airways at a specified distance and direction.
무작위 RNAV 경로. 위도/경도 좌표, 도(°)-거리 고정 또는 지정된 거리 및 방향에서 설정된 경로/항로로 부터 오프셋으로 정의된 웨이포인트(중간 지점) 간의 영역 내비게이션(항법) 성능을 기반으로 하는 직접 경로.

---

821) in·teg·ri·ty: ① 성실, 정직, 고결, 청렴 ② 완전 무결(한 상태); 보전; 본래의 모습 ③ 〖컴퓨터〗 보전.

822) thrust: ① 밀기 ② 찌르기 ③ 공격; 〖군사〗 돌격 ④ 혹평, 날카로운 비꼼 ⑤ 〖항공·기계〗 추력(推力). ⑥ 〖광물학〗 갱도 천장의 낙반. ⑦ 〖지질〗 스러스트, 충상(衝上)(단층). ⑧ 요점, 진의(眞意), 취지.

823) rámp wèight: 〖항공〗 램프 중량《항공기가 비행을 개시할 때의 최대중량》.

824) de·fine: ① 규정짓다, 한정하다 ② 정의를 내리다. 뜻을 밝히다 ③ …의 경계를 정하다 ④ …의 윤곽을 명확히 하다; (…의 특성을) 나타내다

825) co(-)or·di·nate: ① 동등한, 동격의, 동위의《with》 ② 〖수학〗 좌표의; 〖컴퓨터〗 대응시키는, 좌표식의; 동등한 것, 동격자; 〖수학〗 좌표; 위도와 경도(로 본 위치); 동위(同位)로 하다(되다), 대등하게 하다(되다); 통합〔종합〕하다, 조정하다, 조화시키다(하다).

Ranging signals[826]. Transmitted from the GPS satellite, signals allowing the aircraft's receiver to determine range (distance) from each satellite.

레인징(범위) 신호. GPS위성으로부터 전송되고 각 위성으로부터 범위(거리)를 결정하기 위해 항공기의 수신기가 허용하는 신호

Rapid decompression. The almost instantaneous loss of cabin pressure in aircraft with a pressurized[827] cockpit or cabin.

빠른 감압. 기압을 일정하게 유지한 조종석이나 객실이 있는 항공기에서 거의 모든 객실 기압의 순간적인 손실.

Rate of turn. The rate in degrees/second of a turn.

회전(선회)율. 도/초의 회전(선회)에서 비율.

Suppose we were to increase the speed to 240 knots, what is the ROT? Using the same formula from above we see that:

$$ROT = \frac{1,091 \times \text{tangent of } 30°}{240 \text{ knots}}$$

ROT = 2.62 degrees per second

An increase in speed causes a decrease in the ROT when using the same bank angle.

Figure 5-57. *Rate of turn when increasing speed.*

$$ROT = \frac{1,091 \times \text{tangent of the bank angle}}{\text{airspeed (in knots)}}$$

Example
The rate of turn for an aircraft in a coordinated turn of 30° and traveling at 120 knots would have a ROT as follows.

$$ROT = \frac{1,091 \times \text{tangent of } 30°}{120 \text{ knots}}$$

$$ROT = \frac{1,091 \times 0.5773 \text{ (tangent of } 30°)}{120 \text{ knots}}$$

ROT = 5.25 degrees per second

Figure 5-56. *Rate of turn for a given airspeed (knots, TAS) and bank angle.*

---

826) sig·nal: ① 신호, 군호; 암호 ② 신호기(機). ③《고어》전조, 징후, 조짐 ④ 계기, 도화선, 동기

827) pres·sur·ize: 【항공】(고공 비행 중에 기밀실의) 기압을 일정하게 유지하다, 여압(與壓)하다; …에 압력을 가하다; (유정(油井)에) 가스를 압입(壓入)하다; 압력솥으로 요리하다.

GLOSSARY

1장 _ 용어풀이 · *211*

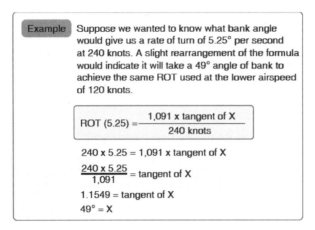

Figure 5-58. *To achieve the same rate of turn of an aircraft traveling at 120 knots, an increase of bank angle is required.*

Reciprocating[828] **engine.** An engine that converts the heat energy from burning fuel into the reciprocating movement of the pistons. This movement is converted into a rotary motion by the connecting rods and crankshaft.

왕복 기관(엔진). 피스톤 왕복 운동으로 연료 연소로부터 열에너지로 전환하는 기관(엔진). 이 운동은 커넥팅 로드와 크랭크 샤프트에 의해 회전 운동으로 변환된다.

RB. See relative bearing.
RB. 렐러티브 베어링을 참조.

RBI. See relative bearing indicator.
RBI. 상대 베어링 표시기를 참조.

RCO. See remote communications outlet.
RCO. 원격 통신 아울렛(콘센트)을 참조.

---

828) re·cip·ro·cate: ① 주고받다, 교환하다《친절 따위를》. ② 보답(답례)하다; 갚다. 보복하다 ③ 【기계】 왕복 운동을 시키다; ① 보답(답례)하다, 갚다 ② 서로 상응하다. ③ 왕복 운동을 하다.

Receiver autonomous[829] integrity[830] monitoring (RAIM). A system used to verify the usability of the received GPS signals and warns the pilot of any malfunction in the navigation system. This system is required for IFR[831]-certified GPS units.

수신기 자율 무결성(보존) 모니터링(감시)(RAIM). 수신된 GPS 신호의 유용성을 확인하고 내비게이션(운항/항법) 시스템에서 오작동을 조종사에게 경고하는 데 사용되는 시스템. 이 시스템은 IFR 인증 GPS 장치에 필요로 한다.

Figure 7-4. *Main components of a spark ignition reciprocating engine.*

Receiver-transmitter (RT). A system that receives and transmits a signal and an indicator[832].

수신기-송신기(RT). 신호 및 인디케이터(지표)를 수신 및 전송하는 시스템.

Recommended altitude. An altitude depicted on an instrument approach chart with the altitude value neither underscored nor overscored. The depicted value is an advisory value.

권장 고도. 밑줄 그어진 것이나 위에 선이 그어지지 않은 고도 값으로 계기 활주로로의 진입 차트에 표시된 고도. 표시된 값은 권고 값이다.

---

829) au·ton·o·mous: 자치권이 있는, 자치의; 자율의; 독립한

830) in·teg·ri·ty: ① 성실, 정직, 고결, 청렴 ② 완전 무결(한 상태); 보전; 본래의 모습 ③ 【컴퓨터】 보전.

831) IFR: instrument flight rules (계기 비행 규칙)

832) in·di·ca·tor: 【기계】 인디케이터《계기·문자판·바늘 따위》; (내연 기관의) 내압(內壓) 표시기

Reduced <u>vertical</u>[833) separation minimum (RVSM). Reduces the vertical separation between flight <u>levels</u>[834) (FL) 290 and 410 from 2,000 feet to 1,000 feet, and makes six additional FLs available for operation. Also see DRVSM.

감소된 수직 분리 최소값(RVSM). 2,000피트에서 1,000피트까지 비행 단계(FL) 290과 410 사이의 수직 분리를 줄이고, 운용하기 위해 6개의 추가적인 이용가능한 FL을 마련한다. 또한 DRVSM도 참조.

Reduction gear. The gear arrangement in an aircraft engine that allows the engine to turn at a faster speed than the propeller.

감속 기어. 엔진이 프로펠러보다 빠른 속도로 회전할 수 있도록 하는 항공기 엔진에서 기어 배열.

<u>Reference</u>[835) circle(also, <u>distance</u>[836) circle). The circle depicted in the plan view of an IAP chart that typically has a 10 NM radius, within which chart the elements are drawn to scale.

리퍼런스 서클(또한 디스턴스 서클). 차트 내에서 요소가 축척에 맞게 그려진 일반적으로 반경이 10NM인 IAP 차트의 평면도에 표시된 원.

Regions of command. The "regions of normal and reversed command" refers to the relationship between speed and the power required to maintain or change that speed in flight.

통제 영역. "정상과 역통제 영역"은 비행 중 속도를 유지하거나 변경하는데 필요한 속도와 동력 사이의 관계를 말한다.

---

833) ver·ti·cal: ① 수직의, 연직의, 곧추선, 세로의. ② 정점(절정)의; 꼭대기의.
834) lev·el: ① 수평, 수준; 수평선(면), 평면 ② 평지, 평원 ③ (수평면의) 높이. ④ 동일 수준(수평), 같은 높이, 동위(同位), 동격(同格), 동등(同等); 평균 높이 ⑤ 표준, 수준 ⑥ 수준기(器), 수평기
835) ref·er·ence: ① 문의, 조회 ② 신용 조회처; 신원 보증인. ③ 증명서, 신용 조회장(狀) ④ 참조, 참고 ⑤ 참고서; 참조 문헌; 용문; 참조 부호 ⑥ 언급, 논급 ⑦ 위탁, 부탁
836) dis·tance: ① 거리, 간격 ② 원거리, 먼데 ③ (시일의) 동안, 사이, 경과 ④ (신분 따위의) 현저한 차이, 현격

Region[837] of reverse[838] command[839]. Flight regime in which flight at a higher air-speed requires a lower power setting and a lower airspeed requires a higher power setting in order to maintain altitude.

역방향 통제의 영역. 더 높은 대기속도에서 비행은 더 낮은 출력 설정이 필요하고 더 낮은 대기속도는 고도를 유지하기 위해 더 높은 출력 설정이 필요한 비행양식.

Registration certificate[840]. A State and Federal certificate that documents aircraft ownership.

등록 증명서. 항공기 소유권을 문서화하는 주 및 연방 증명서.

REIL. See runway[841] end identifier lights.

REIL. 활주로 끝 표시 조명을 참조.

Relative[842] bearing[843] (RB). The angular difference between the aircraft heading and the direction to the station, measured clockwise[844] from the nose of the aircraft.

렐러티브 베어링, 상관적인 방위각(RB). 항공기 기수에서 시계 방향으로 측정한 항공기 비행 방향과 스테이션 방향 사이의 각도 차이.

Relative bearing indicator (RBI). Also known as the fixed- card ADF, zero is always indicated at the top of the instrument[845] and the needle indicates the relative

---

837) re·gion: ① 지방, 지역, 지구, 지대; 행정구, 관구 ② (종종 pl.) (세계 또는 우주의) 부분, 역(域), 층, 계; (대기·해수의) 층 ③ (학문 따위의) 영역, 범위, 분야 ④ 〖컴퓨터〗 영역《기억 장치의 구역》.

838) reverse: ① 역(逆), 반대 ② 뒤, 배면, 배후; (화폐·메달 등의) 이면; (책의) 뒤 페이지, 왼쪽 페이지. ③ 역전, 전도; 〖댄스〗 역회전. ④ 불운, 실패, 패배 ⑤ 〖기계〗 역전, 역진 장치, 전환

839) com·mand: ① 명령, 호령, 구령; 지령, 분부 ② 지휘(권), 지배(권), 통제 ③ 지배력, 통어력; (언어의) 구사력 (mastery), 유창함; (자본 등의) 운용(액), 시재액 ④ 조망; 〖군사〗 (요새 따위를) 내려다보는 위치(고지)(의 점유). ⑤ 〖군사〗 관구, 예하 부대(병력, 선박 등); ⑥ 〖컴퓨터〗 명령; 〖우주〗 (우주선 등을 작동·제어하는) 지령.

840) cer·tif·i·cate: 증명서; 검정서; 면(허)장; (학위 없는 과정(課程)의) 수료(이수) 증명서; 증권

841) rún·wày: ① 주로(走路), 통로. ② 짐승이 다니는 길. ③ 〖항공〗 활주로

842) rel·a·tive: ① 비교상의, 상대적인 ② 상호의; 상관적인; 비례하는 ③ …나름의, …에 의한 ④ 관계(관련) 있는, 적절한《to》

843) bear·ing: ① 태도, 거동, 행동거지 ② 관계, 관련; 취지, 의향, 뜻 ③ (종종 pl.) 방위(각); (상대적인) 위치 ④ 인내(력). ⑤ 〖기계〗 베어링; 〖건축〗 지점(支點), 지주(支柱). ⑥ (보통 pl.) (방패의) 문장(紋章). ⑦ 해산, 출산 (능력); 결실 (능력); 생산(결실)기; 수확

844) clóck·wìse: (시계 바늘처럼) 우로(오른쪽으로) 도는, 오른쪽으로 돌아서.

845) in·stru·ment: ① (실험·정밀 작업용의) 기계(器械), 기구(器具), 도구 ② (비행기·배 따위의) 계기(計器) ③ 악기 ④ 수단, 방편(means); 동기(계기)가 되는 것(사람), 매개(자)

bearing to the station.

렐러티브 베어링 인디케이터/ 상관적 방위각 표시기(RBI). 고정 카드 ADF라고도 하는 0은 항상 기기 상단에 표시되고 바늘은 스테이션에 대한 상관적 방위각을 표시한다.

Relative humidity. The ratio of the existing amount of water vapor in the air at a given temperature to the maximum amount that could exist at that temperature; usually expressed in percent.

상대 습도. 주어진 온도에서 그 온도에 존재할 수 있는 양을 최대 양으로 공기에 존재하는 수증기 양의 비율로써 보통 퍼센트(백분율)로 표현한다.

Relative wind[846]**.** Direction of the airflow produced by an object moving through the air. The relative wind for an airplane in flight flows in a direction parallel with and opposite to the direction of flight; therefore, the actual flight path of the airplane determines the direction of the relative wind.

The direction of the airflow with respect to the wing. If a wing moves forward horizontally, the relative wind moves backward horizontally. Relative wind is parallel to and opposite the flightpath of the airplane.

상대풍(風), 상대 기류. 공기를 통해 움직이는 물체에 의해 생성된 기류의 방향. 비행 중인 비행기의 상대 기류는 평형 방향에서 비행기의 반대 방향으로 흐른다. 따라서 비행기의 실제 비행 경로는 상대 기류의 방향을 결정한다. 날개에 관한 기류의 방향. 날개가 수평으로 앞으로 움직이면 상대 기류는 수평으로 뒤로 움직인다. 상대 기류는 비행기의 비행 경로와 평행하고 정반대이다.

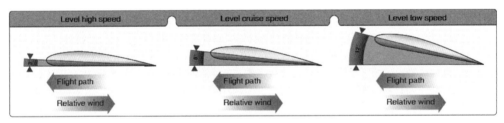

Figure 5-3. *Angle of attack at various speeds.*

Remote[847] **communications outlet (RCO).** An unmanned communications facility that is remotely controlled by air traffic personnel.

---

846) rélative wínd: 〖물리학〗상대풍(風), 상대 기류《비행 중인 비행기 날개에 대한 공기의 움직임》.

847) re·mote: ① 먼, 먼 곳의; 외딴. ②《비유적》먼 ③ 관계가 적은; 크게 다른 ④ 희미한, 근소한

원격 통신 지방국(RCO). 항공교통요원이 원격으로 조종하는 무인통신시설.

Required[848] **navigation performance**[849] **(RNP).** A specified level[850] of accuracy defined by a lateral area of confined airspace[851] in which an RNP-certified aircraft operates.

규정된 내비게이션(운항) 성능(RNP). RNP 인증 항공기 운항에서 제한된 공역의 측면 영역으로 정의되는 특정 레벨의 정확도.

Restricted area. Airspace designated[852] under 14 CFR part 73 within which the flight of aircraft, while not wholly prohibited, is subject to restriction.

출입 금지(제한) 구역. 항공기 비행이 완전히 금지된 것은 아니지만 제한 대상이 되는 14 CFR part 73에 따라 지정된 공역.

Reverse[853] **sensing.** The VOR needle appearing to indicate the reverse of normal operation.

역 감지. 정상 작동의 역전을 표시하기 위해 나타나는 VOR 바늘.

Reverse[854] **thrust**[855]**.** A condition where jet[856] thrust is directed forward during landing to increase the rate of deceleration[857].

역추력(역추진). 착륙 시 제트추력을 전방으로 향하게 하여 감속비를 증가시키는 상태.

---

848) re·quire: ① 요구하다, 명하다, 규정하다 ② 필요로 하다; …할(될) 필요가 있다

849) per·form·ance: ① 실행, 수행, 이행, 성취; 변제 ② 일, 작업; 행위, 동작. ③ (항공기·기계 따위의) 성능; 운전; 목표 달성 기능 ④ 성적, 성과 ⑤ 선행, 공적. ⑥ 상연, 연극, 연기; 흥행 ⑦ 공연, 흥행물, 곡예 ⑧『언어학』 언어 운용. ⑨『컴퓨터』 성능《컴퓨터 체계의 기능 수행 능력 정도》.

850) lev·el: ① 수평, 수준; 수평선(면), 평면 ② 평지, 평원 ③ (수평면의) 높이. ④ 동일 수준(수평), 같은 높이, 동위(同位), 동격(同格), 동등(同等); 평균 높이 ⑤ 표준, 수준 ⑥ 수준기(器), 수평기

851) áir spàce: (실내의) 공적(空積); (벽 안의) 공기층, (식물조직의) 기실(氣室); 영공(領空); 『군사』(편대에서 차지하는) 공역(空域); (공군의) 작전 공역; 사유지상(私有地上)의 공간.

852) des·ig·nate: ① 가리키다, 지시(지적)하다, 표시(명시)하다, 나타내다 ② …라고 부르다, 명명하다 ③ 지명하다, 임명(선정)하다; 지정하다

853) re·verse: ① 반대의, 거꾸로의《to》; 상하 전도된, 역의 ② 뒤로 향한; 역전하는 ③ 뒤의, 이면의, 배후의

854) re·verse: ① 반대의, 거꾸로의; 상하 전도된, 역의 ② 뒤로 향한; 역전하는 ③ 뒤의, 이면의, 배후의

855) thrust: ① 밀기 ② 찌르기 ③ 공격; 『군사』 돌격 ④ 혹평, 날카로운 비꼼 ⑤『항공·기계』추력(推力).

856) jet: ① (가스·증기·물 따위의) 분출, 사출; 분사; =JET STREAM ② 분출구, 내뿜는 구멍; ① 분출하는 ② 제트기(엔진)의 ③ 제트기에 의한; …을 분출(분사)하다.: ① 분출하다, 뿜어나오다《out》. ② 분사 추진으로 움직이다(나아가다); 급속히 움직이다(나아가다); 제트기로 여행하다

857) de·cèl·er·á·tion: 감속.

Reversing propeller. A propeller system with a <u>pitch</u>[858] change mechanism that includes full reversing capability. When the pilot moves the throttle <u>controls</u>[859] to reverse, the <u>blade</u>[860] angle changes to a pitch angle and produces a reverse <u>thrust</u>[861], which slows the airplane down during a landing.

역회전 프로펠러. 완전한 역회전 성능을 포함하는 피치 변경 메커니즘을 가진 프로펠러 시스템. 조종사가 스로틀 컨트롤을 역진시켜 움직일 때, 블레이드 각도가 피치 각도로 변경되고 역추력이 발생하여 착륙하는 비행기가 내려간다.

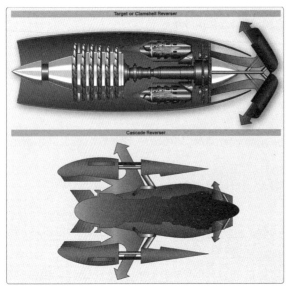

Figure 16-19. *Thrust reversers.*

RF. Radio frequency.

RF. 무선 주파수.

Rhodopsin. The photosensitive pigments that initiate the visual response in the rods of the eye.

로돕신. 눈의 간상체에서 시각적 반응을 시작하는 감광성 색소.

---

858) pitch: 〖기계〗 피치《톱니바퀴의 톱니와 톱니 사이의 거리; 나사의 나사산과 나사산 사이의 거리》; 〖항공〗 피치《⑴ 비행기·프로펠러의 일회전분의 비행 거리. ⑵ 프로펠러 날개의 각도》.

859) con·trol: ① 지배(력); 관리, 통제, 다잡음, 단속, 감독(권) ② 억제, 제어; (야구 투수의) 제구력(制球力) ③ 통제(관리) 수단; (pl.) (기계의) 조종장치; (종종 pl.) 제어실, 관제실(탑); 〖컴퓨터〗 제어. ④ (실험 결과의) 대조 표준; 대조부(簿) ⑤ 단속자, 관리인. ① 지배하다; 통제(관리)하다, 감독하다. ② 제어(억제)하다

860) blade: ① (볏과 식물의) 잎; 잎몸 ② (칼붙이의) 날, 도신(刀身) ③ 노 깃; (스크루·프로펠러·선풍기의) 날개

861) thrust: ① 밀기 ② 찌르기 ③ 공격; 〖군사〗 돌격 ④ 혹평, 날카로운 비꼼 ⑤ 〖항공·기계〗 추력(推力). ⑥ 〖광물학〗 갱도 천장의 낙반. ⑦ 〖지질〗 스러스트, 충상(衝上)(단층). ⑧ 요점, 진의(眞意), 취지.

Rigging[862]. The final adjustment and alignment of an aircraft and its flight control system that provides the proper aerodynamic characteristics.

리깅. 적절한 공기 역학적 특성을 제시하는 항공기 및 비행 조종 시스템의 최종 조정 및 정렬.

Rigidity in space. The principle that a wheel with a heavily weighted rim spinning rapidly will remain in a fixed position in the plane in which it is spinning.

공간에서 리지더티. 무거운 무게의 테두리가 있는 바퀴가 빠르게 회전하는 원리는 회전하는 평면에서 고정된 위치에 유지된다.

Rigidity[863]. The characteristic of a gyroscope that prevents its axis of rotation tilting as the Earth rotates.

리지더티. 지구가 자전함에 따라 자전축이 기울어지는 것을 방지하는 자이로스코프의 특성.

Rime ice. Rough, milky, opaque ice formed by the instantaneous freezing of small supercooled water droplets.

라임 아이스, 무빙(霧氷) 얼음. 작은 과냉각된 물방울이 순간적으로 얼면서 형성되는 거칠고 유백색의 불투명한 얼음.

Risk elements. There are four fundamental risk elements in aviation: the pilot, the aircraft, the environment, and the type of operation that comprise any given aviation situation.

위험 요소. 항공에는 조종사, 항공기, 환경 및 주어진 어떤 항공 상황을 전체를 형성하는 운용 유형 등 4가지 기본적인 위험 요소가 있다.

Risk management. The part of the decision-making process which relies on situational awareness, problem recognition, and good judgment to reduce risks associated with each flight.

위기 관리. 각 비행과 관련된 위험을 줄이기 위해 상황 인식, 문제 인식 및 올바른 판단에 의존하는 의사 결정 과정의 일부.

---

862) rig·ging: 〖항해〗삭구《배의 돛대·활대·돛 따위를 다루기 위한 밧줄·쇠사슬·활차 등의 총칭》; 의장(艤裝)

863) rig·id [rídʒid]: ① 굳은, 단단한, 휘어지지 않는. ② 완고한, (생각이) 고정된 ③ 엄격한, 엄정한 ④ 엄밀한, 정밀한 ⑤ 〖항공〗(헬리콥터의 회전익 따위가) 경식(硬式)인.

Figure 2-3. *Risk management decision-making process.*

Risk. The future impact of a hazard that is not eliminated or controlled.
리스크(위험). 제거되거나 통제되지 않는 위험 요소의 미래 영향.

RMI. See radio magnetic indicator.
RMI. 무선 자기 표시기 참조.

RNAV. See area navigation.
RNAV. 지역 내비게이션(운항) 참조.

RNP. See required navigation performance.
RNP. 규정된 내비게이(운항) 성능 참조.

Roll[864]. The motion of the aircraft about the longitudinal[865] axis. It is controlled by the ailerons.
롤(횡전). 세로축을 중심으로 한 항공기의 움직임. 에일러론(보조익)으로 조종된다.

---

864) roll: ① 회전, 구르기. ② (배 등의) 넘질. ③ (비행기·로켓 등의) 횡전(橫轉). ④ (땅 따위의) 기복, 굽이침. ⑤ 두루마리, 권축(卷軸), 둘둘 만 종이, 한 통, 롤
865) lon·gi·tu·di·nal: 경도(經度)의, 경선(經線)의, 날줄의, 세로의; (성장·변화 따위의) 장기적인

Roundout (<u>flare</u>[866]). A pitch-up during landing approach to reduce rate of descent and forward speed prior to touchdown.

라운드아웃(플레어). 터치다운(단시간의 착륙) 전에 하강 및 전진 속도의 비율을 줄이기 위한 착륙 활주로로의 진입 중 피치업.

RT. See receiver-transmitter.

RT. 수신기-송신기를 참조.

Rudder. The movable primary <u>control</u>[867] surface mounted on the trailing edge of the <u>vertical</u>[868] <u>fin</u>[869] of an airplane. Movement of the rudder rotates the airplane about its vertical axis.

러들(방향타). 비행기의 수직 안정판 날개 뒷전에 장착된 움직일 수 있는 기본 조종면/비행익면. 러들(방향타)의 움직임은 수직축을 중심으로 비행기를 회전시킨다.

Ruddervator. A pair of control surfaces on the tail of an aircraft arranged in the form of a V. These surfaces, when moved together by the control wheel, serve as elevators, and when moved differentially by the rudder pedals, serve as a rudder.

러더베이터. V자 형태로 배열된 항공기 꼬리에 붙은 한 쌍의 조종면/비행익면. 이 조종면/비행익면은 컨트롤 휠로 함께 움직일 때 승강타를 보강하고 방향타 페달에 의해 다르게 움직일 때 방향타 보강을 한다.

<u>Runway</u>[870] centerline lights. Runway lighting which consists of flush centerline lights spaced at 50-foot intervals beginning 75 feet from the landing threshold. Runway centerline lights are installed on some precision approach runways to

---

866) flare: ① 너울거리는 불길, 흔들거리는 빛. ② 확 타오름; (노여움 따위의) 격발. ③ 섬광 신호, 조명탄(=~ bòmb); 〖사진〗 광반(光斑), 플레어. ④ (스커트·트럼펫의 나팔꽃 모양으로) 벌어짐; 〖항해〗 뱃전의 불거짐.

867) con·trol: ① 지배(력); 관리, 통제, 다잡음, 단속, 감독(권) ② 억제, 제어; (야구 투수의) 제구력(制球力) ③ 통제(관리) 수단; (pl.) (기계의) 조종장치; (종종 pl.) 제어실, 관제실(탑); 〖컴퓨터〗 제어. ④ (실험 결과의) 대조 표준; 대조부(簿) ⑤ 단속자, 관리인. ① 지배하다; 통제(관리)하다, 감독하다. ② 제어(억제)하다

868) ver·ti·cal: ① 수직의, 연직의, 곧추선, 세로의. ② 정점(절정)의; 꼭대기의.

869) fin: ① 지느러미② (항공기의) 수직 안전판(板); (잠수함의) 수평타(舵)

870) rún·wày: ① 주로(走路), 통로. ② 짐승이 다니는 길. ③ (닭·개 따위의) 울. ④ 〖항공〗 활주로. ⑤ 강줄기, 강바닥. ⑥ (재목 따위를 굴려내리는) 경사로(路); (창틀의) 홈. ⑦ 〖볼링〗 어프로치《공을 굴리는 곳》. ⑧ 무대에서 관람석으로의 통로. (패션쇼 등의) 스테이지. ⑨ (컨베이어·기중기의) 주행로.

facilitate landing under <u>adverse</u>[871] <u>visibility</u>[872] conditions. They are located along the runway centerline and are spaced at 50-foot intervals. When viewed from the landing threshold, the runway centerline lights are white until the last 3,000 feet of the runway. The white lights begin to alternate with red for the next 2,000 feet, and for the last 1,000 feet of the runway, all centerline lights are red.

활주로 중앙선 조명. 착륙 활주로의 맨끝에서부터 75피트에서 시작하는 50피트 일정한 간격으로 플러시 중심선 등으로 구성된 활주로 조명. 그 조명은 활주로 중심선을 따라 위치하며 50피트 간격으로 배치된다. 착륙 활주로의 맨 끝에서 볼 때 활주로 중심선 조명은 활주로의 마지막 3,000피트까지 흰색이다. 그 흰색 조명은 다음 2,000피트에 향하고 그리고 활주로의 마지막 1,000피트를 향해 번갈아 반짝이며 센터라인(중심선) 조명은 빨간색이다.

Figure 14-33. *Runway lights.*

<u>Runway</u>[873] **centerline** <u>markings</u>[874]**.** The runway centerline identifies the center of the runway and provides <u>alignment</u>[875] guidance during takeoff and landings. The centerline consists of a line of uniformly spaced stripes and gaps.

활주로 중심선 표시. 활주로 중심선은 활주로의 중심을 식별하고 이착륙 시 정렬 안내를 제시한다. 중심선은 균일한 간격의 줄무늬와 간격의 선으로 구성된다.

---

871) ad·verse: ① 역(逆)의, 거스르는, 반대의, 반대하는《to》② 불리한; 적자의; 해로운; 불운〔불행〕한

872) vìs·i·bíl·i·ty: ① 눈에 보임, 볼 수 있음, 쉽게〔잘〕보임; 알아볼 수 있음. ②【광학】선명도(鮮明度), 가시도(可視度);【기상·항해】시계(視界), 시도(視度), 시정(視程)

873) rún·wày: ① 주로(走路), 통로. ② 짐승이 다니는 길. ③【항공】활주로

874) márk·ing: ① 표하기; 채점. ② 표(mark), 점; (조류 등에 붙이는) 표지(標識); (새의 깃이나 짐승 가죽의) 반문(斑紋), 무늬; (우편의) 소인; (항공기 등의) 심벌 마크.

875) alígn·ment: ① 일렬 성녈, 배열; 정돈선; 조절, 정합; 조준 ② (사람들·그룹간의) 긴밀한 제휴, 협력, 연대, 단결. ③【토목】노선 설정; (노선 따위의) 설계도. ④【공학】(철도·간선 도로·보루 등의) 평면선형;【전자】줄맞춤, 얼라인먼트《계(系)의 소자(素子)의 조정》.

Runway <u>edge</u>[876] lights. Runway edge lights are used to outline the edges of runways during periods of darkness or restricted <u>visibility</u>[877] conditions. These light systems are classified according to the intensity or brightness they are capable of producing: they are the High Intensity Runway Lights (HIRL), Medium Intensity Runway Lights (MIRL), and the Low Intensity Runway Lights (LIRL). The HIRL and MIRL systems have variable intensity <u>controls</u>[878], whereas the LIRLs normally have one intensity setting.

A component of the <u>runway</u>[879] lighting system that is used to outline the edges of runways at night or during low <u>visibility</u>[880] conditions. These lights are classified according to the intensity they are capable of producing.

활주로 가장자리 조명. 활주로 가장자리 조명은 어두울 동안 또는 제한된 시계(視界) 조건에서 활주로 가장자리를 표시하는 데 사용된다. 이러한 조명 시스템은 생성할 수 있는 강도 또는 밝기에 따라 분류되는데 고강도 활주로 조명(HIRL)과 중강도 활주로 조명(MIRL) 및 저강도 활주로 조명(LIRL)이다. HIRL 및 MIRL 시스템에는 가변 강도 제어 장치가 있는 반면 LIRL에는 일반적으로 하나의 강도 설정이 있다.

야간 또는 가시성이 낮은 조건에서 활주로 가장자리를 표시하는 데 사용되는 활주로 조명 시스템의 구성 요소. 이런 조명은 생성할 수 있는 강도에 따라 분류된다.

Runway end identifier lights (REIL). A pair of synchronized flashing lights, located laterally on each side of the runway threshold, providing rapid and positive <u>identification</u>[881] of the approach end of a runway.

활주로 끝 식별 표시등(REIL). 활주로 접근 목적의 신속하고 확실히 식별하게 해주는 활주로 문턱의 양쪽 측면에 위치한 한 쌍의 동시에 번쩍이는 조명.

---

876) edge: ① 끝머리, 테두리, 가장자리, 변두리, 모서리;《비유적》(나라·시대의) 경계; 위기, 위험한 겨지; 〖컴퓨터〗 모서리 ② (칼 따위의) 날; (비평·욕망 따위의) 날카로움, 격렬함; 유효성, 효력, 위력

877) vìs·i·bíl·i·ty: ① 눈에 보임, 볼 수 있음, 쉽게(잘) 보임; 알아볼 수 있음. ② 〖광학〗 선명도(鮮明度), 가시도(可視度); 〖기상·항해〗 시계(視界), 시도(視度), 시정(視程)

878) con·trol: ① 지배(력); 관리, 통제, 다잡음, 단속, 감독(권) ② 억제, 제어; (야구 투수의) 제구력(制球力) ③ 통제(관리) 수단: (pl.) (기계의) 조종장치; (종종 pl.) 제어실, 관제실(탑); 〖컴퓨터〗 제어. ④ (실험 결과의) 대조 표준: 대조부(簿) ⑤ 단속자, 관리인. ① 지배하다: 통제(관리)하다, 감독하다. ② 제어(억제)하다

879) rún·wày: ① 주로(走路), 통로. ② 짐승이 다니는 길. ③ 〖항공〗 활주로

880) vìs·i·bíl·i·ty: ① 눈에 보임, 볼 수 있음, 쉽게(잘) 보임; 알아볼 수 있음. ② 〖광학〗 선명도(鮮明度), 가시도(可視度); 〖기상·항해〗 시계(視界), 시도(視度), 시정(視程)

881) iden·ti·fi·ca·tion: ① 신원(정체)의 확인(인정); 동일하다는 증명(확인, 감정), 신분증명. ② 〖정신의학〗 동일시(화); 동일시, 일체화, 귀속 의식 ③ 신원을(정체를) 증명하는 것; 신분 증명서.

Runway incursion. Any occurrence at an airport involving an aircraft, vehicle, person, or object on the ground that creates a collision hazard or results in loss[882] of separation[883] with an aircraft taking off, intending to takeoff, landing, or intending to land.

활주로 침입. 항공기 착륙, 이착륙 예정 혹은 착륙시키기로 예정된 상태의 이탈 손실에서 충돌 위험 혹은 결과를 유발하는 지상에서 항공기, 차량, 사람 또는 물체를 포함한 공항에서의 사건.

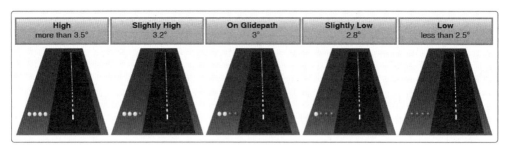

Figure 14-30. *Precision approach path indicator for a typical 3° glide slope.*

Runway threshold[884] markings. Runway threshold markings come in two configurations[885]. They either consist of eight longitudinal[886] stripes of uniform dimensions disposed symmetrically about the runway centerline, or the number of stripes is related to the runway width. A threshold marking helps identify the beginning of the runway that is available for landing. In some instances, the landing threshold may be displaced.

활주로 경계 표시. 활주로 경계 표시는 두 가지 형태로 들어간다. 활주로 중심선을 중심으로 대칭적으로 배치된 균일한 치수의 세로 줄무늬 8개로 구성되거나 줄무늬의 수는 활주로 너비와 관련이 있다. 경계 표시는 착륙이 가능한 활주로의 시작 부분을 식별하는 데 도움이 된다. 어떤 경우에는 착지 경계가 바뀔 수 있다.

---

882) loss: ① 잃음, 분실, 상실 ② 손실, 손해; 손실물〔액, 량〕. ③ 감소, 감손. ④ 소모, 소비, 낭비 ⑤ 실패, 패배.

883) sep·a·ra·tion: ① 분리, 떨어짐, 이탈 ② 이별; 별거 ③ 이직(離職); 퇴직, 퇴역 ④ 분류, 선별(選別); 〖화학〗 분리; 〖식물〗 분구(分球); 〖항공〗 =BURBLE n.; 〖로켓〗 (다단 로켓의) 분리(시기) ⑤ 분리점, 분할〔경계〕선; 사이를 막는 것, 칸막이; 간격, 틈;

884) thresh·old: ① 문지방, 문간, 입구. ②《비유적》발단, 시초, 출발점 ③ 한계, 경계, 《특히》활주로의 맨 끝; 〖심리학·생물〗 역(閾), 역치(閾値) ④〖컴퓨터〗 임계값.

885) con·fig·u·ra·tion: ① 배치, 지형(地形); (전체의) 형태, 윤곽. ②〖천문학〗 천체의 배치, 성위(星位), 싱단(星團). ③〖물리학·화학〗 (분자 중의) 원자 배열. ④〖사회학〗 통합; 〖항공〗 비행 형태; 〖심리학〗 형태.

886) lon·gi·tu·di·nal: 경도(經度)의, 경선(經線)의, 날줄의, 세로의; (성장·변화 따위의) 장기적인

Runway <u>visibility</u>[887] value (RVV). The visibility determined for a particular runway by a <u>transmissometer</u>[888].

활주로 시계(視界) 값(RVV). 트랜스미터에 의해 특정 활주로에 결정된 가시성.

Runway visual range (RVR). The instrumentally derived horizontal distance a pilot should be able to see down the runway from the approach end, based on either the sighting of high−intensity runway lights, or the visual contrast of other objects.

활주로 시계(視界) 범위(RVR). 계기로 유도된 수평 거리 조종사는 고강도 활주로 조명의 관찰 또는 다른 물체의 시각적 대조를 기반으로 활주로로의 진입 끝에서 활주로 아래를 볼 수 있어야 한다.

R

RVR. See runway visual range.

RVR. 활주로 시계(視界) 범위를 참조.

RVV. See <u>runway</u>[889] <u>visibility</u>[890] value.

RVV. 활주로 시계(視界) 값을 참조.

---

887) vìs·i·bíl·i·ty: ① 눈에 보임, 볼 수 있음, 쉽게(잘) 보임; 알아볼 수 있음. ② 【광학】 선명도(鮮明度), 가시도(可視度); 【기상·항해】 시계(視界), 시도(視度), 시정(視程)

888) trans·mis·som·e·ter: (대기의) 투과율계(計), 시정률(視程率).

889) rún·wày: ① 주로(走路), 통로. ② 짐승이 다니는 길. ③ 【항공】 활주로

890) vìs·i·bíl·i·ty: ① 눈에 보임, 볼 수 있음, 쉽게(잘) 보임; 알아볼 수 있음. ② 【광학】 선명도(鮮明度), 가시도(可視度); 【기상·항해】 시계(視界), 시도(視度), 시정(視程)

S

SA. See selective availability.
SA. 선택적 가용성을 참조.

Safety (SQUAT) switch. An electrical switch mounted on one of the landing gear struts. It is used to sense when the weight of the aircraft is on the wheels.
안전(SQUAT) 스위치. 랜딩 기어 스트럿 중 하나에 장착된 전기 스위치. 항공기의 무게가 바퀴에 실렸을 때 감지하는 데 사용된다.

Satellite ephemeris[891] data. Data broadcast by the GPS satellite containing very accurate orbital data for that satellite, atmospheric propagation data, and satellite clock error data.
위성 천체력 데이터. 위성에 대한 매우 정확한 궤도 데이터, 대기 전파 데이터 및 위성 시계(視界) 오류 데이터를 포함하는 GPS 위성이 방송하는 데이터.

Scan[892]. A procedure used by the pilot to visually identify all resources of information in flight. The first fundamental skill of instrument[893] flight, also known as "cross-check;" the continuous and logical observation of instruments for attitude[894] and performance information.
스캔. 조종사가 비행에 있어 정보의 모든 자원을 시각적으로 확인하기 위한 것으로 사용되는 절차. 비행자세 및 수행 정보를 위한 계기의 지속적이고 논리적인 관찰; "크로스 체크(교차 확인)"라고도 알려진 계기 비행의 첫 번째 기본 기술.

SDF. See simplified directional facility.
SDF. 간이화한 방향 시설을 참조.

---

891) ephem·er·is: 〖천문학·항해〗 천체력(曆)《각월 각일의 천체 위치의 조견표; 이를 포함하는 천문력》
892) scan: ~하기; 정사(精査); (텔레비전 카메라에 의한 원격지 사물의) 관찰, 그 화상; 〖의학〗 스캔, 주사; 시야, 이해.
893) in·stru·ment:① (실험·정밀 작업용의) 기계, 기구, 도구 ② (비행기·배 따위의) 계기 ③ 악기 ④ 수단, 방편
894) at·ti·tude: ① (사람·물건 등에 대한) 태도, 마음가짐 ② 자세, 몸가짐, 거동; 〖항공〗 (로켓·항공기등의) 비행자세. ③ (사물에 대한) 의견, 심정

Sea breeze. A coastal breeze blowing from sea to land caused by the temperature difference when the land surface is warmer than the sea surface. The sea breeze usually occurs during the day and alternates with the land breeze that blows in the opposite direction at night.

바닷 바람(해연풍). 지표면이 해수면보다 따뜻할 때 온도차로 인해 바다에서 육지로 부는 해안풍. 바닷바람은 일반적으로 낮에 발생하고 밤에는 반대 방향으로 부는 육풍과 번갈아 일어난다.

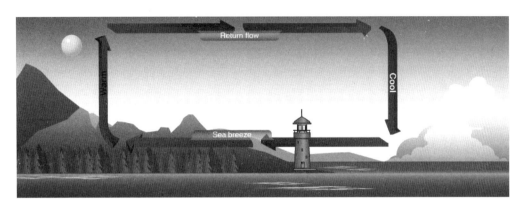

Sea level engine. A reciprocating aircraft engine having a rated takeoff power that is producible only at sea level.

해수면 엔진. 오직 해수면에서만 생산할 수 있는 정격 이륙 출력을 가진 왕복 항공기 엔진.

Sea level. A reference height used to determine standard atmospheric conditions and altitude measurements.

해수면/평균해면/해발. 표준 대기 조건 및 고도 측정을 결정하는 데 사용되는 기준 높이.

Sectional[895] aeronautical charts. Designed for visual navigation of slow- or medium-speed aircraft. Topographic[896] information on these charts features the portrayal of relief, and a judicious selection of visual check points for VFR flight. Aeronautical information includes visual and radio aids to navigation, airports, controlled airspace[897], restricted areas, obstructions and related data.

단면 항공 차트. 저속 또는 중속 항공기의 시계(視界) 운항을 위해 설계. 이 해도의 지형적 정

---

895) sec·tion·al: ① 부분의; 구분의; 부문의; 절의, 단락의, 구분이 있는. ② 부분적인; 지방적인 ③ 단면(도)의

896) top·o·graph·ic, -i·cal: (시·그림 따위) 일정 지역의 예술적 표현의, 지지적(地誌的)인

897) áir spàce: 영공; 〖군사〗(편대에서 차지하는) 공역(空域); (공군의) 작전 공역

GLOSSARY
1장 _ 용어풀이 · **227**

보는 기복(고저)의 그림과 VFR 비행을 위한 시각적 체크 포인트의 신중한 선택을 특징으로 한다. 항공 정보에는 운항(항법), 공항, 관제 공역, 제한 구역, 장애물 및 관련 데이터에 대한 시계(視界) 및 무선 보조 장치가 포함된다.

Segmented circle. A visual ground based structure to provide traffic pattern information.
세그멘디트 서클(분할된 원). 교통 패턴 정보를 제시하는 눈에 보이는 지상 기반 구조물.

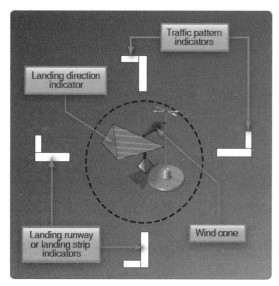

Figure 14-38. *Segmented circle.*

Selective availability (SA). A satellite technology permitting the Department of Defense (DOD) to create, in the interest of national security, a significant clock and ephemer[898] is error in the satellites, resulting in a navigation error.
선택력있는 유효성(SA). 중요한 클락(시계)과 천체력이 네비게이션 오류에서의 결과로 발생하는 위성에서 오류를 국가안보의 이해관계에서 창출하기 위해 국방부(DOD)가 허용하는 위성장비.

Semicircular canal. An inner ear organ that detects angular acceleration of the body.
반고리관. 몸의 각가속도(角加速度)를 감지하는 내이 기관.

---

898) ephem·er·is: 『천문학·항해』 천체력(曆)《각월 각일의 천체 위치의 조견표: 이를 포함하는 천문력》

Semimonocoque. A fuselage design that includes a substructure of bulkheads and/or formers, along with stringers, to support flight <u>loads</u>[899] and stresses imposed on the fuselage.

세미 모노코크. 동체에 가해지는 비행 하중과 응력을 지탱하기 위해 스트링거를 따라 격벽 및/또는 본모형의 하부 구조를 포함하는 동체 설계.

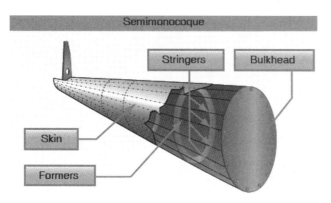

<u>Sensitive</u>[900] altimeter. A form of multipointer pneumatic altimeter with an adjustable barometric scale that allows the reference pressure to be set to any desired <u>level</u>[901].

민감한 고도계. 기준 기압을 원하는 레벨로 설정할 수 있는 조정 가능한 기압 눈금이 있는 다중 지침(바늘) 공기 압축 고도계의 한 형태.

<u>Service</u>[902] ceiling. The maximum density altitude where the best rate-of-climb

---

899) load ① 적하(積荷), (특히 무거운) 짐 ② 무거운 짐, 부담; 근심, 걱정 ③ 적재량, 한 차, 한 짐, 한 바리 ④ 일의 양, 분담량 ⑤ 〖물리학·기계·전기〗 부하(負荷), 하중(荷重); 〖유전학〗 유전 하중(荷重) ⑥ 〖컴퓨터〗 로드, 적재《⑴ 입력장치에 데이터 매체를 걺. ⑵ 데이터나 프로그램 명령을 메모리에 넣음》. ⑦ 〖화약·필름〗 장전; 장탄.

900) sen·si·tive: ① 민감한, 예민한, 과민한. ② 느끼기 쉬운; 감수성이 강한; 신경 과민의, 화 잘내는; (감정이) 상하기 쉬운; 걱정〔고민〕하는 a) 〖사진〗 감광성(感光性)의《필름 등》; 〖기계〗 감도가 좋은〔예민한〕, 고감도의 b) (예술 따위가) 섬세한 표현의, 미묘한 것까지 나타내는 ④ 〖상업〗 불안정한, 민감한《시세 따위》; 〖해부학〗 구심성(求心性)의《신경》. ⑤ (일·문제 등이) 미묘한; 주의를〔신중을〕 요하는

901) lev·el: ① 수평, 수준; 수평선〔면〕, 평면 ② 평지, 평원 ③ (수평면의) 높이. ④ 동일 수준〔수평〕, 같은 높이, 동위(同位), 동격(同格), 동등(同等); 평균 높이 ⑤ 표준, 수준 ⑥ 수준기(器), 수평기

902) ser·vice: ① (종종 pl.) 봉사, 수고, 공헌, 이바지 ② 돌봄, 조력; 도움, 유익, 유용; 편의, 은혜 ③ (보통 pl.) 〖경제〗 용역, 서비스; 사무; 공로, 공훈 ④ 고용(살이), 봉직, 근무 ⑤ (손님에 대한) 서비스, 접대; (식사) 시중; (자동차·전기 기구 따위의) (애프터) 서비스; (정기) 점검〔수리〕 ⑥ (교통 기관의) 편(便), 운항 ⑦ 공공 사업, (우편·전화·전신 등의) 시설; (가스·수도의) 공급; 부설; (pl.) 부대 설비 ⑧ (관청의) 부문, …부, 국(局), 청(廳); (병원의) 과(科); 〔집합적〕 근무하는 사람들, (부·국의) 직원들 ⑨ 군무, 병역(기간); 〖군사〗 (대포 따위의) 조작 ⑩ 신을 섬김; (종종 pl.) 예배(의식); 〔일반적〕 식; 전례(典禮)(음악), 전례 성가 ⑪ (식기 따위의) 한 벌; 메뉴

airspeed will produce a 100-feet-per-minute climb at maximum weight while in a clean configuration[903] with maximum continuous power.

실용 상승한도. 최고의 상승률 대기속도가 최대 연속 출력으로 완전한 비행형태에 있는 동안 최대 중량에서 분당 100피트 상승을 생성하는 최대 밀도 고도.

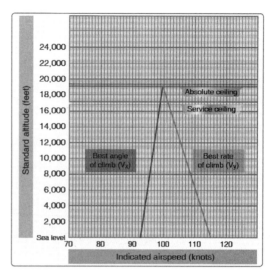

Figure 11-10. *Absolute and service ceiling.*

Servo tab. An auxiliary control[904] mounted on a primary control surface, which automatically moves in the direction opposite the primary control to provide an aerodynamic assist in the movement of the control.

서보 탭. 기본 조종면/비행익면에 장착된 보조 조종 장치로 기본 조종과 반대 방향으로 자동 이동하여 조종 장치의 움직임에 공기역학적으로 도움을 준다.

Servo. A motor or other form of actuator which receives a small signal from the control device and exerts a large force to accomplish the desired work.

서보 기구. 조종 장치에서 작은 신호를 수신하고 원하는 작업을 수행하기 위해 큰 힘을 발휘하는 모터 또는 기타 액추에이터(작동기, 작동장치)의 형태.

Shaft horse power (SHP). Turboshaft engines are rated in shaft horsepower and calculated by use of a dynamometer device. Shaft horsepower is exhaust thrust[905] converted to a rotating shaft.

샤프트 마력(SHP). 터보샤프트 엔진은 샤프트 마력으로 평가되며 동력계 장치를 사용하여 계산된다. 샤프트 마력은 배기 추력을 회전 샤프트로 변환한 것이다.

---

903) con·fig·u·ra·tion: ① 배치, 지형(地形); (전체의) 형태, 윤곽. ②『천문학』천체의 배치, 성위(星位), 성단(星團). ③『물리학·화학』(분자 중의) 원자 배열. ④『사회학』통합;『항공』비행 형태;『심리학』형태.

904) con·trol: ① 지배(력); 관리, 통제, 다잡음, 난속, 감독(권) ② 억제, 제어; (야구 투수의) 제구력(制球力) ③ 통제[관리] 수단; (pl.) (기계의) 조종장치; (종종 pl.) 제어실, 관제실[탑];『컴퓨터』제어.

905) thrust: ① 밀기 ② 찌르기 ③ 공격;『군사』돌격 ④ 혹평, 날카로운 비꼼 ⑤『항공·기계』추력(推力).

Shock waves. A compression wave formed when a body moves through the air at a speed greater than the speed of sound.

충격파. 동체가 음속보다 빠른 속도로 공기 속을 이동할 때 형성되는 압축파.

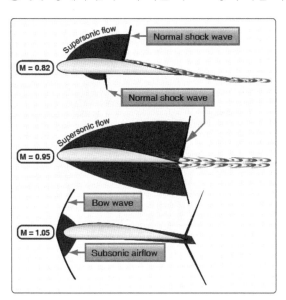

Figure 5-67. *Shock waves.*

Sideslip[906]**.** A slip in which the airplane's <u>longitudinal</u>[907] axis remains parallel to the original flightpath, but the airplane no longer flies straight ahead. Instead, the horizontal component of wing <u>lift</u>[908] forces the airplane to move sideways toward the low wing.

사이드슬립. 비행기의 세로축이 원래 비행 경로와 평행상태를 유지하지만 비행기가 더 이상 똑바로 날아가지 않는 슬립. 대신 날개 양력의 수평 구성부분은 비행기를 낮은 날개 쪽 옆으로 움직이도록 밀어준다.

SIDS. See standard instrument departure procedures.

SIDS. 표준 계기 출발 절차를 참조.

SIGMET. The acronym for Significant <u>Meteorological</u>[909] information. A weather

---

906) síde·slìp: (자동차·비행기 등이 급커브·급선회할 때) 한옆으로 미끄러지는 일.
907) lon·gi·tu·di·nal: 경도(經度)의, 경선(經線)의, 날줄의, 세로의; (성장·변화 따위의) 장기적인
908) lift: 『항공』 상승력(力), 양력(揚力).
909) me·te·or·o·log·i·cal: 기상의, 기상학상(上)의

advisory in abbreviated plain language concerning the occurrence or expected occurrence of potentially hazardous en route weather phenomena that may affect the safety of aircraft operations. SIGMET is warning information, hence it is of highest priority among other types of meteorological information provided to the aviation users.

SIGMET, 시그멧. Significant Meteorological information(중요한 기상 정보)의 약자. 항공기 운용의 안전에 영향을 미칠 수 있는 잠재적으로 위험한 항공로상의 기상 현상 발생 또는 예상되는 발생과 관련하여 생략된 간단 언어로 된 기상 주의보. SIGMET은 경보정보이므로 항공기 이용자에게 제공되는 다른 유형의 기상정보 중 가장 우선시되는 정보이다.

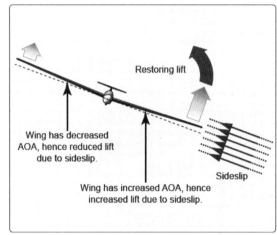

Figure 5-29. *Sideslip causing different AOA on each blade.*

Signal-to-noise ratio. An indication[910] of signal strength received compared to background[911] noise, which is a measure of the adequacy of the received signal.
신호 대 잡음비. 수신된 신호의 적절성을 측정하는 배경 잡음과 비교하여 수신된 신호 강도의 표시 도수.

Significant weather prognostic. Presents four panels showing forecast significant weather.
중요한 기상 전조. 중요한 날씨 예보를 보여주는 4개의 패널을 제공.

Simplex. Transmission and reception on the same frequency.
심플렉스(단신 방식). 동일한 주파수에서 송수신.

---

910) in·di·cá·tion: ① 지시, 지적; 표시; 암시 ② 징조, 징후 ③ (계기(計器)의) 시도(示度), 표시 도수
911) back·ground: ① 배경. ② 〖연극〗무대의 배경. ③ (직물 따위의) 바탕(색). ④ 눈에 띄지 않는 곳, 이면(裏面) ⑤ (사건 따위의) 배경, 원인(遠因), 배후 상황《of》. ⑥ (아무의) 경력, 경험, 전력(前歷); 기초〖예비〗지식 ⑦ (연극·영화·방송 따위의) 배경(背景) 음악, 음악 효과. ⑧ 〖물리학〗사언 방사신. ⑨ 〖통신〗무선 수신 때 들리는 잡음. ⑩ 〖컴퓨터〗뒷면, 배경《몇 개의 프로그램이 동시 진행시 우선도가 낮은 프로그램은 우선도가 높은 프로그램이 조작되지 않을 때만 조작되는 상태》; 배경의; 표면에 나타나지 않는

Simplified[912] directional facility (SDF). A NAVAID used for nonprecision instrument approaches. The final approach course is similar to that of an ILS localizer; however, the SDF course may be offset[913] from the runway[914], generally not more than 3°, and the course may be wider than the localizer, resulting in a lower degree of accuracy.

단일화된 방향탐지/지향성 시설(SDF). 비정밀 계기 활주로로의 진입에 사용되는 NAVAID. 최종 활주로로의 진입 과정은 ILS 로컬라이저와 유사하다. 그러나 SDF 코스는 일반적으로 3°이하로 활주로에서 오프셋될 수 있으며 코스는 낮은 정확성의 °(도)에서 로컬라이저보다 더 넓을 수도 있다.

Single engine absolute ceiling[915]. The altitude that a twin engine airplane can no longer climb with one engine inoperative.

단일 엔진 절대 상승한도. 쌍발 엔진 비행기가 하나의 엔진이 작동하지 않으면 더 이상 올라갈 수 없는 고도.

Single engine service ceiling. The altitude that a twin engine airplane can no longer climb at a rate greater then 50 fpm[916] with one engine inoperative.

단일 엔진 운항 상승 한도. 쌍발 엔진 비행기가 하나의 엔진이 작동하지 않는 상태에서 50fpm을 초과하는 속도로 더 이상 상승할 수 없는 고도.

Single-pilot resource management (SRM). The ability for a pilot to manage all resources effectively to ensure the outcome[917] of the flight is successful.

단일 조종사 자원 관리(SRM). 조종사가 비행의 결과를 성공적으로 보장하기 위해 모든 자원을 효과적으로 관리할 수 있는 능력.

Situational awareness[918]. Pilot knowledge[919] of where the aircraft is in regard to

---

912) sim·pli·fy: 단순화하다, 단일화하다; 간단(평이)하게 하다. sim·pli·fied: 간이화한.

913) òff·sét: ① 차감 계산을 하다, …와 상쇄(상계)하다, …와 맞비기다. (장점으로 단점을) 벌충하다. ② 【인쇄】 오프셋 인쇄로 하다. ③ (비교하기 위해) 대조하다.

914) rún·wày: ① 주로(走路), 통로. ② 짐승이 다니는 길. ③ 【항공】 활주로

915) ceil·ing: ① 천장(널) ② 상한(上限), 한계 ③ 【항공】 상승 한도; 시계(視界) 한도; 【기상】 운저(雲底) 고도

916) fpm., f.p.m., ft/min: feet per minute.

917) out·come: 결과, 과정; 성과

918) awareness: 의식, 자각; 알아채고 있음; 앎; 주의, 경계.

919) knowl·edge: ① 지식 ② 학식, 학문: 정통(精通), 숙지; 견문 ③ 인식; 이해 ④ 경험 ⑤ 보도, 소식

location, air traffic <u>control</u>⁹²⁰⁾, weather, regulations, aircraft <u>status</u>⁹²¹⁾, and other factors that may affect flight.

상황에 알맞은 인지. 위치, 항공 교통 관제, 날씨, 규정, 항공기 상태 및 비행에 영향을 줄 수 있는 기타 요소에 유의하여 항공기가 어디에 있는지에 대한 조종사 인식.

Skid⁹²²⁾. A condition where the tail of the airplane follows a path outside the path of the nose during a turn.

스키드(미끄럼). 비행기의 꼬리가 선회하는 동안 기수 경로 밖의 경로를 따라가는 상태.

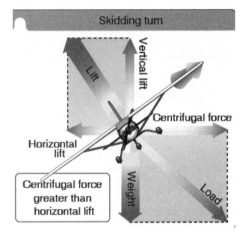

<u>**Skidding**</u>⁹²³⁾ **turn.** An uncoordinated turn in which the rate of turn is too great for the angle of <u>bank</u>⁹²⁴⁾, pulling the aircraft to the outside of the turn.

---

920) con·trol: ① 지배(력): 관리, 통제, 다잡음, 단속, 감독(권) ② 억제, 제어: (야구 투수의) 제구력(制球力) ③ 통제(관리) 수단: (pl.) (기계의) 조종장치: (종종 pl.) 제어실, 관제실(탑): 【컴퓨터】 제어. ④ (실험 결과의) 대조 표준: 대조부(簿) ⑤ 단속자, 관리인. ① 지배하다, 통제(관리)하다, 감독하다. ② 제어(억제)하다

921) sta·tus: ① 상태, 사정, 정세 ② (사회적) 지위: 자격: 【법률학】 신분 ③ 【컴퓨터】 (입출력 장치의 작동) 상태.

922) skid: ① 미끄럼, 옆으로 미끄러지기. ② (비탈길에 쓰는) 지륜(止輪) 장치, 미끄럼막이. ③ (무거운 짐을 굴려 내릴 때의) 활재(滑材): (물건을 미끄러져 가게 하는) 침목(枕木): (바퀴 달린) 낮은 짐대(臺): 【항해】 방현재(防舷材): 버팀 기둥: 【항공】 (이착륙용의) 활주부(滑走部): 미끄럼막이를 한(브레이크를 건) 채 헛미끄러지다: 옆으로 미끄러지다: (바퀴에) 미끄럼막이를 하다: 활재(滑材) 위에 놓(고 끌)다: (차를) 옆으로 미끄러지게 하다.

923) skid·ding: (자동차의) 옆미끄럼: 【기계】 미끄럼.

924) the angle of ~ 뱅크각《비행중 선회시의 좌우 경사각》.

스키딩 턴/미끄러짐 선회. 선회율이 뱅크 각도에 비해 너무 커서 항공기를 선회 바깥쪽으로 당기는 부조화로운 선회.

Skills and procedures. The procedural, psychomotor, and perceptual[925] skills used to control a specific aircraft or its systems. They are the airmanship abilities that are gained through conventional[926] training, are perfected, and become almost automatic through experience.

기술 및 절차. 특정 항공기 또는 해당 시스템을 제어하는 데 사용되는 절차. 정신 운동 및 지각 기술. 그것들은 전통적인 훈련을 통해 얻어지고 완성되며 경험을 통해 거의 자동으로 되는 비행술 능력이다.

Skin friction drag. Drag generated between air molecules and the solid surface of the aircraft.

외판 마찰 항력. 공기 분자와 항공기의 단단한 표면 사이에서 생성되는 항력.

Slant[927] range. The horizontal[928] distance from the aircraft antenna to the ground station, due to line-of-sight transmission of the DME signal.

경사 범위. DME 신호의 가시선 전송으로 인한 항공기 안테나에서 지상국까지의 수평 거리.

Slaved[929] compass. A system whereby the heading gyro is "slaved to," or continuously corrected to bring its direction readings into agreement with a remotely located magnetic direction sensing device (usually a flux valve or flux gate compass).

종속 장치 나침반. 헤딩(비행방향) 자이로가 "~ 종속된"혹은 지속적으로 멀리 위치한 자기 방향 감지 장치(일반적으로 플럭스 밸브 또는 플럭스 게이트 나침반)와 일치하도록 방향 판독 값을 가져오기 위해 수정하는 시스템.

---

925) per·cep·tu·al: 지각의; 지각 있는.

926) con·ven·tion·al: ① 전통적인; 인습적인, 관습적인 ② 형식적인, 판에 박힌, 상투적인, 진부한

927) slant: ① 경사, 비탈; 사면(斜面), 빗면; 〖인쇄〗 사선《/》. ② 경사진 것 ③ (마음 따위의) 경향; 관점, 견지

928) hor·i·zon·tal: ① 수평의, 평평한, 가로의. ② 수평선(지평선)의. ③ (기계 따위의) 수평동(水平動)의.

929) slave: ① 노예; 노예같이 일하는 사람(drudge). ②《비유적》…에 빠진(사로잡힌) 사람; 헌신하는 사람《of; to》③ 〖기계〗 종속 장치; 시시된 일.: ① 노예처럼(고되게) 일하다(drudge) ② 노예 매매를 하다; 〖기계〗 종속 장치로서 작동시키다: 노예의; 노예적인; 노예제의; 원격 조종의

Slip[930]. An intentional <u>maneuver</u>[931] to decrease airspeed or increase rate of descent, and to compensate for a crossband on landing. A slip can also be unintentional when the pilot fails to maintain the aircraft in coordinated flight.

슬립. 대기속도를 감소시키거나 하강 비율(속도)을 증가시키고 착륙시 크로스밴드에 보정하기 위한 의도적인 방향 조종. 슬립은 조종사가 항공기를 조정 비행 상태로 유지하지 못할 때에도 또한 의도하지 않을 수 있다.

Slipping turn. An uncoordinated turn in which the aircraft is <u>banked</u>[932] too much for the rate of turn, so the horizontal <u>lift</u>[933] component is greater than the centrifugal force, pulling the aircraft toward the inside of the turn.

슬립핑 턴(옆으로 미끄러지는 선회). 항공기가 선회율에 비해 너무 많이 기울어져, 수평 양력 구성요소가 안쪽으로 항공기를 당기는 원심력보다 큰 조정되지 않은 선회.

Small airplane. An airplane of 12,500 pounds or less maximum certificated takeoff weight.

소형 비행기. 최대 인증 이륙 중량이 12,500파운드 혹은 이하인 비행기.

Somatogravic illusion. The misperception of being in a nose-up or nose-down <u>attitude</u>[934], caused by a rapid acceleration or deceleration while in flight situations that lack visual reference.

신체중력 착각. 시계(視界) 참조물이 부족한 비행 상황에서 급격한 가속 또는 감속으로 인해 기수를 높이거나 낮추는 비행자세에 대한 오해.

<u>Spatial</u>[935] disorientation. The state of confusion due to misleading information being sent to the brain from various sensory organs, resulting in a lack of awareness of the aircraft position in relation to a specific reference point.

---

930) slip: (자동차·비행기가) 옆으로 미끄러지다(sideslip).

931) ma·neu·ver: ① a) 〖군사〗 (군대·함대의) 기동(機動) 작전, 작전적 행동; (pl.) 대연습, (기동) 연습. b) 기술을 요하는 조작(방법); 〖의학〗 용수(用手) 분만; 살짝 몸을 피하는 동작. ② 계략, 책략, 책동; 묘책; 교묘한 조치. ③ (비행기·로켓·우주선의) 방향 조종.

932) bank: (도로·선로의 커브를) 경사지게 하다; 〖항공〗 뱅크(경사 선회)시키다. 〖항공〗 뱅크하다, 옆으로 기울다; (차가) 기울다; 차체를 기울이다.

933) lift: 〖항공〗 상승력(力), 양력(揚力).

934) at·ti·tude: ① (사람·물건 등에 대한) 태도, 마음가짐 ② 자세(posture), 몸가짐, 거동; 〖항공〗 (로켓·항공기등의) 비행 자세. ③ (사물에 대한) 의견, 심정《to, toward》

935) spa·tial: 공간의; 공간적인; 장소의, 공간에 존재하는; 우주의

공간적 방향 감각 상실. 특정 기준점과 관련된 항공기 위치에 대한 인식 부족의 결과로 다양한 감각 기관에서 뇌로 보낸 상태로 오해하기 쉬운 정보 때문에 혼란의 상태.

Special flight permit[936]. A flight permit issued to an aircraft that does not meet airworthiness[937] requirements but is capable of safe flight. A special flight permit can be issued to move an aircraft for the purposes of maintenance or repair, buyer delivery[938], manufacturer flight tests, evacuation[939] from danger, or customer demonstration[940]. Also referred to as a ferry permit.

특별 비행 허가증. 내공성 요건을 충족하지 않지만 안전한 비행이 가능한 항공기에 발급되는 비행 허가증. 유지 보수 또는 수리, 구매자 인도, 제조사 비행 테스트, 위험으로 부터 대피 또는 고객 시연의 목적으로 항공기를 이동하기 위해 특별 비행 허가증이 발급될 수 있다. 또한 페리 허가증이라고도 한다.

Special use airspace[941]. Airspace in which flight activities are subject to restrictions that can create limitations on the mixed use of airspace. Consists of prohibited, restricted, warning, military operations, and alert[942] areas.

특수 사용 공역. 비행 활동이 잡다한 공역 이용에서 규제를 만들 수 있는 제한 대상인 공역. 금지 구역, 제한 구역, 경고 구역, 군사 작전 구역, 경보 구역으로 구성.

Special fuel consumption. The amount of fuel in pounds per hour consumed or required by an engine per brake horsepower or per pound of thrust[943]. Number of pounds of fuel consumed in 1 hour to produce 1 HP.

특수 연료 소비. 브레이크 미력딩 또는 추력 파운드당 엔진이 소비하거나 필요로 하는 시간당 파운드에서 연료량. 1HP를 생산하기 위해 1시간 동안 소비된 연료의 파운드 수.

---

936) permit: ① 면허〔허가〕장; 증명서 ② 허가, 면허.

937) áir·wòrthy: 내공성(耐空性)이 있는, 비행에 견딜 수 있는《항공기 또는 그 부속품》. ⑭-wòrthiness n. 내공성

938) de·liv·ery: ① 인도, 교부; 출하, 납품; (재산 등의) 명도(明渡). ② 배달; 전달, …편(便) ③ (a ~) 이야기투, 강연(투) ④ 방출, (화살·탄환 등의) 발사; ⑤ 구출, 해방. ⑥〖군사〗(포격·미사일의 목표 지점) 도달.

939) evàc·u·á·tion: ① 비움, 배출, 배기; (말 등의) 공허화 ② 소개(疏開), 피난; 물러남;〖군사〗철수, 철군.

940) dem·on·stra·tion: ① 증명; 논증; 증거. ② 실물 교수〔설명〕, 시범, 실연, (상품의) 실물 선전. ③ (감정의) 표현. ④ 데모, 시위 운동;〖군사〗(군사력) 과시, 양동 (작전).

941) áir spàce: (실내의) 공적(空積); (벽 안의) 공기층; (식물조직의) 기실(氣室); 영공(領空);〖군사〗(편대에서 차지하는) 공역(空域); (공군의) 작전 공역; 사유지상(私有地上)의 공간.

942) alert: ① 방심 않는, 정신을 바짝 차린, 빈틈 없는 ② (동작이) 기민한, 민첩한, 날쌘; ① 경계(체제); 경보 ② 경계 경보 발령 기간.

943) thrust: ① 밀기 ② 찌르기 ③ 공격;〖군사〗돌격 ④ 혹평, 날카로운 비꼼 ⑤〖항공·기계〗추력(推力).

S

Speed brakes. A <u>control</u>[944] system that extends from the airplane structure into the airstream to produce drag and slow the airplane.
스피드/속도 브레이크. 항력을 생성하고 항공기를 감속시키는 항공기 구조물에서 기류로 확장되는 조종 장치.

Speed instability. A condition in the region of reverse command where a disturbance that causes the airspeed to decrease causes total drag to increase, which in turn, causes the airspeed to decrease further.
속도 불안정. 대기 속도를 더욱이 감소시키는 원인이 되는 선회에서 모든 항력의 증가에 원인이 되고 대기 속도 감소에 원인이 되는 역방향 통제의 영역에서 조건.

Speed sense. The ability to sense instantly and react to any reasonable variation of airspeed.
속도 분별력. 대기 속도의 조금 합리적인 변화를 즉각적으로 감지하고 반응하는 능력.

Speed. The distance traveled in a given time.
속도. 주어진 시간 동안 이동한 거리.

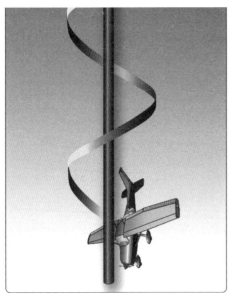

Figure 4-11. *Spin—an aggravated stall and autorotation.*

Spin[945]. An aggravated stall that results in what is termed an "autorotation" wherein the airplane follows a downward corkscrew[946] path. As the airplane rotates around the vertical[947] axis, the rising wing is less stalled than the descending wing creating a rolling, yawing, and pitching motion.

스핀(나선식 강하). 비행기가 아래쪽으로 나선 모양 경로를 따라가는 그 점에서 "자동 회전"이라는 결과를 초래하는 악화된 실속. 비행기가 수직축 주위로 회전함에 따라 상승 날개는 롤링(좌우로 흔들리기), 요잉(한쪽으로 흔들리기) 및 피칭(뒷질) 모션(활동)을 생성하는 하강 날개보다 덜 실속된다.

Spiral[948] **instability.** A condition that exists when the static directional stability of the airplane is very strong as compared to the effect of its dihedral[949] in maintaining lateral[950] equilibrium.

나선 강하 불안정성. 측면 평형을 유지하는 2면체의 효과에 비교하여 비행기 정지상태의 방향 복원성이 매우 강할 때 존재하는 상태.

Spiraling slipstream. The slipstream[951] of a propeller-driven airplane rotates around the airplane. This slipstream strikes the left side of the vertical fin[952], causing the aircraft to yaw[953] slightly. Rudder offset[954] is sometimes used by aircraft designers to counteract[955] this tendency[956].

나선강하 슬립스트림(후류). 프로펠러 구동 비행기의 후류는 비행기 주위를 회전한다. 이 후류는 수직 핀의 왼쪽에 부딪치고 항공기가 약간 기울어지게 한다. 방향타 오프셋은 때때로 항공기 설계자가 이러한 경향을 상쇄하기 위해 사용한다.

---

945) spin: ① 회전; (탁구·골프공 등의) 스핀. ② (탈것의) 질주, 한바탕 달리기. ③《구어》(가격 따위의) 급락. ④《구어》현기증, 혼란;【항공】나선식 강하. ⑤【물리학】(소립자의) 각(角) 운동량, 스핀.

946) córk·scrèw: 타래송곳처럼 생긴, 나사 모양의

947) ver·ti·cal: ① 수직의, 연직의, 곧추선. 세로의 ② 정전(절전)이: 꼭대기의.

948) spi·ral: 나선(나사) 모양의; 소용돌이선(線)의, 와선(渦線)의; ① 나선; 와선. ② 나선형의 것; 나선 용수철 ③【항공】나선 강하;【경제】(물가 따위의) 연속적 변동; 악순환.

949) di·hed·ral: 두 개의 평면을 가진, 두 개의 평면으로 된; 이면각(二面角)의

950) lat·er·al: 옆의(으로의), 측면의(에서의, 으로의), 바깥쪽의;

951) slíp·strèam:【항공】(프로펠러의) 후류(後流); 여파, 영향.

952) vértical fín: ① (물고기의) 세로 지느러미《꼬리·등·뒷지느러미 따위》. ②【항공】수직 안정판(미익(尾翼)).

953) yaw:【항공·항해】한쪽으로 흔들림; (선박·비행기가) 침로에서 벗어남

954) òff·sét: ① 차감 계산《to》, 상계하는 것, 맞비김, 벌충하기. ② 갈라짐, 분파 ③【기계】(파이프 따위의) 한쪽으로의 치우침;【전기】(배선의) 지선.

955) còunter·áct: …와 반대로 행동하다, 방해하다; 좌절시키다; 반작용하다; (효과 등을) 없애다; 중화(中和)하다.

956) ten·den·cy: ① 경향, 풍조, 추세 ② 버릇, 성벽, 성향 ③ (문서·발언 등의) 특정한 의도(관점), 취향, 취지

Split[957] **shaft turbine engine.** See free power turbine engine.

분할 샤프트 터빈 엔진. 프리 파워 터빈 엔진을 참조.

Spoilers[958]**.** High-drag devices that can be raised into the air flowing over an airfoil, reducing lift[959] and increasing drag. Spoilers are used for roll[960] control[961] on some aircraft. Deploying spoilers on both wings at the same time allows the aircraft to descend without gaining speed. Spoilers are also used to shorten the ground roll after landing.

스포일러. 양력을 줄이고 항력을 증가시키는 에어포일 위로 흐르는 공기 중으로 들어 올려줄 수 있는 고항력 장치. 스포일러는 일부 항공기에서 횡전 조종에 사용된다. 양쪽 날개에서 동시에 전개되는 스포일러는 항공기가 속도를 내지 않고 하강할 수 있다. 스포일러는 착륙 후 그라운드 롤을 줄이는 데에도 사용된다.

Figure 6-19. *Spoilers reduce lift and increase drag during descent and landing.*

---

957) split: 쪼개진, 갈라진, 찢어진; 분리(분열)한, 분할된

958) spóil·er: ① 약탈자; 망치는 사람(물건). ② 【항공】 스포일러《하강 선회 능률을 좋게 하기 위하여 날개에 다는》. ③《미국》방해 입후보자. ④ 【통신】 스포일러《지향성(指向性)을 변화시키기 위하여 파라볼라 안테나에 단 격자》. ⑤ 【자동차】 스포일러《차체의 앞뒤에 다는 지느러미나 날붙이 꼴의 부품으로 고속 주행시 차량의 뜸을 막고 안정성을 유지시킴》.

959) lift: 【항공】 상승력(力), 양력(揚力).

960) roll: ① 회전, 구르기. ② (배 등의) 옆질. ③ (비행기·로켓 등의) 횡전(橫轉). ④ (땅 따위의) 기복, 굽이침. ⑤ 두루마리, 권축(卷軸), 둘둘 만 종이, 한 통, 롤

961) con·trol: ① 지배(력); 관리, 통제, 다잡음, 단속, 감독(권) ② 억제, 제어; (야구 투수의) 제구력(制球力) ③ 통제(관리) 수단; (pl.) (기계의) 조종장치; (종종 pl.) 제어실, 관제실(탑); 【컴퓨터】 제어. ④ (실험 결과의) 대조 표준; 대조부(簿) ⑤ 단속자, 관리인. ① 지배하다; 통제(관리)하다, 감독하다. ② 제어(억제)하다

Spool[962]**.** A shaft in a turbine engine which drives one or more compressors with the power derived from one or more turbines.

스풀. 하나 혹은 그 이상의 터빈에서 파생된 동력으로 하나 혹은 그 이상의 압축기를 가동하는 터빈 엔진의 샤프트(축).

SRM. See single-pilot resource management.

SRM. 싱글 파일럿 리소스(1인 조종사 자원) 관리를 참조.

SSR. See secondary surveillance radar.

SSR. 부차적 감시 레이더를 참조.

SSV. See standard service volume.

SSV. 표준 서비스 볼륨을 참조.

S

St. Elmo's Fire. A corona discharge which lights up the aircraft surface areas where maximum static discharge occurs.

세인트 엘모의 불. 최대 정전기 방전이 발생하는 항공기 표면 영역을 밝히는 코로나 방전.

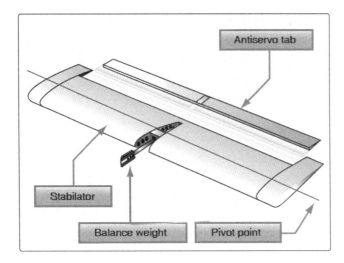

Figure 6-13. *The stabilator is a one-piece horizontal tail surface that pivots up and down about a central hinge point.*

---

962) Spool: 【컴퓨터】 스풀《얼레치기에 의한 처리, 복수 프로그램의 동시 처리》; 실패, 실꾸릿대; (테이프·필름 따위의) 릴, 스풀; (실 따위의) 감은 것〔양〕; ~에 감(기)다; 되감다.

Stabilator. A single-piece horizontal tail surface on an airplane that pivots[963] around a central hinge[964] point. A stabilator serves the purposes of both the horizontal stabilizer[965] and the elevator.

스테이빌레이터(안정기). 중앙 힌지 포인트를 중심으로 회전하는 비행기의 단일 조각 수평 꼬리 표면. 스테이빌레이터(안정기)는 수평 안정판와 엘리베이터(승강타) 모두의 용도에 도움을 준다.

Stability[966]**.** The inherent quality of an airplane to correct for conditions that may disturb its equilibrium, and to return or to continue on the original flight path. It is primarily an airplane design characteristic.

복원성. 평형을 방해할 수 있는 조건을 수정하고 원래의 비행경로로 돌아가거나 계속하는 비행기의 고유한 특성. 주로 비행기 디자인 특성이다.

Stabilized approach. A landing approach in which the pilot establishes and maintains a constant[967] angle glidepath towards a predetermined point on the landing runway[968]. It is based on the pilot's judgment of certain visual cues, and depends on the maintenance of a constant final descent airspeed and configuration[969].

안정화된 활주로로의 진입 방식. 조종사가 착륙 활주로의 미리 결정된 지점을 향해 일정한 각도의 활공 경로를 설정하고 유지하는 착륙 활주로로의 진입 방식. 이는 특정 시각적 신호에 대한 조종사의 판단을 기반으로 하며 일정한 최종 강하 대기속도 및 비행형태의 유지 관리에 달려 있다.

---

963) piv·ot: ① 【기계】 피벗, 선회축(旋回軸), 추축(樞軸); (맷돌 따위의) 중쇠; (부채 따위의) 사북. ② 추요부(樞要部), 중심점, 요점; 축이 되는; 추축(樞軸) 위에 놓다; …에 추축을 붙이다. 추축으로 회전하다; 선회하다

964) hinge: ① 돌쩌귀, 경첩; 쌍각류(雙殼類) 껍질의 이음매 ② 요체(要諦), 요점, 중심점.

965) stá·bi·lìz·er: 안정시키는 사람(것); (배의) 안정 장치, (비행기의) 수평 미익(水平尾翼), 안정판(板); (화약 따위의 자연 분해를 막는) 안정제(劑).

966) sta·bil·i·ty: ① 안정; 안정성(도)(firmness) ② 공고(鞏固); 착실(성), 견실, 영속성(steadiness), 부동성. ③ 【기계】 복원성(復原性)(력)《특히 항공기·선박의》.

967) con·stant: ① 변치 않는, 일정한; 항구적인, 부단한. ② (뜻 따위가) 부동의, 불굴의, 견고한. ③ 성실한, 충실한 ④ 〔 서술적 〕 (한 가지를) 끝까지 지키는《to》.

968) rún·wày: ① 주로(走路), 통로. ② 짐승이 다니는 길. ③ 【항공】 활주로

969) con·fig·u·ra·tion: ① 배치, 지형(地形); (전체의) 형태, 윤곽. ② 【천문학】 천체의 배치, 성위(星位), 성단(星團). ③ 【물리학·화학】 (분자 중의) 원자 배열. ④ 【사회학】 통합; 【항공】 비행 형태; 【심리학】 형태.

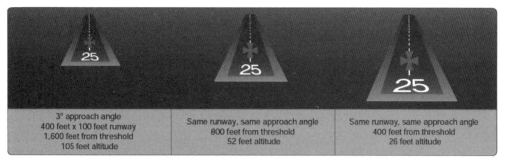

Figure 8-10. *Runway shape during stabilized approach.*

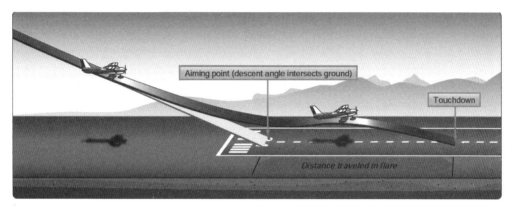

Figure 8-9. *Stabilized approach.*

Stagnant[970] **hypoxia.** A type of hypoxia that results when the oxygen−rich blood in the lungs is not moving to the tissues that need it.

정체된 저산소증. 폐 속의 산소가 풍부한 혈액이 이를 필요로 하는 조직으로 이동하지 않을 때 발생하는 일종의 저산소증.

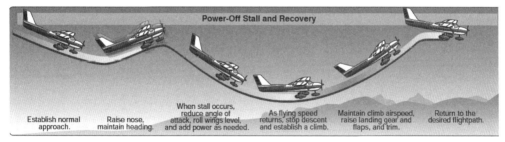

Figure 4-7. *Power-off stall and recovery.*

---

970) stag·nant: ① (물이) 흐르지 않는, 괴어 있는, 정체된; 썩은《괸 물 따위》. ② 불경기의, 부진한.

Stall strips. A spoiler attached to the inboard leading edge of some wings to cause the center section of the wing to stall before the tips. This assures lateral control[971] throughout the stall.

스톨 스트립(실속 제거). 날개 끝 전방에 실속시키는 날개의 중앙 부분이 원인이 되는 일부 날개의 동체 중심 가까운 앞쪽 가장자리에 부착된 스포일러. 이것은 실속하는 내내 측면 조종을 확보한다.

<u>**Stall**</u>[972]**.** A rapid decrease in <u>lift</u>[973] caused by the separation of airflow from the wing's surface brought on by exceeding the critical <u>angle of attack</u>[974]. A stall can occur at any <u>pitch</u>[975] <u>attitude</u>[976] or airspeed.

<u>**스톨(실속)**</u>[977]**.** 위험기의 영각을 초과하여 발생하는 날개 표면으로부터 기류 분리로 인한 양력의 급격한 감소. 실속은 어떠한 피치 비행자세 또는 대기 속도에서 발생할 수 있다.

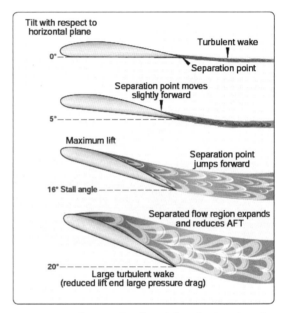

Figure 1-16. *Stalls occur when the airfoils angle of attack reaches the critical point which can vary between 16° and 20°.*

---

971) con·trol: ① 지배(력); 관리, 통제, 다잡음, 단속, 감독(권) ② 억제, 제어; (야구 투수의) 제구력(制球力) ③ 통제(관리) 수단; (pl.) (기계의) 조종장치; (종종 pl.) 제어실, 관제실(탑); 〖컴퓨터〗 제어.

972) stall: ① 마구간, 외양간(마구간)의 한 칸(구획), 마방(馬房)《한 마리씩 넣는》② 매점, 노점. (흔히 pl.) ④ (주차용·샤워용 등의) 한 구획 ⑤ 손가락 싸개. ⑥ 엔진 정지; 〖항공〗 실속(失速).

973) lift: 〖항공〗 상승력(力), 양력(揚力).

974) ángle of attáck: 〖항공〗 영각(迎角)《항공기의 익현(翼弦)과 기류가 이루는 각》.

975) pitch: 〖기계〗 피치《톱니바퀴의 톱니와 톱니 사이의 거리; 나사의 나사산과 나사산 사이의 거리》; 〖항공〗 피치《(1) 비행기·프로펠러의 일회전분의 비행 거리. (2) 프로펠러 날개의 각도》.

976) at·ti·tude: ① (사람·물건 등에 대한) 태도, 마음가짐 ② 자세(posture), 몸가짐, 서동; 〖항공〗 (로켓·항공기등의) 비행 자세. ③ (사물에 대한) 의견, 심정《to, toward》

977) 스톨: 비행기 날개의 영각이 한도를 넘게 커지면 저항이 증가해서 양력이 떨어져 비행하지 못하고 추락하는 일.

Standard atmosphere. At sea level, the standard atmosphere consists of a barometric pressure of 29.92 inches of mercury ("Hg) or 1013.2 <u>millibars</u>[978], and a temperature of 15 °C (59 °F). Pressure and temperature normally decrease as altitude increases. The standard lapse rate in the lower atmosphere for each 1,000 feet of altitude is approximately 1 "Hg and 2 °C (3.5 °F). For example, the standard pressure and temperature at 3,000 feet mean sea level (MSL) are 26.92 "Hg (29.92 "Hg - 3 "Hg) and 9 °C (15 °C - 6 °C).

표준 대기. 해수면에서, 표준 대기는 29.92인치 수은("Hg) 또는 1013.2 밀리바의 기압과 15°C(59°F)의 온도로 구성된다. 기압과 온도는 일반적으로 고도가 증가함에 따라 감소한다. 각각의 고도 1,000피트에 대한 낮은 대기에서의 표준 경과 비율은 약 1"Hg 및 2°C(3.5°F)이다. 예를 들어, 3,000피트에서 평균 해수면(MSL)의 표준 기압 및 온도는 26.92"Hg(29.92"Hg - 3"Hg) 및 9°C(15°C - 6°C)이다.

Standard Atmosphere			
Altitude (ft)	Pressure (Hg)	Temperature	
		(°C)	(°F)
0	29.92	15.0	59.0
1,000	28.86	13.0	55.4
2,000	27.82	11.0	51.9
3,000	26.82	9.1	48.3
4,000	25.84	7.1	44.7
5,000	24.89	5.1	41.2
6,000	23.98	3.1	37.6
7,000	23.09	1.1	34.0
8,000	22.22	-0.9	30.5
9,000	21.38	-2.8	26.9
10,000	20.57	-4.8	23.3
11,000	19.79	-6.8	19.8
12,000	19.02	-8.8	16.2
13,000	18.29	-10.8	12.6
14,000	17.57	-12.7	9.1
15,000	16.88	-14.7	5.5
16,000	16.21	-16.7	1.9
17,000	15.56	-18.7	-1.6
18,000	14.94	-20.7	-5.2
19,000	14.33	-22.6	-8.8
20,000	13.74	-24.6	-12.3

Figure 4-3. *Properties of standard atmosphere.*

Standard day. See standard atmosphere.

표준일. 표준 대기를 참조.

---

978) mílli·bàr: 〖기상〗 밀리바《1바의 1/1000, 압력의 단위; 기호 mb》.

Standard[979] **empty weight (GAMA).** This weight consists of the airframe, engines, and all items of operating equipment that have fixed locations and are permanently installed in the airplane; including fixed ballast, hydraulic fluid, unusable fuel, and full engine oil.

표준 공중량(GAMA). 이 중량은 기체, 엔진 및 고정 밸러스트, 수압 유체, 사용할 수 없는 연료 및 가득 찬 엔진 오일을 포함하여 고정된 위치로 항공기에서 영구적으로 설치되는 운용 장비의 모든 작동 장비 항목으로 구성된다.

Standard holding pattern. A holding pattern in which all turns are made to the right.

표준 홀딩(공중대기, 착륙 대기(용)의) 패턴. 모든 선회가 오른쪽으로 이루어지는 홀딩(공중대기, 착륙 대기(용)의) 패턴.

Standard instrument departure procedures (SIDS). Published procedures to expedite clearance[980] delivery and to facilitate transition between takeoff and en route operations. Standard rate turn. A turn in which an aircraft changes its direction at a rate of 3° per second (360° in 2 minutes) for low- or medium-speed aircraft. For high-speed aircraft, the standard rate turn is 1½° per second (360° in 4 minutes).

표준 계기 출발 절차(SIDS). 관제승인 전달을 신속히 처리하고 이륙과 항공로상의 운용 사이의 추이를 용이하게 하기 위해 게시된 절차. 표준 비율(속도) 선회. 저속 또는 중속 항공기의 경우 항공기가 초당 3°(2분에 360°)의 비율(속도)로 방향을 변경하는 선회. 고속 항공기의 경우 표준 선회 비율(속도)은 초당 1½°(4분에 360°)이다.

Standard service volume (SSV). Defines the limits of the volume of airspace[981] which the VOR serves.

표준 서비스 볼륨(SSV). VOR이 제시하는 공역의 크기 한계를 정의한다.

---

979) stand·ard: (종종 pl.) 표준, 기준, 규격; 규범, 모범; 표준의, 모범적인; 보통의; 일반적인, 널리 쓰이는〔알려진〕; 규격에 맞는

980) clear·ance: ① 치워버림, 제거; 정리; 재고 정리 (판매); (개간을 위한) 산림 벌채. ② 출항〔출국〕허가(서); 통관절차; 〖항공〗관제(管制) 승인《항공 관제탑에서 내리는 승인》

981) áir spàce: (실내의) 공적(空積); (벽 안의) 공기층; (식물조직의) 기실(氣室); 영공(領空); 〖군사〗(편대에서 차지하는) 공역(空域); (공군의) 작전 공역; 사유지상(私有地上)의 공간.

Standard terminal[982] arrival route (STAR). A preplanned IFR[983] ATC[984] arrival procedure published for pilot use in graphic and/or textual form.
표준 터미널 도착 경로(STAR). 파일럿 사용을 위해 그래픽 및/또는 텍스트 형식으로 게시되는 사전 계획된 IFR ATC 도착 절차.

Standard weights. These have been established for numerous items involved in weight and balance computations. These weights should not be used if actual weights are available.
표준 무게. 이들은 중량 및 균형 계산과 관련된 수많은 항목으로 확립되어왔다. 실제 중량이 이용가능하다면 이러한 중량을 사용해서는 안 된다.

Standard-rate turn. A turn at the rate of 3º per second which enables the airplane to complete a 360º turn in 2 minutes. Starter/generator. A combined unit used on turbine engines. The device acts as a starter for rotating the engine, and after running, internal circuits are shifted to convert the device into a generator.
표준 비율(속도) 선회. 비행기가 2분 안에 360º 선회를 완료할 수 있도록 하는 초당 3º의 비율(속도)로 선회. 스타터/제너레이터(시동장치/발전기). 터빈 엔진에 사용되는 결합 장치. 이 장치는 엔진을 회전시키는 스타터(시동장치) 역할을 하며, 가동 후 내부 회로는 발전기로 장치를 전화하도록 변한다.

STAR. See standard terminal arrival route.
STAR. 표준 터미널 도착 경로를 참조.

Static longitudinal[985] stability. The aerodynamic pitching moments required to return the aircraft to the equilibrium angle of attack[986].
정지상태의 세로 복원성. 항공기를 평형 영각으로 되돌리는 데 필요한 공기역학적 피칭 시기.

Static pressure. Pressure of air that is still or not moving, measured perpendicular to the surface of the aircraft.

---

982) ter·mi·nal: ① 끝, 말단; 어미. ② 종점, 터미널, 종착역, 종점 도시; 에어터미널; 항공 여객용 버스 발착장; 화물의 집하·발송역 ③ 학기말 시험. ④『전기』전극, 단자(端子);『컴퓨터』단말기;『생물』신경 말단.
983) IFR: instrument flight rules (계기 비행 규칙)
984) ATC: Air Traffic Control
985) lon·gi·tu·di·nal: 경도(經度)의, 경선(經線)의, 날줄의, 세로의; (성장·변화 따위의) 장기적인
986) ángle of attáck:『항공』영각(迎角)《항공기의 익현(翼弦)과 기류가 이루는 각》.

고정 압력. 항공기 표면에 수직으로 측정된 정지 혹은 움직이지 않는 공기의 압력.

Static stability. The initial tendency an aircraft displays when disturbed from a state of equilibrium.
고정 복원성. 평형 상태에서 교란될 때 항공기가 표시하는 초기 경향.

Station[987]**.** A location in the airplane that is identified by a number designating its distance in inches from the datum. The datum is, therefore, identified as station zero. An item located at station +50 would have an arm of 50 inches.
스테이션. 데이텀으로부터의 거리를 인치 단위로 지정하는 숫자로 식별되는 비행기의 위치. 따라서 데이텀은 스테이션 제로(영,0)로 식별된다. 스테이션 +50에 있는 항목은 50인치 암이다.

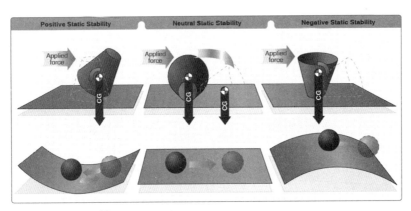

Figure 5-21. *Types of static stability.*

Stationary[988] **front.** A front that is moving at a speed of less than 5 knots[989].
정체 전선[990]**.** 5노트 미만의 속도로 움직이는 전선.

---

987) sta·tion: ① 정거장, 역(railroad ~), 정류장; 역사(驛舍) ②a) 소(所), 서(署), 국(局), 부(部) b) 사업소, 관측소, 연구소 ③〖군사〗주둔지, 기지, 근거지, 군항(軍港) ④ 위치, 장소; (담당) 부서(部署) ⑤ 계급, 지위, 신분 ⑥ (동물 따위의) 서식지; 산지(産地). ⑦〖측량〗측점, 삼각점; 관측소, 연구소; 〖조선〗단면도. ⑧〖컴퓨터〗국 《네트워크를 구성하는 각 컴퓨터》.

988) sta·tion·ary: ① 움직이지 않는, 정지된, 멈춰 있는 ② 변화하지 않는《온도 따위》; 증감하지 않는《인구 등》. ③ 움직일 수 없게 장치한, 고정시킨《기계 등

989) knot: 〖항해〗노트《1시간에 1해리(약 1,852m)를 달리는 속도》

990) 정체 전선: (기상) 온난 기단과 한랭 기단의 경계면에 머무르며 천천히 움직이는 전선《장마의 원인이 됨. 장마 전선 따위》.

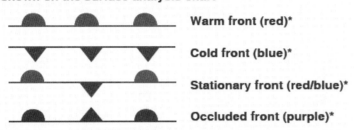

Symbols for surface fronts and other significant lines shown on the surface analysis chart

Warm front (red)*

Cold front (blue)*

Stationary front (red/blue)*

Occluded front (purple)*

* Note: Fronts may be black and white or color depending on their source. Also, fronts shown in color code do not necessarily show frontal symbols.

Steep[991] turns. In instrument[992] flight, any turn greater than standard rate[993]; in visual flight, anything greater than a 45°bank[994].

스팁 턴(가파른 선회). 계기 비행에서 표준 속도보다 큰 선회; 시계(視界) 비행에서 45°뱅크 보다 큰 어떤 것.

Stepdown[995] fix. The point after which additional descent is permitted within a segment[996] of an IAP[997].

스텝다운 픽스(단계적 감소지점). IAP의 세그먼트 내에서 추가 하강이 허용되는 후방 지점.

Stick[998] puller[999]. A device that applies aft pressure on the control column when the airplane is approaching the maximum operating speed.

스틱(조종간) 풀러. 항공기가 최대 운항 속도에 도달할 때 조종륜에 후미 압력을 가하는 장치.

---

991) steep: 가파른, 깎아지른 듯한, 급경 시진, 험한

992) in·stru·ment: ① (실험·정밀 작업용의) 기계(器械), 기구(器具), 도구 ② (비행기·배 따위의) 계기(計器) ③ 악기 ④ 수단, 방편(means); 동기(계기)가 되는 것(사람), 매개(자)

993) rate: ① 율(率), 비율 ② 가격, 시세 ③ 요금, 사용료 ④ 속도, 진도; 정도. ⑤ (시계의) 하루의 오차.

994) bank: 〖항공〗 뱅크《비행기가 선회할 때 좌우로 경사하는 일》

995) stép-dòwn: 단계적으로 감소하는; 전압을 낮추는; (기어가) 감속하는.

996) seg·ment: 단편, 조각; 부분, 구획

997) IAP: international airport.

998) stick: ① 막대기, 나무 토막, 잘라낸 나뭇가지. ② 〖음악〗 지휘봉; (자동차의) 기어용 레버; 〖항공〗 조종간; 〖인쇄〗 식자용 스틱(의 활자)

999) púll·er: ① 끄는 것; 뽑는 도구. ② 잡아당기는(끄는, 따는, 뽑는, 뜯는) 사람; 노 젓는 사람.

Figure 9-1. *Steep turns.*

Stick pusher[1000]**.** A device that applies an abrupt and large forward force on the control column when the airplane is nearing an <u>angle of attack</u>[1001] where a stall could occur.

스틱(조종간) 푸셔. 비행기가 실속이 발생할 수 있는 영각에 가까워질 때 조종륜에 급격하고 큰 전진력을 가하는 장치.

Stick shaker[1002]**.** An artificial stall warning device that vibrates the control column.

스틱(조종간) 쉐이커. 조종륜을 진동시키는 인공 실속 경고 장치.

[1003]**Strapdown system.** An INS in which the accelerometers and gyros are permanently "strapped down" or aligned with the three axes of the aircraft.

스트랩다운 시스템. 가속도계와 자이로가 영구적으로 "스트랩 다운"되거나 항공기의 세 축과 정렬되는 INS.

1000) púsh·er: 미는 사람(것); 억지가 센 사람, 오지랖 넓은 사람; 강매하는 사람; 【항공】 (프로펠러가 기체 뒤쪽에 있는) 추진식 비행기

1001) ángle of attáck: 【항공】 영각(迎角)《항공기의 익현(翼弦)과 기류가 이루는 각》.

1002) shak·er: ① 흔드는 사람(물건); 떠는 사람(물건); 교반기(攪拌器). ② 세이커《칵테일 따위를 만들기 위한 음료 혼합기》; 흔들뿌리개《소금·후추 따위를 담은》; 선동자.

1003) strap: ① 가죽 끈, 혁대. ② (전차 따위의) (가죽) 손잡이 ③ 고리, 띠. ④ 가죽 숫돌. ⑤ 견장. ⑥ 【기계】 쇠띠, 피대.

Stratoshere. A layer of the atmosphere above the tropopause[1004] extending to a height of approximately 160,000 feet.
스트라토셔. 약 160,000피트 높이까지 확장되는 대류권계면 위의 대기층.

Stress management[1005]. The personal analysis of the kinds of stress experienced while flying, the application of appropriate stress assessment tools, and other coping mechanisms.
스트레스 메니지먼트. 비행 중 경험한 스트레스 종류의 개인적인 분석, 적절한 스트레스 평가 도구의 적용 및 기타 대처 메커니즘.

Stress risers[1006]. A scratch, groove, rivet hole, forging defect or other structural discontinuity that causes a concentration of stress.
스트레스 라이저스(응력 폭도). 스크래치, 홈(바퀴자국), 리벳(대갈못) 구멍, 단조(위조) 결함 또는 응력 집중을 유발하는 기타 구조적 불연속성.

Stress. The body's response to demands placed upon it.
스트레스(응력). 동체에 부과된 필요사항에 대한 동체의 반응.

Structural icing. The accumulation of ice on the exterior of the aircraft.
구조물 착빙. 항공기 외부에 얼음의 축적.

Sublimation. Process by which a solid is changed to a gas without going through the liquid state.
승화. 고체가 액체 상태를 거치지 않고 기체로 변하는 과정.

Subsonic[1007]. Speed below the speed of sound.
아음속[1008]. 음속 이하의 속도.

1004) trop·o·pause: (the ~) 〖기상〗 대류권 계면(界面)《성층권과 대류권 사이의 경계면》.
1005) man·age·ment: ① 취급, 처리, 조종, 다루는 솜씨; 통어 ② 관리, 경영; 지배, 단속 ③ 경영력, 지배력, 경영 수완; 경영의 방법; 경영학 ④ 주변; 술수, 술책. ⑤ 운용, 이용, 사용.
1006) ris·er: ① 기상자(起床者) ② 반도(叛徒), 폭도.
1007) sub·sónic: 음속보다 느린, 아(亞)음속의《시속 700-750마일 이하》.
1008) 아음속: 음속보다는 약간 느린 속도.

Suction[1009] relief[1010] valve. A relief valve in an instrument[1011] vacuum[1012] system required to maintain the correct low pressure inside the instrument case for the proper operation of the gyros[1013].

석션 릴리프(흡입 안정) 밸브. 자이로의 적절한 작동을 위해 계기 케이스 내부의 정확한 저압을 유지하는 데 필요한 계기 진공 시스템의 릴리프(안정) 밸브.

Supercharger. An engine- or exhaust-driven air compressor used to provide additional pressure to the induction air so the engine can produce additional power.

수퍼차저(과급기). 엔진이 추가 동력을 생성할 수 있도록 유도 공기에 추가 압력을 공급하는 데 사용되는 엔진 또는 배기 구동식 공기 압축기.

Supercooled water droplets. Water droplets that have been cooled below the freezing point, but are still in a liquid state.

과냉각된 작은 물방울. 어는점 이하로 냉각되었지만 여전히 액체 상태인 작은 물방울.

Supersonic. Speed above the speed of sound.

초음속. 음속 이상의 속도.

Supplemental Type Certificate (STC). A certificate authorizing an alteration to an airframe, engine, or component that has been granted an Approved Type Certificate.

보충 유형 증명서/추가 형식 검증서(STC). 공인된 유형 증명서(형식 검증서)가 부여된 기체, 엔진 또는 구성 요소에 개조를 허가하는 증명서.

Surface analysis chart. A report that depicts an analysis of the current surface weather. Shows the areas of high and low pressure, fronts[1014], temperatures, defoliants, wind directions and speeds, local weather, and visual obstructions.

1009) suc·tion: 빨기; 빨아들이기; 빨아올리기; 빨아들이는 힘; 흡인 통풍(吸引通風); 흡입〔흡수〕관

1010) re·lief: ① a) (고통·곤란·지루함 따위의) 경감, 제거 b) 안심, 위안; 소창; 휴식 ② a) 구원, 구조, 구제; 원조 물자(자금) b) (버스·비행기 등의) 증편(增便). ③ 교체, 증원; 교체자〔병〕

1011) in·stru·ment: ① (실험·정밀 작업용의) 기계(器械), 기구(器具), 도구 ② (비행기·배 따위의) 계기(計器) ③ 악기 ④ 수단, 방편(means); 동기〔계기〕가 되는 것(사람), 매개(자)

1012) vac·u·um: ① 진공, 진공도(度) ② 공허, 공백.

1013) gy·ro-: '바퀴, 회전'이란 뜻의 결합사.

1014) front: ①(the ~) 앞, 정면, 앞면; (문제 따위의) 표면; (건물의) 정면, 앞쪽 ②【기상】전선(前線);【정치】전선

지표면 분석 차트. 현재 지표면 날씨의 분석을 나타내는 보고서. 고기압과 저기압, 전선, 온도, 이슬점, 풍향 및 속도, 지역 날씨, 시계(視界) 장애 방해물의 지역을 제시한다.

Swept wing. A wing <u>planform</u>[1015] in which the tips of the wing are farther back than the wing root.
스웹트 윙(휩쓸린 날개). 날개 끝이 날개 루트(밑동)보다 더 멀리 뒤쪽에 있는 날개 평면 도형.

<u>Synchro</u>[1016]. A device used to transmit <u>indications</u>[1017] of <u>angular</u>[1018] movement or position from one location to another.
싱크로. 한 위치에서 다른 위치로 각을 이룬 움직임 또는 위치의 표시 도수를 전송하는 데 사용되는 장치.

<u>Synthetic</u>[1019] vision. A realistic display depiction of the aircraft in relation to terrain and flight path.
합성적 시각. 지형 및 비행 경로와 관련된 항공기의 사실적인 화면표시 묘사.

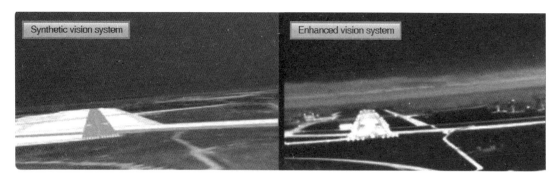

Figure 17-23. *Synthetic and enhanced vision systems.*

1015) plán·fòrm:〖항공〗평면 도형《위에서 본 날개 따위의 윤곽》

1016) syn·chro: 싱크로《회전 또는 병진의 변위를 멀리 전달하는 장치》.

1017) ìn·di·cá·tion: ① 지시, 지적: 표시; 암시 ② 징조, 징후 ③ (계기(計器)의) 시도(示度), 표시 도수

1018) an·gu·lar: ① 각을 이룬, 모진, 모난; 모서리진. ② 모퉁이(모서리)에 있는; 각도로 잰

1019) syn·thet·ic: ① 종합적인, 종합의. ②〖화학〗합성의, 인조의《고무 따위》; 대용의, 진짜가 아닌 ③〖언어학〗종합적인. ④〖논리학〗종합의.

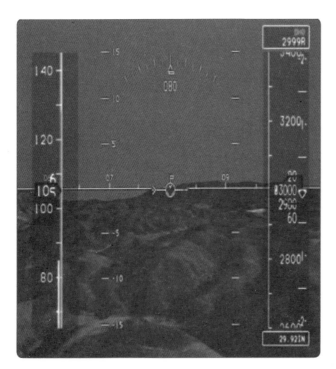

Figure 17-24. *SVS system.*

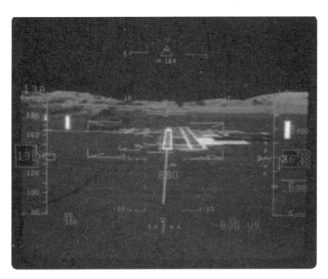

Figure 17-25. *Night time SVS system.*

TAA. See terminal arrival area.

TAA. 터미널 도착 지역을 참조.

TACAN. See tactical air navigation.

TACAN. 전술 공군(항공) 항법을 참조.

Tactical air navigation (TACAN). An electronic navigation system used by military aircraft, providing both distance and direction information.

전술공군(항공)항법(TACAN). 거리와 방향 정보를 모두 제시하는 군용 항공기에 사용되는 전자 항법 시스템

Tailwheel aircraft. See conventional landing gear.

테일휠(꼬리 바퀴) 항공기. 재래식 랜딩 기어를 참조.

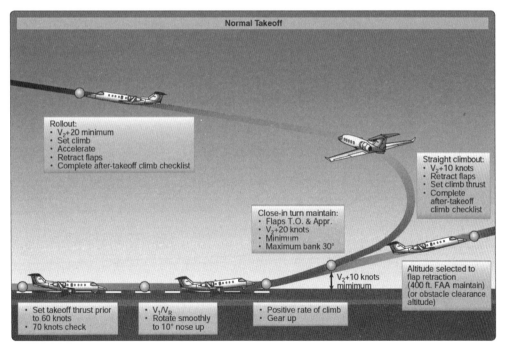

Figure 15-21. *Takeoff and departure profile.*

Takeoff decision speed (V₁). Per 14 CFR section 23.51: "the calibrated[1020] airspeed on the ground at which, as a result of engine failure or other reasons, the pilot assumed[1021] to have made a decision to continue or discontinue[1022] the takeoff."

이륙 결심(결정) 속도(V₁). 14 CFR 당 섹션(구간) 23.51: "엔진 고장 또는 기타 이유로 인해 조종사가 이륙을 계속하거나 중단하기로 결정을 취하는 지상에서의 서로 대조된 대기 속도".

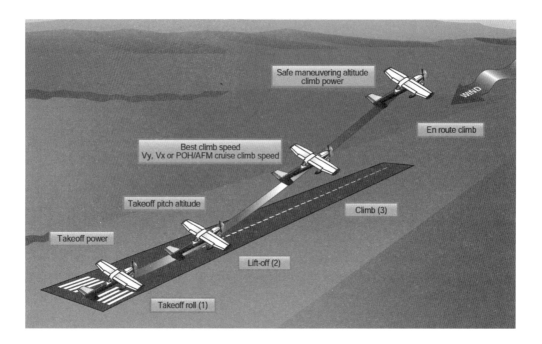

Takeoff distance. The distance required to complete an all-engines operative take-off to the 35-foot height. It must be at least 15 percent less than the distance required for a one-engine inoperative engine takeoff. This distance is not normally a limiting factor as it is usually less than the one- engine inoperative takeoff distance.

이륙 거리. 35피트 높이까지 모든 엔진이 작동하여 이륙을 완료하는 데 필요한 거리. 엔진 하나가 작동하지 않는 이륙거리에 필요한 거리보다 반드시 최소 15% 적어야 한다. 이 거리

1020) cal·i·brate: ① (계기의) 눈금을 빠르게 조정하다; 기초화하다; (온도계·계량 컵 등에) 눈금을 긋다. ② (총포 등의) 구경을 측정하다; (착탄점을 측정하여) 사정을 결정(수정)하다. ③《비유적》(…용으로) 조정하다, 대상을 (…에) 맞추고 궁리하다. ④ …을 다른 것과 대응시키다, 서로 대조하다.

1021) as·sume: ① 당연한 것으로 여기다, 당연하다고 생각하다 ② (태도를) 취하다; (임무·책임 따위를) 떠맡다 ③ (성질·양상을) 띠다, 나타내다

1022) dis·con·tin·ue: ① 그만두다, 중지하다 ② …의 사용을 중단하다; (정기 간행물의) 구독(발행)을 중지하다; ① 끝나다, 종결되다. ② 중지되다, 한 때 중단되다;

는 엔진 하나가 작동하지 않는 이륙거리보다 보통 적으므로 정상적으로 제한하는 계수(요인)는 아니다.

Takeoff roll[1023] **(ground roll).** The total distance required for an aircraft to become airborne.
이륙 횡전(그라운드 롤). 항공기가 이륙하는 데 필요한 총 거리.

Takeoff safety speed (V_2). Per 14 CFR part 1: "A referenced airspeed obtained after lift-off at which the required one engine-inoperative climb performance can be achieved."
이륙 안전 속도(V_2). 14 CFR 당 파트 1: "한개 엔진작동하지 않아도 상승 성능이 달성 가능한 이륙 후에 얻은 참고 표시된 대기 속도"

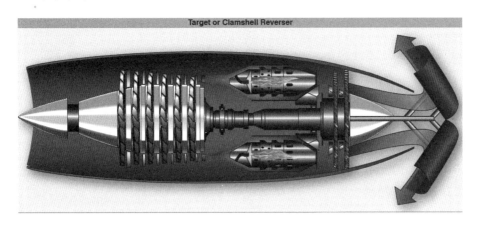
Target or Clamshell Reverser

Target reverser. A thrust[1024] reverser in a jet engine in which clamshell[1025] doors swivel[1026] from the stowed[1027] position at the engine tailpipe[1028] to block all of the outflow[1029] and redirect[1030] some component of the thrust forward.

1023) roll: ① 회전, 구르기. ② (배 등의) 옆질. ③ (비행기·로켓 등의) 횡전(橫轉). ④ (땅 따위의) 기복, 굽이침.
1024) thrust: ① 밀기 ② 찌르기 ③ 공격; 〖군사〗 돌격 ④ 혹평, 날카로운 비꼼 ⑤ 〖항공·기계〗 추력(推力).
1025) clám·shèll: 대합조개의 조가비; 〖기계〗 (준설기의) 흙 푸는 버킷; 〖항공〗 클램셸《제트 엔진의 추력 역전 장치》
1026) swiv·el: 회전 고리로 돌(리)다; 회전 고리를 달다(로 버티다, 로 멈추다); 선회하다(시키다).
1027) stow: 집어넣다《away; in》; 가득 채워 넣다《with》; 싣다, (방 따위에) …을 넣다(수용하다)
1028) táil·pìpe: (펌프의) 흡관(吸管); (자동차 뒤쪽에 있는) 배기관(排氣管); 〖항공〗 (제트 엔진의) 미관(尾管).
1029) óut·flòw: 유출; 유출물, 유출량
1030) rè·diréct: 방향을 고치다; 수신인 주소를 고쳐 쓰다(readdress).

타겟 리버서(대상 역전장치). 클레임셸 도어가 모든 유출을 차단하기 위해 엔진 미관(尾管)(제트 엔진)에서 가득 채워진 장소로부터 회전 고리로 돌리거나 전방 추력의 일부 구성 요소를 다시 보내는 제트 엔진의 추력 역전 장치.

TAWS. See terrain awareness and warning system.
TAWS. 지형 인식 및 경고 시스템을 참조.

Taxiway[1031] lights. Omnidirectional[1032] lights that outline[1033] the edges[1034] of the taxiway and are blue in color.
유도로 조명. 유도로 가장자리(테두리)를 윤곽으로 나타내고 색깔이 파란색인 전(全)방향성의 조명.

Taxiway turnoff lights. Lights that are flush with the runway[1035] which emit a steady green color.
유도로 차단 조명. 안정된 녹색을 발산하는 활주로에 빛나는 조명.

TCAS. See traffic alert collision avoidance system.
TCAS. 교통 경보 충돌 방지 시스템을 참조.

TCH. See threshold[1036] crossing height.
TCH. 경계 교차 고도 참조.

TDZE. See touchdown zone elevation[1037].
TDZE. (단시간의) 착륙/접지 구역 고도 참조.

TEC. See Tower En Route Control.

1031) táxi·wày: 〖항공〗 (공항의) 유도로(誘導路).
taxi: ① 택시로 가다(운반하다) ② 〖항공〗 육상(수상)에서 이동하(게 하)다《자체의 동력으로》.
1032) òmni·diréctional: 〖전자〗 전(全)방향성의
1033) out·line: ① 윤곽, 외형, 약도 ② 대요, 개요, 개설, 요강《of》; …의 윤곽을(약도를) 그리다(표시하다); …의 초안을 쓰다, 밑그림을 그리다
1034) edge: 끝머리, 테두리, 가장자리, 변두리, 모서리;《비유적》(나라·시대의) 경계; (the ~) 위기, 위험한 경지
1035) rún·wày: ① 주로(走路), 통로. ② 짐승이 다니는 길. ③ 〖항공〗 활주로
1036) thresh·old: ① 문지방, 문간, 입구. ②《비유적》발단, 시초, 줄발섬 ③ 한계, 경계,《특히》활주로이 맨 끝
1037) el·e·va·tion: ① 높이, 고도, 해발(altitude); 약간 높은 곳, 고지(height). ② 고귀(숭고)함, 고상. ③ 올리기, 높이기; 등용, 승진《to》; 향상. ④ 〖군사〗 (an ~) (대포의) 올려본각, 고각(高角).

TEC. 타워 엔 루트 컨트롤(타워 항공로상의 관제) 참조.

Technique[1038]**.** The manner in which procedures are executed. Telephone information briefing service (TIBS). An FSS service providing continuously updated automated telephone recordings of area and/or route weather, airspace[1039] procedures, and special aviation−oriented[1040] announcements[1041].

테크닉. 프로시듀어(절차)가 실행되는 방식. 전화 정보 브리핑 서비스(TIBS). 지역 및/또는 경로 날씨, 공역 절차 및 특별 항공기를 중심으로 하는 알림에 관하여 지속적으로 업데이트 되는 자동 전화 녹음을 제공하는 FSS 서비스.

Temporary flight restriction (TFR). Restriction to flight imposed in order to: 1) Protect persons and property in the air or on the surface from an existing or imminent[1042] flight associated hazard; 2) Provide a safe environment for the operation of disaster relief aircraft; 3) Prevent an unsafe congestion[1043] of sightseeing[1044] aircraft above an incident[1045]; 4) Protect the President, Vice President, or other public figures; and, 5) Provide a safe environment for space agency operations. Pilots are expected to check appropriate NOTAMs[1046] during flight planning when conducting flight in an area where a temporary flight restriction is in effect.

임시 비행 제한(TFR). 다음을 위해 부과된 비행 제한: 1) 기존 또는 위험에 관련된 임박한 비행으로부터 공중 또는 지상에서 사람과 재산을 보호. 2) 재난구조항공기의 운용을 위한 안전한 환경을 제공. 3) 사고발생시 관광 항공기의 불안전한 혼잡을 방지. 4) 대통령, 부통령, 그 밖의 공인을 보호하는 행위. 그리고, 5) 우주국 운영을 위한 안전한 환경을 제공. 조종사는 임시 비행 제한이 시행되는 지역에서 비행을 수행할 때 비행 계획 중에 적절한 NOTAM을 확인해야 한다.

1038) tech·nique. ① (전문) 기술《학문·과학연구 따위의》. ② (예술상의) 수법, 기법, 기교, 테크닉, 예풍(藝風), 화풍; (음악의) 연주법. ③ 수완, 솜씨, 역량.

1039) áir spàce: (실내의) 공적(空積); (벽 안의) 공기층; (식물조직의) 기실(氣室); 영공(領空); 【군사】 (편대에서 차지하는) 공역(空域); (공군의) 작전 공역; 사유지상(私有地上)의 공간.

1040) −o·ri·en·ted: '…지향의, 좋아하는, 본위의, 중심으로 한'의 뜻의 결합사

1041) an·nounce·ment: 알림, 공고, 고시, 발표, 공표, 성명, 예고; 통지서, 발표문, 성명서

1042) im·mi·nent: 절박한, 급박한, 긴급한(impending)

1043) con·ges·tion: 혼잡, 붐빔; (인구) 과잉, 밀집; (화물 등의) 폭주

1044) sight·see·ing: 관광, 구경, 유람; 관광(유람)의

1045) in·ci·dent: (부수적으로) 일어나기 쉬운, 흔히 있는; 부수하는

1046) NOTAM: 【항공】 (승무원에 대한) 항공 정보. [◀Notice to airmen]

Tension[1047]**.** Maintaining an excessively strong grip on the control column, usually resulting in an overcontrolled situation.

텐션(켕김). 조종륜을 지나치게 강하게 쥐고 있으면 일반적으로 과도한 조종 상황이 되는 결과가 됨.

Terminal[1048] **aerodrome forecast (TAF).** A report established for the 5 statute mile radius[1049] around an airport. Utilizes the same descriptors and abbreviations as the METAR report.

터미널 비행장 예보(TAF). 공항 주변의 5가지 법령 마일 범위에 대해 제정된 리포트(공보). METAR 리포트(공보)와 동일한 설명어 및 약어를 사용한다.

Terminal arrival area (TAA). A procedure to provide a new transition method for arriving aircraft equipped with FMS and/or GPS navigational equipment. The TAA contains a "T" structure that normally provides a NoPT for aircraft using the approach.

터미널 도착 지역(TAA). FMS 및/또는 GPS 항법 장비가 장착된 도착 항공기에 대한 새로운 전환 방법을 제공하는 절차. TAA는 일반적으로 활주로로의 진입 방식을 사용하는 항공기에 NoPT를 제공하는 "T" 구조를 포함한다.

Terminal instrument approach procedure (TERP). Prescribes standardized methods for use in designing instrument flight procedures.

터미널 계기 활주로로의 진입 절차(TERP). 계기 비행 절차 계획에서 사용하기 위한 표준화된 방법을 규정.

Terminal radar service areas (TRSA). Areas where participating[1050] pilots can receive additional radar services. The purpose of the service is to provide separation between all IFR[1051] operations and participating VFR[1052] aircraft.

1047) ten·sion: ① 팽팽함; 켕김, 긴장; ② a) 〖물리학〗 장력, 응력(應力); (기체의) 팽창력, 압력 b) 〖전기〗 전압

1048) ter·mi·nal: ① 끝, 말단; 어미. ② 종점, 터미널, 종착역, 종점 도시; 에어터미널; 항공 여객용 버스 발착장; 화물의 집하·발송역 ③ 학기말 시험. ④ 〖전기〗 전극, 단자(端子); 〖컴퓨터〗 단말기; 〖생물〗 신경 말단.

1049) ra·di·us: ① (원·구의) 반지름; 반지름 내의 범위 ② (행동·활동 따위의) 범위, 구역 ③ 방사상(放射狀)의 것

1050) par·tic·i·pate: ① 참가하다, 관여하다, 관계하다《in; with》 ② (…의) 성질을 띠다, (…한) 데가 있다《of》; …에 참여하다. …의 일부를 얻다.

1051) IFR: instrument flight rules (계기 비행 규칙)

1052) VFR: 〖항공〗 visual flight rules(유시계(有視界) 비행 규칙).

터미널 레이더 서비스 지역(TRSA). 관계가 되는 조종사가 부가적 레이더 서비스를 받을 수 있는 지역. 서비스의 목적은 모든 IFR 가동과 관계되는 VFR 항공기사이에 분리를 규정하기 위함이다.

TERP. See terminal instrument approach procedure.
TERP. 터미널 계기 활주로로의 진입 절차를 참조.

Terrain awareness and warning system (TAWS). A <u>timed</u>[1053]–<u>based</u>[1054] system that provides information concerning potential hazards with fixed objects by using GPS positioning and a database of terrain and obstructions to provide true predictability of the upcoming terrain and obstacles.
지형 인식 및 경고 시스템(TAWS). 다가오는 지형과 장애물에 대한 실제 예측 가능성을 알려주기 위해 GPS 포지셔닝과 지형 및 장애물 데이터베이스를 사용하여 고정된 물체의 잠재적 위험에 관한 정보를 주는 타임드–베이스드(시간 기반) 시스템.

Tetrahedron. A large, triangular-shaped, kite-like object installed near the <u>runway</u>[1055]. Tetrahedrons are mounted on a <u>pivot</u>[1056] and are free to swing with the wind to show the pilot the direction of the wind as an aid in takeoffs and landings.
사면체. 활주로 근처에 설치되는 큰 삼각형 모양의 연 같은 물체. 사면체는 피벗에 장착되어 이륙 및 착륙에 도움이 되는 바람의 방향을 조종사에게 보여주기 위해 바람으로 자유롭게 흔들린다.

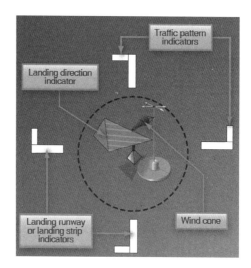

1053) timed:. 일정 시각(시간 후)에 작동(발생)하도록 장치한; 때가 마침 …한
1054) (-)based: (…에) 보급·작전의 기지를 가진
1055) rún·wày: ① 주로(走路), 통로. ② 짐승이 다니는 길. ③ 〖항공〗 활주로
1056) piv·ot: ① 〖기계〗 피벗, 선회축(旋回軸), 추축(樞軸); (맷돌 따위의) 중쇠; (부채 따위의) 사북. ② 추요부(樞要部), 중심점, 요점.

TFR. See temporary flight restriction.

TFR. 임시 비행 제한을 참조.

The design <u>maneuvering</u>[1057] speed. This is the "rough air" speed and the maximum speed for abrupt maneuvers. If during flight, rough air or severe turbulence is encountered, reduce the airspeed to maneuvering speed or less to minimize stress on the airplane structure. It is important to consider weight when referencing this speed. For example, VA may be 100 knots when an airplane is heavily loaded, but only 90 knots when the <u>load</u>[1058] is light.

계획적 기술을 요하는 조작 속도. 이것은 갑작스러운 기술을 요하는 조작에 대한 "거친 공기" 속도와 최대 속도이다. 비행하는 동안 거친 공기 혹은 심각한 난기류에 직면한다면 기술을 요하는 조작 속도로 대기 속도를 줄이거나 비행기 구조물에 응력을 최소화하기 위해 속도를 줄인다. 이 속도를 참조할 때 무게를 고려하는 것이 중요하다. 예를 들어, VA는 비행기에 무거운 하중이 가해지면 100노트일 수 있지만 하중이 가벼울 때는 90노트에 불과하다.

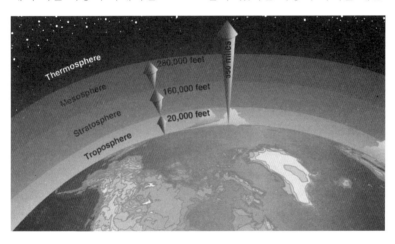

<u>Thermosphere</u>[1059]. The last layer of the atmosphere that begins above the <u>meso-sphere</u>[1060] and gradually fades away into space.

1057) ma·neu·ver: ① 〖군사〗 연습하다, 군사 행동을 하다. ② (…하기 위해) 책략을 쓰다; (정당 등이) 전략적으로 정책〔입장〕 등을 전환하다: ① (군대·함대를) 기동〔연습〕시키다; 군사 행동을 하게 하다. ② (사람·물건을) 교묘하게 유도하다〔움직이다〕; (사람을) 계략적으로 이끌다; 교묘한 방법으로 (결과를) 이끌어내다

1058) load ① 적하(積荷), (특히 무거운) 짐 ② 무거운 짐, 부담; 근심, 걱정 ③ 적재량, 한 차, 한 짐, 한 바리 ④ 일의 양, 분담량 ⑤ 〖물리학·기계·전기〗 부하(負荷), 하중(荷重); 〖유전학〗 유전 하중(荷重) ⑥ 〖컴퓨터〗 로드, 적재《⑴ 입력장치에 데이터 매체를 걺. ⑵ 데이터나 프로그램 명령을 메모리에 넣음》. ⑦ (화약·필름) 장전; 장탄.

1059) thérmo·sphère: (the ~) 열권(熱圈), 온도권《지상 80km 이상》

1060) mes·o·sphere: 〖기상〗 (the ~) 중간권《성층권과 열권(熱圈)의 중간; 지상 30-80km 층》.

열권. 중간권 위에서 시작하여 점차 우주로 사라지는 대기의 마지막 층.

Threshold crossing height (TCH). The theoretical height above the <u>runway</u>[1061] threshold at which the aircraft's glideslope antenna would be if the aircraft maintained the trajectory established by the mean <u>ILS</u>[1062] <u>glideslope</u>[1063] or <u>MLS</u>[1064] glidepath.

경계 교차 고도(TCH). 항공기가 평균 ILS 활공 경사 또는 MLS 활공 경로에 의해 설정된 궤적을 유지하는 경우 항공기의 활공 경사 안테나가 되는 활주로 경계 위의 이론적 고도.

Throttle. The valve in a carburetor or fuel <u>control</u>[1065] <u>unit</u>[1066] that determines the amount of fuel-air mixture that is fed to the engine.

스로틀 밸브 혹은 스로틀 레버(조절판). 엔진에 공급되는 연료-공기 혼합물의 양을 결정하는 기화기 또는 연료 제어 장치의 밸브.

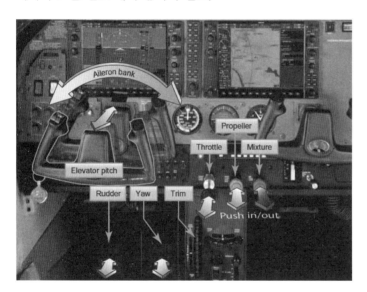

1061) rún·wày: ① 주로(走路), 통로. ② 짐승이 다니는 길. ③ 〖항공〗 활주로

1062) ILS: 〖항공〗 instrument landing system (계기 착륙 장치).

1063) glíde pàth: 〖항공〗《특히》 계기비행 때 무선신호에 의한 활강 진로.

1064) MLS: 〖항공〗 microwave landing system.

1065) con·trol: ① 지배(력); 관리, 통제, 다잡음, 단속, 감독(권) ② 억제, 제어; (야구 투수의) 제구력(制球力) ③ 통제〔관리〕 수단: (pl.) (기계의) 조종장치; (종종 pl.) 제어실, 관제실〔탑〕; 〖컴퓨터〗 제어. ④ (실험 결과의) 대조 표준: 대조부(簿) ⑤ 단속자, 관리인. ① 지배하다: 통제〔관리〕하다, 감독하다. ② 제어〔억제〕하다

1066) unit: ① 단위, 구성(편성) 단위 ③ 〖군사〗 (보급) 단위, 부대 ④ (기계·장치의) 구성 부분; (특정 기능을 가진) 장치〔설비, 기구〕 한 세트

Thrust[1067] **(aerodynamic force).** The forward aerodynamic force produced by a pro-peller, fan, or turbojet engine as it forces a mass[1068] of air to the rear, behind the aircraft.

추력(공기 역학적 힘). 항공기 뒤의 후방으로 공기 덩어리를 강제로 밀어내는 것으로 프로펠러, 팬 또는 터보제트 엔진에 의해 생성되는 전방 공기역학적 힘.

Thrust[1069]**.** The force which imparts a change in the velocity of a mass. This force is measured in pounds but has no element of time or rate. The term "thrust re-quired" is generally associated with jet engines. A forward force which propels the airplane through the air.

트러스트(추력). 질량의 속도를 변화시키는 힘. 이 힘은 파운드로 측정되지만 시간이나 속도의 요소는 없다. "추력 요구"라는 용어는 일반적으로 제트 엔진과 관련이 있다. 공기를 통과시켜 비행기를 추진시키는 전진력.

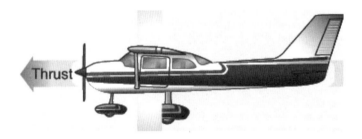

Thrust line. An imaginary line passing through the center of the propeller hub[1070], perpendicular[1071] to the plane of the propeller rotation.

트러스트 라인(추력 선). 프로펠러 회전면에 수직인 프로펠러 허브의 중심을 통과하는 가상의 선.

Thrust reversers. Devices which redirect[1072] the flow of jet exhaust to reverse the direction of thrust.

1067) thrust: ① 밀기 ② 찌르기 ③ 공격; 【군사】 돌격 ④ 혹평, 날카로운 비꼼 ⑤ 【항공·기계】 추력(推力). ⑥ 【광물학】 갱도 천장의 낙반. ⑦ 【지질】 스러스트, 충상(衝上)(단층). ⑧ 요점, 진의(眞意), 취지.

1068) mass: ① 덩어리 ② 모임, 집단, 일단 ③ 다량, 다수, 많음 ④ (the ~) 대부분, 주요부 ⑤ (the ~es) 일반 대중, 근로자(하층) 계급. ⑥ 부피; 크기; 【물리학】 질량.

1069) thrust: ① 밀기 ② 찌르기 ③ 공격; 【군사】 돌격 ④ 혹평, 날카로운 비꼼 ⑤ 【항공·기계】 추력(推力)

1070) hub: ① (차륜의) 바퀴통; (선풍기·프로펠러 등의 원통형) 중심축. ② (활동·권위·상업 등의) 중심, 중추.

1071) per·pen·dic·u·lar: 직각을 이루는《to》; 수직의, 직립한; (P-) 【건축】 수직식의; 깎아지른, 험한, 절벽의

1072) rè·diréct: 방향을 고치다; 수신인 주소를 고쳐 쓰다

스러스트 리버서(추력 반전기). 추력의 방향을 반대로 하기 위해 제트 배기의 흐름방향을 고치는 장치.

Time and speed table. A table depicted on an instrument[1073] approach procedure chart that identifies the distance from the FAF to the MAP, and provides the time required to transit that distance based on various groundspeeds.

타임 앤 스피드 테이블(시간 및 속도 표). FAF[1074]에서 MAP[1075]까지의 거리를 식별하고 다양한 대지/지상 속도를 기반으로 거리를 이동하는 데 필요한 시간을 제시하는 계기 활주로로의 진입 절차 차트에 표시된 표.

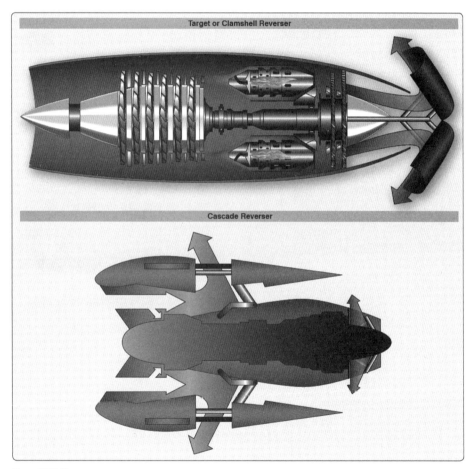

Figure 15-19. *Thrust reversers.*

1073) in·stru·ment: ① (실험·정밀 작업용의) 기계(器械), 기구(器具), 도구 ② (비행기·배 따위의) 계기(計器) ③ 악기 ④ 수단, 방편(means); 동기(계기)가 되는 것(사람), 매개(자)

1074) FAF: final approach fix(최종 활주로로의 진입 위치결정)

1075) MAP: missed approach point(진입 복행 지점)

Timed turn[1076]**.** A turn in which the clock and the turn coordinator are used to change heading a definite number of degrees in a given time.

타임(드) 턴. 시계와 회전 조정물이 주어진 시간에 분명한 각도의 숫자로 방향을 변경하는 데 사용되는 회전.

Timing[1077]**.** The application of muscular coordination at the proper instant to make flight, and all maneuvers[1078] incident thereto, a constant[1079] smooth process.

타이밍. 적절한 순간에 근육 협응을 적용하여 비행과 그에 따른 모든 비행조종을 지속적으로 원활하게 진행한다.

Tire cord. Woven[1080] metal wire laminated[1081] into the tire to provide extra strength. A tire showing any cord must be replaced prior to any further flight.

타이어 코드. 추가 강도를 주기 위해 타이어 내부에 적층판으로 만들어 짠 금속 철사. 코드가 표시된 타이어는 추가 비행 전에 교체해야 한다.

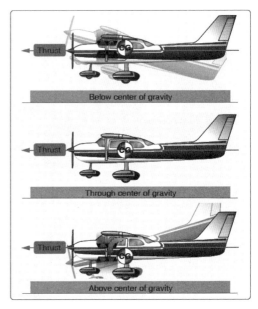

Figure 5-26. *Thrust line affects longitudinal stability.*

1076) timed turn: 일정 시각(시간 후)에 작동(발생)하도록 장치한; 때가 마침 …한

1077) tim·ing: 타이밍《경기·극 등에서 가장 좋은 순간을 포착하기, 또는 속도를 조절하기》; (스톱워치에 의한) 시간 측정.

1078) ma·neu·ver: ① a) 【군사】 (군대·함대의) 기동(機動) 작전, 작전적 행동; (pl.) 대연습, (기동) 연습. b) 기술을 요하는 조작(방법); 살짝 몸을 피하는 동작. ② 계략, 책략, 책동; 묘책; 교묘한 조치. ③ (비행기) 방향 조종.

1079) con·stant: ① 변치 않는, 일정한; 항구적인, 부단한. ② (뜻 따위가) 부동의, 불굴의, 견고한. ③ 성실한, 충실한 ④ 〔서술적〕 (한 가지를) 끝까지 지키는《to》.

1080) weave: ① 짜다, 뜨다, 엮다, 겯다, 치다; 얽다 ② 엮다, 짜다 ③ 만들어 내나; …을 (…로) 엮다 ④ 짜넣다 ⑤ 사이를 헤집듯 (몸 따위를) 나가게 하다

1081) lam·i·nate: 얇은 판자로(조각으로) 만들다, (금속을) 박으로 하다; …에 박판을 씌우다; 적층판으로 만들다

TIS. See traffic information service.
TIS. 교통정보 서비스를 참조.

Title 14 of the Code of Federal Regulations (14 CFR). Includes the federal aviation regulations governing the operation of aircraft, airways, and airmen.
연방 규정집(14 CFR)의 표제 14. 항공기, 항로 및 비행사 운용을 관장하는 연방 항공 규정을 포함한다.

Torque meter. An indicator used on some large reciprocating engines or on turbo-prop engines to indicate the amount of torque the engine is producing.
토크 미터. 엔진이 생성하는 토크의 양을 표시하기 위해 일부 대형 왕복엔진 혹은 터보프롭 엔진에서 사용된 표시기.

Torque sensor. See torque meter.
토크 센서. 토크 미터를 참조.

Torque[1082]**.** (1) A resistance to turning or twisting. (2) Forces that produce a twisting or rotating motion. (3) In an airplane, the tendency of the aircraft to turn (roll[1083]) in the opposite direction of rotation of the engine and propeller. (4) In helicopters with a single, main rotor system, the tendency of the helicopter to turn in the opposite direction of the main rotor rotation.
토크. (1) 회전이나 비틀림에 대한 저항. (2) 비틀거나 회전하는 운동을 일으키는 힘. (3) 비행기에서 엔진과 프로펠러의 회전 반대 방향으로 항공기가 선회(구름)하려는 경향. (4) 단일, 메인 로터 시스템을 가진 헬리콥터에서 헬리콥터가 메인 로터 회전의 반대 방향으로 회전하는 경향.

Torquemeter. An instrument[1084] used with some of the larger reciprocating engines and turboprop or turboshaft engines to measure the reaction between the propeller reduction gears and the engine case.

1082) torque: 〖기계〗 토크; 〖물리학〗 토크; 〔 일반적 〕 회전시키는(비트는) 힘, 염력.
1083) roll: ① 회전, 구르기. ② (배 등의) 옆질. ③ (비행기·로켓 등의) 횡전(橫轉). ④ (땅 따위의) 기복, 굽이침. ⑤ 두루마리, 권축(卷軸), 둘둘 만 종이, 한 통, 롤
1084) in·stru·ment: ① (실험·정밀 작업용의) 기계(器械), 기구(器具), 도구 ② (비행기·배 따위의) 계기(計器) ③ 악기 ④ 수단, 방편(means); 동기(계기)가 되는 것(사람), 매개(자)

토크미터. 프로펠러 감속 기어와 엔진 케이스 사이의 반응을 측정하기 위해 일부 대형 왕복 엔진 및 터보프롭 또는 터보샤프트 엔진과 함께 사용되는 기계.

Total drag. The sum of the parasite and induced drag[1085].

총계 항력. 유해 항력과 유도 항력의 합계.

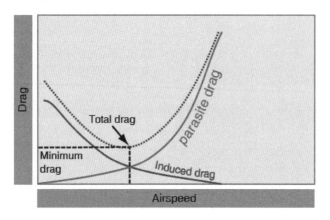

Touchdown zone elevation[1086] **(TDZE).** The highest elevation in the first 3,000 feet of the landing surface, TDZE is indicated on the instrument approach procedure chart when straight-in landing minimums are authorized.

터치다운 존(단시간의 착륙/접지 구역) 고도(TDZE). 착륙 지상의 처음 3,000피트에서 가장 높은 고도인 TDZE는 직선 착륙 최소값이 승인된 경우 계기 활주로로의 진입 절차 차트에 표시된다.

Touchdown[1087] **zone lights.** Two rows of transverse light bars disposed symmetrically about the runway[1088] centerline in the runway touchdown zone.

터치다운 존(단시간의 착륙/접지 구역 조명). 활주로 접지 구역에서 활주로 중심선 부근의 대칭적으로 배치되어 가로지르는 조명의 두 줄.

1085) indúced dróg: 〖유체역학〗 유도 항력(抗力)

1086) el·e·va·tion: ① 높이, 고도, 해발(altitude); 약간 높은 곳, 고지(height). ② 고귀〔숭고〕함, 고상. ③ 올리기, 높이기; 등용, 승진《to》: 향상. ④ 〖군사〗 (an ~) (대포의) 올려본각, 고각(高角).

1087) tóuch·dòwn: ① 〖항공〗 (단시간의) 착륙.

1088) rún·wày: ① 주로(走路), 통로. ② 짐승이 다니는 길. ③ 〖항공〗 활주로

Tower En Route Control (TEC). The control of <u>IFR</u>[1089] en route traffic within <u>del-egated</u>[1090] <u>airspace</u>[1091] between two or more <u>adjacent</u>[1092] approach <u>control</u>[1093] facilities, designed to expedite traffic and reduce control and pilot communication requirements.

타워 엔 루트 컨트롤(관제탑 항공로상의 관제, TEC). 교통량을 신속히 처리하고 관제 및 파일럿 통신 요구 사항을 줄이기 위해 설계된, 둘 혹은 두 개 이상의 인접한 활주로로의 진입 관제 시설 사이의 위임된 공역 내에서 항공로상의 교통량 IFR 관제.

TPP. See United States Terminal Procedures Publication.
TPP. 미국 터미널 절차 간행물을 참조.

Track[1094]**.** The actual path made over the ground in flight.
트랙(항로). 비행 중 지상위에 만들어진 실제 경로.

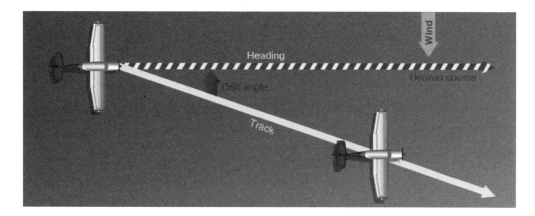

1089) IFR: instrument flight rules (계기 비행 규칙)

1090) del·e·gate: ① 대리(대표)로 보내다(파견하다), 대리로 내세우다 ② (권한 등을) 위임하다

1091) áir spàce: (실내의) 공적(空積); (벽 안의) 공기층; (식물조직의) 기실(氣室); 영공(領空);〖군사〗(편대에서 차지하는) 공역(空域); (공군의) 작선 늑역; 사유지상(私有地上)의 공간.

1092) ad·ja·cent: 접근한, 인접한, 부근의

1093) con·trol: ① 지배(력); 관리, 통제, 다잡음, 단속, 감독(권) ② 억제, 제어 ③ 통제(관리) 수단; (pl.) (기계의) 조종장치; (종종 pl.) 제어실, 관제실(탑);〖컴퓨터〗제어. ④ (실험 결과의) 대조 표준; 대조부(簿) ⑤ 단속자, 관리인. ① 지배하다; 통제(관리)하다, 감독하다 ② 제어(억제)하다

1094) track: ① 지나간 자국, 흔적; 바퀴 자국; (사냥개가 좋는 짐승의) 냄새 자국; (pl.) 발자국 ② 통로, 밟아 다져져 생긴 길, 소로 ③ (인생의) 행로, 진로; 상도(常道); 방식 ④ a) 진로, 항로 b)〖항공〗항적(航跡)《미사일·항공기 등의 비행 코스의 지표면에 대한 투영(投影)》.

1095) track: ① 지나간 자국, 흔적; 바퀴 자국; (사냥개가 좋는 짐승의) 냄새 자국; (pl.) 발자국 ② 통로, 밟아 다져져 생긴 길, 소로 ③ (인생의) 행로, 진로; 상도(常道); 방식 ④ a) 진로, 항로 b)〖항공〗항적(航跡)《미사일·항공기 등의 비행 코스의 지표면에 대한 투영(投影)》.

Tracking[1096]**.** Flying a heading that will maintain the desired track to or from the station regardless of crosswind conditions.

트랙킹(바른 코스 가기). 측풍 조건에 관계없이 스테이션으로부터 또는 원하는 쪽으로 항로(트랙)를 유지하는 방향으로 비행.

Traffic Alert[1097]** Collision Avoidance**[1098] **System (TCAS).** An airborne system developed by the FAA that operates independently from the ground-based Air Traffic Control system. Designed to increase flight deck awareness of proximate aircraft and to serve as a "last line of defense" for the prevention of midair collisions.

교통 경보 충돌 방지 시스템(공중 충돌 방지 시스템, TCAS). 지상 기반 항공 교통 관제 시스템으로부터 독립적으로 운용하는 FAA에서 개발한 항공 수송 시스템. 근접 항공기의 조종실 주의 및 경계를 높이고 공중 충돌 방지를 위한 "최종 방어선" 역할을 하도록 설계되었다.

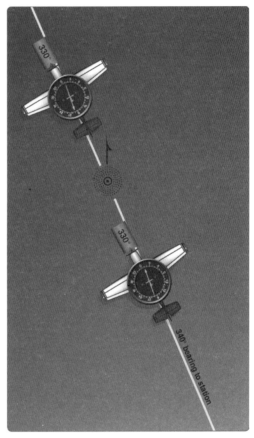

Figure 16-39. *ADF tracking.*

1096) track: ① …의 뒤를 쫓다, 추적하다; 탐지하다 ② (길을) 가다; (사막 등을) 횡단(종단)하다: ① 추적하다; 예상대로의(바른) 코스를 가다; (양쪽 바퀴가) 일정 간격을 유지하다, 궤도에 맞다

1097) alert: ① 방심 않는, 정신을 바짝 차린, 빈틈없는 ② (동작이) 기민한, 민첩한, 날쌘: ① 경계(체제); 경보 (alarm). ② 경계 경보 발령 기간.

1098) avoid·ance: 회피, 기피, 도피; (성직 따위의) 결원, 공석

Traffic information service (TIS). A ground-based service providing information to the flight deck via data link using the S-mode transponder[1099] and altitude encoder[1100] to improve the safety and efficiency of "see and avoid" flight through an automatic display that informs the pilot of nearby traffic.

교통 정보 서비스(TIS). 조종사에게 주변 교통 정보를 알려주는 자동 디스플레이를 통하여 "발견 후 회피" 비행의 안전성과 효율성을 향상시키기 위한 S-모드 트랜스폰더와 고도 인코더를 사용하는 데이터 링크를 통해 조종실에 정보를 제공하는 지상 기반 서비스.

Trailing edge. The portion of the airfoil where the airflow over the upper surface rejoins the lower surface airflow.

날개 뒷전. 상부 표면 위의 기류가 하부 표면 기류와 재결합하는 에어포일 부분.

Transcribed[1101] Weather Broadcast (TWEB). An FSS service, available in Alaska only, providing continuously updated automated broadcast of meteorological[1102] and aeronautical[1103] data over selected L/MF and VOR[1104] NAVAIDs.

녹화 기상 방송(TWEB). 지속적으로 업데이트된 자동 기상방송과 선택된 L/MF 및 VOR NAVAID를 통하여 항공 자료를 제시하는 알래스카에서만 사용가능한 FSS 서비스.

Transition[1105] liner[1106]. The portion of the combustor that directs the gases into the turbine plenum.

트랜지션 라이너. 가스를 터빈 플레넘으로 바로 보내는 연소기의 부분.

Transonic[1107]. At the speed of sound.

트랜소닉(천음속). 소리의 속도로.

1099) tran·spon·der: 트랜스폰더《외부 신호에 자동적으로 신호를 되보내는 라디오 또는 레이더 송수신기》.
1100) en·cód·er: 암호기; 〖컴퓨터〗 부호기(coder), 인코더.
1101) tran·scribe: ① 베끼다, 복사하다; (속기·외국 문자 따위를) 다른 글자로 옮겨 쓰다, 전사(轉寫)하다; (견문 따위를) 문자화하다. ②(소리를) 음성〔음소(音素)〕기호로 나타내다; 번역하다; 녹음〔녹화〕(방송)하다.
1102) me·te·or·o·log·i·cal: 기상의, 기상학상(上)의
1103) aer·o·nau·tic, -ti·cal: 항공학의, 비행술의; 기구〔비행선〕승무원의.
1104) VOR: very-high-frequency omnirange(초단파 전(全)방향식 무선 표지(標識)).
1105) tran·si·tion: ① 변이(變移), 변천, 추이; 과도기. ②〖물리학〗전이(轉移), 천이(遷移).
1106) lin·er: ① 정기선《특히 대양 항해의 대형 쾌속선》② 전열함(戰列艦). ③ 선을 긋는 사람〔기구〕
1107) tran·son·ic: 음속에 가까운; 〖물리학〗천음속(遷音速)의《음속의 0.8배-1.4배 정도》.

Transponder[1108] code. One of 4,096 four-digit discrete[1109] codes ATC[1110] assigns to distinguish between aircraft.

트랜스폰더 코드. 4,096개의 4자리 숫자 이산 코드 ATC중의 하나는 항공기 사이를 구분하기 위해 할당한다.

Transponder. The <u>airborne</u>[1111] portion of the ATC radar beacon system. The airborne portion of the secondary surveillance radar system. The transponder emits a reply when queried by a radar facility.

트랜스폰더(응답기). ATC 레이더 비컨(표지) 시스템의 공중 부분. 보조 감시 레이더 시스템의 공중 부분. 트랜스폰더는 레이더 시설에서 질문을 받으면 응답을 내보낸다.

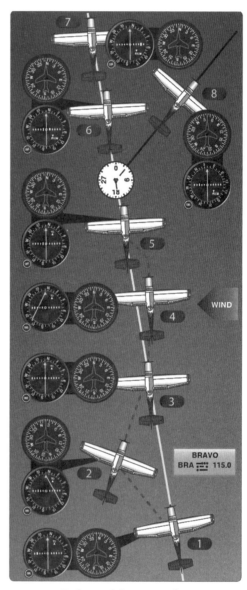

Figure 16-32. *Tracking a radial in a crosswind.*

1108) tran·spon·der: 《외부 신호에 자동적으로 신호를 되보내는 라디오 또는 레이더 송수신기》

1109) dis·crete: ① 따로따로의, 별개의, 분리된; 구별된; 불연속의; ② 〖물리학〗 이산적(離散的)인

1110) ATC: Air Traffic Control

1111) áir·bòrne ① 공수(空輸)의 ② 〔 서술적 〕 이륙하여, (공중에) 떠.

Trend[1112]. Immediate indication of the direction of aircraft movement, as shown on instruments[1113].

트렌드(방향). 계기에 표시된 대로 항공기 이동 방향의 즉각적인 표시 도수.

Tricycle gear. Landing gear employing a third wheel located on the nose of the aircraft.

트라이 싸이클 기어(삼륜 장치). 항공기 기수에 위치한 세 번째 바퀴를 사용하는 착륙 장치.

Trim[1114] **tab**[1115]. A small auxiliary[1116] hinged[1117] portion of a movable control[1118] surface that can be adjusted during flight to a position resulting in a balance of control forces.

트림 태브. 조종력의 균형에서 생기는 위치로 비행하는 동안 보정 될 수 있는 움직임이 가능한 조종면/비행익면의 작은 보조 중심 부분.

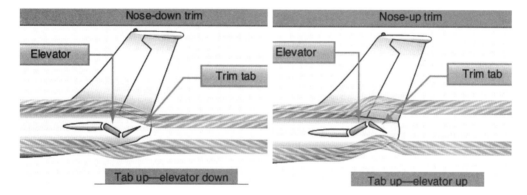

1112) trend: ① 방향;《비유적》경향, 동향, 추세; 시대 풍조 ② (길·강·해안선 따위의) 방향, 기울기.

1113) in·stru·ment: ① (실험·정밀 작업용의) 기계(器械), 기구(器具), 도구 ② (비행기·배 따위의) 계기(計器) ③ 악기 ④ 수단, 방편(means); 동기(계기)가 되는 것(사람), 매개(자)

1114) trim: 【항공】 (기체를) 수평으로 유지하다. 【항공】 (비행기의) 자세. ① 정돈; 정돈된 상태, 정비, 채비, 준비; 몸차림. 【항해】 (배의) 균형, 트림, 평형 상태; 잠수함의 부력; 【항공】 (비행기의) 자세.

1115) tab: 【항공】 태브《보조익(翼)·방향타(舵) 따위에 붙어 있는 작은 가동 날개》.

1116) aux·il·ia·ry: 보조의, 부(副)의; 예비의; (범선이) 보조 기관이 달린; (함정이) 보급·정비 따위의 비전투용의

1117) hinge: ① 돌쩌귀를 달다. ② 조건으로 하다, …에 의해 정하다; ① 돌쩌귀로 움직이다. ② …여하에 달려 있다, …에 따라 정해지다

1118) con·trol: ① 지배(력); 관리, 통제, 다잡음, 단속, 감독(권) ② 억제, 제어; ③ 통제(관리) 수단: (pl.) (기계의) 조종장치; (종종 pl.) 제어실, 관제실(탑); 【컴퓨터】 제어. ④ (실험 결과의) 대조 표준: 대조부(簿) ⑤ 단속자, 관리인. ① 지배하다; 통제(관리)하다, 감독하다. ② 제어(억제)하다 ③ 검사하다; 대조하다.

Trim[1119]. To adjust the aerodynamic forces on the control surfaces so that the aircraft maintains the set attitude[1120] without any control input.

트림. 항공기가 어떠한 조종 입력 없이 설정된 자세를 유지하도록 조종면/비행익면에 초점을 맞추는 공기역학적 힘을 조정하는 것.

Triple spool[1121] **engine.** Usually a turbofan engine design where the fan is the N1 compressor, followed by the N2 intermediate[1122] compressor, and the N3 high pressure compressor, all of which rotate on separate shafts at different speeds.

트리플(3단) 스풀 엔진. 팬이 N1 압축기, N2 중간 압축기, 그리고 N3 고압 압축기가 뒤따르는 서로 다른 속도로 별도의 샤프트(굴대)에서 회전하는 모든 보편적인 터보팬 엔진 설계.

Tropopause[1123]. The boundary layer between the troposphere and the mesosphere[1124] which acts as a lid to confine most of the water vapor, and the associated weather, to the troposphere. The layer of the atmosphere extending from the surface to a height of 20,000 to 60,000 feet depending on latitude.

대류권. 대부분의 수증기와 관련 날씨를 대류권으로 가두어 뚜껑 역할을 하는 대류권과 중간권 사이의 경계층. 위도에 따라 지표면에서 20,000~60,000피트 높이까지 확장되는 대기층.

True airspeed (TAS). Calibrated[1125] airspeed corrected for altitude and nonstandard temperature. Because air density decreases with an increase in altitude, an airplane has to be flown faster at higher altitudes to cause the same pressure difference between pitot impact pressure and static pressure. Therefore, for a given calibrated airspeed, true airspeed increases as altitude increases; or for a given true airspeed, calibrated[1126] airspeed decreases as altitude increases. Actual air-

---

1119) trim: 〖항공〗 (기체를) 수평으로 유지하다. 〖항공〗 (비행기의) 자세. ① 정돈: 정돈된 상태, 정비, 채비, 준비; 몸차림. 〖항해〗 (배의) 균형, 트림, 평형 상태; 잠수함의 부력; 〖항공〗 (비행기의) 자세.

1120) at·ti·tude: ① (사람·물건 등에 대한) 태도, 마음가짐 ② 자세(posture), 몸가짐, 거동; 〖항공〗 (로켓·항공기 등의) 비행 자세. ③ (사물에 대한) 의견, 심정

1121) Spool: 〖컴퓨터〗 스풀《얼레치기(spooling)에 의한 처리, 복수 프로그램의 동시 처리》.

1122) in·ter·me·di·ate: 중간의; 중등 학교의

1123) trop·o·pause: 〖기상〗 대류권 계면(界面)《성층권과 대류권 사이의 경계면》.

1124) mes·o·sphere: 〖기상〗 (the ~) 중간권《성층권과 열권(熱圈)의 중간; 지상 30-80km 층》

1125) cal·i·brate: ① (계기의) 눈금을 빠르게 조정하다; 기초화하다; (온도계·계량 컵 등에) 눈금을 긋다. ② (총포 등의) 구경을 측정하다; (착탄점을 측정하여) 사정을 결정〔수정〕하다.

1126) cal·i·brate: ① 눈금을 빠르게 조정하다; 기초화하다; 금을 긋다. ② 다른 것과 대응시키다, 서로 대조하다

speed, determined by applying a correction for pressure altitude and temperature to the CAS.

실제 대기속도(TAS). 고도 및 비표준 온도에 대해 보정된 조정 대기 속도. 고도가 증가함에 따라 공기 밀도가 감소하기 때문에, 비행기는 피토 충돌 압력과 정압 사이에 동일한 압력 차이를 일으키는 원인이 되므로 더 높은 고도에서 더 빨리 비행해야 한다. 따라서 주어진 조정 대기 속도에 대하여 실제 속도는 고도가 증가함에 따라 증가하거나, 주어진 실제 속도에 대하여 조정 대기속도는 고도가 증가함에 따라 감소한다.

CAS에 기압 고도 및 온도 보정을 적용하여 결정된 실제 대기 속도.

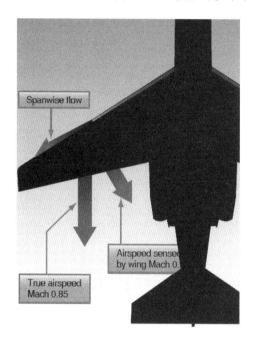

True altitude. It is often expressed as feet above <u>mean sea level</u>[1127] (MSL). Airport, terrain, and obstacle <u>elevations</u>[1128] on <u>aeronautical</u>[1129] charts are true altitudes. The <u>vertical</u>[1130] distance of the airplane above sea level—the actual altitude.

실제 고도. 평균 해수면(MSL) 위의 피트로 표시되는 경우가 많다. 항공 차트상에서 공항, 지형 및 장애물 고도는 실제 고도이다. 실제 고도 해수면 위에 있는 비행기의 수직 거리.

1127) méan séa lével: 평균 해면《해발 기준

1128) el·e·va·tion: ① 높이, 고도, 해발(altitude); 약간 높은 곳, 고지(height). ② 고귀〔숭고〕함, 고상. ③ 올리기, 높이기; 등용, 승진《to》; 향상. ④ 〖군사〗 (an ~) (대포의) 올려본각, 고각(高角).

1129) aer·o·nau·tic, -ti·cal: 항공학의, 비행술의; 기구〔비행선〕 승무원의

1130) ver·ti·cal: ① 수직의, 연직의, 곧추선, 세로의. ② 정점〔절정〕의; 꼭대기의.

Truss[1131]. A fuselage design made up of supporting structural members that resist deformation[1132] by applied loads[1133]. The truss− type fuselage[1134] is constructed of steel or aluminum tubing. Strength and rigidity is achieved by welding[1135] the tubing[1136] together into a series of triangular shapes, called trusses.

트러스. 적용된 하중으로 인해 변형에 저항하는 지지 구조 요소로 구성된 동체 설계. 트러스형 동체는 강철 또는 알루미늄 튜빙(관류)로 구성된다. 강도와 강성은 튜브를 트러스라고 하는 일련의 삼각형 모양으로 함께 용접되어 효과가 나타난다.

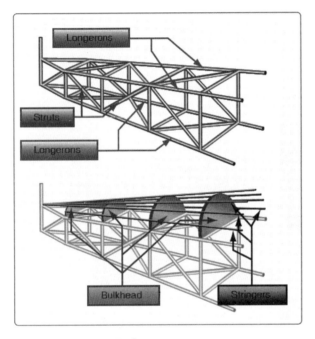

Figure 3-5. *Truss-type fuselage structure.*

1131) truss: 다발, 꾸러미, 곤포; 탈장대(脫腸帶); 【조선·선박】 아래 활대 중앙부를 돛대에 고정시키는 쇠붙이; 【건축】 트러스, 형구(桁構); 【식물】 (꽃·과실의) 송이

1132) de·for·ma·tion: ① 모양을 망침; 개악. ② 기형, 불구; 변형;

1133) load ① 적하(積荷), (특히 무거운) 짐 ② 무거운 짐, 부담; 근심, 걱정 ③ 적재량, 한 차, 한 짐, 한 바리 ④ 일의 양, 분담량 ⑤ 【물리학·기계·전기】 부하(負荷), 하중(荷重); 【유전학】 유전 하중(荷重) ⑥ 【컴퓨터】 로드, 적재《(1) 입력장치에 데이터 매체를 걺. (2) 데이터나 프로그램 명령을 메모리에 넣음》. ⑦ (화약·필름) 장전; 장탄.

1134) fu·se lage: (비행기이) 동체(胴體), 기체(機體).

1135) weld: 용접하다, 밀착(접착)시키다;《비유적》결합시키다, 합치다; 용접되다; 밀착되다.

1136) tub·ing: 관(管)공사, 배관(配管); 관의 제작(설치); 관(管)조직; 관(管)재료;〔 집합적 〕관류(管類); 관의 한 토막; 튜빙《타이어 튜브를 타고 눈 위를 타는 경기》.

T-tail. An aircraft with the <u>horizontal stabilizer</u>[1137] mounted on the top of the <u>vertical stabilizer</u>[1138], forming a T.

T-꼬리. 수직 안정판의 상단에 수평 꼬리날개〔미익(尾翼)〕를 장착하여 T자를 형성하는 항공기.

Turbine blades. The portion of the turbine assembly that absorbs the energy of the expanding gases and converts it into rotational energy.

터빈 블레이드(날개). 팽창하는 가스의 에너지를 흡수하여 회전 에너지로 변환하는 터빈 어셈블리(부품)의 부분.

Turbine <u>discharge</u>[1139] pressure. The total pressure at the discharge of the low-pressure turbine in a dual-turbine axial- flow engine.

터빈 배출 압력. 이중 터빈 축류 엔진에서 저압 터빈의 배출시 총 압력.

Turbine engine. An aircraft engine which consists of an air compressor, a combustion section, and a turbine. <u>Thrust</u>[1140] is produced by increasing the <u>velocity</u>[1141] of the air flowing through the engine.

터빈 엔진. 공기 압축기, 연소 섹션(구간) 및 터빈으로 구성된 항공기 엔진. 추력은 엔진을 통해 흐르는 공기의 속도를 증가시켜 생성된다.

Turbine <u>outlet</u>[1142] temperature (TOT). The temperature of the gases as they exit the turbine section.

터빈 출구 온도(TOT). 가스가 터빈 섹션(구간)을 나갈 때의 가스 온도.

Turbine <u>plenum</u>[1143]. The portion of the combustor where the gases are collected to be <u>evenly</u>[1144] distributed to the turbine <u>blades</u>[1145].

1137) horizóntal stábilizer 《미국》 =TAIL PLANE. 〖항공〗 수평 꼬리날개〔미익(尾翼)〕.

1138) vértical stábilizer 〖항공〗 수직 안정판.

1139) dis·charge: ① 양륙, 짐풀기. ② 발사, 발포; 〖전기〗 방전; 쏟아져나옴; : 유출량〔률〕 ③ 해방, 면제; 방면; 책임 해제 ④ 제대; 해직, 면직, 해고 ⑤ (의무의) 수행; (채무의) 이행, 상환.

1140) thrust: ① 밀기 ② 찌르기 ③ 공격; 〖군사〗 돌격 ④ 혹평, 날카로운 비꼼 ⑤ 〖항공·기계〗 추력(推力).

1141) ve·loc·i·ty: ① 속력, 빠르기. ② 〖물리학〗 속도; (동작·사건 추이의) 빠르기

1142) out·let: ① 배출구, 출구; 배수구; 하구(河口). ② 팔 곳, 판로; 대리점, 직판장, 특약점. ③ 〖전기〗 콘센트.

1143) ple·num: 물질이 충만한 공간.

1144) éven·ly: 평평〔평탄〕하게; 평등하게; 공평하게; 대등하게; 고르게, 균일하게; 평정(平靜)하게.

1145) blade: ① (볏과 식물의) 잎; 잎몸 ② (칼붙이의) 날, 도신(刀身) ③ 노 깃; (스크루·프로펠러·선풍기의) 날개

터빈 플레넘. 터빈 블레이드에 고르게 분포되도록 가스가 수집되는 연소기 부분.

Turbine rotors[1146]**.** The portion of the turbine <u>assembly</u>[1147] that mounts to the shaft and holds the turbine blades in place.
터빈 로터(회전익). 샤프트(굴대, 축)에 장착되고 터빈 블레이드를 제자리에 유지하는 터빈 조립품의 부분.

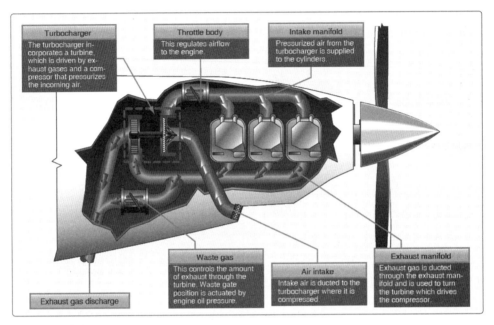

Figure 7-15. *Turbocharger components.*

Turbine <u>section</u>[1148]**.** The section of the engine that converts high pressure high temperature gas into rotational energy.
터빈 섹션(구간). 고압의 고온 가스를 회전 에너지로 변환하는 엔진 부분.

Turbocharger[1149]**.** An air compressor driven by exhaust gases, which increases the

---

1146) ro·tor: ① 〖전기〗 (발전기의) 회전자. ② 〖기계〗 (증기 터빈의) 축차(軸車). ③ 〖항해〗 (원통선(圓筒船)의) 회전 원통; 〖항공〗 (헬리콥터의) 회전익. ④ 〖기상〗 회전 기류.

1147) as·sem·bly: ① (특별한 목적의) 집회, 회합; 집합(하기), 모임; 〔 집합적 〕 집회자, 회합자 ② (기계 부품의) 조립; 조립품, 조립 부속품. ③ 〖컴퓨터〗 어셈블리《어셈블러 기계어로 적힌 프로그램으로의 변환》.

1148) sec·tion: ① 절단, 분할; 절개; 자르기 ② 자른 면, 단면(도); 〖수학〗 (입체의) 절단면, 원뿔 곡선; ③ 절제 부분, 단편; 부분품, 접합 부분 ④ 구분, 구획; 구역, 구간

1149) túrbo·chàrger: 〖기계〗 배기(排氣) 터빈 과급기《내연기관의 배기로 구동되는 터빈에 의해 회전되는 원심식 공기 압축기; 이것에 의해 실린더에 압축공기가 보내짐》.

pressure of the air going into the engine through the carburetor or fuel injection system.

터보차저(배기 터빈 과급기). 기화기 또는 연료 분사 시스템을 통해 엔진으로 들어가는 공기의 압력을 증가시키는 배기 가스로 구동되는 공기 압축기.

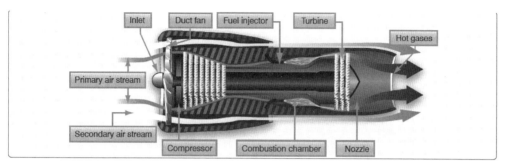

Figure 7-25. *Turbofan engine.*

Turbofan engine. A fanlike turbojet engine designed to create additional thrust[1150] by diverting[1151] a secondary airflow around the combustion chamber.

A turbojet engine in which additional propulsive[1152] thrust is gained by extending a portion of the compressor or turbine blades outside the inner engine case.

The extended blades propel bypass[1153] air along the engine axis but between the inner and outer casing[1154]. The air is not combusted but does provide additional thrust.

터보팬 엔진. 연소실 주변의 2차 공기 흐름을 전환하여 추가 추력을 생성하도록 설계된 팬 모양의 터보제트 엔진.

내부 엔진 케이스 외부로 압축기 또는 터빈 블레이드의 일부를 확장하여 추가적으로 추진하는 추력을 얻게하는 터보제트 엔진. 확장된 블레이드는 엔진 축을 끼지만 내부 케이싱과 외부 케이싱 사이에서 바이패스 공기를 몰아댄다. 공기는 연소되지 않지만 추가 추력을 공급한다.

1150) thrust: ① 밀기 ② 찌르기 ③ 공격; 〖군사〗 돌격 ④ 혹평, 날카로운 비꼼 ⑤ 〖항공·기계〗 추력(推力). ⑥ 〖광물학〗 갱도 천장의 낙반. ⑦ 〖지질〗 스러스트, 충상(衝上)(단층). ⑧ 요점, 진의(眞意), 취지.

1151) di·vert: ① (딴 데로) 돌리다, (물길 따위를) 전환하다 ② 전용〔유용〕하다 ③ (주의·관심을) 돌리다; …의 기분을 풀다, 위로하다, 즐겁게 하다

1152) pro·pul·sive: 추진하는, 추진력이 있는.

1153) by·pass: (가스·수도의) 측관(側管), 보조관; (자동차용) 우회로, 보조 도로; 보조 수로(水路); 〖전기〗 측로(側路); 〖통신〗 바이패스《기존 전화회사 회선 이외의 매체를 통해 음성·데이터 등을 전송함》

1154) cas·ing: ① 상자〔집〕 등에 넣기, 포장(재(材)). ② 싸개, 덮개; 케이스, (전깃줄의) 피복(被覆). ③ (창·문짝 등의) 틀; 액자틀; 테두리. ④ (유정(油井) 등의) 쇠 파이프.

Turbojet[1155] **engine.** A jet engine incorporating[1156] a turbine-driven air compressor to take in and compress air for the combustion of fuel, the gases of combustion being used both to rotate the turbine and create a thrust producing jet. A turbine engine which produces its thrust entirely by accelerating the air through the engine.

터보젯 엔진. 터빈을 회전시키고 제트(분출)를 생성하여 추력을 일으키기 위한 양쪽 모두 사용된 연소 가스, 연료의 연소를 위해 공기를 압축하고 흡입하는 터빈 구동식 공기 압축기를 통합하는 제트엔진. 엔진을 통해 공기를 가속하여 전적으로 추력을 생성하는 터빈 엔진.

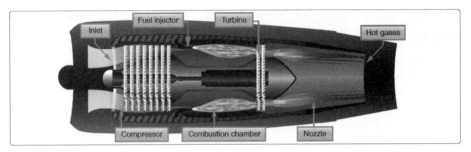

Figure 7-23. *Turbojet engine.*

Turboprop[1157] **engine.** A turbine engine that drives a propeller through a reduction gearing[1158] arrangement[1159]. Most of the energy in the exhaust gases is converted into torque, rather than its acceleration being used to propel the aircraft.

터보프롭 엔진. 감속 기어 장치를 통해 프로펠러를 구동하는 터빈 엔진. 배기 가스에서의 에너지 대부분은 항공기를 추진하는 데 사용되는 가속도 보다는 토크로 변환된다.

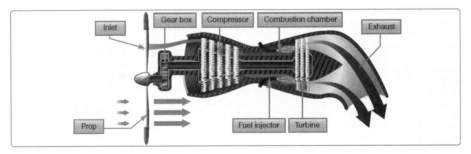

Figure 7-24. *Turboprop engine.*

1155) túrbo·jèt: 터빈식 분사 추진 엔진. 터보제트 엔진.
1156) in·cor·po·rate: ① 합동〔합체〕시키다. 통합〔합병, 편입〕하다; 짜 넣다 ② 혼합하다. 섞다; 〖컴퓨터〗 (기억 장치에) 짜넣다. ③ 법인(조직)으로 만들다; ① 통합〔합동〕하다; 섞이다《with》
1157) túrbo·pròp: 〖항공〗 터보프롭〔프로펠러〕 엔진(기(機))
1158) gear·ing : 전동〔톱니바퀴〕 장치
1159) ar·range·ment: ① 배열, 배치 ② 정리, 정돈 ③ (보통 pl.) 채비, 준비, 주선 ④ 조정, 조절 ⑤ 장치, 설비

Turboshaft[1160] engine. A gas turbine engine that delivers power through a <u>shaft</u>[1161] to operate something other than a propeller.

터보샤프트 엔진. 프로펠러가 아닌 다른 것을 작동시키기 위해 샤프트를 통해 동력을 전달하는 가스터빈 엔진.

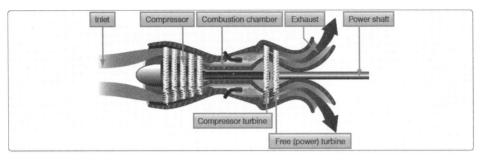

Figure 7-26. *Turboshaft engine.*

Turbulence[1162]. An occurrence in which a flow of fluid is unsteady.

난기류. 유체[1163]의 흐름이 불안정한 발생.

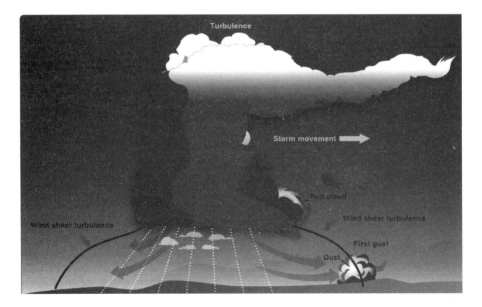

1160) túrbo·shàft:《전동 장치가 붙은 가스 터빈 엔진》.

1161) shaft: ① (창·망치·골프 클럽 따위의) 자루, 손잡이(handle); 화살대 ② 한 줄기 (광선); 번개, 전광. ③ (pl.) (수레의) 채, 끌채(thill). ④〖기계〗샤프트, 굴대(axle), 축(軸) ⑤〖건축〗작은 기둥; 기둥몸

1162) tur·bu·lence, -len·cy: ① (바람·물결 등의) 거칠게 몰아침, 거칢; (사회·정치적인) 소란, 동란 ②〖물리학〗 교란(攪亂)운동, 교류(攪流), 난류(亂流)상태. ③〖기상〗(대기의) 난류(亂流).

1163) 유체 (流體):【명사】〔물〕기체와 액체를 통틀어 이르는 말. 유동체(流動體).

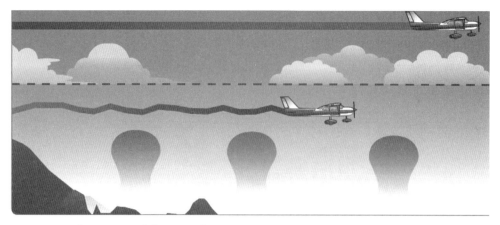

Figure 12-12. *Convective turbulence avoidance.*

Figure 12-16. *Turbulence in mountainous regions.*

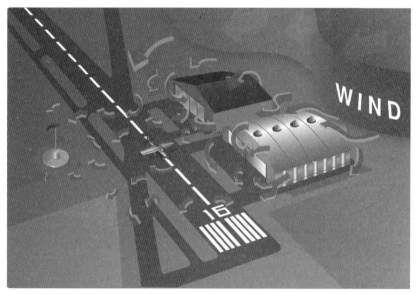

Figure 12-15. *Turbulence caused by manmade obstructions.*

Turn coordinator. A rate gyro that senses both <u>roll</u>[1164] and <u>yaw</u>[1165] due to the <u>gimbal</u>[1166] being canted. Has largely replaced the turn-and-slip indicator in modern aircraft.

턴 코디네이터(선회 조정물). 짐벌이 기울어져 있어 롤(횡전)과 요(한쪽으로 흔들림, 침로에서 벗어남)를 모두 감지하는 레이트(비율) 자이로. 현대 항공기에서 턴앤슬립 인디케이터(선회 슬립 표시기)를 대부분 대체하였음.

Turn-and-<u>slip</u>[1167] indicator. A flight <u>instrument</u>[1168] consisting of a rate gyro to indicate the rate of yaw and a curved glass inclinometer to indicate the relationship between <u>gravity</u>[1169] and centrifugal force. The turn-and-slip indicator indicates the relationship between angle of <u>bank</u>[1170] and <u>rate</u>[1171] of <u>yaw</u>[1172]. Also called a turn-and-bank indicator.

턴앤슬립 인디케이터(선회 미끄러짐 표시기). 한쪽으로 흔들림의 정도를 나타내는 레이트(비율) 자이로와 중력과 원심력 사이의 관계를 나타내는 굽은 유리 재질의 경사계로 구성된 비행 계기. 턴앤슬립 인디케이터는 뱅크각(비행중 선회시의 좌우 경사각)과 요(yaw)율(한쪽으로 흔들림의 정도) 사이의 관계를 나타낸다. 또한 턴앤뱅크 인디케이터(선회 좌우경사각 표시기)라고도 한다.

1164) roll: ① 회전, 구르기. ② (배 등의) 옆질. ③ (비행기·로켓 등의) 횡전(橫轉). ④ (땅 따위의) 기복, 굽이침. ⑤ 두루마리, 권축(卷軸), 둘둘 만 종이, 한 통, 롤

1165) yaw: 〖항공·항해〗한쪽으로 흔들림; (신박·비행기가) 침로에서 벗어남

1166) gim·bals: 〔 단수취급 〕〖항해〗짐벌(=~ ring)《나침의·크로노미터 따위를 수평으로 유지하는 장치》.

1167) slip: ① 미끄러짐, 미끄러져 구르기, 헛디딤, 곱드러짐; (바퀴의) 공전, 슬립; 〖항공〗옆으로 미끄러짐 (sideslip). ② 과실, 잘못; (못 보고) 빠뜨림 ③ (질·양 따위의) 저하, 쇠퇴; (물가의) 하락.

1168) in·stru·ment: ① (실험·정밀 작업용의) 기계(器械), 기구(器具), 도구 ② (비행기·배 따위의) 계기(計器) ③ 악기④ 수단, 방편(means); 동기 〔계기〕가 되는 것 〔사람〕, 매개 (자)

1169) grav·i·ty: ① 진지함, 근엄; 엄숙, 장중 ② 중대함; 심상치 않음; 위험(성), 위기 ③ 죄의 무거움, 중죄. ④ 〖물리학〗중력, 지구 인력; 중량, 무게 ⑤ 동력 가속도의 단위《기호 g》.

1170) bank: 〖항공〗뱅크《비행기가 선회할 때 좌우로 경사하는 일》

1171) rate: ① 율(率), 비율 ② 가격, 시세 ③ 요금, 사용료 ④ 속도, 진도; 정도. ⑤ (시계의) 하루의 오차.

1172) yaw: 〖항공·항해〗한쪽으로 흔들림; (선박·비행기가) 침로에서 벗어남; (우주선이) 옆으로 흔들림.

Turning error. One of the errors inherent[1173] in a magnetic compass caused by the dip[1174] compensating[1175] weight. It shows up only on turns to or from northerly headings in the Northern Hemisphere and southerly headings in the Southern Hemisphere. Turning error causes the compass to lead turns to the north or south and lag[1176] turns away from the north or south.

터닝 에러(회전 오류). 무게를 보정하는 딥(dip)으로 인한 자기 나침반에서의 고질적인 오류 중 하나. 북반구에서는 북쪽 방향으로 그리고 남반구에서는 남쪽 방향으로부터 회전할 때만 나타난다. 회전 오류는 나침반이 북쪽이나 남쪽으로 회전하게 하는 원인이 되고 랙(지체, 지연)은 북쪽 혹은 남쪽에서 돌아간다.

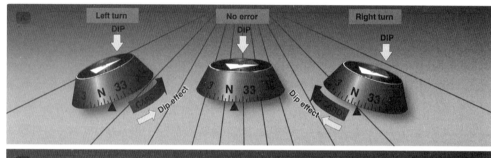

Northerly and southerly turning errors

TWEB. See Transcribed Weather Broadcast.

티웹. 녹화 날씨 방송을 참조.

1173) in·her·ent: 본래부터 가지고 있는, 고유의, 본래의, 타고난; 선천적인
1174) dip: ① 담그기, 잠그기; 잠깐 잠기기; 한번 멱감기 ② (한번) 푸기(떠내기); 잠깐 들여다 봄, 약간의 연구. ③ 【항공】(상승 전의) 급강하. ④ (도로의) 경사; (땅의) 우묵함; (지반의) 침하(沈下); 내리막길. ⑥ (자침의) 복각(伏角); 【측량】(지평선의) 안고차(眼高差), 눈높이; (전깃줄의) 수하도(垂下度).
1175) com·pen·sate: ① …에게 보상하다, …에게 변상하다 ② (손실·결정 등을)(…로) 보충(벌충)하다, 상쇄하다 ③ 구매력을 안정시키다. ④【기계】(흔들이 등에) 보정(補整)장치를 달다, 보정하다.
1176) lag: 지연; 【물리학】(흐름·운동 등의) 지체(량(量)).

U

UHF. See ultra-high frequency.
UHF. 초고주파를 참조.

Ulitimate load[1177] factor. In stress analysis, the load that causes physical break-down in an aircraft or aircraft component during a strength test, or the load that according to computations[1178], should cause such a breakdown.
얼리티메이트 로드(부하율). 응력 분석에서, 강도시험 중 항공기 또는 항공기 구성부분에 물리적인 파손 일으키는 하중 혹은 산정 수치에 따른 그러한 고장에 원인이 되는 하중.

Ultra-high frequency (UHF). The range of electromagnetic frequencies between 300 MHz and 3,000 MHz.
초고주파(UHF). 300MHz에서 3,000MHz 사이의 전자기 주파수 범위.

Uncaging[1179]. Unlocking the gimbals[1180] of a gyroscopic[1181] instrument[1182], making it susceptible to damage by abrupt flight maneuvers[1183] or rough handling.
언케이징. 자이로스코프 기구의 짐벌 잠금을 해제하여 갑작스러운 비행 조작이나 거친 조종으로 인해 손상될 수 있는 요인.

Uncontrolled airspace[1184]. Class G airspace that has not been designated[1185] as

---

1177) load ① 적하(積荷), (특히 무거운) 짐 ② 무거운 짐, 부담; 근심, 걱정 ③ 적재량, 한 차, 한 짐, 한 바리 ④ 일의 양, 분담량 ⑤ 〖물리학·기계·전기〗 부하(負荷), 하중(荷重)

1178) com·pu·ta·tion: 계산; 계산의 결과, 산정(算定) 수치; 평가; 컴퓨터의 사용〔조작〕.

1179) un·cáge: vt. 새장〔우리〕에서 내놓다, 해방하다.

1180) gimbals: 〖항해〗 짐벌(=~ ring)《나침의·크로노미터 띠위를 수병으로 유지하는 장치》

1181) gy·ro·scop·ic: 회전의(回轉儀)의, 회전 운동의.

1182) in·stru·ment: ① (실험·정밀 작업용의) 기계(器械), 기구(器具), 도구 ② (비행기·배 따위의) 계기(計器) ③ 악기 ④ 수단, 방편(means); 동기〔계기〕가 되는 것(사람), 매개(자)

1183) ma·neu·ver: ① a) 〖군사〗 (군대·함대의) 기동(機動) 작전, 작전적 행동; (pl.) 대연습, (기동) 연습. b) 기술을 요하는 조작(방법); 〖의학〗 용수(用手) 분만; 살짝 몸을 피하는 동작. ② 계략, 책략, 책동; 묘책; 교묘한 조치. ③ (비행기·로켓·우주선의) 방향 조종.

1184) áir spàce: (실내의) 공적(空積); (벽 안의) 공기층; 영공(領空); 〖군사〗 (편대에서 차지하는) 공역(空域); (공군의) 작전 공역; 사유지상(私有地上)의 공간.

1185) des·ig·nate: ① 가리키다, 지시〔지적〕하다, 표시〔명시〕하다, 나타내다 ② …라고 부르다, 명명하다 ③ 지명하다, 임명〔선정〕하다; 지정하다

U

Class A, B, C, D, or E. It is airspace in which air traffic <u>control</u>[1186] has no authority or responsibility to control air traffic; however, pilots should remember there are VFR minimums which apply to this airspace.

비관제 공역. A, B, C, D급 또는 E로 지정되지 않은 G급 공역. 항공 교통 관제사가 항공 교통을 관제할 책임 혹은 권한이 없는 공역이지만, 조종사는 이 공역에 적용되는 최소한의 VFR이 있음을 기억해야 한다.

Underpower. Using less power than required for the purpose of achieving a faster rate of airspeed change.

언더파워. 더 빠른 대기속도 변화율 달성 목적을 위해 필요한 것보다 적은 동력을 사용.

Unfeathering <u>accumulator</u>[1187]. Tanks that hold oil under pressure which can be used to unfeather a propeller.

언페더링 어큐뮬레이터(비수평 젓기 축압기). 프로펠러를 비수평으로 젓기 위해 사용할 수 있는 압축된 오일을 저장하는 탱크.

UNICOM. A nongovernment air/ground radio communication station which may provide airport information at public use airports where there is no tower or FSS.

유니콤. 타워 또는 FSS가 없는 공공 사용 공항에서 공항 정보를 제시할 수 있는 비정부 항공/지상 무선 통신국.

United States Terminal Procedures Publication (TPP). Booklets published in regional format by FAA Aeronautical Navigation Products (AeroNav Products) that include DPs, STARs, IAPs, and other information pertinent to <u>IFR</u>[1188] flight.

미국 터미널 조처 간행물(TPP). DP, STAR, IAP 및 IFR 비행과 관련된 기타 정보를 포함하는 FAA Aeronautical Navigation Products(AeroNav 제품)에서 지역 판형으로 발행한 소책자.

1186) con·trol: ① 지배(력); 관리, 통제, 다잡음, 단속, 감독(권) ② 억제, 제어; (야구 투수의) 제구력(制球力) ③ 통제(관리) 수단; (pl.) (기계의) 조종장치; (종종 pl.) 제어실, 관제실(탑); 【컴퓨터】 제어.

1187) ac·cu·mu·la·tor: 누적자; 축재가; 【기계·항공】 축압기; 축열기; 완충 장치

1188) IFR: instrument flight rules (계기 비행 규칙)

Unusual[1189] attitude[1190]. An unintentional, unanticipated, or extreme aircraft attitude.

색다른 비행자세. 의도하지 않았거나 예상치 못한 또는 극단적인 항공기 자세.

Unusable fuel. Fuel that cannot be consumed by the engine. This fuel is considered part of the empty weight of the aircraft.

사용 불가 연료. 엔진이 소비할 수 없는 연료. 이 연료는 항공기 공중량의 일부로 간주된다.

Useful load[1191]. The weight of the pilot, copilot, passengers, baggage, usable fuel, and drainable oil. It is the basic empty weight subtracted[1192] from the maximum allowable gross weight. This term applies to general aviation aircraft only.

적재량. 조종사, 부조종사, 승객, 수하물, 사용 가능한 연료 및 배출 가능한 오일의 무게. 최대허용총중량에서 뺀 기본 공중량이다. 이 용어는 일반 항공 항공기에만 적용된다.

User-defined waypoints. Waypoint location and other data which may be input by the user, this is the only GPS database[1193] information that may be altered (edited) by the user.

사용자 정의 웨이포인트(중간지점). 사용자가 입력할 수 있는 경유지 위치 및 기타 데이터로써 이것은 사용자가 변경(편집)할 수 있는 유일한 GPS 데이터베이스 정보이다.

Utility[1194] category. An airplane that has a seating configuration[1195], excluding pilot seats, of nine or less, a maximum certificated takeoff weight of 12,500 pounds or less, and intended for limited acrobatic[1196] operation.

유틸리티 카테고리. 조종사 좌석을 제외한 12,500파운드 혹은 이하로 인가된 최대 이륙 중량과 제한된 곡예 운용 목적으로 좌석 배치가 된 비행기.

1189) un·usu·al: ① 이상한, 보통이 아닌, 여느 때와 다른. ② 유별난, 색다른, 진기한, 생소한

1190) at·ti·tude: ① 태도, 마음가짐 ② 지세, 몸가짐, 거동·〖항공〗(로켓·항공기등의) 비행 자세.

1191) úseful lóad: 〖항공〗 적재량.

1192) sub·tract: 빼다, 감하다; 공제하다《from》

1193) dáta·bàse: 자료틀, 자료 기지, 데이터 베이스《컴퓨터에 쓰이는 데이터의 집적; 그것을 사용한 정보 서비스》

1194) util·i·ty: ① 쓸모가 있음, 유용, 유익; 실용, 실익(實益), 실리(實利). ② (보통 pl.) 실용품, 유용물. ③ 공익 사업(설비)(시설)

1195) con·fig·u·ra·tion: ① 배치, 지형(地形): (전체의) 형태, 윤곽. ②〖천문학〗천체의 배치, 성위(星位), 성단(星團). ③〖물리학·화학〗(분자 중의) 원자 배열. ④〖항공〗비행 형태.

1196) ac·ro·bat·ic: 곡예의, 재주 부리기의

V₁. See takeoff decision speed.
V₁. 이륙 결심 속도를 참조.

V₂. See takeoff safety speed.
V₂. 이륙 안전 속도를 참조.

VA. See maneuvering speed.
VA. 기동 속도를 참조.

Vapor lock. A condition in which air enters the fuel system and it may be difficult, or impossible, to restart the engine. Vapor lock may occur as a result of running a fuel tank completely dry, allowing air to enter the fuel system. On fuel- injected engines, the fuel may become so hot it vaporizes in the fuel line, not allowing fuel to reach the cylinders. A problem that mostly affects gasoline-fuelled internal combustion engines. It occurs when the liquid fuel changes state from liquid to gas while still in the fuel delivery[1197] system.

This disrupts the operation of the fuel pump, causing loss of feed pressure to the carburetor or fuel injection system, resulting in transient loss of power or complete stalling. Restarting the engine from this state may be difficult. The fuel can vaporize due to being heated by the engine, by the local climate or due to a lower boiling point at high altitude.

베이퍼 락(증기 잠금). 공기가 연소 시스템으로 들어가서 엔진 재시동이 어렵거나 불가능할 수 있는 상태. 베이퍼 락은 완전 건조한 연료탱크를 작동하는 것과 공기가 연료시스템으로 유입 가능하면 발생할 수 있다. 연료 분사 엔진에서는 연료가 실린더에 도착하지 않고 연료공급선에서 뜨거워져 기화될 수도 있다. 가솔린 연료 내연 기관에 주로 영향을 미치는 문제. 액체 연료가 연료 공급 시스템에 있는 동안 액체에서 기체로 상태가 변할 때 발생한다. 이것은 기화기 또는 연료 분사 시스템에 대한 공급 압력 손실을 유발하여 일시적인 동력 손실 또는 완전한 실속을 초래하여 연료펌프의 작동을 혼란케 한다. 이 상태에서 엔진 재시동은 어려울 수도 있다. 그 연료는 높은 고도에서 더 낮은 끓는점 때문에 혹은 지역 기후로 인

1197) de·liv·ery: ① 인도, 교부; 출하, 납품: (재산 등의) 명도(明渡). ② 배달; 전달. …편(便) ③ (a ~) 이야기투, 강연(투) ④ 방출, (화살·탄환 등의) 발사; ⑤ 구출, 해방. ⑥ 〖군사〗 (포격·미사일의 목표 지점) 도달.

한 엔진 가열 때문에 기화될 수 있다.

Variation. Compass error caused by the difference in the physical locations of the magnetic north pole and the geographic north pole.
편차 혹은 변차. 자북극과 지리적 북극의 물리적 위치 차이로 인한 나침반 오차.

VASI. See visual approach slope indicator.
VASI. 시계(視界) 활주로로의 진입 경사 표시기를 참조.

V-bars. The flight director displays[1198] on the attitude[1199] indicator that provide control[1200] guidance to the pilot.
V-bars. 플라이트 다이렉터(비행 관리자)는 조종사에게 조종 지침을 제시하는 비행자세 표시기에 표시된다.

VDP. See visual descent point.
VDP. 시계(視界) 하강 지점을 참조.

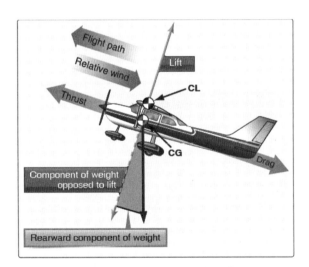

Figure 5-2. *Force vectors during a stabilized climb.*

1198) dis·play: ① 보이다, 나타내다; 전시(진열)하다 ② (기 따위를) 펼치다, 달다, 게양하다; (날개 따위를) 펴다. ③ 밖에 나타내다, 드러내다; (능력 등을) 발휘하다; (지식 등을) 과시하다, 주적거리다
1199) at·ti·tude: ① (사람·물건 등에 대한) 태도, 마음가짐 ② 자세(posture), 몸가짐, 거동; 『항공』 (로켓·항공기 등의) 비행 자세. ③ (사물에 대한) 의견, 심정《to, toward》
1200) con·trol: ① 지배(력); 관리, 통제, 다잡음, 단속, 감독(권) ② 억제, 제어; (야구 투수의) 제구력(制球力) ③ 통제(관리) 수단; (pl.) (기계의) 조종장치; (종종 pl.) 제어실, 관제실〔탑〕; 『컴퓨터』 제어. ④ (실험 결과의) 대조 표준; 대조부(簿) ⑤ 단속자, 관리인. ① 지배하다; 통제〔관리〕하다, 감독하다. ② 제어〔억제〕하다

Vector[1201]**.** A force vector is a graphic representation of a force and shows both the magnitude and direction of the force.

벡터(유도, 방향). 포스 벡터(힘 방향)는 힘을 도표로 표시한 것이며 힘의 크기와 방향을 모두 제시한다.

Vectoring. Navigational guidance by assigning headings.

벡터링(무선 유도, 방향 바꾸기). 방향을 설정한 운항 유도.

VEF. Calibrated airspeed at which the critical engine of a multi-engine aircraft is assumed to fail.

VEF. 다중 엔진 항공기의 중요 엔진이 고장 난 것으로 가정되는 보정된 속도.

Velocity. The speed or rate of movement in a certain direction.

벌라서티(속력). 특정 방향에서 이동 비율 또는 속도.

Venturi tube[1202]**.** A specially shaped tube attached to the outside of an aircraft to produce suction to allow proper operation of gyro instruments[1203].

벤츄리 관. 자이로 기구의 적절한 작동을 가능하게 하기 위해 흡인을 생성하기 위한 항공기 외부에 부착된 특수 모양의 튜브.

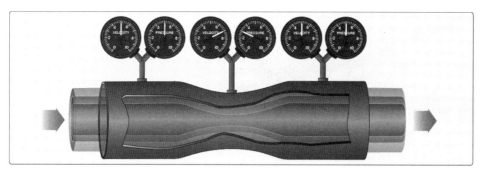

Figure 4-4. *Air pressure decreases in a venturi tube.*

1201) vec·tor: ① 〖수학·물리학〗 벡터, 방향량(方向量). ② 〖천문학〗 =RADIUS VECTOR. ③ 〖항공〗 (무전에 의한) 유도(誘導); (비행기의) 진로, 방향. ④ 〖컴퓨터〗 벡터《화상의 표현 요소로서의 방향을 지닌 선》. 〖항공〗 (무전에 의한) 유도(誘導); (비행기의) 진로, 방향. 〖항공〗 무전 유도를 하다; 방향을 바꾸다.

1202) ven·tú·ri tùbe: 벤투리관(管)《압력차를 이용하여 유속계(流速計)·기화기(氣化器) 따위에 쓰임》.

1203) in·stru·ment: ① (실험·정밀 작업용의) 기계(器械), 기구(器具), 도구 ② (비행기·배 따위의) 계기(計器) ③ 악기 ④ 수단, 방편(means); 동기〔계기〕가 되는 것(사람), 매개(자)

Vertical[1204] **axis.** An imaginary line passing vertically through the center of gravity[1205] of an aircraft. The vertical axis is called the z–axis or the yaw[1206] axis.

수직축. 항공기의 무게 중심에서 수직으로 통과하는 가상의 선. 수직축을 z축 또는 요축이라고 한다.

Vertical card compass. A magnetic compass that consists of an azimuth on a vertical card, resembling a heading indicator with a fixed miniature airplane to accurately present the heading of the aircraft. The design uses eddy current damping to minimize lead and lag during turns.

수직 카드 나침반. 항공기의 방향을 정확하게 표시하기 위해 고정된 소형 비행기에 있는 방향 표시기와 닮은 수직 카드의 방위각으로 구성된 자기 나침반. 그 설계는 선회하는 동안 리드(선행)와 랙(지연)을 최소화하기 위해 맴돌이 전류 제동을 사용한다.

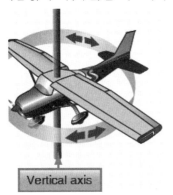

Vertical axis

Figure 8-38. *Vertical card magnetic compass.*

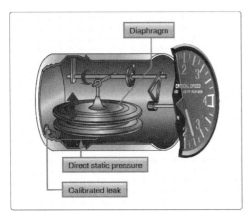

Diaphragm

Direct static pressure

Calibrated leak

Figure 8-5. *Vertical speed indicator (VSI).*

1204) ver·ti·cal: ① 수직의, 연직의, 곧추선, 세로의. ② 정점〔절정〕의; 꼭대기의.

1205) grav·i·ty: ① 진지함, 근엄; 엄숙, 장중 ② 중대함; 심상치 않음; 위험(성), 위기 ③ 죄의 무거움, 중죄. ④ 〖물리학〗 중력, 지구 인력; 중량, 무게 ⑤ 동력 가속도의 단위《기호 g》.

1206) yaw: 〖항공·항해〗 한쪽으로 흔들림; (선박·비행기가) 침로에서 벗어남

Vertical[1207] speed indicator (VSI). A rate−of−pressure change instrument that gives an indication[1208] of any deviation from a constant[1209] pressure level[1210].

An instrument that uses static pressure to display[1211] a rate of climb or descent in feet per minute. The VSI can also sometimes be called a vertical[1212] velocity indicator (VVI).

수직 속도 표시기(VSI). 계수 기압 수평기로부터 어떤 편차의 표시 도수를 주는 기압 비율 변화 계기.

분당 피트 단위로 상승 또는 하강 비율을 나타내는 저압을 사용하는 계기. VSI는 수직 속도 표시기(VVI)라고도 한다.

Vertical stability. Stability about an aircraft's vertical axis. Also called yawing or directional stability.

수직 안정판. 항공기의 수직축에 대한 안정판. 요잉 또는 방향 안정판이라고도 함.

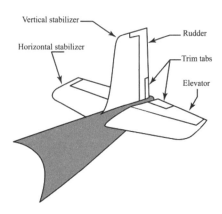

Very-high frequency (VHF). A band of radio frequencies falling between 30 and 300 MHz.

초고주파(VHF). 30~300MHz 사이의 하락하는 무선 주파수 대역.

1207) ver·ti·cal ① 수직의, 연직의, 곧추선, 세로의. ② 정점(절정)의; 꼭대기의.

1208) in·di·cá·tion: ① 지시, 지적; 표시; 암시 ② 징조, 징후 ③ (계기(計器)의) 시도(示度), 표시 도수

1209) con·stant: ① 변치 않는, 일정한; 항구적인, 부단한. ② (뜻 따위가) 부동의, 불굴의, 견고한. ③ 성실한, 충실한 ④〔서술적〕(한 가지를) 끝까지 지키는《to》.

1210) lev·el: ① 수평, 수준; 수평선(면), 평면 ② 평지, 평원 ③ (수평면의) 높이. ④ 동일 수준(수평), 같은 높이, 동위(同位), 동격(同格), 동등(同等); 평균 높이 ⑤ 표준, 수준 ⑥ 수준기(器), 수평기

1211) dis·play: ① 보이다, 나타내다; 전시(진열)하다 ② (기 따위를) 펼치다, 달다, 게양하나; (날개 따위를) 펴다. ③ 밖에 나타내다, 드러내다; (능력 등을) 발휘하다; (지식 등을) 과시하다, 주적거리다

1212) ver·ti·cal ① 수직의, 연직의, 곧추선, 세로의. ② 정점(절정)의; 꼭대기의.

Very-high frequency omnidirectional range (VOR). Electronic navigation equipment in which the flight deck instru-ment[1213] identifies the radial or line from the VOR station, measured in degrees clockwise[1214] from magnetic north, along which the aircraft is located.

초고주파 전(全)방향성(무지향성) 범위(VOR). 항공기 위치를 따라 자북(磁北)으로부터 오른쪽으로 도는 정도에서 측정한 VOR 스테이션으로부터 조종실 계기가 방사부 혹은 라인을 식별하는 전자 운항 장비.

VOR

Vestibule. The central cavity of the bony labyrinth of the ear, or the parts of the membranous labyrinth that it contains.

전정 혹은 미로. 귀의 뼈 미로의 중앙 공동 또는 귀에 포함된 막 미로의 일부.

V$_{FE}$. The maximum speed with the flaps extended. The upper limit of the white arc.

V$_{FE}$. 플랩이 확장된 최대 속도. 흰색 호형(弧形)의 상한선.

V$_{FO}$. The maximum speed that the flaps can be extended or retracted.

V$_{FO}$. 플랩을 펼치거나 접을 수 있는 최대 속도.

VFR on top. ATC[1215] authorization for an IFR[1216] aircraft to operate in VFR conditions at any appropriate VFR altitude.

VFR 온 탑(꼭대기의 VFR). 적합한 VFR 고도의 VFR 조건 내에서 운용하기 위한 IFR 항공기에 대한 ATC 승인

1213) in·stru·ment: ① (실험·정밀 작업용의) 기계(器械), 기구(器具), 도구 ② (비행기·배 따위의) 계기(計器)
1214) clóck·wise: (시계 바늘처럼) 우로(오른쪽으로) 도는, 오른쪽으로 돌아서.
1215) ATC: Air Traffic Control
1216) IFR: instrument flight rules (계기 비행 규칙)

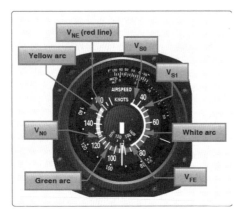

Figure 8-8. *Single engine airspeed indicator (ASI).*

VFR over the top. A VFR operation in which an aircraft operates in VFR conditions on top of an undercast.

VFR 오버 더 탑(가장 위쪽 VFR). 비행기 밑에 퍼지는 구름의 가장 위의 VFR조건에서 항공기를 운용하는 VFR 운용.

VFR Terminal[1217] **Area Charts (1:250,000).** Depict Class B airspace[1218] which provides for the control[1219] or segregation of all the aircraft within the Class B airspace. The chart depicts topographic[1220] information and aeronautical information which includes visual and radio aids to navigation, airports, controlled airspace, restricted areas, obstructions, and related data.

VFR 터미널 지역 차트(1:250,000). B등급 공역 내 모든 항공기의 관제 또는 분리를 제시하는 B등급 공역을 그림. 이 차트는 내비게이션(운항, 항법), 공항, 관제 공역, 제한 구역, 장애물 및 관련 데이터에 대한 시계(視界) 및 무선 지원을 포함하는 지형 정보와 항공 정보를 나타낸다.

VFR. See visual flight rules.

VFR. 시계(視界) 비행 규칙을 참조.

1217) ter·mi·nal: ① 끝, 말단; 어미. ② 종점, 터미널, 종착역, 종점 도시; 에어터미널; 항공 여객용 버스 발착장; 화물의 집하·발송역 ③ 학기말 시험. ④【전기】전극, 단자(端子);【컴퓨터】단말기;【생물】신경 말단.

1218) áir spàce: (실내의) 공적(空積); (벽 안의) 공기층; (식물조직의) 기실(氣室); 영공(領空);【군사】(편대에서 치지하는) 공역(空域); (공군이) 작전 공역; 사유지상(私有地上)의 공간.

1219) con·trol: ① 지배(력); 관리, 통제, 다잡음, 단속, 감독(권) ② 억제, 제어; (야구 투수의) 제구력(制球力) ③ 통제(관리) 수단; (pl.) (기계의) 조종장치; (종종 pl.) 제어실, 관제실(탑);【컴퓨터】제어.

1220) top·o·graph·ic, -i·cal: topography의; (시·그림 따위) 일정 지역의 예술적 표현의, 지지적(地誌的)인

V-G diagram. A chart that relates velocity to <u>load</u>[1221] factor. It is valid only for a specific weight, <u>configuration</u>[1222] and altitude and shows the maximum amount of positive or negative <u>lift</u>[1223] the airplane is capable of generating at a given speed. Also shows the safe load factor limits and the load factor that the aircraft can sustain at various speeds.

V-G 다이어그램(도표). 계수 출력을 증가시키기 위한 속력과 관련된 차트. 특정 중량, 동체 및 고도에 대해서만 유효하며 비행기가 주어진 속도로 생성할 수 있는 양성 또는 음성 양력의 최고치의 총계를 제시한다. 또한 항공기가 다양한 속도에서 견딜 수 있는 안전 하중 계수 한계와 하중 계수를 제시한다.

<u>**Victor**</u>[1224] **airways.** Airways based on a centerline that extends from one VOR or VORTAC navigation aid or intersection, to another navigation aid (or through several navigation aids or intersections); used to establish a known route for en route procedures between <u>terminal</u>[1225] areas.

빅터 항공로. 하나의 VOR 또는 VORTAC 운항 지원 또는 교차로에서, 다른 운항 지원(또는 여러 운항 지원 또는 교차로를 통해)으로 확장되는 센터라인(중심선)을 기반으로 한 항공로; 두 개의 터미널 영역 사이에서 항공로상의 절차에 대하여 알려진 항로를 설정하기 위해 사용됨.

Visual approach slope indicator (VASI). A visual aid of lights arranged to provide descent guidance information during the approach to the <u>runway</u>[1226]. A pilot on the correct glideslope will see red lights over white lights. The most common visual glidepath system in use. The VASI provides <u>obstruction</u>[1227] <u>clearance</u>[1228] within 10° of the extended runway centerline, and to 4 nautical miles (NM) from the runway threshold.

1221) load ① 적하(積荷), (특히 무거운) 짐 ② 무거운 짐, 부담; 근심, 걱정 ③ 적재량, 한 치, 한 짐, 한 바리 ④ 일의 양, 분담량 ⑤ 〖물리학·기계·전기〗 부하(負荷), 하중(荷重); 〖유전학〗 유전 하중(荷重)

1222) con·fig·u·ra·tion: ① 배치, 지형(地形); (전체의) 형태, 윤곽. ② 〖천문학〗 천체의 배치, 성위(星位), 성단(星團). ③ 〖물리학·화학〗 (분자 중의) 원사 배열. ④ 〖항공〗 비행 형태; 〖심리학〗 형태.

1223) lift: 〖항공〗 상승력(力), 양력(揚力).

1224) vic·tor: ① 승리자, 전승자, 정복자. ② (V-) 문자 V를 나타내는 통신용어.(V-) 문자 V를 나타내는 통신용어.

1225) ter·mi·nal: ① 끝, 말단; 어미. ② 종점, 터미널, 종착역, 종점 도시; 에어터미널; 항공 여객용 버스 발착장; 화물의 집하·발송역 ③ 학기말 시험. ④ 〖전기〗 전극, 단자(端子); 〖컴퓨터〗 단말기; 〖생물〗 신경 말단.

1226) rún·wày: ① 주로(走路), 통로. ② 짐승이 다니는 길. ③ 〖항공〗 활주로

1227) ob·struc·tion: ① 폐색(閉塞), 차단, 〖의학〗 폐색(증); 방해, 장애, 지장《to》② 장애물, 방해물.

1228) clear·ance: ① 치워버림, 제거; 정리; 재고 정리 (판매); (개간을 위한) 산림 벌채. ② 출항(출국) 허가(서); 통관절차; 〖항공〗 관제(管制) 승인《항공 관제탑에서 내리는 승인》

시계(視界) 활주로로의 진입 경사 인디케이터(VASI). 활주로에 진입하는 동안 하강 유도 정보를 주기 위해 배열된 조명 시계(視界) 보조물. 정확한 글라이드슬로프(활공 경사면)에서 조종사는 흰색 조명 위에 빨간색 조명을 보게 될 것이다. 사용 중인 가장 일반적인 시계(視界) 활공 경로 시스템. VASI는 확장된 활주로 센터라인(중심선)의 10°이내와 활주로 맨 끝에서 4해리(NM)까지 차단 승인을 해준다.

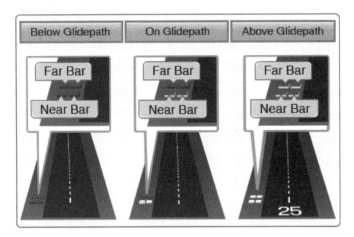

Figure 14-29. *Two-bar VASI system.*

Visual descent point (VDP). A defined point on the final approach course of a non-precision straight-in approach procedure from which normal descent from the MDA to the runway touchdown point may be commenced, provided the runway environment is clearly visible to the pilot.

시계(視界) 하강점(VDP). 조종사가 지정된 활주로 환경을 명확하게 볼 수 있는 경우 MDA에서 활주로 접지 지점으로부터 정상 하강이 시작될 수 있는 비정밀 직선 활주로로의 진입 절차의 최종 활주로로의 진입 코스에 경계를 정한 지점.

Visual flight rules (VFR). Flight rules adopted by the FAA governing aircraft flight using visual references. VFR operations specify the amount of ceiling and the <u>vis-ibility</u>[1229] the pilot must have in order to operate according to these rules. When the weather conditions are such that the pilot cannot operate according to VFR, he or she must use instrument flight rules (IFR).

1229) vìs·i·bíl·i·ty: ① 눈에 보임, 볼 수 있음, 쉽게〔잘〕보임; 알아볼 수 있음. ②〖광학〗선명도(鮮明度), 가시도(可視度);〖기상·항해〗시계(視界), 시도(視度), 시정(視程)

시계(視界) 비행 규칙(VFR). 시계(視界) 참조물을 사용하여 항공기 비행을 관리하는 FAA에서 채택한 비행 규칙. VFR 운용은 이러한 규칙에 따라 운용하기 위해 조종사가 해야 할 상승 한도와 시계(視界)를 명시한다. 기상 조건이 조종사가 VFR에 따라 운용할 수 없는 경우에는 계기 비행 규칙(IFR)을 사용해야 한다.

Visual meteorological conditions (VMC). <u>Meteorological</u>[1230] conditions expressed in terms of <u>visibility</u>[1231], distance from cloud, and ceiling meeting or exceeding the minimums specified for VFR.
시계(視界) 기상 조건(VMC). 시계(視界), 구름과의 거리, 그리고 상승한도 충족 혹은 VFR에 지정된 최소값을 충족하거나 초과에서 나타난 기상 조건.

V$_{LE}$. Landing gear extended speed. The maximum speed at which an airplane can be safely flown with the landing gear extended.
V$_{LE}$. 랜딩 기어(착륙 장치) 확장 속도. 착륙장치를 펼친 상태에서 비행기가 안전하게 비행할 수 있는 최대 속도.

V$_{LO}$. Landing gear operating speed. The maximum speed for extending or retracting the landing gear if using an airplane equipped with retractable landing gear.
V$_{LO}$. 랜딩 기어 작동 속도. 접을 수 있는 착륙 장치가 장착된 항공기를 사용할 경우 착륙 장치를 확장하거나 접을 때의 최대 속도.

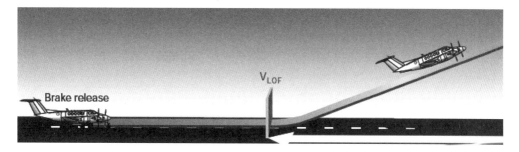

V$_{LOF}$. Lift-off speed. The speed at which the aircraft departs the <u>runway</u>[1232] during takeoff.
V$_{LOF}$. 이륙 속도. 항공기가 이륙하는 동안 활주로를 떠나는 속도.

1230) me·te·or·o·log·i·cal: 기상의, 기상학상(上)의
1231) vìs·i·bíl·i·ty: ① 눈에 보임, 볼 수 있음, 쉽게[잘] 보임; 알아볼 수 있음. ② 【광학】 선명도(鮮明度), 가시도(可視度); 【기상·항해】 시계(視界), 시도(視度), 시정(視程)
1232) rún·wày: ① 주로(走路), 통로. ② 짐승이 다니는 길. ③ 【항공】 활주로

VMC. Minimum control[1233] airspeed. This is the minimum flight speed at which a twin-engine airplane can be satisfactorily controlled when an engine suddenly becomes inoperative and the remaining engine is at takeoff power.

VMC. 최소 조종 대기속도. 엔진 한개가 갑자기 작동하지 않고 나머지 엔진이 이륙 동력에 있을 때 쌍발 비행기를 만족스럽게 조종(제어)할 수 있는 최소 비행 속도이다.

VMC. See visual meteorological condition.

VMC. 시계(視界) 기상 상태를 참조.

VMD. Minimum drag speed.

VMD. 최소 항력 속도.

V_{MO}. Maximum operating speed expressed in knots.

V_{MO}. 노트로 표시된 최대 운용 속도.

V_{NE}. The never-exceed speed. Operating above this speed is prohibited since it may result in damage or structural failure. The red line on the airspeed indicator.

V_{NE}. 결코 초과하면 안될 속도. 이 속도 이상의 운용은 손상 또는 구조적 결함을 초래할 수 있으므로 금지된다. 대기속도 표시기에서 빨간색 선.

V_{NO}. Maximum structural cruising speed. Do not exceed this speed except in smooth air. The upper limit of the green arc[1234].

V_{NO}. 최대 구조 순항 속도. 부드러운 공기를 제외하고 이 속도를 초과하지 말 것. 녹색 호형[1235]의 상한선.

VOR test facility (VOT). A ground facility which emits a test signal to check VOR receiver accuracy. Some VOTs are available to the user while airborne[1236], while others are limited to ground use only.

VOR 테스트 시설(VOT). VOR 수신기 정확도를 확인하기 위해 테스트 신호를 방출하는 지상 설비. 일부 VOT는 이륙하면서 사용자가 사용할 수 있지만, 다른 VOT는 오직 지상에서

1233) con·trol: ① 지배(력); 관리, 통제, 다잡음, 단속, 감독(권) ② 억제, 제어; (야구 투수의) 제구력(制球力) ③ 통제(관리) 수단; (pl.) (기계의) 조종장치; (종종 pl.) 제어실, 관제실(탑);〖컴퓨터〗제어.

1234) arc: 호(弧), 호형(弧形); 궁형(弓形);〖전기〗아크, 전호(電弧)

1235) 호형 (弧形): ① 활의 모양. ②〔수〕활같이 굽은 모양.

1236) áir·bòrne: ① 공수(空輸)의 ②〔서술적〕이륙하여, (공중에) 떠.

만 사용이 제한된다.

VOR. See very-high frequency omnidirectional range.
VOR. 최고 주파수 전방향(무지향성) 범위

VORTAC. A facility consisting of two components, VOR and TACAN, which provides three individual services: VOR azimuth, TACAN azimuth, and TACAN distance (DME) at one site.
VORTAC. 한 위치에서 VOR 방위각, TACAN 방위각 및 TACAN 거리(DME)의 세 가지 개별 서비스를 주는 VOR 및 TACAN의 두 가지 구성 요소로 이루어진 설비.

VOT. See VOR test facility.
VOT. VOR 테스트 시설을 참조.

VSI. See vertical speed indicator.
VSI. 수직 속도 표시기를 참조.

V$_P$. Minimum dynamic[1237] hydroplaning[1238] speed. The minimum speed required to start dynamic hydroplaning.
V$_P$. 최소 역학적 하이드로플레이닝(수막 현상) 속도. 역학적 하이드로플레이닝(수막 현상)에서 작동시키는데 필요한 최소 속도.

V$_R$. Rotation speed. The speed that the pilot begins rotating the aircraft prior to lift-off.
V$_R$. 회전 속도. 조종사가 이륙하기 전에 항공기를 회전시키기 시작하는 속도.

V$_{S0}$. Stalling speed or the minimum steady flight speed in the landing configuration[1239]. In small airplanes, this is the power-off stall speed at the maximum

---

1237) dy·nam·ic: ① 동력의; 동적인. ②〖컴퓨터〗(메모리가) 동적인《내용을 정기적으로 갱신할 필요가 있는》. ③ 역학상의 ④ 동태의, 동세적(動勢的)인; 에너지를〔원동력을, 활동력을〕낳게 하는 ⑤ 힘있는; 활기 있는, 힘센, 정력〔활동〕적인

1238) hýdro·plàning: 하이드로플레이닝《물기있는 길을 고속으로 달리는 차가 옆으로 미끄러지는 현상》

1239) con·fig·u·ra·tion: ① 배치, 지형(地形); (전체의) 형태, 윤곽. ②〖천문학〗천체의 배치, 성위(星位), 성단(星團). ③〖물리학·화학〗(분자 중의) 원자 배열. ④〖사회학〗통합《사회 문화 개개의 요소가 서로 유기적으로 결합하는 일》;〖항공〗비행 형태;〖심리학〗형태.

landing weight in the landing configuration (gear and flaps down). The lower limit of the white arc.

V₅₀. 착륙 비행형태에서 실속 속도 또는 최소 정상 비행 속도. 소형 비행기에서 이것은 착륙 비행형태(기어 및 플랩 다운)의 최대 착륙 중량에서 동력 끊김 실속 속도이다. 흰색 호의 하한.

V₅₁. Stalling speed or the minimum steady flight speed obtained in a specified configuration. For most airplanes, this is the power−off stall speed at the maximum takeoff weight in the clean configuration (gear up, if retractable, and flaps up). The lower limit of the green arc.

V₅₁. 특정 비행형태에서 얻은 실속 속도 또는 최소 안정된 비행 속도. 대부분의 비행기에서 이것은 완전한 비행형태로 최대 이륙 중량에서 동력 차단 실속 속도이다(접을 수 있는 경우 기어를 올리고 날개를 위로 편다). 녹색 호형(弧形)의 하한(下限).

V-speeds. Designated[1240] speeds for a specific flight condition.

V-스피드. 특정 비행 조건에 대한 지정된 속도.

V₅ₛₑ. Safe, intentional one−engine inoperative speed. The minimum speed to intentionally render the critical engine inoperative.

V₅ₛₑ. 안전하고 고의적인 단일 엔진 작동 불능 속도. 위험기의 엔진을 의도적으로 작동하지 않게 하는 최소 속도.

V-tail. A design which utilizes two slanted tail surfaces to perform the same functions as the surfaces of a conventional elevator and rudder configuration[1241]. The fixed surfaces act as both horizontal and vertical stabilizers[1242].

V-테일. 기존 엘리베이터(승강타) 및 러들(방향타) 형태의 조종면/외부장치처럼 동일한 기능을 하기 위해 두 개의 기울어진 꼬리 조종면을 사용하는 설계. 고정된 조종면/외부장치는 수평 및 수직 안정판 역할을 한다.

1240) des·ig·nate: ① 가리키다, 지시(지적)하다, 표시(명시)하다, 나타내다 ② …라고 부르다, 명명하다 ③ 지명하다, 인명(선정)하다; 지정하다

1241) con·fig·u·ra·tion: ① 배치, 지형(地形); (전체의) 형태, 윤곽. ②『천문학』 전제의 배치, 성위(星位), 성단(星團). ③『물리학·화학』 (분자 중의) 원자 배열. ④『항공』 비행 형태;『심리학』 형태.

1242) stá·bi·liz·er: 수직 안정판

V_X. Best angle-of-climb speed. The airspeed at which an airplane gains the greatest amount of altitude in a given distance. It is used during a short-field takeoff to clear an obstacle.

V_X. 최상의 상승 각도 속도. 비행기가 주어진 거리에서 가장 높은 고도를 얻는 대기속도. 장애물을 통과하기 위해 단거리 이륙 중에 사용한다.

V_{XSE}. Best angle of climb speed with one engine inoperative. The airspeed at which an airplane gains the greatest amount of altitude in a given distance in a light, twin-engine airplane following an engine failure.

V_{XSE}. 하나의 엔진이 작동하지 않는 최고 상승 속도의 각도. 쌍발 비행기가 엔진 고장 후 비행기가 짧게 주어진 거리에서 가장 높은 고도를 얻는 속도.

V_Y. Best rate-of-climb speed. This airspeed provides the most altitude gain in a given period of time.

V_Y. 최상의 상승 비율 속도. 이 대기속도는 주어진 시간 동안 가장 높은 고도를 얻도록 한다.

V_{YSE}. Best rate-of-climb speed with one engine inoperative. This airspeed provides the most altitude gain in a given period of time in a light, twin engine airplane following an engine failure.

V_{YSE}. 하나의 엔진이 작동하지 않는 최상의 상승 속도 비율. 이 대기속도는 쌍발 비행기가 엔진 고장 후 가볍게 주어진 시간 동안 가장 높은 고도를 얻도록 한다.

V

WAAS. See wide area augmentation system.

WAAS. 광역 지역 증강 시스템을 참조.

Wake turbulence[1243]. Wingtip[1244] vortices[1245] that are created when an airplane generates lift[1246]. When an airplane generates lift, air spills over the wingtips from the high pressure areas below the wings to the low pressure areas above them. This flow causes rapidly rotating whirlpools of air called wingtip vortices or wake turbulence.

웨이크 터뷸런스(큰돌이 난류, 후방 난기류). 비행기가 양력을 생성할 때 생성되는 날개 끝 소용돌이. 비행기가 양력을 생성할 때 공기는 날개 아래의 고기압 영역에서 날개 위의 저기압 영역으로 날개 끝 위로 엎질러진다. 이 흐름은 날개 끝 소용돌이 또는 큰돌이 난류(혹은 후방 난기류)라고 불리는 빠르게 회전하는 공기 소용돌이를 유발한다.

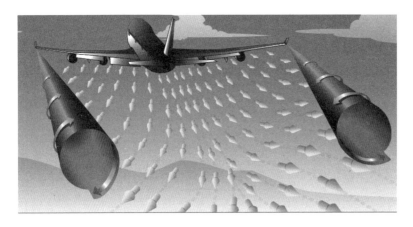

Warm front. The boundary area formed when a warm air mass[1247] contacts and flows over a colder air mass. Warm fronts cause low ceilings[1248] and rain.

온난전선. 따뜻한 기단이 더 차가운 기단과 접촉하고 위로 흐를 때 형성된 경계 영역. 온난

1243) wáke túrbulence: 대형 항공기가 통과한 뒤에 생기는 난기류.

1244) wíng tip: (비행기의) 날개 끝.

1245) vor·tex: ① 소용돌이, 화방수; 회오리바람 ② (전쟁·논쟁 따위의) 소용돌이 ③ 〖물리학〗 와동(渦動).

1246) lift: 〖항공〗 상승력(力), 양력(揚力).

1247) áir màss: 〖기상〗 기단(氣團).

1248) ceil·ing: ① 천장(널); 〖조선·선박〗 내장 판자 ② 상한(上限), 한계; (가격·임금 따위의) 최고 한도(top limit) ③ 〖항공〗 상승 한도; 시계(視界) 한도; 〖기상〗 운저(雲底) 고도

전선은 낮은 상승한도와 비를 유발한다.

Warning area. An area containing hazards to any aircraft not participating in the activities being conducted in the area. Warning areas may contain intensive military training, gunnery exercises, or special weapons testing.

워닝 에어리아(경고 영역). 해당 지역에서 수행되는 활동에 참여하지 않는 항공기에 대한 위험을 포함하는 지역. 워닝 에어리아(경고 영역)에는 집중적인 군사 훈련, 포격 훈련 또는 특수 무기 테스트가 포함될 수 있다.

WARP. See weather and radar processing.

WARP. 날씨 및 레이더 처리를 참조.

Waste gate. A controllable valve in the tailpipe of an aircraft reciprocating engine equipped with a turbocharger. The valve is controlled to vary the amount of exhaust gases forced through the turbocharger turbine.

웨이스트 게이트. 터보차저가 장착된 항공기 왕복 엔진의 미관(尾管. 제트 엔진의)에 있는 제어 가능한 밸브. 그 밸브는 터보차저 터빈을 통해 밀어넣는 배기 가스의 양을 변경하도록 제어된다.

Waypoint. A <u>designated</u>[1249] geographical location used for route definition or progress-reporting purposes and is defined in terms of latitude/longitude coordinates.

웨이포인트(중간지점). 경로 한정 또는 진행 보고 목적으로 사용되거나 위도/경도 좌표로 명확히 규정되어 명시된 지리적 위치.

WCA. See wind correction angle.

WCA. 바람 보정 각도 참조.

Weather and radar processor(WARP). A device that provides real-time, accurate, predictive, and strategic weather information presented in an integrated manner in the National <u>Airspace</u>[1250] System (NAS).

1249) des·ig·nate: ① 가리키다, 지시(지적)하다, 표시(명시)하다, 나타내다 ② …라고 부르다, 명명하다 ③ 지명하다, 임명(선정)하다; 지정하다

1250) áir spàce: (실내의) 공적(空積); (벽 안의) 공기층; (식물조직의) 기실(氣室); 영공(領空); 〖군사〗 (편대에서 차지하는) 공역(空域); (공군의) 작전 공역; 사유지상(私有地上)의 공간.

날씨 및 레이더 처리기(WARP). 국가공역시스템(NAS)에 통합 방식으로 제시되어 실시간으로 정확하게 예측하고, 전략 기상정보를 제시하는 장치.

Weather depiction chart. Details surface conditions as derived from METAR and other surface observations.
날씨 묘사 차트. METAR 및 기타 표면 관측에서 파생된 것으로 주위 상황을 드러내는 세목.

Weathervane. The tendency of the aircraft to turn into the <u>relative wind</u>[1251].
웨더베인(기상 풍신기). 상대기류로 변하는 항공기의 성향.

Weight and balance. The aircraft is said to be in weight and balance when the gross weight of the aircraft is under the max gross weight, and the center of <u>gravity</u>[1252] is within limits and will remain in limits for the duration of the flight.
무게와 균형. 항공기의 총 중량이 최대 총 중량 미만이고 무게 중심이 한계 내이고 항속동안 한계내에서 유지하게 될 때 항공기가 무게와 균형 상태가 된다고 한다.

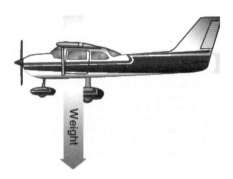

<u>**Weight**</u>[1253]**.** The force exerted by an aircraft from the pull of gravity. A measure of the heaviness of an object. The force by which a body is attracted toward the center of the Earth (or another celestial body) by gravity. Weight is equal to the <u>mass</u>[1254] of the body times the local value of gravitational acceleration. One of the

---

1251) rélative wínd: 상대풍(風), 상대 기류《비행 중인 비행기 날개에 대한 공기의 움직임》.
1252) grav·i·ty: ① 진지함, 근엄: 엄숙, 장중 ② 중대함: 심상치 않음: 위험(성), 위기 ③ 죄의 무거움, 중죄. ④ 〖물리학〗 중력, 지구 인력: 중량, 무게 ⑤ 동력 가속도의 단위《기호 g》.
1253) weight: ① a) 무게, 중량, 체중: 비만 b) 〖물리학〗 무게《질량과 중력 가속도의 곱: 기호 W》. ② 어떤 중량의 것(분량): 분동(分銅): 형량 단위: 형법(衡法).
1254) mass: ① 덩어리 ② 부피: 크기: 〖물리학〗 질량.

four main forces acting on an aircraft. Equivalent to the actual weight of the aircraft. It acts downward through the aircraft's center of gravity toward the center of the Earth. Weight opposes lift[1255].

무게. 중력의 당기는 힘으로부터 항공기에 의해 가해지는 힘. 물체의 중량을 측정한 것. 중력에 의해 지구(또는 다른 천체)의 중심을 향해 끌어당기는 힘. 무게는 물체의 질량에 중력 가속도의 로컬(공간) 값을 곱한 동체의 다수와 같다. 항공기에 작용하는 네 가지 주요 힘 중 하나. 항공기의 실제 무게와 동일함. 항공기의 무게 중심을 통해 지구의 중심을 향해 아래쪽으로 작용한다. 무게는 양력에 반대한다.

Wheelbarrowing. A condition caused when forward yoke or stick pressure during takeoff or landing causes the aircraft to ride on the nosewheel alone.

휠배로윙. 이륙 혹은 착륙 동안 전방 요크 또는 스틱 압력이 단독 노즈휠에서 항공기를 떠오르게 하기 위한 원인이 될 때 일어난 상황.

Wide area augmentation system (WAAS). A differential[1256] global positioning system (DGPS) that improves the accuracy of the system by determining position error from the GPS satellites, then transmitting the error, or corrective factors, to the airborne GPS receiver.

광역 증대 시스템(WAAS). GPS 위성에서 위치 오류를 확인한 다음 오류 또는 수정 요소를 항공 GPS 수신기로 전송하여 시스템의 정확도를 향상시키는 차별적 전지구 위치 파악 시스템(DGPS).

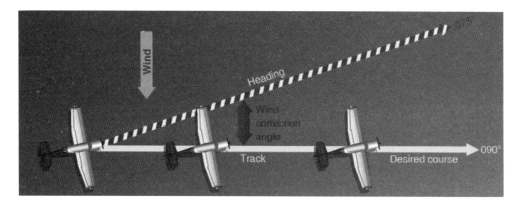

1255) lift: 【항공】 상승력(力), 양력(揚力).
1256) dif·fer·en·tial: ① 차별(구별)의, 차이를 나타내는, 차별적인, 격차의 ② 특이한 ③ 【수학】 미분의. ④ 【물리학·기계】 차동(差動)의, 응차(應差)의.

Wind correction angle (WCA). The angle between the desired track and the heading of the aircraft necessary to keep the aircraft tracking over the desired track. <u>Correction</u>[1257] applied to the course to establish a heading so that track will <u>coincide</u>[1258] with course.

바람 보정 각도(WCA). 항공기가 원하는 트랙을 계속 추적하는 데 필요한 항공기의 방향과 원하는 항적 사이의 각도. 항적이 항로와 일치하도록 방향을 설정하기 위해 코스에 보정이 적용되었다.

Wind direction indicators. Indicators that include a wind sock, wind tee, or tetrahedron. Visual reference will determine wind direction and <u>runway</u>[1259] in use.

바람 방향 표시기. 윈드 삭(바람 자루), 풍향계 또는 사면체를 포함하는 표시기. 시계(視界) 참조물은 사용 목적에 있어 바람의 방향과 활주로를 결정한다.

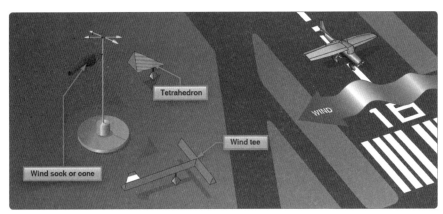

Figure 14-37. *Wind direction indicators.*

<u>**Wind shear**</u>[1260]. A sudden, <u>drastic</u>[1261] <u>shift</u>[1262] in windspeed, direction, or both that may occur in the horizontal or <u>vertical</u>[1263] plane.

1257) cor·rec·tion: ① 정정, 수정, (틀린 것을) 바로잡기; 첨삭; 교정(校正). ② 교정(矯正); 제재;《완곡어》 징계, 벌 ③ 〖수학·물리학·광학〗 보정(補正), 조정. ④ 〖컴퓨터〗 바로잡기.

1258) co·in·cide: ① 동시에 같은 공간을 차지하다, (장소가) 일치하다; 동시에 일어나다; (둘 이상의 일이) 부합〔일치〕하다 ② (수량·무게 따위가) …에 상당하다

1259) rún·wày: ① 주로(走路), 통로. ② 짐승이 다니는 길. ③ 〖항공〗 활주로

1260) wínd shèar: ① 갑자기 풍향이 바뀌는 돌풍. ② 〖항공〗 바람 층밀리기《풍향에 대하여 수직 또는 수평 방향의 풍속 변화(율)》.

1261) dras·tic: (치료·변화 따위가) 격렬한, 맹렬한, 강렬한; (수단 따위가) 과감한, 철저한

1262) shift: ① 변천, 추이; 변화, 변동; 변경, 전환 ② (근무의) 교체, 교대(시간); 교대조(組) ③ 임시 변통〔방편〕, 둘러대는 수단; 속임수, 술책(trick) ④ 〖컴퓨터〗 이동, 시프트《데이터를 우 또는 좌로 이동시킴》.

1263) ver·ti·cal ① 수직의, 연직의, 곧추선, 세로의. ② 정점〔절정〕의; 꼭대기의.

윈드시어. 풍속, 방향 혹은 수평 또는 수직 평면에서 발생할 수 있는 양쪽 모두에서 갑작스럽고 급격한 변화.

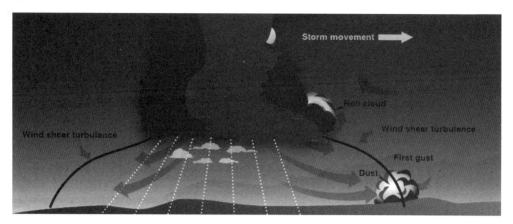

Windmilling. When the air moving through a propeller creates the rotational energy.

윈드밀링. 프로펠러가 회전 에너지를 만드는 것을 통해 공기 움직임이 있을 때.

Winds and temperature aloft forecast (FB). A twice daily forecast that provides wind and temperature forecasts for specific locations in the contiguous United States.

바람과 온도 높이 예보(FB). 인접한 미국의 특정 위치에 대한 바람 및 온도 예보를 제공하는 하루 2회 예보.

Windsock. A truncated cloth cone open at both ends and mounted on a freewheeling pivot that indicates the direction from which the wind is blowing.

윈드삭(바람자루). 끝이 잘린 직물 원뿔은 양끝이 개방이 되어있고 바람이 부는 방향을 가리키는 자유선회축에 장착된다.

Wing area. The total surface of the wing (in square feet), which includes control surfaces and may include wing area covered by the fuselage (main body of the airplane), and engine nacelles[1264].

날개 영역. 조종면/비행익면을 포함하고 동체(비행기 본체)와 엔진 너셀로 덮인 날개 영역을 포함할 수 있고 외부 조종 장치를 포함하는 날개의 전체 표면(제곱 피트).

1264) na·celle: 【항공】 나셀《항공기의 엔진 덮개》; 비행기(비행선)의 승무원실(화물실)

Wing span. The maximum distance from <u>wingtip</u>[1265] to wingtip.

윙스팬(날개 전장). 윙팁(날개끝)에서 윙팁까지의 최대 거리.

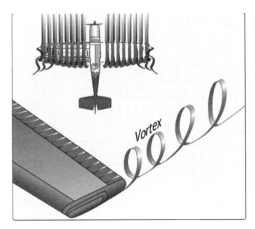

Figure 5-12. *Wingtip vortices.*

Figure 5-9. *Wingtip vortex from a crop duster.*

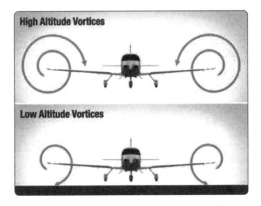

Figure 5-10. *The difference in wingtip vortex size at altitude versus near the ground.*

Wingtip vortices. The rapidly rotating air that spills over an airplane's wings during flight. The intensity of the turbulence depends on the airplane's weight, speed, and <u>configuration</u>[1266]. It is also referred to as wake turbulence. Vortices from heavy aircraft may be extremely hazardous to small aircraft.

윙팁(날개끝) 소용돌이. 비행 중 비행기 날개 위로 흐르는 빠르게 회전하는 공기. 난기류의 강도는 비행기의 무게, 속도 및 비행형태에 따라 다르다. 후방 난류라고도 한다. 대형 항공

1265) wíng tìp: (비행기의) 날개 끝.

1266) con·fig·u·ra·tion: ① 배치, 지형(地形); (전체의) 형태, 윤곽. ② 【천문학】 천체의 배치, 성위(星位), 성단(星團). ③ 【물리학·화학】 (분자 중의) 원자 배열. ④ 【사회학】 통합《사회 문화 개개의 요소가 서로 유기적으로 결합하는 일》; 【항공】 비행 형태; 【심리학】 형태.

기의 소용돌이는 소형 항공기에 극도로 위험할 수 있다.

Wing twist. A design feature incorporated into some wings to improve aileron con‒trol[1267] effectiveness at high angles of attack during an approach to a stall.
윙 트위스트(날개 꼬임각). 실속으로 활주로로의 진입하는 동안 높은 영각에서 에일러론(보조익) 제어 효율성을 향상시키기 위해 일부 날개의 통합된 설계 특징.

Wing. Airfoil attached to each side of the fuselage and are the main lifting surfaces that support the airplane in flight.
날개. 동체의 각 측면에 부착되어 있는 에어포일과 비행 중인 비행기를 지지하는 주요 이륙 조종면인 에오포일.

Wing root[1268]. The wing root is the part of the wing on a fixed‒ wing aircraft that is closest to the fuselage. Wing roots usually bear the highest bending forces in flight and during landing, and they often have fairings to reduce interference drag between the wing and the fuselage. The opposite end of a wing from the wing root is the wing tip.
윙 루트. 윙 루트는 동체에 가장 가까운 고정 날개 항공기의 날개 부분이다. 윙 루트는 일반적으로 비행 중 및 착륙 중에 가장 높은 굽힘력을 견디며 날개와 동체 사이의 간섭 항력을 줄이기 위해 페어링(정형)을 종종 한다. 윙 루트로부터 날개의 반대쪽 끝이 날개 끝이다.

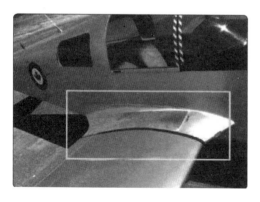

Work. A measurement of force used to produce movement.
워크(작용). 움직임/운동을 산출하는 데 사용되는 힘의 측정법.

1267) con·trol: ① 지배(력); 관리, 통제, 다잡음, 단속, 감독(권) ② 억제, 제어; (야구 투수의) 제구력(制球力) ③ 통제(관리) 수단: (pl.) (기계의) 조종장치; (종종 pl.) 제어실, 관제실〔탑〕;〖컴퓨터〗제어.
1268) Wing root: 1) 항공기의 날개뿌리 2) 주 날개가 동체에 연결되는 부분

World Aeronautical Charts (WAC). A standard series of aeronautical charts covering land areas of the world at a size and scale convenient for navigation (1:1,000,000) by moderate speed aircraft. <u>Topographic</u>[1269] information includes cities and towns, principal roads, railroads, distinctive landmarks, drainage, and relief. Aeronautical information includes visual and radio aids to navigation, airports, airways, restricted areas, obstructions and other pertinent data.

세계 항공 차트(WAC). 중속 항공기의 운항(1:1,000,000)에 편리한 크기와 축척에서 세계의 육지를 포함하는 일련의 표준 항공 해도. 지형 정보에는 도시와 마을, 주요 도로, 철도, 독특한 육상지표, 배수로 및 토지의 기복을 포함한다. 항공 정보에는 내비게이션(항법), 공항, 항로, 제한 구역, 장애물 및 기타 관련 데이터에 대한 시계(視界) 및 무선 보조 장치가 포함한다.

1269) top·o·graph·ic, -i·cal: topography의; (시·그림 따위) 일정 지역의 예술적 표현의, 지지적(地誌的)인

Yaw[1270]. Rotation about the <u>vertical</u>[1271] axis of an aircraft.

요. 항공기의 수직축에 관한 회전.

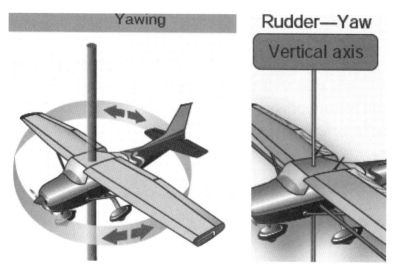

Yaw string. A string on the nose or windshield of an aircraft in view of the pilot that indicates any slipping or skidding of the aircraft.

요 스트링. 항공기의 미끄러짐 또는 헛미끄러짐을 나타내는 조종사의 관점에서 항공기의 기수 또는 앞 유리에 있는 스트링(끈).

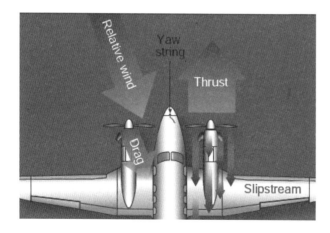

1270) yaw: 한쪽으로 흔들림; (선박·비행기가) 침로에서 벗어남
1271) ver·ti·cal ① 수직의, 연직의, 곧추선, 세로의. ② 정점(절정)의; 꼭대기의.

Zero fuel weight. The weight of the aircraft to include all useful load[1272] except fuel.

공(제로) 연료 중량. 연료를 제외한 모든 적재량을 포함하는 항공기의 무게.

Zero sideslip[1273]. A maneuver[1274] in a twin-engine airplane with one engine inoperative that involves a small amount of bank and slightly uncoordinated flight to align the fuselage with the direction of travel and minimize drag.

제로 사이드슬립. 이동 방향과 최소화된 항력으로 동체 중심점을 맞추기 위해 작은 양의 뱅크와 약간 조정되지 않은 비행을 포함하는 엔진 하나가 작동하지 않는 쌍발엔진 비행기에서의 방향 조종.

Zero thrust (simulated feather). An engine configuration[1275] with a low power setting that simulates[1276] a propeller feathered condition.

제로 트러스트 (시뮬레이티드 페더)/무추력(가상 페더). 프로펠러 깃털 모양 상태를 모의 조종하는 저전력 설정의 엔진 비행형태.

Zone of confusion[1277]. Volume of space above the station where a lack of adequate navigation signal directly above the VOR station causes the needle to deviate.

혼동 영역. VOR 스테이션 바로 위의 적절한 항법 신호의 부족이 바늘을 벗어나기 위한 스테이션 위 공간의 용적.

1272) load ① 적하, (특히 무거운) 짐 ② 무거운 짐, 부담: 근심, 걱정 ③ 〖물리학·기계·전기〗 부하(負荷), 하중

1273) síde·slìp: (자동차·비행기 등이 급커브·급선회할 때) 한옆으로 미끄러지는 일.

1274) ma·neu·ver: ① a) 〖군사〗 (군대·함대의) 기동(機動) 작전, 작전적 행동: (pl.) 대연습. (기동) 연습. b) 기술을 요하는 조작(방법) ② 계략, 책략, 책동: 묘책: 교묘한 조치. ③ (비행기·로켓·우주선의) 방향 조종.

1275) con·fig·u·ra·tion: ① 배치, 지형(地形); (전체의) 형태, 윤곽. ② 〖천문학〗 천체의 배치, 성위(星位), 성단(星團). ③ 〖항공〗 비행 형태: 〖심리학〗 형태.

1276) sim·u·late: …을 가장하다, (짐짓) …체하다(시늉하다); 흉내내다; …의 모의 실험(조종)을 하다.

1277) con·fu·sion: ① 혼동《with; between》. ② 혼란 (상태), 분규; 착잡. ③ 당황, 얼떨떨함.

Zulu time[1278]. A term used in aviation for coordinated[1279] universal time (UTC) which places the entire world on one time standard.

줄루 타임. 한 표준시에 전 세계를 맞추는 협정 세계시(UTC)를 항공에서 사용하는 용어.

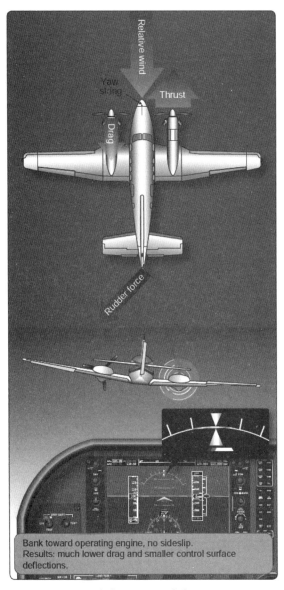

Figure 12-18. *Zero sideslip engine-out flight.*

1278) Zu·lu: 문자 z를 나타내는 통신 용어. 〖항공〗=GREENWICH MEAN TIME《경도 0(zero)의 머리 글자 z를 나타내는 통신 용어에서

1279) coórdinated univérsal time= UNIVERSAL TIME COORDINATE(협정 세계시(時)《1982년부터 실시; 생략: UTC》)

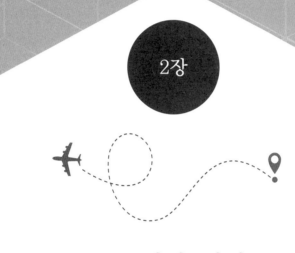

2장

두문자어, 약어
그리고 항공정보 단축어

Acronyms, Abbreviations,
and NOTAM Contractions

This is a list of common acronyms and abbreviations used in the aviation industry as well as NOTAM contractions.

이것은 항공 산업뿐만 아니라 NOTAM 단축어에서 사용되는 공용 두문자어와 약어 목록이다.

A

A/C — aircraft.(항공기《비행기·비행선·헬리콥터 등의 총칭》)

A/FD — airport/facility directory(공항/시설 안내판)

A/G — air to ground(공대지(空對地)의, 공중에서 지상으로)

A/HA — altitude/height(고도/높이)

AAF — Army Air Field(육군 비행장)

AAI — arrival aircraft interval(도착 항공기 간격)

AAP — advanced automation program(고급 자동화 프로그램)

AAR — airport acceptance rate(공항 승인률)

ABDIS — Automated Data Interchange System Service B(자동 데이터 교체 시스템 서비스 B)

ABN — aerodrome beacon(비행장 비콘)

ABV — above(~위쪽에, 보다 높이)

ACAIS — air carrier activity information system(항공회사(수송기) 사업(활동) 정보 시스템)

ACAS — aircraft collision avoidance system(항공기 충돌 방지 시스템)

ACC — area control center; Airports Consultants Council(지역 관제 센터; 공항 컨설턴트(고문) 협회)

ACCT — accounting records(회계 기록)

ACCUM — accumulate(누적하다)

ACD — Automatic Call Distributor(자동 호출 분배기)

ACDO — Air Carrier District Office(항공사 지역 사무소)

ACF — Area Control Facility(지역 관제 설비/시설)

ACFO — Aircraft Certification Field Office(항공기 검증 현장 사무소)

ACFT — aircraft(항공기)

ACID — aircraft identification(항공기 증명서)

ACI-NA — Airports Council International-North America(국제공항협회-북미)

ACIP — airport capital improvement plan(공항 자본 개선 계획)

ACLS — automatic carrier landing system(자동 이동 착륙 시스템)

ACLT— actual landing time calculated(계산된(적합한) 실제 착륙 시간)

ACO — Office of Airports Compliance and Field Operations; Aircraft Certification Office (공항 규정 준수 및 현장 운용 사무국; 항공기검증(인증) 사무소)

ACR — air carrier(항공(운송)회사; 화물 수송기)

ACRP — Airport Cooperative Research Program(공항 협력 연구 프로그램)

ACS — Airman Certification Standard(조종사 검증(인증) 기준)

ACT — active, activated, or activity(활성, 활성화 또는 활동)

ADA — air defense area(방공 구역)

ADAP — Airport Development Aid Program(공항 개발 지원 프로그램)

ADAS — AWOS data acquisition system(AWOS 데이터 포착 시스템)

ADCCP — advanced data communications control procedure(고급 데이터 통신 제어 절차)

ADDA — administrative data(관리 데이터)

ADF — automatic direction finding(자동 방향 찾기)

ADI — automatic de-ice and inhibitor(ADI - 자동 제빙 및 억제제)

ADIN — AUTODIN service(직접적 외부 다이얼 자동 디지털 네트워크 서비스)

ADIZ — air defense identification zone(방공 검증(인증) 구역)

ADJ — adjacent(접근, 인접)

ADL — aeronautical data-link (항공 데이터 링크)

ADLY — arrival delay(도착 지연)

ADO — airline dispatch office(항공사 파견 사무소)

ADP — automated data processing(자동화 데이터 처리)

ADS — automatic dependent surveillance(자동 종속 감독)

ADSIM — airfield delay simulation model(비행장 연착 모의훈련(시뮬레이션) 모델)

ADSY — administrative equipment systems(관리 장비 시스템)

ADTN — Administrative Data Transmission Network(관리 데이터 전송 네트워크)

ADTN2000 — Administrative Data Transmission Network 2000(관리 데이터 전송 네트워크 2000)

ADVO — administrative voice(관리 음성)

ADZD — advised(신중한)

AEG — Aircraft Evaluation Group(항공기 평가 그룹)

AERA — automated en route air traffic control(자동 항공로상의 항공 교통 관제)

AEX — automated execution(자동 실행)

AF — airway facilities(항로 시설)

AFB — Air Force Base(공군 기지)

AFIS — automated flight inspection system(자동 비행 검사(조사, 점검) 시스템)

AFP — area flight plan(지역 비행 방식)

AFRES — Air Force Reserve Station(공군 예비 주둔지)

AFS — airways facilities sector (AFS — 항공 시설 부문)

AFSFO — AFS field office (AFSFO — AFS 현장 사무실)

AFS — airways facilities sector(항공 시설 부문)

AFSFO — AFS field office(AFS 현장 사무실)

AFSFU — AFS field unit(AFS 현장 구성 단위)

AFSOU — AFS field office unit(standard is AFSFOU)(AFS 현장 사무소 구성 단위(표준은 AFSFOU임))

AFSS — automated flight service station(자동 비행 서비스 스테이션)

AFTN — Automated Fixed Telecommunications Network A(자동 설비(고정) 원격통신 네트워크)

AGIS — airports geographic information system(공항 지리 정보 시스템)

AGL — above ground level(지상 위)

AID — airport information desk(공항 안내소)

AIG — Airbus Industries Group(에어버스 경영자 그룹)

AIM — Airman's Information Manual(조종사 정보 지침서)

AIP — airport improvement plan(공항 개선 계획)

AIRMET — Airmen's Meteorological Information(조종사 기상 정보)

AIRNET — Airport Network Simulation Model(공항 네트워크 모의실험(시뮬레이션) 모델)

AIS — aeronautical Information service(항공 정보 서비스)

AIT — automated information transfer(자동화 정보 전송)

ALP — airport layout plan(공항 배치 계획)

ALS — approach light system(접근 조명 시스템)

ALSF1 — ALS with sequenced flashers I(순차 점멸 장치1이 있는 ALS)

ALSF2 — ALS with sequenced flashers II(순차 점멸 장치II가 있는 ALS)

ALSIP — Approach Lighting System Improvement Plan(접근 조명 시스템 개선 계획)

ALSTG — altimeter setting(고도계 설정)

ALT — altitude(고도)

ALTM — altimeter(고도계)

ALTN — alternate(서로의, 상호의, 교체의)

ALTNLY — alternately(번갈아, 교대로, 엇갈리게)

ALTRV — altitude reservation(고도 예약)

AMASS — airport movement area safety system(공항 이동 지역 안전 시스템)

AMCC — ADF/ARTCC Maintenance Control Center(ADF/ARTCC 유지 관제 센터)

AMDT — amendment(수정)

AMGR — Airport Manager(공항 관리자)

AMOS — Automatic meteorological observing system(자동 기상 관측 시스템)

AMP — ARINC Message Processor; Airport Master Plan(ARINC 메시지 처리기; 공항 주요 계획)

AMVER — automated mutual assistance vessel rescue system(자동 상호 지원 항공기 구조 시스템)

ANC — alternate network connectivity(대체 네트워크 연결)

ANCA — Airport Noise and Capacity Act(공항 소음 및 수용 능력 법령)

ANG — Air National Guard(《미국》 주(州) 공군, 국가 항공 경비대)

ANGB — Air National Guard Base(《미국》 주(州) 공군, 국가 항공 경비대 기지)

ANMS — automated network monitoring system(자동 네트워크 감시(모니터링) 시스템)

ANSI — American National Standards Group(미국 국가 규격 협회)

AOA — air operations area(항공 운용(작전) 지역)

AP — airport; acquisition plan(공항; 취득 계획)

APCH — approach(접근, 활주로로의 진입·강하/코스. 접근 방식)

APL — airport lights(공항 조명)

APP — approach; approach control; Approach Control Office(접근법; 접근 관제; 접근 관제소)

APS — airport planning standard(공항 계획 표준)

AQAFO — Aeronautical Quality Assurance Field Office(항공 품질 보증 현장 사무소)

ARAC — Army Radar Approach Control(AAF); Aviation Rulemaking Advisory Committee(육군 레이더 접근 관제(AAF); 항공 규칙제정 자문 위원회)

ARCTR — FAA Aeronautical Center or Academy(FAA 항공 센터 또는 학술원)

ARF — airport reservation function(공항 예약 기능)

ARFF — aircraft rescue and fire fighting(항공기 구조 및 소방)

ARINC — Aeronautical Radio, Inc.(항공 무선통신 업체)

ARLNO — Airline Office(항공사 사무실)

ARO — Airport Reservation Office(공항 예약 사무소)

ARP — airport reference point(공항 관련 지점)

ARR — arrive; arrival(도착)

ARRA — American Recovery and Reinvestment Act of 2009(2009년 미국 회복 및 재투자법)

ARSA — airport service radar area(공항 서비스 레이더 영역)

ARSR — air route surveillance radar(항공로상의 감시 레이더)

ARTCC — air route traffic control center(항공로상의 교통 관제 센터)

ARTS — automated radar terminal system(자동 레이더 터미널(단말) 시스템)

ASAS — aviation safety analysis system(항공 안전 분석 시스템)

ASC — AUTODIN switching center(AUTODIN 스위칭 센터)

ASCP — Aviation System Capacity Plan(항공 시스템 용량 계획)

ASD — aircraft situation display(항공기 상황 표시)

ASDA — accelerate-stop distance available(가속 정지 가능 거리)

ASLAR — aircraft surge launch and recovery(항공기 급상승 발진 및 복구)

ASM — available seat mile(사용 가능한 좌석 마일)

ASOS — automated surface observing system(자동 지상 관찰 시스템)

ASP — arrival sequencing program(도착순서 프로그램)

ASPH — asphalt(아스팔트)

ASQP — airline service quality performance(항공 서비스 품질 성능)

ASR — airport surveillance radar(공항 감시 레이더)

ASTA — airport surface traffic automation(공항 지상 교통 자동화)

ASV — airline schedule vendor(항공사 일정 공급업체)

AT — air traffic(항공 교통)

ATA — Air Transport Association of America(미국 항공 운송 협회)

ATAS — airspace and traffic advisory service(공역 및 교통 자문 서비스)

ATC — air traffic control(항공 교통 관제)

ATCAA — air traffic control assigned airspace(항공 교통 관제 할당 공역)

ATCBI — air traffic control beacon indicator(항공 교통 관제 표지 표시기)

ATCCC — Air Traffic Control Command Center(항공 교통 관제 지휘 센터)

ATCO — Air Taxi Commercial Operator(에어 택시《근거리 여객기》 상업 운영자)

ATCRB — air traffic control radar beacon(항공 교통 관제 레이더 비컨)

ATCRBS — air traffic control radar beacon system(항공 교통 관제 레이더 비콘 시스템)

ATCSCC — Air Traffic Control System Command Center(항공 교통 관제 시스템 지휘 센터)

ATCT — airport traffic control tower(공항 교통 관제탑)

ATIS — automatic terminal information service(단말 자동 정보 서비스)

ATISR — ATIS recorder(ATIS 레코더)

ATM — air traffic management; asynchronous transfer mode(항공 교통 관리; 비동기 전송 모드)

ATMS — advanced traffic management system(상급 교통 관리 시스템)

ATN — Aeronautical Telecommunications Network(항공 통신 네트워크)

ATODN — AUTODIN terminal(FUS)(AUTODIN 터미널(FUS))

ATOMS — air traffic operations management system(항공 교통 운용 관리 시스템)

ATOVN — AUOTVON (facility)(AUOTVON(시설))

ATS — air traffic service(항공 교통 서비스)

ATSCCP — ATS contingency command post(ATS 비상 지휘소)

AUTH — authority(허가)

AUTOB — automatic weather reporting system(자동 기상 보고 시스템)

AUTODIN — DoD Automatic Digital Network(DoD 자동 디지털 네트워크)

AUTOVON — DoD Automatic Voice Network(DoD 자동 음성 네트워크)

AVBL — available(사용 가능)

AVN — Aviation Standards National Field Office, Oklahoma City(항공 표준 국립 현장 사무소, 오클라호마시티)

AVON — AUTOVON service(AUTOVON 서비스)

AWIS — airport weather information(공항 기상 정보)

AWOS — automatic weather; observing/reporting system (자동 날씨; 관측/보고 시스템)

AWP — Aviation Weather Processor (항공 기상 처리기)

AWPG — aviation weather products generator(항공 기상 제품 생성기)

AWS — air weather station(항공 기상 관측소)

AWY — airway(항공로)

AZM — azimuth(방위각)

BA FAIR — braking action fair(올바른 제동 작용)

BA NIL — braking action nil(제동 작용 없음)

BA POOR — braking action poor(브레이크 작동 불량)

BANS — BRITE 1alphanumeric system(BRITE 수문자 시스템)

BART — billing analysis reporting tool(GSA software tool)(청구 분석 보고 도구(GSA 소프트웨어 도구))

BASIC — basic contract observing station(기본 계약 관찰 스테이션)

BASOP —military base operations(군사 기지 운용)

B-2 BC — back course(백 코스)

BCA — benefit/cost analysis(이익/비용 분석)

BCN — beacon(비컨, 표지)

BCR — benefit/cost ratio(이익/비용 비율)

BDAT — digitized beacon data(디지털화된 표지 자료)

BERM — snowbank(s) containing earth/gravel(흙/자갈을 포함하는 눈 더미)

BLW — below(아래에, 지상에)

BMP — best management practices(최고 조종 기량)

BND — bound(경계, 범위)

BOC — Bell Operating Company bps — bits per second(벨 오퍼레이팅 컴퍼니 bps — 초당 비트 수)

BRG — bearing(베어링)

BRI — basic rate interface(기본 속도 인터페이스)

BRITE — bright radar indicator terminal equipment(밝은 레이더 표시기 단말 장비)

BRL — building restriction line(건물 제한선)

BUEC — back-up emergency communications(백업 비상 통신)

BUECE — back-up emergency communications equipment(백업 비상 통신 장비)

BYD — beyond(너머, 저쪽)

C

C/S/S/N — capacity/safety/security/noise(자격/안전/보안/소음)

CAA — civil aviation authority; Clean Air Act(민간 항공 당국; 새로운 항공 법령)

CAAS — Class A Airspace(A등급 공역)

CAB — civil aeronautics board(민간 항공 위원회)

CARF — Central Altitude Reservation Facility(중앙 고도 예약 시설)

CASFO — Civil Aviation Security Office(민간 항공 보안 사무소)

CAT — category; clear-air turbulence(카테고리; 청천 난기류)

CAU — Crypto Ancillary Unit(암호화 보조 장치)

CBAS — Class B airspace(B등급 공역)

CBI — computer based instruction(컴퓨터 기반 명령어)

CBSA — Class B surface area(B급 표면적)

CC&O — customer cost and obligation(고객 비용 및 의무)

CCAS — Class C Airspace(C급 공역)

CCC — Communications Command Center(통신 지휘소)

CCCC — staff communications(직원 커뮤니케이션)

CCCH — central computer complex host(중앙 컴퓨터 복합 호스트)

CCLKWS — counterclockwise(시계 반대 방향)

CCS7-NI — Communication Channel Signal-7-Network Interconnect(통신 채널 신호-7-네트워크 상호 연결)

CCSA — Class C surface area(C급 표면적)

CCSD — Command Communications Service Designator(지휘 통신 서비스 지정자)

CCU — Central Control Unit(중앙 제어 장치)

CD — clearance delivery; common 2digitizer(관제승인 교부; 공통 디지타이저)

CDAS — Class D Airspace (D급 공역)

CDR — cost detail report(비용 상세 보고)

CDSA — Class D surface area(D급 표면적)

CDT — controlled departure time(관제 출발 시간)

CDTI — cockpit display of traffic information(교통 정보의 조종석 디스플레이)

CEAS — Class E Airspace(E급 공역)

CENTX — central telephone exchange(중앙 전화 교환기)

CEP — capacity enhancement program(용량 향상 프로그램)

CEQ — council on environmental quality(환경 품질 위원회)

CERAP — center radar approach control; combined center radar approach control(중앙 레이더 접근 관제; 통합 중앙 레이더 접근 관제)

CESA — Class E surface area(E급 표면적)

CFC — central flow control(중앙 유동 관제)

CFCF — Central Flow Control Facility(중앙 유동 관제 시설)

CFCS — central flow control service(중앙 유동 관제 서비스)

CFR — Code of Federal Regulations(연방 규정 코드)

CFWP — central flow weather processor(중앙 공급 기상 처리기)

CFWU — central flow weather unit(중앙 공급 기상 장치)

CGAS — Class G Airspace; Coast Guard Air Station(G급 공역; 해안 경비대 비행장)

CHG — change(변경)

CIG — ceiling(상승 한도)

CK — check(확인/점검)

CL — centerline(중앙선, 중심선)

CLC — course line computer(코스 라인 컴퓨터)

CLIN — contract line item (계약 라인 항목)

CLKWS — clockwise((시계 바늘처럼) 우로[오른쪽으로] 도는, 오른쪽으로 돌아서)

CLR — clearance, clear(s), cleared to(클리어런스, 클리어, 클리어드 투)

CLSD — closed(폐쇄)

CLT — calculated landing time(계산된 착륙 시간)

CM — commercial service airport(상용 서비스 공항)

CMB — climb(상승)

CMSND — commissioned(위임된)

CNL — cancel(취소)

CNMPS — Canadian Minimum Navigation Performance Specification Airspace(캐나다 최소 내비게이션 성능 사양 공역)

CNS — consolidated NOTAM system(통합 NOTAM 시스템)

CNSP — consolidated NOTAM system processor(통합 NOTAM 시스템 프로세서)

CO — central office(중앙 사무소)

COE — U.S. Army Corps of Engineers(미국 육군 공병대)

COM — communications(통신)

COMCO — command communications outlet(지휘 통신 콘센트)

CONC – concrete(콘크리트)

CONUS — Continental United States(미국 대륙)

CORP — private corporation other than ARINC or MITRE(ARINC 또는 MITRE 보다 다

른 사적 협회)

CPD — coupled(연결됨)

CPE — customer premise equipment(고객 전제 설비)

CPMIS — consolidated personnel management information system(통합 인사 관리 정보 시스템)

CRA — conflict resolution advisory(충돌 해결 권고)

CRDA — converging runway display aid(집중 활주로 전시 지원)

CRS — course(코스, 항로)

CRT — cathode ray tube(음극선관)

CSA — communications service authorization(통신 서비스 권한 부여)

CSIS — centralized storm information system(중앙 집중식 폭풍 정보 시스템)

CSO — customer service office(고객 서비스 사무소)

CSR — communications service request(통신 서비스 요청)

CSS — central site system(중앙 사이트 시스템)

CTA — controlled time of arrival; control area(도착 관제 시간; 관제 구역)

CTA/FIR — control area/flight information region(관제 구역/비행 정보 지역)

CTAF — common traffic advisory frequency(공동 교통 권고 빈도)

CTAS — center-TRACON automation system(중앙–TRACON 자동화 시스템)

CTC — contact(컨택, 연락 연결, 접촉)

CTL — control(컨트롤, 조종, 관리, 관제)

CTMA — Center Traffic Management Advisor(중앙 교통 관리 고문)

CUPS — consolidated uniform payroll system(통합형 동일 임금대장 시스템)

CVFR — controlled visual flight rules(조종 시계 비행 규칙)

CVTS — compressed video transmission service(압축 비디오 전송 서비스)

CW — continuous wave(지속파)

CWSU — Central Weather Service Unit(중앙 기상 서비스 장치)

CWY — clearway(대피로)

D

DA — direct access; decision altitude/decision height; Descent Advisor(직접 접근; 결정 고도/결정 고도; 하강 고문)

DABBS — DITCO automated bulletin board system(자동 공보 게시판 시스템)

DAIR — direct altitude and identity readout(직접 고도 및 신원 판독)

DALGT — daylight(일광)

DAR — Designated Agency Representativ (지정 기관 대표)

DARC — direct access radar channel(직접 접근 레이더 채널)

dBA — decibels A-weighted(데시벨 A 가중치)

DBCRC — Defense Base Closure and Realignment Commission(방어 기지 폐쇄 및 재편성 위원회)

DBE — disadvantaged business enterprise(불리한 조건의 사업 기업)

DBMS — database management system(데이터베이스 관리 시스템)

DBRITE — digital bright radar indicator tower equipment(디지털 밝은 레이더 표시기 타워 장비)

DCA — Defense Communications Agency(미국 국방부)

DCAA — dual call, automatic answer device(이중 호출, 자동 응답 장치)

DCCU — Data Communications Control Unit(데이터 통신 제어 장치)

DCE — data communications equipment(데이터 통신 장비)

DCMSND — decommissioned(취역, 취항 해제)

DCT — direct(다이렉트, 직접)

DDA — dedicated digital access(전용 디지털 액세스)

DDD — direct distance dialing(직통 원거리 다이얼 돌리기)

DDM — difference in depth of modulation(변조 깊이의 차이)

DDS — Digital Data Service(디지털 데이터 서비스)

DEA — Drug Enforcement Agency(마약단속국)

DEDS — data entry and display system(데이터 입력 및 표시 시스템)

DEGS — degrees ((온도·각도·경위도 따위의) 도(度)《부호°》)

DEIS — Draft Environmental Impact Statement(환경 영향 보고서 초안)

DEP — depart/departure(출발, 떠남)

DEPPROC — departure procedures(출발 절차)

DEWIZ — distance early warning identification zone(거리 조기 경보 식별 구역)

DF — direction finder(방향 찾기)

DFAX — digital facsimile(디지털 팩스)

DFI — direction finding indicator(방향 찾기 표시기)

DGPS — Differential Global Positioning Satellite (System)(차동 전세계 위치확인 위성(시스템))

DH — decision heigh(결심 높이)

DID — direct inward dial(직접 내부 다이얼)

DIP — drop and insert point(낙하 및 삽입 포인트)

DIRF — direction finding(방향 찾기)

DISABLD — disabled(고장)

DIST — distance(거리)

DITCO — Defense Information Technology Contracting Office Agency(국방 정보 기술 계약 사무소 기관)

DLA — delay or delayed(연착, 지연 또는 연착된, 지연된)

DLT — delete(삭제)

DLY — daily(매일)

DME — distance measuring equipment(거리 측정 장비)

DME/P — precision distance measuring equipment(정밀 거리 측정 장비)

DMN — Data Multiplexing Network(데이터 다중송신 네트워크)

DMSTN — demonstration(시범)

DNL — day-night equivalent sound level(also called Ldn)(주야간 등가 음향 레벨(Ldn이라고도 함))

DOD — direct outward dial(직접적 외부의 다이얼)

DoD — Department of Defense(국방부)

D DOI — Department of Interior(내무부)

DOS — Department of State(국무부)

DOT — Department of Transportation(교통부)

DOTCC — Department of Transportation Computer Center(교통부 컴퓨터 센터)

DOTS — dynamic ocean tracking system(동적 해양 추적 시스템)

DP — dew point temperature(이슬점 온도)

DRFT — snowbank(s) caused by wind action(바람 작용으로 인한 크게 쌓인 눈)

DSCS — digital satellite compression service(디지털 위성 압축 서비스)

DSPLCD — displaced(제거된, 면직된, 옮긴)

DSUA — dynamic special use airspace(동적 특수 사용 공역)

DTS — dedicated transmission service(전용 전송 서비스)

DUAT — direct user access terminal(직접 사용자 접근 단말)

DVFR — defense visual flight rules; day visual flight rules(방어 시계 비행 규칙; 주간 시계 비행 규칙)

DVOR — doppler very high frequency omni-directional range(도플러 초고주파 전(全)방향성 범위)

DYSIM — dynamic simulator(동적 시뮬레이터)

E — east(동쪽)

EA — environmental assessment(환경 평가)

EARTS — en route automated radar tracking system(항공로상의 자동화 레이더 추적 시스템)

EB — eastbound(동쪽으로 가는)

ECOM — en route communications(항공로상의 통신)

ECVFP — expanded charted visual flight procedures(확장된 차트 시계 비행 절차)

EDCT — expedite departure path(출발 경로 촉진)

EFC — expect further clearance(추가 승인 기대)

EFIS — electronic flight information systems(전자 비행 정보 시스템)

EIAF — expanded inward access feature(확장된 내부 접근 특징)

EIS — environmental impact statement(환경 영향 성명)

ELEV — elevation(높이, 고도, 해발)

ELT — emergency locator transmitter(비상 위치 탐지 송신기)

ELWRT — electrowriter(전자 작성기)

EMAS — engineered materials arresting system(설계된 요소 저지 시스템)

EMPS — en route maintenance processor system(항공로상의 유지 관리 프로세서 시스템)

EMS — environmental management system(환경 관리 시스템)

E-MSAW — en route automated minimum safe altitude warning(항공로상의 자동 최소 안전 고도 경고)

ENAV — en route navigational aids(항공로상의 운항(항법) 보조 장치)

ENG — engine(엔진)

ENRT — en route(항공로상의)

ENTR — entire(전체, 완전)

EOF — emergency Operating Facility(비상 운용 시설)

EPA — Environmental Protection Agency(환경 보호국)

EPS — Engineered Performance Standards(공학적 성능 표준)

EPSS — enhanced 3packet switched service(향상된 다발 교환 서비스)

ERAD — en route broadband radar(항공로상의 광대역 레이더)

ESEC — en route broadband secondary radar(항공로상의 광대역 보조 레이더)

ESF — extended superframe format(확장형 초고성능 프레임(구조) 형식)

ESP — en route spacing program(항공로상의 간격 프로그램)

ESYS — en route equipment systems(항공로상의 장비 시스템)

ETA — estimated time of arrival(예상 도착 시간)

ETE — estimated time en route(항공로상의 예상 시간)

ETG — enhanced target generator(향상된 타겟(목표) 발전기)

ETMS — enhanced traffic management system(향상된 트래픽 관리 시스템)

ETN — Electronic Telecommunications Network(전자 통신 네트워크)

EVAS — enhanced vortex advisory system(향상된 보텍스(회오리바람) 자문 시스템)

EVCS — emergency voice communications system(비상 음성 통신 시스템)

EXC — except(제외)

FAA — Federal Aviation Administration(연방 항공국)

FAAAC — FAA aeronautical center(FAA 항공 센터)

FAACIS — FAA communications information system(FAA 통신 정보 시스템)

FAATC — FAA technical center(FAA 기술 센터)

FAATSAT — FAA telecommunications satellite(FAA 통신 위성)

FAC — facility/facilities(시설)

FAF — final approach fix(최종 활주로로의 진입·강하/코스)

FAN — MKR fan marker(MKR 팬 마커)

FAP — final approach point(최종 활주로로의 진입·강하/코스 지점)

FAPM — FTS2000 associate program manager(FTS2000 관련 프로그램 관리자)

FAR — Federal Aviation Regulation(연방 항공 규정)

FAST — final approach spacing tool(최종 활주로로의 진입·강하/코스 간격 도구)

FAX — facsimile equipment(팩스 장비)

FBO — fixed base operator(고정 기반 운영자)

FBS — fall back switch(폴백 스위치; 대체시스템 전환)

FCC — Federal Communications Commission(연방 통신 위원회)

FCLT — freeze calculated landing time(빙점하의 기상상태 계산 착륙 시간)

FCOM — FSS radio voice communications(FSS 무선 음성 통신)

FCPU — Facility Central Processing Unit(시설 중앙 처리 장치)

FDAT — flight data entry and printout(FDEP) and flight data service (비행 데이터 입력 과 출력(FDEP) 및 비행 데이터 서비스)

FDC — flight data center(비행 데이터 센터)

FDE — flight data entry(비행 데이터 입력)

FDEP — flight data entry and printout(비행 데이터 입력 및 출력)

FDIO — flight data input/output(비행 데이터 입력/출력)

FDIOC — flight data input/output center(비행 데이터 입력/출력 센터)

FDIOR — flight data input/output remote(비행 데이터 입력/출력 원격)

FDM — frequency division multiplexing(주파수 분할 다중화)

FDP — flight data processing(비행 데이터 처리)

F&E — facility and equipment(시설 및 장비)

FED — federal(연방)

FEIS — Final Environmental Impact Statement(최종 환경 영향 성명)

FEP — 4front end processor(프런트 엔드 프로세서)

FFAC — from facility(시설에서)

FI/P — flight inspection permanent(상설 비행 검사)

FI/T — flight inspection temporary(임시 비행 검사)

FIFO — Flight Inspection Field Office(비행 검사 현장 사무소)

FIG — flight inspection group(비행 조사 그룹)

FINO — Flight Inspection National Field Office(비행 조사 국립 현장 사무소)

FIPS — federal information publication standard(연방 정보 발표 표준)

FIR — flight information region(비행 정보 영역)

FIRE — fire station(소방서)

FIRMR — Federal Information Resource Management Regulation(연방 정보 자원 관리 규정)

FL — flight level(비행 레벨)

FLOWSIM — traffic flow planning simulation(교통 흐름 계획 시뮬레이션)

FM — from(~부터)

FMA — final monitor aid(최종 모니터 지원)

FMF — facility master file(시설장 파일)

FMIS — FTS2000 management information system(FTS2000 관리 정보 시스템)

FMS — flight management system (비행 관리 시스템)

FNA — final approach (최종 활주로로의 진입·강하/코스)

FNMS — FTS2000 network management system(FTS2000 네트워크 관리 시스템)

FOIA — Freedom Of Information Act(정보자유법)

FONSI — finding of no significant impact(중대한 영향이 없음을 확인함)

FP — flight plan(비행 계획)

FPM — feet per minute(분당 피트)

FRC — request full route clearance(전체 경로 관제 승인 요청)

FREQ — frequency(주파수)

FRH — fly runway heading(비행 활주로 비행방향)

FRI — Friday(금요일)

FRZN — frozen(냉동)

FSAS — flight service automation system(비행 서비스 자동화 시스템)

FSDO — Flight Standards District Office(비행 표준 지역 사무소)

FSDPS — flight service data processing system(비행 서비스 데이터 처리 시스템)

FSEP — facility/service/equipment profile(시설/서비스/장비 프로필)

FSP — 5flight strip printer(플라이트 스트립 프린터)

FSPD — freeze speed parameter(빙점하의 기상상태 속도 매개변수)

FSS — flight 6service station(비행 서비스 스테이션)

FSSA — flight service station automated service(비행 서비스 스테이션 자동화 서비스)

FSTS — federal secure telephone service(연방 보안 전화 서비스)

FSYS — flight service station equipment systems(비행 서비스 스테이션 장비 시스템)

FTS — federal telecommunications system(연방 통신 시스템)

FT — feet/foot(피트/피트)

FTS2000 — Federal Telecommunications System 2000(연방 통신 시스템 2000)

FUS — functional units or systems(기능 장치 또는 시스템)

FWCS — flight watch control station(비행 감시 관제소)

GA — general aviation(일반 항공)

GAA — general aviation activity(일반 항공 활동)

GAAA — general aviation activity and avionics(일반 항공 활동 및 항공 전자)

GADO — General Aviation District Office(일반 항공 지역 사무소)

GC — ground control(지상 관제)

GCA — ground control approach(지상 통제 활주로로의 진입·강하/코스)

GIS — geographic information system(지리 정보 시스템)

GNAS — general national airspace system(일반 국가 공역 시스템)

GNSS — global navigation satellite system(글로벌 내비게이션 위성 시스템)

GOES — Geostationary Operational Environmental Satellite(지구정지궤도 운용 환경위성)

GOESF — GOES feed point(GOES 피드 포인트)

GOEST — GOES terminal equipment(GOES 단말 장비)

GOVT — government(정부)

GP — glide path(활공 경로)

GPRA — Government Performance Results Act(정부 성과 결과 법령)

GPS — global positioning system(전지구 위치 파악 시스템)

GPWS — ground proximity warning system(지상 근접 경고 시스템)

GRADE — graphical airspace design environment(그래픽 공역 설계 환경)

GRVL — gravel(자갈)

GS — glide slope indicator(활공 경사 표시기)

GSA — General Services Administration(일반 서비스 관리)

GSE — ground support equipment(지상 지원 장비)

H — 7non-directional radio homing beacon (NDB)(무지향성 무선 자동유도 비콘(NDB))

HAA — height above airport(공항 상공 높이)

HAL — height above landing(착륙지점 높이)

HARS — high altitude route system (고고도 경로 시스템)

HAT — height above touchdown ((단시간의)착륙지점 높이)

HAZMAT — hazardous materials (위험 요소)

HDG — heading(비행 방향)

HDME — NDB with distance measuring equipment(거리 측정 장비가 있는 NDB)

HDQ — FAA headquarters(FAA 본부)

HEL — helicopter(헬리콥터)

HELI — heliport(헬기장)

HF — high frequency(고주파)

HH — NDB, 2kw or more(NDB, 2kw 혹은 그 이상)

HI-EFAS — high altitude EFAS(고고도 EFAS)

HIRL — high intensity runway lights(고광도 활주로 조명)

HIWAS — Hazardous lnflight Weather Advisory Service(위험 기내 기상 자문 서비스)

HLDC — high level data link control(높은 레벨의 데이터 연결 관제)

HLDG — holding(대기/공중대기)

HOL — holiday(휴일)

HOV — high occupancy vehicle(다수인 이용 차량)

HP — holding pattern(착륙 순위 대기 선회로)

HR — hour(시간)

HSI — horizontal situation indicators(평면 상황 표시기)

HUD — housing and urban development(주택 및 도시 개발)

HWAS — hazardous in-flight weather advisory(위험 기내 기상 주의보 Hz – Hertz(헤르츠)

I/AFSS — international AFSS(국제 AFSS)

IA — indirect access(간접 접근)

IAF — initial approach fix(초기 활주로로의 진입·강하/코스 수정)

IAP — instrument approach procedures(계기 활주로로의 진입·강하/코스 절차)

IAPA — instrument approach procedures automation(계기 활주로로의 진입 강하/코스 절차 자동화)

IBM — International Business Machines(국제 비즈니스 머신)

IBP — international boundary point(IBP – 국제 경계점)

IBR — intermediate bit rate (중간 비트 전송률)

ICAO — International Civil Aviation Organization(국제 민간 항공 기구)

ICSS — international communications switching systems(국제 통신 교환 시스템)

ID — 8identification(신분증명)

IDAT — interfacility data(인터퍼실러티 데이터)

IDENT — 9identify/identifier/identification(확인하다/확인자/신분증명)

IF — intermediate fix(중간 수정)

IFCP — interfacility communications processor(인터퍼실러티 통신 프로세서)

IFDS — interfacility data system(인터퍼실러티 데이터 시스템)

IFEA — in-flight emergency assistance(비행 중 긴급 지원)

IFO — International Field Office(국제 현장 사무소)

IFR — instrument flight rules(계기 비행 규칙)

IFSS — international flight service station(국제 비행 서비스 스테이션)

ILS — instrument landing system(계기 착륙 장치)

IM — inner marker(내부 마커)

IMC — instrument meteorological conditions(계기비행 기상상태)

IN — inch/inches(인치)

INBD — 10inbound(인바운드)

INDEFLY — indefinitely(무기한으로)

INFO — information(정보)

INM — integrated noise model(통합 잡음 모델)

INOP — inoperative(작동하지 않는)

INS — inertial navigation system(관성 항법 시스템)

INSTR — instrument(계기)

INT — intersection(교차, 횡단, 교차점)

INTL — international(국제)

INTST — intensity(강도)

IR — ice on runway(s)(활주로의 얼음)

IRMP — information resources management plan(정보 자원 관리 계획)

11ISDN — integrated services digital network(통합 서비스 디지털 네트워크)

ISMLS — interim standard microwave landing system(중간 표준 마이크로파 착륙 시스템)

ITI — interactive terminal interface(쌍방향 단말 인터페이스)

IVRS — interim voice response system(임시 음성 응답 시스템)

IW — inside wiring(내부 배선)

K

Kbps — Kilobits per second(초당 킬로비트)

Khz — Kilohertz(킬로헤르츠)

KT — 12knots(너트)

KVDT — keyboard video display terminal (키보드 비디오 디스플레이 단말)

L — left(좌측, 왼쪽)

LAA — local airport advisory(지역 공항 기상 보고)

LAAS — low altitude alert system(저고도 경보 시스템)

LABS — leased A B service(임대 A B 서비스)

LABSC — LABS GS-200 computer(LABS GS-200 컴퓨터)

LABSR — LABS remote equipment(LABS 원격 장비)

LABSW — LABS switch system(LABS 스위치 시스템)

LAHSO — land and hold short operation(랜드 앤 홀드 쇼트 오퍼레이션)

LAN — local area network(근거리 통신망)

LAT — latitude(위도)

LATA — local access and transport area(지역 접근 및 운송 영역)

LAWRS — limited aviation weather reporting station(제한된 항공 기상 보도국)

LB — pound/pounds(파운드)

LC — local control(지역 관제)

LCF — local control facility(지역 관제 시설)

LCN — local communications network(지역 통신 네트워크)

LCTD — located(위치를 정한)

LDA — localizer-type directional aid; landing directional aid(로컬라이저 유형 방향 보조 장치; 착륙 방향 보조 장치)

LDG — landing(착륙)

LDIN — lead-in lights(인입 조명)

LEC — local exchange carrier(로컬 익스체인지 캐리어)

LF — low frequency(저주파)

LGT — light or lighting(조명)

LGTD — lighted(불이 켜진)

LINCS — leased interfacility NAS C(임대 인터퍼실러티 NAS C)

LIRL — low intensity runway lights(저강도 활주로 조명)

LIS — logistics and inventory system(상세한 기록 및 물품명세서 시스템)

LLWAS — low level wind shear alert system(낮은 수준의 윈드 시어 경보 시스템)

LLZ — 13localizer(로컬라이저)

LM — compass locator at ILS middle marker(ILS 중간 마커의 계기 착륙 시스템의 무선 유도 표지)

LM/MS — low/medium frequency(저/중 주파수)

LMM — locator middle marker(위치 탐사 장치 중간 마커)

LO — compass locator at ILS outer marker(ILS 외부 마커의 계기 착륙 시스템의 무선 유도 표지)

LOC — local; locally; location; localizer(로컬; 로컬리; 로케이션; 로컬라이저)

LOCID — location identifier(위치 식별자)

LOI — letter of intent(의향서)

LOM — compass locator at outer marker(외부 마커의 계기 착륙 시스템의 무선 유도 표지)

LONG — longitude(경도)

LPV — lateral precision performance with vertical guidance(수직 유도를 통한 측면 정밀 성능)

LRCO — limited remote communications outlet(제한된 원격 통신 콘센트)

LRNAV — long range navigation(장거리 내비게이션/항법)

LRR — long range radar(장거리 레이더)

LSR — loose snow on runway(s)(활주로에 떨어진 눈)

LT — left turn(좌선회)

M

MAA — maximum authorized altitude(최대 승인 고도)

MAG — magnetic(자기)

MAINT — maintain, maintenance(유지)

MALS — medium intensity approach light system(중광도 접근 조명 시스템)

MALSF — medium intensity approach light system with sequenced flashers(순차 점멸장치가 있는 중광도 접근 조명 시스템)

MALSR — medium intensity approach light system with runway alignment indicator lights(활주로 정렬 표시 조명이 있는 중강도 접근 조명 시스템)

MAP — maintenance automation program; military airport program; 14missed approach point; modified access pricing(유지 자동화 프로그램; 군용 공항 프로그램; 진입 복행지점. 수정된 액세스 평가)

MAPT — missed approach point(진입 복행지점)

Mbps — megabits per second(초당 메가비트)

MCA — minimum crossing altitude(최소 횡단 고도)

MCAS — Marine Corps air station(해병대 비행장)

MCC — maintenance control center(유지 관제 센터)

MCL — middle compass locater(중간 계기 착륙 시스템의 무선 유도 표지)

MCS — maintenance and control system(유지 관리 및 관제 시스템)

MDA — minimum descent altitude(최소 하강 고도)

MDT — maintenance data terminal(유지 데이터 단말)

MEA — minimum en route altitude(최소 항공로상의 고도)

MED — medium(중간)

METI — meteorological information(기상 정보)

MF — middle frequency(중간 주파수)

MFJ — modified final judgment(수정된 최종 판단)

MFT — meter fix crossing time/15slot time(미터 수정 교차 시간/슬롯 타임)

MHA — minimum holding altitude(최소 공중 대기 고도)

Mhg — Meghertz(메헤르츠)

MIA — minimum IFR altitudes(최소 IFR 고도)

MIDO — Manufacturing Inspection District Office(제조 검사 지구 사무소)

MIN — minute(분)

MIRL — medium intensity runway lights(중간 강도 활주로 조명)

MIS — Meteorological Impact Statemen(기상 영향 보고서)

MISC — miscellaneous(기타)

MISO — Manufacturing Inspection Satellite Office(제조 검사 위성 사무소)

MIT — miles in trail (항적 마일)

MITRE — Mitre Corporation(마이트르 코퍼레이션)

MLS — 16microwave landing system (마이크로파 착륙 시스템)

MM — middle marker(중간 마커)

MMAC — Mike Monroney Aeronautical Center(마이크 먼로니 항공 센터)

MMC — maintenance monitoring console(유지 모니터링 콘솔)

MMS — maintenance monitoring system(유지 모니터링 시스템)

MNM — minimum(최소)

MNPS — minimum navigation performance specification(최소 내비게이션 성능 사양)

MNPSA — minimum navigation performance specifications airspace (최소 내비게이션 성능 사양 공역)

MNT — monitor; monitoring; monitored (모니터; 모니터링; 모니터드)

MOA — memorandum of agreement; military operations area (동의 각서; 군사 작전 지역)

MOC — minimum obstruction clearance(최소 장애물 제거)

MOCA — minimum obstruction clearance altitude(최소 장애물 제거 고도)

MODE C — altitude-encoded beacon reply; altitude reporting mode of secondary radar(부호화된 고도 비컨 응답; 보조 레이더의 고도 통보 형식)

MODE S — mode select beacon system(모드 선택 비콘 시스템)

MON — Monday(월요일)

MOU — memorandum of understanding(양해각서)

MPO — Metropolitan Planning Organization(대도시 계획 조직)

MPS — maintenance processor subsystem or master plan supplement(유지 관리 처리기 하위 시스템 또는 마스터 플랜 보완)

MRA — minimum reception altitude(최소 수신 고도)

MRC — monthly recurring 17charge(월별 되풀이하여 발생하는 챠지)

MSA — minimum safe altitude; minimum sector altitude(최소 안전 고도; 최소 레이더의 유효 범위 고도)

MSAW — minimum safe altitude warning(최소 안전 고도 경고)

MSG — message(메시지)

MSL — mean sea level(평균 해수면)

MSN — message switching network(메시지 교환 네트워크)

MTCS — modular terminal communications system (계수 단말 통신 시스템)

MTI — moving 18target indicator(움직이는 물표 표시기)

MU — 19mu meters(뮤 미터)

MUD — mud(진흙)

MUNI — 20municipal(뮤니서펄)

MUX — multiplexor(멀티플렉서)

MVA — minimum vectoring altitude(최소 무전유도 고도)

MVFR — marginal visual flight rules(한계 시각 비행 규칙)

N — north(북쪽)

NA — not authorized(승인되지 않음)

NAAQS — national ambient air quality standards(국립 환경 공기 질 표준)

NADA — ADIN concentrator(ADIN집선 장치)

NADIN — National Airspace Data Interchange Network(국립 공역 데이터 상호교환 네트워크)

NADSW — NADIN switches(NADIN 스위치)

NAILS — National Airspace Integrated Logistics Support(국립 공역 통합 물류 지원)

NAMS — NADIN IA

NAPRS — National Airspace Performance Reporting System(국립 공역 성능 보고 시스템)

NAS — National Airspace System or Naval Air Station(국립 공역 시스템 또는 해군 비행장)

NASDC — National Aviation Safety Data(국립 항공 안전 데이터)

NASP — National Airspace System Plan(국립 공역 시스템 계획)

NASPAC — National Airspace System Performance Analysis Capability(국립 공역 시스템 성능 분석 기능)

NATCO — National Communications Switching Center(국립 통신 교환 센터)

NAV — 21navigation(내비게이션)

NAVAID — navigation aid(내비게이션 보조장치)

NAVMN — navigation monitor and control(내비게이션 모니터 및 조종)

NAWAU — National Aviation Weather Advisory Unit(국립 항공 기상보고 단위)

NAWPF — National Aviation Weather Processing Facility(국립 항공 기상 처리 시설)

NB — northbound(북쪽으로 가는)

NCAR — National Center for Atmospheric Research, Boulder, CO(미국 콜로라도 주 볼더 대기 연구 센터)

NCF — National Control Facility(국립 관제 시설)

NCIU — NEXRAD Communications Interface Unit(NEXRAD 통신 인터페이스 장치)

NCP — noise compatibility program(잡음 호환성 프로그램)

NCS — national communications system(국립 통신 시스템)

NDB — non-directional radio beacon(무 지향성 무선 비콘)

NDNB — NADIN II

NE — northeast(북동쪽)

NEM — noise exposure map(잡음 노출 도해)

NEPA — National Environmental Policy Act(국립 환경 정책법령)

22NEXRAD — next generation weather radar(차기 기상 레이더)

NFAX — National Facsimile Service(국립 팩스 서비스)

NFDC — National Flight Data Center(국립 비행 데이터 센터)

NFIS — NAS Facilities Information System(NAS 시설 정보 시스템)

NGT — night(야간)

NI — network interface(네트워크 인터페이스)

NICS — national interfacility communications system(국립 인터퍼실러티 통신 시스템)

NM — nautical mile(s)(해리)

NMAC — near mid-air collision(거의 공중 충돌 상태)

NMC — National Meteorological Center(국립 기상 센터)

NMCE — network monitoring and control equipment(네트워크 모니터링 및 관제 장비)

NMCS — network monitoring and control system(네트워크 모니터링 및 관제 시스템)

NMR — nautical mile radius(해리 범위)

NOAA — National Oceanic and Atmospheric Administration(국립해양대기국)

NOC — notice of completion(완료 통지)

NONSTD — nonstandard(비표준)

NOPT — no procedure turn required (필요한 절차 선회 없음)

NOTAM — notice to airmen(조종사에 대한 통지)

NPDES — National pollutant discharge elimination system(국립 오염물질 배출 제거 시스템)

NPE — non-primary airport entitlement(비주요 공항 자격부여)

NPIAS — national plan of integrated airport systems(통합 공항 시스템의 국가 계획)

NR — number(숫자)

NRC — non-recurring charge(되풀이하여 발생하지 않는 챠지)

NRCS — national radio communications systems(국립 무선 통신 시스템)

NSAP — National Service Assurance Plan(국립 서비스 보장 계획)

NSRCATN — National Strategy to Reduce Congestion on America's Transportation Network(미국 교통 네트워크의 혼잡을 줄이기 위한 국가 전략)

NSSFC — National Severe Storms Forecast Center(국립 격심한 폭풍 예보 센터)

NSSL — National Severe Storms Laboratory, Norman, OK(국립 격심한 폭풍 실험실, 노르망, OK)

NSWRH — NWS Regional Headquarters(NWS 지역 본부)

NTAP — Notices To Airmen Publication(조종사 간행물에 대한 통지)

NTP — National Transportation Policy(국립 교통 정책)

NTSB — National Transportation Safety Board(국립 교통 안전 위원회)

NTZ — no transgression zone(위반 구역 없음)

NW — northwest(북서쪽)

NWS — National Weather Service(국립 기상 서비스)

NWSR — NWS weather excluding NXRD(NXRD를 제외한 NWS 날씨)

NXRD — advanced weather radar system(고급 기상 레이더 시스템)

O

OAG — official airline guide(공식 항공사 가이드)

OALT — operational acceptable level of traffic(운행 허용 교통량 수준)

OAW — off-airway weather station(오프-에어웨이 기상 관측소)

OBSC — 23obscured(오브스큐어드)

OBST — obstruction(장애물)

ODAL — omnidirectional approach lighting system(전(全)방향 활주로로의 진입 강하/코스 조명 시스템)

ODAPS — oceanic display and processing station(해양 디스플레이 및 처리 스테이션)

OEP — operational evolution plan/partnership(운영 발전 계획/협력)

OFA — object free area(오브젝트 프리 에어리어)

OFDPS — offshore flight data processing system(해외 비행 데이터 처리 시스템)

OFT — outer fix time(외부 수정 시간)

OFZ — obstacle free zone(장애물 없는 구역)

OM — outer marker(외부 마커)

OMB — Office Of Management and Budget(관리 예산국)

ONER — Oceanic Navigational Error Report(해양 항해 오류 보도)

OPLT — operational acceptable level of traffic(운영 허용 가능한 교통량 수준)

OPR — operate((기계 따위가) 작동하다, 움직이다, 일하다, 조작하다, 운전하다, 조종하다)

OPS — operation(가동(稼動), 작용, 작업, (기계 따위의) 조작, 운전, 〖컴퓨터〗작동, 연산.)

OPSW — operational switch(작동 스위치)

OPX — off 24premises exchange(오프 프레미스 교환)

ORD — operational readiness demonstration(조작 준비 시범)

ORIG — original(원물, 원본, 원형)

OTR — oceanic transition route(해양성 전이 경로)

OTS — out of service; organized track system(서비스 중단; 조직화된 트랙 시스템)

OVR — 25over(오버)

Acronyms, Abbreviations, and NOTAM Contractions

2장 _ 두문자어, 약어 그리고 항공정보 단축어 · **347**

PABX — private automated branch exchange(사설 자동 분기 교환)

PAD — packet 26assembler/disassembler(패킷 어셈블러/역어셈블러)

PAEW — personnel and equipment working(인력 및 장비 작업)

PAM — peripheral adapter module(주변 장치 접속기 모듈)

PAPI — precision approach path indicator(정밀 활주로로의 진입·강하/코스 경로 표시기)

PAR — precision approach radar; preferential arrival route (PAR – 정밀 활주로로의 진입·강하/코스 레이더; 우선 도착 경로)

PARL — parallel(평행)

PAT — pattern(패턴)

PATWAS — Pilots Automatic Telephone Weather Answering Service(조종사 자동 전화 날씨 응답 서비스)

PAX — passenger(승객)

PBCT — proposed boundary crossing time(제안된 경계 횡단 시간)

PBRF — pilot 27briefing(파일럿 브리핑)

PBX — private branch exchange(사설 분기 교환기)

PCA — positive control airspace(명확한 관제 공역)

PCL — pilot controlled lighting (파일럿 관제 조명)

PCM — pulse code modulation(펄스 코드 변조)

PD — Pilot Deviation(조종사 항로변경)

PDAR — preferential arrival and departure route(우선 도착 및 출발 경로)

PDC — pre-departure clearance; program designator code(출발 전 관제 승인; 프로그램 지정자 코드)

PDN — Public Data Network(공공 데이터 네트워크)

PDR — preferential departure route(우선 출발 경로)

PERM — permanent/permanently(영구적/영구적으로)

PFC — passenger facility charge(승객 시설 요금)

PGP — planning 28grant program(계획 보조금 프로그램)

PIC — principal interexchange carrier(주 상호 교환 캐리어)

PIDP — programmable indicator data processor(프로그램 가능한 인디케이터 데이터 처리기)

PIREP — pilot weather report(조종사 기상 보도)

PJE — parachute jumping exercise(낙하산 점프 연습)

PLA — practice low approach(낮은 접근 실습)

PLW — plow/plowed(플라우/플라우드)

PMS — program management system(프로그램 관리 시스템)

PNR — prior notice required(사전 통지 필요)

POLIC — police station(경찰서)

POP — point of presence(인터넷 접속 거점, 상호 접속 위치)

POT — point of termination(종료 지점)

PPIMS — personal property information management system(개인 자산 정보 관리 시스템)

PPR — prior permission required(사전 허가 필요)

PR — primary commercial service airport(주요 상업 운항 공항)

PREV — previous(앞의, 이전의)

PRI — primary rate interface(기본 속도 인터페이스)

PRM — precision runway monitor(정밀 활주로 모니터)

PRN — pseudo random noise(모조 임의 잡음)

PROC — procedure(절차)

PROP — propeller(프로펠러)

PSDN — public switched data network(공공 전환 데이터 네트워크)

PSN — packet switched network(다발 교환 네트워크)

PSR — packed snow on runway(s)(활주로에 굳게 압축된 눈)

PSS — packet switched service(다발 교환 서비스)

29PSTN — public switched telephone network(공공 교환 전화 네트워크)

PTC — presumed-to-conform(적합하다고 추정됨)

PTCHY — patchy(패치)

PTN — procedure turn(절차 차례)

PUB — publication(출판물)

PUP — principal user processor(주 사용자 처리기)

PVC — permanent virtual circuit(퍼머넌트 버츄얼 서킷)

PVD — plan view display(평면도 디스플레이)

PVT — 30privat(비공식, 개별)

R

RAIL — runway alignment indicator lights(활주로 정렬 지시 조명)

RAMOS — remote automatic meteorological observing system(원격 자동 기상 관측 시스템)

RAPCO — radar approach control (USAF)(레이더 접근 관제(USAF))

RAPCON — radar approach control (FAA)(레이더 접근 관제(FAA))

RATCC — Radar Air Traffic Control Center(레이더 항공 교통 관제 센터)

RATCF — Radar Air Traffic Control Facility (USN)(레이더 항공 교통 관제 시설(USN))

RBC — rotating beam ceilometer(회전 빔 운고계)

RBDPE — radar beacon data processing equipment(레이더 비콘 데이터 처리 장비)

RBSS — Radar Bomb Scoring Squadron(레이더 폭탄 채점 비행대)

RCAG — remote communications air/ground facility(원격 통신 항공 교통/지상 시설)

RCC — Rescue Coordination Center(구조 일치 센터)

RCCC — Regional Communications Control Centers(지역 통신 제어 센터)

RCF — Remote Communication Facility(원격 통신 시설)

RCIU — Remote Control Interface Unit(원격 제어 인터페이스 장치)

RCL — runway centerline; radio communications link(활주로 중심선; 무선 통신 링크)

RCLL — runway centerline light system(활주로 중심선 조명 시스템)

RCLR — RCL repeater(RCL 중계기)

RCLT — RCL terminal(RCL 터미널)

RCO — remote communications outlet(원격 통신 콘센트)

RCU — remote control unit(원격 조종 장치)

RDAT — digitized radar data(디지털화된 레이더 데이터)

RDP — radar data processing(레이더 데이터 처리)

RDSIM — runway delay simulation model(활주로 지연 시뮬레이션 모델)

REC — receive/receiver(수신하다/수신기)

REIL — runway end identifier lights(활주로 끝 식별 표시 조명)

RELCTD — relocated(재배치됨)

REP — report(보고)

RF — radio frequency(무선 주파수)

RL — General Aviation Reliever Airport(일반 항공 경감 공항)

RLLS — runway lead-in lights system(활주로 유도 조명 시스템)

RMCC — Remote Monitor Control Center(원격 모니터 조종 센터)

RMCF — Remote Monitor Control Facility(원격 모니터 조종 시설)

RML — radio microwave link(라디오 마이크로파 링크)

RMLR — RML repeater(RML 중계기)

RMLT — RML terminal(RML 터미널)

RMM — remote maintenance monitoring(원격 유지 모니터링)

RMMS — remote maintenance monitoring system(원격 유지 모니터링 시스템)

RMNDR — remainder(나머지)

RMS — remote monitoring subsystem(원격 모니터링 하위 시스템)

RMSC — remote monitoring subsystem concentrator(원격 모니터링 하위 시스템 집중장치)

RNAV — area navigation(지역 내비게이션)

RNP — required navigation performance(필수 내비게이션/운항 성능)

ROD — record of decision(결정 기록)

ROSA — report of service activity(서비스 활동 보고서)

ROT — runway occupancy time(활주로 점유 시간)

RP — restoration priority(복원 우선 순위)

RPC — restoration priority code(복원 우선순위 코드)

RPG — radar processing group(레이더 처리 그룹)

RPLC — replace(교체)

RPZ — runway protection zone(활주로 보호 구역)

RQRD — required(필수)

RRH — remote reading hygrothermometer(원격 판독 습도계)

RRHS — remote reading hydrometer(원격 판독 유속계)

RRL — runway remaining lights(활주로 잔존 조명)

RRWDS — remote radar weather display(원격 레이더 기상 표시)

RRWSS — RWDS sensor site(RWDS 센서 사이트)

RSA — runway safety area(활주로 안전 구역)

RSAT — runway safety action team(활주로 안전 조치 팀)

RSR — en route surveillance radar(항공로상의 감시 레이더)

RSS — remote speaking system(원격 음성 시스템)

RSVN — reservation(예약)

RT — right turn; remote transmitter(우선회; 원격 송신기)

RT & BTL — radar tracking and beacon tracking level(레이더 추적 및 비콘 추적 수준)

RTAD — remote tower alphanumerics display(원격 타워 문자와 숫자 표시)

RTCA — Radio Technical Commission for Aeronautics(항공학에 관한 무선 기술 위원회)

RTE — route(경로)

RTP — regional transportation plan(지역 운송 계획)

RTR — remote transmitter/receiver(원격 송신기/수신기)

RTRD — remote tower radar display(원격 타워 레이더 표시)

RTS — return to service(서비스 복귀)

RUF — rough(거친)

RVR — runway visual range(활주로 시계 범위)

RVRM — runway visual range midpoint(활주로 시계 범위 중간점)

RVRR — runway visual range rollout(활주로 시계 범위 착륙 후의 활주)

RVRT — runway visual range touchdown(활주로 시계 범위 (단시간의) 착륙)

RW — runway(활주로)

RWDS — same as RRWDS(RRWDS와 동일)

RWP — real-time weather processor(실시간 기상 처리기)

RWY — runway(활주로)

S

S — south(남쪽)

S/S — sector suite(섹터 슈트)

SA — sand, sanded(모래)

SAC — Strategic Air Command(전략 항공 사령부)

SAFI — semi-automatic flight inspection(반자동 비행 검사)

SALS — short approach lighting system(근거리 활주로로의 진입·강하/코스 조명 시스템)

SAT — Saturday(토요일)

SATCOM — satellite communications(위성 통신)

SAWR — Supplementary Aviation Weather Reporting Station(추가 항공 기상 보도 스테이션)

SAWRS — Supplementary Aviation Weather Reporting System (추가 항공 기상 보도 시스템)

SB — southbound(남행(南行)의)

SBGP — state block grant program(스테이트 블락 그랜트 프로그램)

SCC — System Command Center(시스템 명령 센터)

SCVTS — Switched Compressed Video Telecommunications Service(전환 압축 비디오 원격 통신 서비스)

SDF — simplified directional facility; simplified direction finding; software defined network(간이화한 방향성 시설; 간이화된 방향 찾기; 소프트웨어 정의 네트워크)

SDIS — switched digital integrated service(전환된 디지털 통합 서비스)

SDP — service delivery point(서비스 전달 지점)

SD-ROB — radar weather report(레이더 기상 보도)

SDS — switched data service(전환 데이터 서비스)

SE — southeast(남동)

SEL — single event leve(단일 사고 수준)

SELF — simplified short approach lighting system with sequenced flashing lights(순차적으로 깜박이는 조명이 있는 간소화한 활주로로의 진입·강하/코스 조명 시스템)

SFAR-38 — Special Federal Aviation Regulation 38(특별 연방 항공 규정 38)

SFL — sequence flashing lights(순차 점멸 조명)

SHPO — State Historic Preservation Officer(주립 역사 보존 담당관)

SIC — service initiation charge(서비스 개시 담당)

SID — standard instrument departure; station identifier(표준 계기 출발; 스테이션 식별자)

SIGMET — significant meteorological information(중요한 기상 정보)

SIMMOD — airport and airspace simulation model(공항 및 공역 시뮬레이션 모델)

SIMUL — simultaneous(동시)

SIP — state implementation plan(국가 성취 계획)

SIR — packed or compacted snow and ice on runway(s)(활주로에 꽉차거나 압축된 눈과 얼음)

SKED — scheduled(예정된)

SLR — slush on runway(s)(활주로상의 진창눈)

SM — 31statute miles(법정 마일)

SMGC — surface movement guidance and control(표면 이동 안내 및 제어)

SMPS — sector maintenance processor subsystem(섹터 유지 관리 프로세서 하위 시스템)

SMS — safety management system; simulation modeling system(안전 관리 시스템; 시뮬레이션 모델링 시스템)

SN — snow(눈)

SNBNK — snowbank(s) caused by plowing(쟁기로 인한 눈더미)

SNGL — single(단일)

SNR — signal-to-noise ratio, also: S/N(신호 대 잡음비, 또한 S/N)

SOAR — system of airports reporting(공항 보도 시스템)

SOC — service oversight center(서비스 감독 센터)

SOIR — simultaneous operations on intersecting runways(교차 활주로에서 동시 작업)

SOIWR — simultaneous operations on intersecting wet runways(교차 젖은 활주로 동시 운용)

SPD — speed(속도)

SRAP — sensor receiver and processor(감지 장치 수신기 및 처리기)

SSALF — simplified short approach lighting system with sequenced flashers(순차 점멸 장치가 있는 간이화한 단거리 활주로로의 진입·강하/코스 조명 시스템)

SSALR — simplified short approach lighting system with runway alignment indicator lights(활주로 정렬 표시 조명이 있는 간이화한 단거리 활주로로의 진입·강하/코스 조명 시스템)

SSALS — simplified short approach lighting system(간이화한 근거리 활주로로의 진입·강하/코스 조명 시스템)

SSB — single side band(단일 측파대)

SSR — secondary surveillance radar(2차 감시 레이더)

STA — straight-in approach(직선 활주로로의 진입·강하/코스)

STAR — standard terminal arrival route(표준 터미널 도착 경로)

STD — standard(표준)

STMUX — statistical data multiplexer(통계 데이터 멀티플렉서)

STOL — short takeoff and landing(단거리 이착륙)

SUN — Sunday(일요일)

SURPIC — surface picture(표면 사진)

SVC — service(서비스)

SVCA — service A(서비스 A)

SVCB — service B(서비스 B)

SVCC — service C(서비스 C)

SVCO — service O(서비스 O)

SVFB — interphone service F (B)(인터폰 서비스 F(B))

SVFC — interphone service F (C)(인터폰 서비스 F(C))

SVFD — interphone service F (D)(인터폰 서비스 F(D))

SVFO — interphone service F (A)(인터폰 서비스 F(A))

SVFR — special visual flight rules(특수 시계 비행 규칙)

SW — southwest(남서)

SWEPT — swept or broom/broomed(틀거나 쓸어내다)

T — temperature(온도)

T1MUX — T1 multiplexer(T1 멀티플렉서)

TAA — terminal arrival area(터미널 도착 영역)

TAAS — terminal advance automation system(터미널 사전 자동화 시스템)

TACAN — tactical air navigation(전술 항공 내비게이션)

TACR — TACAN at VOR, TACAN only(VOR의 TACAN, TACAN 전용)

TAF — terminal area forecast(터미널 영역 예측)

TAR — terminal area surveillance radar(터미널 지역 감시 레이더)

TARS — terminal automated radar service(터미널 자동화 레이더 서비스)

TAS — true air speed(실제 대기속도)

TATCA — terminal air traffic control automation(터미널 항공 교통 관제 자동화)

TAVT — terminal airspace visualization tool(터미널 공역 시각화 도구)

TCA — traffic control airport or tower control airport; terminal control area(교통 관제 공항 또는 타워 관제 공항; 터미널 관제 영역)

TCACCIS — Transportation Coordinator Automated Command And Control Information System(교통 조정자 자동화 명령 및 관제 정보 시스템)

TCAS — Traffic Alert and Collision Avoidance System(교통 경보 및 충돌 방지 시스템)

TCC — DOT Transportation Computer Center(DOT 교통 컴퓨터 센터)

TCCC — Tower Control Computer Complex(타워 관제 컴퓨터 복합)

TCE — tone control equipment(음질 관제 장비)

TCLT — tentative calculated landing time(시험적 계획 착륙 시간)

TCO — Telecommunications Certification Officer(원거리 통신 인증 책임자)

TCOM — Terminal Communications(터미널 통신)

TCS — tower communications system(타워 통신 시스템)

TDLS — Tower Data-Link Services(타워 데이터 링크 서비스)

TDMUX — time division data multiplexer(시간 분할 데이터 다중 통신용 장치)

TDWR — terminal doppler weather radar(터미널 도플러 기상 레이더)

TDZ — touchdown zone((단시간의) 착륙 구역)

TDZ LG — touchdown zone lights((단시간의) 착륙 지역 조명)

TELCO — telephone company(전화 회사)

TELMS — telecommunications management system(통신 관리 시스템)

TEMPO — temporary(임시)

TERPS — terminal instrument procedures(터미널 계기 절차)

TFAC — to facility(시설로)

TFC — traffic(교통/교통량)

TFR — temporary flight restriction(임시 비행 제한)

TGL — 32touch-and-go landings(터치 앤 고 랜딩)

TH — threshold (한계, 경계, 《특히》 활주로의 맨 끝)

THN — 33thin (씬)

THR — threshold(한계, 경계, 《특히》 활주로의 맨 끝)

THRU — through(…을 통하여/지나서/빠져)

THU — Thursday(목요일)

TIL — until(~까지)

TIMS — telecommunications information management system(원거리 통신 정보 관리 시스템)

TIPS — terminal information processing system(단말 정보 처리 시스템)

TKOF — takeoff(이륙)

TL — taxilane (택시레인/지상 활주 규정항로)

TM — traffic management(교통 관리)

TM&O — telecommunications management and operations (원거리 통신 관리 및 운영)

TMA — Traffic Management Advisor(교통 관리 고문)

TMC — Traffic Management Coordinator(교통 관리 조정관)

TMC/MC — Traffic Management Coordinator/Military Coordinator(교통 관리 조정관/군사 조성관)

TMCC — terminal information processing system; Traffic Management Computer Complex(터미널 정보 처리 시스템; 교통 관리 컴퓨터 복합)

TMF — Traffic Management Facility(교통 관리 시설)

TML — television microwave link(텔레비전 마이크로웨이브 링크)

TMLI — television microwave link indicator(텔레비전 마이크로웨이브 링크 표시기)

TMLR — television microwave link repeater(텔레비전 마이크로웨이브 링크 자동 중계 장치)

TMLT — television microwave link terminal(텔레비전 마이크로웨이브 링크 터미널)

TMP — Traffic Management Processor(교통 관리 처리기)

TMPA — traffic management program alert(교통 관리 프로그램 경보)

TMS — traffic management system(교통 관리 시스템)

TMSPS — traffic management specialists(교통 관리 전문가)

TMU — traffic management unit(교통 관리 장치)

TNAV — terminal navigational aids(터미널 내비게이션/항법 보조 장치)

TODA — takeoff distance available(사용 가능한 이륙 거리)

TOF — 34time of flight(비행 시간형의/비행 시간 계측식의)

TOFMS — time of flight mass spectrometer(비행 시간형의/비행 시간 계측식의 질량 분석계)

TOPS — Telecommunications Ordering And Pricing System (GSA software tool)(통신 주문 및 평가 시스템(GSA 소프트웨어 도구))

TORA — take-off run available(이륙 가능한 코스)

TR — telecommunications request(원거리 통신 요청)

TRACAB — terminal radar approach control in tower cab(타워 관제탑에서 터미널 레이더 활주로로의 진입·강하/코스 관제)

TRACON — Terminal Radar Approach Control Facility(터미널 레이더 활주로로의 진입·강하/코스 통제 시설)

TRAD — terminal radar service(터미널 레이더 서비스)

TRB — Transportation Research Board(운송 연구 위원회)

TRML — terminal(터미널)

TRNG — training(훈련)

TRSN — transition(전환)

TSA — taxiway safety area; Transportation Security Administration(유도로 안전 구역; 교통 안전청)

TSEC — terminal secondary radar service(터미널 2차 레이더 서비스)

TSNT — 35transient(과도현상)

TSP — telecommunications service priority(원거리 통신 서비스 우선 순위)

36TSR — telecommunications service request(원거리 통신 서비스 요청)

TSYS — terminal equipment systems(터미널 장비 시스템)

TTMA — TRACON Traffic Management Advisor(TRACON 교통 관리 고문)

TTY — teletype(텔레타이프)

TUE — Tuesday(화요일)

TVOR — terminal VHF omnidirectional range(터미널 VHF 전(全)방향성 범위)

TW — taxiway(유도로)

TWEB — transcribed weather broadcast(녹화 기상 방송)

TWR — tower(타워)

TWY — taxiway(유도로)

TY — type (FAACIS)(유형(FAACIS))

UAS — unmanned aircraft systems(무인 항공기 시스템)

UFN — until further notice(추후 공지가 있을 때까지)

UHF — ultra high frequency(초고주파)

UNAVBL — unavailable(사용 불가)

UNLGTD — unlighted(조명이 없는)

UNMKD — unmarked(표시되지 않은)

UNMNT — unmonitored(모니터링 되지 않는)

UNREL — unreliable(신뢰할 수 없음)

UNUSBL — unusable(사용할 수 없음)

USAF — United States Air Force(미국 공군)

USC — United States Code(미국 코드)

USOC — Uniform Service Order Code(균일 서비스 주문 코드)

V/PD — Vehicle/pedestrian deviation(차량/보행자 편차)

VALE — voluntary airport low emission(자발적인 공항 저배출)

VASI — visual approach slope indicator(시계 활주로로의 진입·강하 경사 표시기)

VDME — VOR with distance measuring equipment(거리 측정 장비가 있는 VOR)

VDP — visual descent point(시계 하강점)

VF — voice frequency(음성 주파수)

VFR — visual flight rules(시계 비행 규칙)

VGSI — visual 37glide slope indicator(시계 글라이드 슬로프 표시기)

VHF — very high frequency(매우 높은 주파수)

VIA — by way of(~을 경유하여)

VICE — instead/versus(대신하여/대비하여)

VIS — visibility(시계(視界))

VLF — very low frequency(매우 낮은 주파수)

VMC — visual meteorological conditions(시계 기상 조건)

VNAV — visual navigational aids(시각적 운항 보조 장치)

VNTSC — Volpe National Transportation System Center(발프 국립 운송 시스템 센터)

VOL — volume(볼륨)

VON — virtual on-net(가상 온넷)

VOR — VHF omnidirectional range(VHF 전(全)방향성 범위)

VOR/DME — VHF omnidirectional range/distance measuring equipment(VHF 전(全)방향성 범위/거리 측정 장비)

VORTAC — VOR and TACAN (collocated)(VOR 및 TACAN(병치))

VOT — VOR Test Facility(VOR 테스트 시설)

VP/D — vehicle/pedestrian deviation(차량/보행자 이탈)

VRS — voice recording system(음성 녹음 시스템)

VSCS — voice switching and control system(음성 전환 및 조종 시스템)

VTA — vertex time of arrival(정점 도착 시간)

VTAC — VOR and TACAN (collocated)(VOR 및 TACAN(병치))

VTOL — vertical takeoff and landing (수직 이착륙)

VTS — voice telecommunications system (음성 통신 시스템)

W — west(서쪽)

WAAS — Wide Area Augmentation System(광역 증대 시스템)

WAN — wide area network(광역 네트워크)

WB — westbound(서쪽으로 가는)

WC — work center(워크 센터)

WCP — Weather Communications Processor(기상 통신 처리기)

WECO — Western Electric Company(서부 전기 회사)

WED — Wednesday(수요일)

WEF — with effect from; effective from(부터 유효)

WESCOM — Western Electric Satellite Communications(서부 전기 위성 통신)

WI — within(~ 내)

WIE — with immediate effect, or effective immediately (즉시 유효)

WKDAYS — Monday through Friday(월요일 ~ 금요일)

WKEND — Saturday and Sunday(토요일 및 일요일)

WMSC — Weather Message Switching Center(날씨 메시지 교환 센터)

WMSCR — Weather Message Switching Center Replacement(기상 메시지 교환 센터 대체)

WND — wind(바람)

WPT — waypoint(웨이포인트/중간지점)

WSCMO — Weather Service Contract Meteorological Observatory(기상 서비스 약정 기상 관측소)

WSFO — Weather Service Forecast Office(기상 서비스 예보 사무소)

WSMO — Weather Service Meteorological Observatory(기상청 기상관측소)

WSO — Weather Service Office(기상청)

WSR — wet snow on runway(s)(활주로의 짖은 눈)

WTHR — weather(날씨)

WTR — water on runway(s)(활주로의 물)

WX — weather(날씨)

Airport Signs and Markings
공항 표지 및 심벌마크

Airport Signs and Markings

Airport Signs			
Type of Sign	**Action or Purpose**	**Type of Sign**	**Action or Purpose**
A 4-22	**Taxiway/Runway Hold Position:** Holding position for RWY 4-22 on TWY A.	⊣ ⊣ ⊣ ⊣	**Runway Safety Area Boundary:** Identifies exit boundary of runway safety area.
26-8	**Runway/Runway Intersection:** Identifies intersecting runways or holding position for LAHSO operations.	▯▯▯▯▯	**ILS Critical Area Boundary:** Identifies exit boundary of ILS critical area.
B 8-APCH	**Runway Approach Hold Position:** Runway approach holding position for RWY 8 on TWY B.	↙ J ↗	**Taxiway Direction:** Defines direction and designation of intersecting taxiway(s).
C ILS	**ILS Critical Area Hold Position:** Holding position for the ILS critical area on TWY C.	← K	**Runway Exit:** Defines direction and designation of exit taxiway from runway.
⊖	**No Entry:** Identifies paved areas where aircraft entry is prohibited.	22 ↑	**Outbound Destination:** Defines directions to takeoff runway(s).
B	**Taxiway Location:** Identifies taxiway on which aircraft is located.	↖ MIL	**Inbound Destination:** Defines directions to destination for arriving aircraft.
22	**Runway Location:** Identifies runway on which aircraft is located.	▨▨▨	**Taxiway Ending Marker:** Indicates taxiway does not continue.
4	**Runway Distance Remaining:** Provides remaining runway length in 1,000-foot increments.	↙A G L→	**Direction Sign Array:** Identifies location in conjunction with multiple intersecting taxiways.

Figure C-1. *Samples and explanations of standard airport signs.*

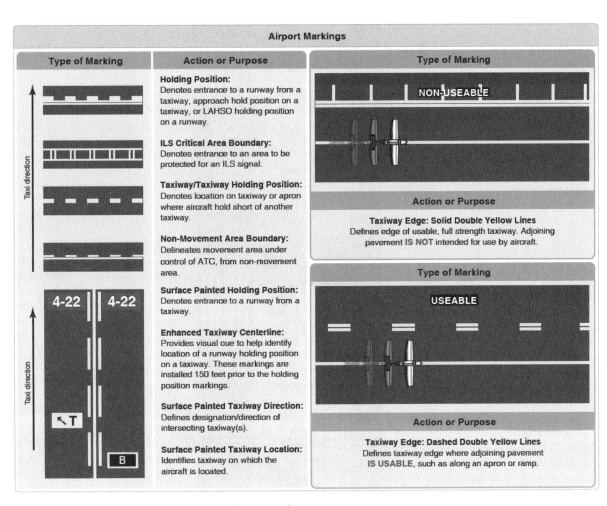

Figure C-3. *Samples and explanations of standard airport markings.*

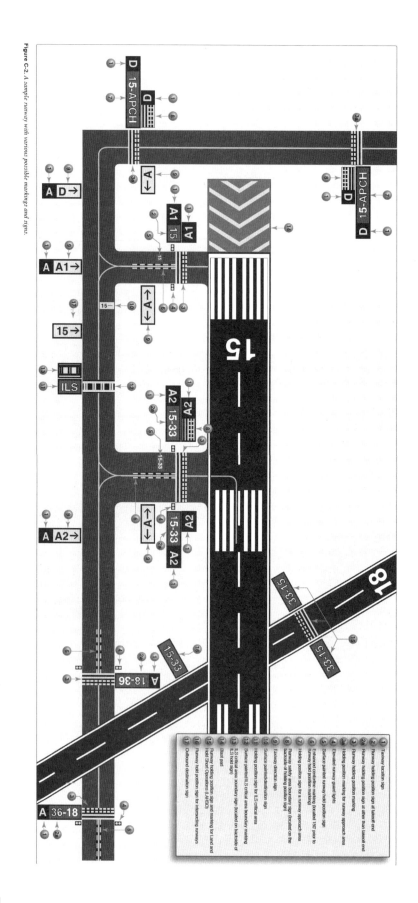

Figure C-2. A sample runway with various possible markings and signs.

기장機長의 침착한 안내 방송

안 성 봉

2019년 8월 23일 금요일, 아들 석찬이의 6학년 여름방학이 끝날 무렵에 2박 4일 일정으로 단 둘이서 홍콩 여행을 다녀왔다.

코로나19가 유행하기 전 LCC(저가 항공) 노선의 증가와 항공사끼리의 경쟁으로 낮아진 항공료 덕분에 해외여행을 부담없이 갈 수 있었다. 특히 8월은 홍콩 지역이 습도도 높고 무더워서 비수기이므로 저렴한 가격에 여행을 갈 수 있었다. 그 대신 넓은 좌석과 비행기 위치를 알려주는 모니터 화면이나 기내식 및 음료 서비스는 꿈도 꾸지 말아야 했다

이틀 동안 매우 만족스럽게 홍콩과 마카오를 둘러보고 귀국하기 위해 홍콩국제공항으로 버스를 타고 이동했다. 당시 홍콩은 시위로 시끄러웠는데, 25일 일요일에는 시위대가 공항으로 진입하던 중에 진압 경찰과 심한 충돌이 있어서인지 공항 출입이 상당히 엄격하였다. 그래서 이틀간 동행하였던 홍콩 현지 가이드와는 공항 입구에서 작별 인사를 하였다.

비행기 표 티켓팅과 출국 수속을 하면서 자정이 넘어 월요일이 되었다. 부산행 비행기 게이트 앞에서 약 1시간을 기다려 26일 월요일 홍콩 시간 01:00(한국 시간 02:00) 비행기 탑승을 앞두고 있는데 갑자기 비를 동반한 돌풍이 심하게 불었다. 하지만 예정대로 탑승 절차를 진행하기에 석찬이와 함께 비행기에 올랐다. 그리고 모든 탑승 수속이 완료 되자 비행기는 Push back이 끝나고 이륙절차 중 하나이 Flight Control Check후 Taxing을 시작한다. 활주로 이동 중에 기내 방송이 들렸다. 간단한 기내방송은 부기장이 한다.

"손님 여러분, 이 비행기는 홍콩국제공항을 출발하여 부산으로 향하는 BX-000편입니다. 현재 강한 돌풍과 비로 인하여 이륙이 다소 지연되고 있습니다. 이륙하기까지는 시간이 얼마나 걸릴지는 모릅니다. 감사합니다."

폭우가 내리면서 번개까지 친다.

"아빠, 이런 날씨에는 착륙하는 기장이 엄청 힘들대요. 공중대기 하거나 착륙 실패하면 Go-around 해야 하는데, 두 번 실패하면 연료가 바닥나서 기장들 심리적 압박이 상당하대요."

조종사가 꿈인 석찬이가 걱정스럽게 말했다. 창밖으로 옆에 보이는 활주로에서는 폭우와 돌풍 속에서도 몇 대의 비행기가 착륙에 성공하는 것이 보였다.

"기장들 실력 대단하네."

"그러게요."

동남아는 기류 변화가 심해서 언제 폭우를 동반한 돌풍과 강풍이 몰아칠지 모른다. 동남아에 인접하여 습도가 높고 해양성 기후인 홍콩도 마찬가지이다. 10여 분 정도 대기후 비행기가 조금씩 움직이기 시작한다. 그리고 5분여 후에 다시 안내 방송이 흘러나왔다.

"손님 여러분, 기다려 주셔서 감사합니다. 우리 비행기 관제탑으로부터 이륙 허가를 받았습니다. 곧 이륙하겠습니다."

약 20분 정도 지연되었다. 창측에 앉은 석찬이는 휴대전화로 동영상 촬영을 준비했다. 비행기를 탈 때마다 이륙과 착륙 시에는 반드시 동영상으로 촬영하는데, 폭우와 강풍 속에서 이륙하는 것은 처음이기에 녀석은 촬영에 집중했다.

기내에는 모든 실내등이 꺼지고 활주로에 들어서자 맞바람을 맞으며 비행기는 잠시 멈춘 듯하더니, 냅다 출력을 높이기 시작한다. 양쪽 날개에 달린 터빈에서 요란한 소리가 나고 비행기는 높은 속력을 내며 몇 초도 채 되지 않아 이륙을 한다.

"와!! 최대 출력이다."

석찬이가 감탄한다. 홍콩국제공항의 불빛이 점점 멀어지더니 아무것도 보이지 않는다. 잠시 후 비행기는 쿵쿵 부딪히는 듯한 소리를 내며 한동안 심하게 흔들렸다.

창밖으로 번쩍거리며 낙뢰가 치는 것도 보였다. 여기저기서 승객들의 놀라는 소리가 들리는데 승무원들은 차분했다.

"아빠 무서워요."

석찬이도 무서운지 작은 소리로 말했다.

"괜찮다."

나도 좀 무서웠지만 아무렇지도 않은 듯이 말했다.

비행기가 계속 상승하던 중 갑자기 우~우~웅~ 소리를 내며 하강하다가 잠시 후 다시 상승을 하기 시작했다. 기내는 깜깜한데다 갑작스런 비행기 하강에 탑승객들은 모두 놀라서 비명을 지르는 사람도 있었다. 여전히 기체가 많이 흔들렸기에 승객들은 동요하기 시작했다. 이번에는 나 역시 굉장히 놀랐다. 그리고 객실 승무원들도 당황하는 하는 듯 했다.

잠시 후 곧바로 기내 방송이 흘러나왔다.

"손님 여러분, 기장입니다. 비행기가 심한 난기류로 많이 흔들렸습니다. 상당히 죄송합니다.

안심하시기 바랍니다. 목적지까지 무사히 여러분들을 모셔드리겠습니다. 감사합니다."

기장의 목소리는 놀랍도록 침착하고 차분했다. 그래서인지 기내는 금방 안정이 되었다. 나 또한 기장의 기내 방송으로 안심이 되었다.

비행기는 계속 흔들렸지만, 동요하거나 놀라는 사람은 없었다. 적정 고도에 올라왔는지 비행기는 전혀 흔들리지 않았다. 기내는 고요해지면서 실내등이 켜졌다. 가끔씩 흔들리기는 하였지만 더한 것도 겪은 후여서 아무렇지도 않았다.

그리고 한 시간쯤 지난 후 구름 위에서 해가 뜨는 장관을 보고 있는데 기내방송이 흘러나왔다.

"손님 여러분 기장입니다. 난기류로 고생 많으셨습니다. 우리 비행기는 현재 김해국제공항으로 접근중입니다. 착륙절차를 진행하여야 하기에 모든 기내서비스를 중단하겠습니다. 감사합니다."

보통 착륙 30분전에 이런 기내 방송을 한다. 그리고 8월 말의 이른 아침 햇살아래 비행기는 김해국제공항 활주로에 부드럽게 착륙하였다.

비행기 조종사들은 비상시를 대비하여 수많은 훈련을 하지만 베테랑 기장일지라도 난기류로 비행기가 심하게 흔들리면 긴장이 된다고 한다. 그럴 때 기장이 놀라서 당황한다면 승객들은 두려움에 떨 것이고 밤이라면 어둡고 그 높은 하늘에서 기내는 온통 아수라장이 되어 버릴 것이다.

'명장 밑에 약졸 없다'는 말에서 알 수 있듯이 한 조직이나 기관을 맡은 장(長)의 역량이 얼마나 중요한 것인가를 다시 한번 생각해본다. 가정도 단체도 국가도 마찬가지다. 최고 책임자가 역량을 갖추고 투철한 신념과 철학을 가졌을 때 그 조직의 앞날은 밝고 희망적일 것이다.

누구나 한 번쯤 꿈을 가져 보지만 아무나 될 수 없는 비행기 기장, 많은 탑승객들의 안전과 생명을 책임지는 그들에게 경의를 표한다.

석찬아! 너도 그때 그 기장처럼 승객들과 승무원들에게 신뢰를 받고 역량을 갖춘 멋진 조종사가 될 수 있겠지?

최신 항공 영어 해설

초판 1쇄 2024년 3월 6일

번역자 안석찬
감수자 안성봉
발행인 김재홍
마케팅 이연실
디자인 박효은

발행처 도서출판지식공감
브랜드 지식공감
등록번호 제2019-000164호
주소 서울특별시 영등포구 경인로82길 3-4 센터플러스 1117호(문래동1가)
전화 02-3141-2700
팩스 02-322-3089
홈페이지 www.bookdaum.com
이메일 jisikwon@naver.com

가격 20,000원
ISBN 979-11-5622-859-2 91550